电子信息与电气学科规划教材·电子信息科学与工程类专业

微机原理与接口技术

刘立康　黄力宇　胡力山　编　著

电子工业出版社

Publishing House of Electronics Industry

北京·BEIJING

内 容 简 介

本书是为电子信息类专业大学本科"微型计算机原理与系统设计"课程而编写的教材,书中系统介绍了微型计算机的组成、微处理器的内部结构、工作原理、汇编语言程序设计及接口技术的原理和实现方法。全书共分 10 章,内容包括微型计算机基础知识、微处理器概述、8086/8088 指令系统、汇编语言程序设计、主存储器系统、输入/输出接口技术、中断技术、常用可编程接口芯片、微型计算机总线及 I/O 接口标准、微处理器和计算机新技术等。

本书可作为高等院校本科电子信息类相关专业的教材,也可作为相关技术人员或爱好者的参考书。

未经许可,不得以任何方式复制或抄袭本书之部分或全部内容。
版权所有,侵权必究。

图书在版编目(CIP)数据

微机原理与接口技术 / 刘立康,黄力宇,胡力山编著. — 北京:电子工业出版社,2010.6
电子信息与电气学科规划教材. 电子信息科学与工程类专业
ISBN 978-7-121-11135-8

Ⅰ. ①微… Ⅱ. ①刘… ②黄… ③胡… Ⅲ. ①微型计算机－理论－高等学校－教材②微型计算机－接口－高等学校－教材 Ⅳ. ①TP36

中国版本图书馆 CIP 数据核字(2010)第 113766 号

责任编辑:陈晓莉
印　　刷:北京丰源印刷厂
装　　订:涿州市桃园装订有限公司
出版发行:电子工业出版社
　　　　　北京市海淀区万寿路 173 信箱　邮编 100036
开　　本:787×1 092　1/16　印张:23.25　字数:595 千字
印　　次:2010 年 6 月第 1 次印刷
印　　数:4000 册　定价:39.00 元

凡所购买电子工业出版社图书有缺损问题,请向购买书店调换。若书店售缺,请与本社发行部联系。联系及邮购电话:(010)88254888。
质量投诉请发邮件至 zlts@phei.com.cn,盗版侵权举报请发邮件至 dbqq@phei.com.cn。
服务热线:(010)88258888。

前　　言

　　本书适合于作为高等学校本科电子信息类专业教材，也可作为 IT 技术人员的参考书。教学为 60 学时左右。章节富有弹性，可根据教学需要选择。本书坚持理论与实践并重，以学生能力培养为主的原则作为本教材编写的指导思想。通过"微型计算机原理与系统设计"课程使学生打好底层硬软件设计基础，以保证对学生实践能力的培养，使学生初步具备计算机底层硬件和软件开发研制能力，只有这样才能使学生有良好的发展。因此本书的编写突出面向教学、面向应用，使本书既适合教学使用，也适合读者自学。尽管计算机发展迅速，但基本原理没有改变，高档微型计算机在速度和技术上有很大突破，但在计算机体系结构上还是遵循冯·诺依曼的思想。我们多年来通过跟踪、分析国内外优秀教材和积累的教学经验认为，本书以8086/8088 16 位微处理机为核心，结合各代处理器结构和特点，介绍微型计算机软件、硬件原理及接口技术，并通过大量例题与习题介绍其应用。从功能部件组成系统和应用两个角度出发，在重点介绍 CPU、存储系统、输入/输出系统及其互连三大子系统建立整机概念和其原理的基础上，强调实际应用，为微机的各种应用提供接口技术的基本方法和使用技巧，使读者比较容易地掌握微机原理的基本内容和方法。同时，在内容安排上，既注重了功能部件的基本原理和应用，又不失时机地介绍微机技术前沿的最新知识，使本教材既突出基本原理和实用性，又兼备必要的系统性和先进性，从而使学生在系统级上建立整机概念。

　　本书的结构体系采用 CPU、存储系统、输入/输出系统及其互连三大子系统出发建立整机概念，并体现软硬结合的思想。全书共 10 章内容分为四个部分。第一部分为第 1 章，介绍计算机系统组成的基本概念和基础知识。以基于微处理器的计算机系统为重点，介绍了 Intel 微处理器系列，包括微处理器的历史、操作等内容；计算机的基础知识部分，介绍进位计数制、信息格式、ASCII 码和汉字编码等内容。本书第二部分包括第 2～4 章，分别从微处理器系统结构、指令系统和汇编语言设计三层来深入讨论计算机系统的组成和工作机制。第 2 章内容介绍微处理器程序设计模型和系统结构。以 8086/8088 为核心，介绍 CPU 寄存器和主存储器组织，通过指令流程分析 CPU 的工作原理。当我们理解了一台基本的计算机后，第 3 章以 8086/8088 CPU 为背景讨论指令系统和寻址方式。介绍 Intel 微处理器系列每条指令的功能，同时，还提供了简单的应用程序来说明这些指令的操作，使读者建立程序设计的基本概念。有了程序设计基础之后，第 4 章汇编语言程序设计，精练地阐述 8086 汇编语言程序设计的基本方法，提供了一些汇编语言应用程序，介绍 DOS 和 BIOS 功能调用进行编程及在 PC 系统中开发程序所需的工具。第三部分包括第 5～8 章，讨论系统总线技术、存储系统和输入/输出（I/O）系统及其互连。第 5 章为系统总线内容，系统地介绍总线标准及信号组成、总线操作时序。第6 章介绍存储器存储信息的原理和芯片级以上的存储器逻辑设计方法，以及高速缓存的工作原理，并从物理层次讨论存储系统组织。第 7 章介绍输入/输出系统，采用硬软结合的方式，既讨论硬件接口与 I/O 设备的逻辑组成及工作原理，也介绍包括程序直接控制方式、中断和直接存储器存取（DMA）内容，以及软件调用方法与相应的 I/O 程序设计。第 8 章通过讨论并行口芯片 8255A,定时器/计数器芯片 8253/8254,串行口芯片 8251,键盘接口和并行打印机接口,详细说明了基本的 I/O 接口。在理解了这些基本 I/O 部件以及它们与微处理器的接口后,讲解了这些技术的应用。第四部分包括第 9、10 章,介绍微处理器和计算机新技术。第 9 章叙述从 80286 到 Pentium 4 CPU 的技术进步,第 10 章讨论了高性能微机的核心技术。

本书第 1、2、4、5、6、7、第 8 章由刘立康编写,第 3 章由胡力山编写,第 9、10 章由黄力宇编写。全书由刘立康统稿和定稿。

在编写过程中,冯毛官老师对本书提出了宝贵意见,在此表示衷心的感谢。特别感谢本书的编辑,是他们付出的艰辛与努力,终于使本书能与读者见面。

限于编者的水平,书中难免有错误和不妥之处,敬请专家、同行及广大读者批评指正。

编者

2010 年 5 月于西安

目　　录

第1章 概　　述

计算机的发明是 20 世纪 40 年代的事情，是 20 世纪科学技术最卓越的成就之一。经过几十年的发展，它已经成为一门复杂的工程技术学科，它的应用从国防、科学计算，到家庭办公、教育娱乐，无处不在。我们把目前应用于各个领域的计算机分为服务器、工作站、台式机、便携机、手持设备五大类。

- 服务器(Server)。它有功能强大的处理能力，容量很大的存储器以及快速的输入/输出通道和联网能力，而通常它的处理器也用高端微处理器芯片组成。
- 工作站(Workstation)。它与高端微机的差别主要表现在通常要有一个屏幕较大的显示器，以便显示设计图、工程图和控制图等。
- 台式计算机(Desktop PC)。它就是通常所说的微型机，由主机箱，显示器，键盘，鼠标等组成。
- 笔记本(Notebook)又称便携机或移动 PC(Mobile PC)。现在它的功能已经和台式机不相上下，但体积小，重量轻，价格也已相差无几。
- 手持设备又称掌上电脑(Handheld PC)，或称亚笔记本(Sub-notebook)。亚笔记本比笔记本更小、更轻。其他的手持设备则有 PDA(个人数字助理)、商务通以及第二代半和第三代手机等。

近 20 年来，计算机的应用日益深入到社会的各个领域，在现代科学技术和社会的发展中起着越来越重要的作用。

1.1 绪论

1.1.1 计算机发展史简介

人类所使用的计算工具是随着生产的发展和社会的进步，从简单到复杂、从低级到高级的发展过程，计算工具相继出现了如算盘、计算尺、手摇机械计算机、电动机械计算机等。1946 年 2 月 14 日，标志着现代计算机诞生的 ENIAC(The Electronic Numerical Integrator And Computer)在费城公诸于世。ENIAC 代表了计算机发展史上的里程碑，它通过不同部分之间的重新接线编程，还拥有并行计算能力。ENIAC 由美国政府和宾夕法尼亚大学合作开发，使用了 18 000 个电子管，70 000 个电阻器，有 500 万个焊接点，耗电 160kW，占地 170m²，总重量为 30t，运算速度达到每秒能进行 5000 次加法、300 次乘法。ENIAC 是第一台普通用途计算机。

20 世纪 40 年代中期，冯·诺依曼(1903—1957 年)参加了宾夕法尼亚大学的研究小组，1945 年设计电子离散可变自动计算机(Electronic Discrete Variable Automatic Computer，EDVAC)，将程序和数据以相同的格式一起储存在存储器中。这使得计算机可以在任意点暂停或继续工作，机器结构的关键部分是中央处理器，它使计算机所有功能通过单一的资源统一起来。

电子计算机在短短的 50 多年里经过了电子管、晶体管、集成电路(IC)和超大规模集成电路(VLSI)4 个阶段的发展,使计算机的体积越来越小,功能越来越强,价格越来越低,应用越来越广泛,目前正朝着智能化(第五代)计算机方向发展。

第一代(1946—1958 年)为电子管数字计算机。计算机的逻辑元件采用电子管,主存储器采用汞延迟线、磁鼓、磁芯;辅助存储器采用磁带;软件主要采用机器语言、汇编语言;应用以科学计算为主。其特点是体积大、耗电大、可靠性差、价格昂贵、维修复杂,但它奠定了以后计算机技术的基础。这一代计算机主要用于科学计算,只在重要部门或科学研究部门使用。

第二代(1958—1964 年)为晶体管数字计算机。晶体管的发明推动了计算机的发展,逻辑元件采用了晶体管以后,计算机的体积大大缩小,耗电减少,可靠性提高,性能比第一代计算机有很大的提高。

主存储器采用磁芯;辅助存储器已开始使用更先进的磁盘;软件有了很大发展,出现了各种各样的高级语言及其编译程序,还出现了以批处理为主的操作系统,应用以科学计算和各种事务处理为主,并开始用于工业控制。

第三代(1964—1971 年)为集成电路数字计算机。20 世纪 60 年代,计算机的逻辑元件采用小、中规模集成电路(SSI、MSI),计算机的体积更小型化、耗电量更少、可靠性更高,性能比第一代计算机又有了很大的提高,这时,小型机也蓬勃发展起来,应用领域日益扩大。它们不仅用于科学计算,还用于文字处理、企业管理、自动控制等领域,出现了计算机技术与通信技术相结合的信息管理系统,可用于生产管理、交通管理、情报检索等领域。

主存储器仍采用磁芯;软件逐渐完善,分时操作系统、会话式语言等多种高级语言都有新的发展。

第四代(1971 年以后)为大规模集成电路数字计算机。计算机的逻辑元件和主存储器都采用了大规模集成电路(LSI)和超大规模集成电路(VLSI)。这时计算机发展到了微型化、耗电极少、可靠性很高的阶段。大规模集成电路使军事工业、空间技术、原子能技术得到发展,这些领域的蓬勃发展对计算机提出了更高的要求,有力地促进了计算机工业的空前大发展。随着大规模集成电路技术的迅速发展,计算机除了向巨型机方向发展外,还朝着超小型机和微型机方向飞越前进。

20 世纪 70 年代中期,计算机制造商开始将计算机带给普通消费者,这时的小型机带有软件包,供非专业人员使用的程序和最受欢迎的字处理和电子表格程序。这一领域的先锋有 Commodore、Radio Shack 和 Apple Computers 等。

1981 年,IBM 推出个人计算机(PC)用于家庭、办公室和学校。此后由于个人计算机的竞争使得价格不断下跌,微机的拥有量不断增加,计算机继续缩小体积,从桌上到膝上到掌上。与 IBM PC 竞争的 Apple Macintosh 系列计算机于 1984 年推出,并由 Macintosh 提供了友好的图形界面,用户可以用鼠标方便地操作。

第四代计算机的另一个重要分支是以大规模、超大规模集成电路为基础发展起来的微处理器和微型计算机。微型计算机大致经历了 4 个阶段:

- 第一阶段(1971—1973 年):微处理器有 4004、4040、8008。1971 年 Intel 公司研制出 MCS—4 微型计算机(CPU 为 4040,4 位机)。后来又推出以 8008 为核心的 MCS—8 型计算机。
- 第二阶段(1973—1977 年):微型计算机的发展和改进阶段。微处理器有 8080、8085、M6800、Z80。初期产品有 Intel 公司的 MCS—80 型(CPU 为 8080,8 位机)。后期有

TRS—80 型(CPU 为 Z80)和 APPLE—Ⅱ型(CPU 为 6502),在 20 世纪 80 年代初期曾一度风靡世界。

- 第三阶段(1978—1983 年):16 位微型计算机的发展阶段,微处理器有 8086、8088、80186、80286、M68000、Z8000。微型计算机代表产品是 IBM-PC(CPU 为 8088)。本阶段的顶峰产品是 APPLE 公司的 Macintosh(1984 年)和 IBM 公司的 PC/AT(1984 年)微型计算机。
- 第四阶段(1983 年至今):32 位微型计算机的发展阶段。微处理器相继推出 80386、80486 和 Pentium 以及对应的 386、486 和 Pentium 微型计算机产品。

由此可见,微型计算机的性能主要取决于它的核心器件——微处理器(CPU)的性能。

第五代:智能计算机。第五代计算机将把信息采集、存储、处理、通信和人工智能结合一起具有形式推理、联想、学习和解释能力。它的系统结构将突破传统的冯·诺依曼机器的概念,实现高度的并行处理。

1.1.2 计算机的特点

计算机产生的由来是人们想发明一种能进行科学计算的机器,因此称之为计算机。计算机产生的根本动力是人们为创造更多的物质财富,是为了把人的大脑延伸,让人的潜力得到更大的发展。由于计算机的日益向智能化发展,于是人们干脆把微型计算机称之为"电脑"。计算机于 1946 年问世,它一诞生,就立即成了先进生产力的代表,计算机已从最初单纯的军事用途和实验室进入公众的数据处理领域,掀开自工业革命后的又一场新的科学技术革命。计算机具有的基本特点如下:

(1) 记忆能力强。在计算机中有容量很大的存储装置,它不仅可以长久性地存储大量的文字、图形、图像、声音等信息资料,还可以存储指挥计算机工作的程序。

(2) 计算精度高与逻辑判断准确。它具有人类无能为力的高精度控制或高速操作任务。也具有可靠的判断能力,以实现计算机工作的自动化,从而保证计算机控制的判断可靠、反应迅速、控制灵敏。

(3) 高速的处理能力。它具有神奇的运算速度,其速度以达到每秒几十亿次乃至上百亿次。例如,为了将圆周率 π 的近似值计算到 707 位,一位数学家曾花费了十几年的时间,而如果用现代的计算机来计算,可能瞬间就能完成,同时可达到小数点后 200 万位。

(4) 能自动完成各种操作。计算机是由内部控制和操作的,只要将事先编制好的应用程序输入计算机,计算机就能自动按照程序规定的步骤完成预定的处理任务。

1.1.3 计算机应用领域和发展方向

1. 计算机应用领域

(1) 科学计算(或称为数值计算)。早期的计算机主要用于科学计算。目前,科学计算仍然是计算机应用的一个重要领域。如高能物理、工程设计、地震预测、气象预报、航天技术等。由于计算机具有高运算速度和精度以及逻辑判断能力,因此出现了计算力学、计算物理、计算化学、生物控制论等新的学科。

(2) 过程检测与控制。利用计算机对工业生产过程中的某些信号自动进行检测,并把检测到的数据存入计算机,再根据需要对这些数据进行处理,这样的系统称为计算机检测系统。

特别是仪器仪表引进计算机技术后所构成的智能化仪器仪表,将工业自动化推向了一个更高的水平。

(3) 信息管理(数据处理)。信息管理是目前计算机应用最为广泛的领域之一。利用计算机来加工、管理与操作任何形式的数据资料,如企业管理、物资管理、报表统计、账目计算、信息情报检索等。近年来,国内许多机构纷纷建设自己的管理信息系统(MIS);生产企业也开始采用制造资源规划软件(MRP),商业流通领域则逐步使用电子数据交换(EDI)系统,即所谓无纸贸易。

(4) 计算机辅助系统:

- 计算机辅助设计(CAD)。利用计算机来帮助设计人员进行工程设计,以提高设计工作的自动化程度,节省人力和物力。目前,此技术已经在电路、机械、土木建筑、服装等领域的设计中得到了广泛的应用。
- 计算机辅助制造(CAM)。利用计算机进行生产设备的管理、控制与操作,从而提高产品质量、降低生产成本,缩短生产周期,并且还大大改善了制造人员的工作条件。
- 计算机辅助测试(CAT)。利用计算机进行复杂而大量的测试工作。
- 计算机辅助教学(CAI)。利用计算机帮助教师讲授和帮助学生学习的自动化系统,使学生能够轻松自如地从中学到所需要的知识。

2. 计算机的发展方向

未来的计算机将以超大规模集成电路为基础,向巨型化、微型化、网络化与智能化的方向发展。

- 巨型化。巨型化是指计算机的运算速度更高、存储容量更大、功能更强。目前正在研制的巨型计算机其运算速度可达每秒千万亿次。
- 微型化。微型计算机已进入仪器、仪表、家用电器等小型仪器设备中,同时也作为工业控制过程的心脏,使仪器设备实现"智能化"。随着微电子技术的进一步发展,笔记本型、掌上型等微型计算机必将以更优的性能价格比受到人们的欢迎。
- 网络化。随着计算机应用的深入,特别是家用计算机越来越普及,一方面希望众多用户能共享信息资源,另一方面也希望各计算机之间能互相传递信息进行通信。计算机网络是现代通信技术与计算机技术相结合的产物。计算机网络已经在现代企业的管理中发挥着越来越重要的作用,如银行系统、商业系统、交通运输系统等。
- 智能化。计算机人工智能的研究是建立在现代科学基础之上。智能化是计算机发展的一个重要方向,新一代计算机,将可以模拟人的感觉行为和思维过程的机理,进行"看"、"听"、"说"、"想"、"做",具有逻辑推理、学习与证明的能力。

1.1.4 计算机语言的发展

计算机语言的发展是一个不断演化的过程,其根本的推动力就是抽象机制更高的要求,以及对程序设计思想的更好的支持。具体地说,就是把机器能够理解的语言提升到能够很好地模仿人类思考问题的形式。计算机语言的演化从最开始的机器语言,到汇编语言,再到各种结构化高级语言,最后到支持面向对象技术的面向对象语言。

1. 机器语言

电子计算机所使用的是由"0"和"1"组成的二进制数,二进制是计算机的语言基础。那些编写出一串串由"0"和"1"组成的指令序列交由计算机执行,即是机器语言,称为第一代计算机语言。它难读、难懂、难记、难查错、不便于交流,给程序设计和计算机推广、应用和开发等带来许多困难。

2. 汇编语言

为了改善使用机器语言编程的问题,人们进行了一种有益的改进:用一些简洁的英文字母、符号串来替代一个特定的指令——二进制串。这样一来,人们很容易读懂并理解程序,纠错及维护都变得方便了,这种程序设计语言就称为汇编语言,即第二代计算机语言。然而计算机是不认识这些符号的,这就需要一个专门的程序,来负责将这些符号翻译成二进制数的机器语言,这种翻译程序被称为汇编程序。汇编语言同样十分依赖于机器硬件,移植性不好,但效率却十分高,针对计算机特定硬件而编制的汇编语言程序,能准确发挥计算机硬件的功能和特长,程序精炼而质量高,所以至今仍是一种常用而强有力的软件开发工具。

3. 高级语言

从最初与计算机交流的经历中,人们意识到,应该设计一种这样的语言:这种语言接近于数学语言或人的自然语言,同时又不依赖于计算机硬件,编出的程序能在所有机器上通用。1954 年,第一个完全脱离机器硬件的高级语言 FORTRAN 问世了,半个多世纪以来,共有几百种高级语言出现,这其中有重要意义的共几十种,影响较大、使用较普遍的有 FORTRAN、ALGOL、COBOL、BASIC、LISP、SNOBOL、PL/1、Pascal、C、PROLOG、Ada、C++、VC、VB、Delphi、Java 等。高级语言的发展也经历了从早期语言到结构化程序设计语言,从面向过程到非过程化程序语言的过程。相应地,软件的开发也由最初的个体手工作坊式的封闭式生产,发展为产业化、流水线式的工业化生产。

4. 面向对象语言

20 世纪 80 年代初开始,在软件设计思想上,又产生了一次革命,其成果就是面向对象的程序设计。在此之前的高级语言,几乎都是面向过程的,程序的执行是流水线似的,在一个模块被执行完成前,人们不能干别的事,也无法动态地改变程序的执行方向。这和人们日常处理事物的方式是不一致的,对人而言是希望发生一件事就处理一件事,也就是说,不能面向过程,而应是面向具体的应用功能,也就是"对象(object)"。其方法就是软件的集成化,如同硬件的集成电路一样,生产一些通用的、封装紧密的功能模块,称之为软件集成块,它与具体应用无关,但能相互组合,完成具体的应用功能,同时又能重复使用。C++和 Java 就是典型代表。

5. 基于规则的智能化语言

Visual C++、Visual Basic、PowerBuilder、Delphi、Forte 等语言。它们以可视化编程方法为特征,是一种应用的装配环境。对使用者来说,只关心它的接口(输入量、输出量)及能实现的功能,至于如何实现的,那是它内部的事,使用者完全不用关心。高级语言的下一个发展目标是面向应用,也就是说:只需要告诉程序你要干什么,程序就能自动生成算法,自动进行处理,这就是非过程化的程序语言。

计算机语言的未来发展趋势是面向对象程序设计,数据抽象在现代程序设计思想中占有很重要的地位;未来语言的发展将不在是一种单纯的语言标准,将会以一种完全面向对象,更易表达现实世界,更易为人编写,其使用者将不再只是专业的编程人员。人们完全可以像订制真实生活中一项工作流程一样简单的方式来完成编程,未来的语言所具有的特性为:

(1) 简单。提供最基本的方法来完成指定的任务,只需理解一些基本的概念,就可以用它编写出适合于各种情况的应用程序。

(2) 面向对象。提供简单的类机制,以及动态的接口模型。对象中封装状态变量及相应的方法实现了模块化和信息隐藏;提供了一类对象的原型,并且通过继承机制,子类可以使用父类所提供的方法,实现了代码的复用。

(3) 安全。用于网络、分布环境下有安全机制保证。

(4) 平台无关。与平台无关的特性使程序可以方便地被移植到网络上的不同机器、不同平台。

1.2 计算机系统的硬、软件组成

一个完整的计算机系统包含硬件系统和软件系统两大部分。硬件通常是指一切看得到,摸得到的设备实体;软件通常是泛指各类程序和文件,它们实际上是由一些算法以及其在计算机中的表示所构成的。

硬件是计算机系统的物质基础,正是在硬件高度发展的基础上,才有软件赖以生存的空间和活动场所,没有硬件对软件的支持,软件的功能就无从谈起;同样,软件是计算机系统的灵魂,没有软件的硬件"裸机"将不能提供给用户使用。因此,硬件和软件是相辅相成、不可分割的整体。计算机软、硬件系统框架和计算机结构如图1-1和图1-2所示。

图 1-1　计算机软、硬件系统框架

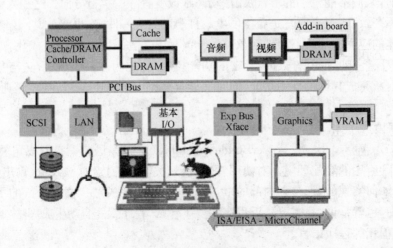

图 1-2　计算机结构

1.2.1 计算机的硬件组成

1. 计算机主要部件

1964年，美籍匈牙利数学家冯·诺依曼(Von Neumann)提出了存储程序计算机的设计思想，奠定了现代计算机的结构基础。半个世纪以来，尽管计算机体系结构发生了重大变化，性能不断改进提高，但从本质上讲，存储程序控制仍是现代计算机的结构基础，因此统称为诺依曼型计算机。

诺依曼型计算机的基本工作原理可概括为"存储程序"和"程序控制"。在物理结构上，计算机由微处理器、存储器和输入/输出设备三个部分组成，如图1-3所示。

计算机系统经历了许多变化。图1-3适用于任何基于微处理器的PC系统，从早期的IBM PC到现在的PC。

（1）存储器

存储器是用来存储程序、原始数据和结果的记忆装置，也是计算机能够实现"存储程序控制"的基础。存储器分为内存和外存两部分。内存容量较小，存取速度较快，一般用来存放当前正在执行的程序和数据，常用半导体存储器；外存容量较大，速度较慢，一般用来存放暂时不参与运行的程序和数据，常用硬磁盘和光盘等。

所有基于 Intel 80x86～Pentium Ⅵ 的PC系统的存储器结构都是类似的，包括1981年IBM公司推出的基于 Intel 8088 的第一台PC，直到今天基于速度高、处理能力强的四核Pentium的PC系统。图1-4表示PC系统的主存储器映像图，该映像图适用于任何IBM的PC以及任何现有的与IBM兼容的PC。

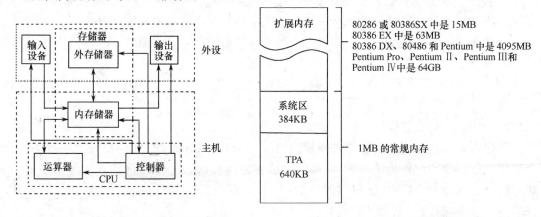

图1-3　基于微处理器的PC系统的组成　　　　图1-4　PC系统的主存储器映像图

主存储器分为三个主要部分：TPA(Transient Program Area，临时程序区)、系统区和XMS(eXtended Memory System，扩展内存系统)。由PC中的微处理器类型决定是否存在扩展内存。如早期基于8088的IBM PC，只有TPA区和系统区，而没有XMS区；基于80286～Pentium Ⅵ的PC系统，不仅有TPA区和系统区，还有XMS区。

- TPA。用于驻留操作系统和其他控制PC系统的程序，TPA也存放任何当前激活的或非激活的系统应用程序，TPA的容量为640KB，用于系统程序、数据、驱动程序和应用程序。
- 系统区。系统区虽然比TPA区小，为384KB，但它的确同等重要。系统包括BIOS ROM或Flash存储器中的程序，以及视频RAM的数据区。

（2）I/O 系统

PC 中的 I/O 地址从 0000 到 FFFFH。I/O 设备允许微处理器与外部设备进行通信。I/O 地址允许 PC 访问 64K 个不同的 I/O 设备。

I/O 地址区域有两部分：0000～0400H 地址的 I/O 区域为系统设备区，0400～FFFFH 的 I/O 区域可用于扩展。一般来说，0000～00FFH 地址区域用于 PC 主板上的部件，而 0100～03FFH 地址区域用于插卡上的部件。对于现代 PC 系统中的一些主板部件也可能使用 0400H 地址以上的区域。

- 输入设备的任务是把程序和原始数据送入计算机中，并且将它们转换成计算机内部所能识别和接收的信息方式。键盘是最常用的输入设备，常用的还有鼠标和扫描仪等。
- 输出设备的任务是将计算机的运算操作结果以人或其他设备所能接收的形式输出，其种类繁多，常用的有显示器、打印机和绘图仪等。

（3）微处理器

PC 系统的核心是微处理器。微处理器通过总线控制存储器和 I/O 系统操作。微处理器通过执行存储在存储器中的程序指令，可实现对存储器和 I/O 系统的控制。

微处理器为 PC 系统完成三项主要任务：（a）在微处理器与存储器或 I/O 系统之间传送数据；（b）算术和逻辑运算；（c）通过简单的判定控制程序的流向。虽然这是一些简单的工作，实际上正是通过 PC 系统的微处理器才能够完成任何操作和任务。

- 运算器又称为算术逻辑运算部件（Arithmetic and Logical Unit，ALU）是对信息进行加工、运算的部件，执行算术运算和逻辑运算。运算器的核心是加法器。运算器中还有若干个通用寄存器或累加寄存器，用来暂存操作数并存放运算结果。
- 控制器根据程序中的命令发出的各种控制信号，使各部分协调工作以完成指令所要求的各种操作，是整个计算机的指挥中心。控制器从主存储器中逐条地取出指令进行分析，根据指令的不同来安排操作顺序，向各部件发出相应的操作信号，控制它们执行指令所规定的任务。

以上述三个部分为主，按某种方式通过总线将各部分连接起来就构成了计算机的硬件系统。

2. 计算机的总线结构

目前许多计算机的各大部件之间是用总线（Bus）连接起来的。所谓总线是一组能为多个部件服务的公共信息传送线路，它能分时地发送与接收各部件的信息。计算机中采用总线结构，即可以大大减少信息传输线的数目，又可以提高计算机扩充存储器及外部设备的灵活性。

最简单的总线结构是单总线结构，如图 1-5 所示。各大部件都连接在单一的一组总线上，故将这个单总线称为系统总线。CPU 与存储器、CPU 与外部设备之间可以直接进行信息交换，存储器与外部设备、外部设备与外部设备之间也可以直接进行信息交换，而无须经过 CPU 的干预。

单总线结构提高了 CPU 的工作效率，而且外设连接灵活，易于扩充。但由于所以部件都挂接在同一组总线上，而总线又只能分时地工作，故同一时刻只允许一对设备（或部件）之间传送信息。

系统总线按传输信息的不同可以分为：地址总线、数据总线和控制总线。

- 地址总线（Address Bus）由单方向的多根信号线组成，用于 CPU 向存储器、外设传输

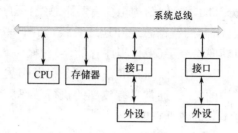

图 1-5 单系统总线

地址信息;

- 数据总线(Data Bus)由双方向的多根信号线组成,用于 CPU 从存储器、外设读取数据,也可以由 CPU 向存储器、外设发送数据;
- 控制总线(Control Bus)由双方向的多根信号线组成,用于 CPU 向存储器、外设发送控制命令和从存储器、外设读取反馈信息。

总线结构是小、微型计算机的典型结构。这是因为小、微型计算机的设计目标是以较小的硬件代价组成具有较强功能的系统,而总线结构正好能满足这一要求。

1.2.2 冯·诺依曼结构与哈佛结构的存储器设计思想

根据程序(指令序列)和数据的存放形式,存储器设计思想可分为冯·诺依曼结构与哈佛结构。

1. 冯·诺依曼结构

冯·诺依曼结构也称为普林斯顿结构,是一种传统的存储器设计思想,即指令和数据是不加区别地混合存储在同一个存储器中的,共享数据总线,如图 1-6 所示。指令地址和数据地址指向同一存储器的不同物理位置,指令和数据的宽度相同。由于指令和数据存放在同一存储器中,因此冯·诺依曼结构中不能同时取指令和取操作数。又由于存储器存取速度远远低于 CPU 运算速度,从而使计算机运算速度受到很大限制,CPU 与共享存储器间的信息交换成了影响高速计算机和系统性能的"瓶颈"。

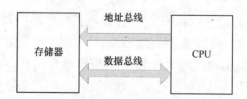

图 1-6 冯·诺依曼结构存储器设计

使用冯·诺依曼结构的中央处理器是很多的,如 Intel 公司的 80x86 CPU,ARM 公司的 ARM7,MIPS 公司的 MIPS 等。

2. 哈佛结构

冯·诺依曼结构在面对高速、实时处理时,不可避免地会造成总线拥挤。为此,哈佛大学提出了与冯·诺依曼结构完全不同的另一种存储器设计思想,人们习惯称为哈佛结构。哈佛结构的指令和数据是完全分开的。哈佛结构至少有两组总线:程序存储器(PM)的数据总线和地址总线,以及数据存储器(DM)的数据总线和地址总线,如图 1-7 所示。这种分离的程序总线和数据总线,可允许同时获取指令字(来自程序存储器)和操作数(来自数据存储器)而互不干扰。这意味着在一个机器周期内可以同时准备好指令和操作数,本条指令执行时可预先读取下一条指令,所以哈佛结构的 CPU 通常具有较高的执行效率。同时,由于指令和数据分开存放,可以使指令和数据有不同的数据宽度。

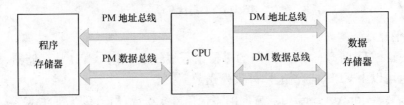

图 1-7　哈佛结构存储器设计

使用哈佛结构的中央处理器有很多,如 Motorola 公司的 MC68 系列,ARM 公司的 ARM9、ARM10 和 ARM11。大多数数字信号处理器(DSP)都使用哈佛结构。

目前,现代微型计算机中的高速缓冲存储器(Cache)采用哈佛结构,将 Cache 分为指令 Cache 和数据 Cache 两个部分,而冯·诺依曼结构存储器采用一个,由指令和数据合用。如将冯·诺依曼结构和哈佛结构结合起来,不仅可以提高存储器的利用率,而且可以提高程序执行的效率,缩短指令执行的时钟周期。

1.2.3　计算机软件系统

上述的计算机的基本结构构成了计算机的硬件。但是要计算机正确地运行以解决各种问题,必须给它编制各种程序。为了运行、管理和维修计算机所编制的各种程序的总和就称为软件。软件的种类很多,各种软件发展的目的都是为了扩大计算机的功能和方便用户,为用户编制解决用户的各种问题的源程序更为方便、简单和可靠。依据功能的不同,软件可分为系统软件和应用软件两大类。

使用和管理计算机的各种软件统称为系统软件,它通常是厂商作为机器产品与硬件同时提供给用户的。计算机配置的基本系统软件,通常包括操作系统、各种高级语言处理程序、编译系统和其他服务程序、数据库管理系统等软件。这些软件不是用来解决具体应用问题的,而是利用计算机自身的功能,合理地组织解题流程,管理计算机软、硬件各种资源,提供人-机间接口,从而简化或代替各环节中人所承担的工作。还可以为用户使用机器提供方便,扩大机器功能,提高工作效率。

应用软件是由用户利用计算机及其系统软件编制的解决实际应用问题的程序。对使用微机的人员来说,除在必要时需对计算机进行硬件扩展外,其主要工作便是应用程序的开发。目前,应用软件已逐步标准化、模块化和商品化,形成了解决各种典型问题的应用程序的组合,称为软件包(Package)。

由上可知,一个计算机系统是硬件和软件相结合的统一整体。图 1-8、图 1-9 和图 1-10 分别表示了计算机系统的组成示意图、计算机软硬件系统架构和软、硬件的关系。

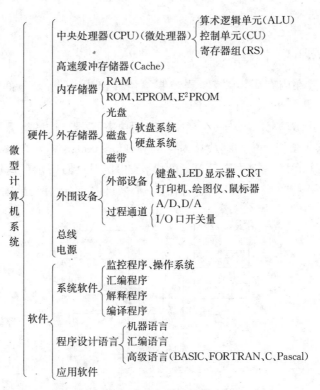

图 1-8　计算机组成示意图

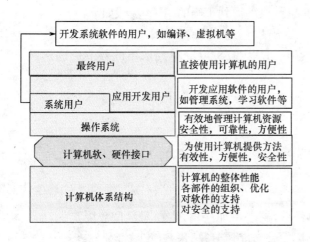

图 1-9　计算机软、硬件系统架构

图 1-10　软件与硬件的关系

　　每一个具体的微机系统所配置的软件和硬件的种类和数量,是根据机器的规模、应用场合及对性能的综合要求等因素来确定的,还要考虑到成本。确定系统配置的基本原则是满足使用要求并兼顾到近期的发展需要。

1.3　计算机的工作过程和主要性能指标

　　为使计算机按预定要求工作,首先要编制程序。程序是一个特定的指令序列,它告诉计算机要做哪些事,按什么步骤去做。指令是一组二进制信息的代码,用来表示计算机所能完成的基本操作。

1.3.1 计算机的工作过程

编制好的程序放在内存中,由控制器控制逐条取出指令执行,下面以一个例子来加以说明。

例如:已知数 a 和 b,要计算 $a+b=$? 如果采用单寄存器结构的运算器,完成上述计算至少需要 4 条指令,这 4 条指令依次存放在内存的 00000～00003 单元中,参加运算的数也必须存放在内存指定的单元中,内存中有关单元的内容如图 1-11(a)所示。运算器的如图 1-11(b)所示,参加运算的两个操作数一个来自寄存器,一个来自内存,运算结果则存放在寄存器中。

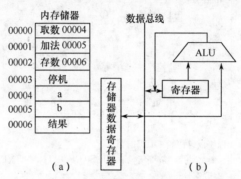

图 1-11　计算机执行过程实例

计算机的控制器将控制指令逐条的执行,最终得到正确的结果,步骤如下:

① 执行取数指令,从内存 00004 单元取出数 a,送入寄存器中。

② 执行加法指令,将寄存器中的内容 a 与从内存 00005 单元取出的数 b 一起送到 ALU 中相加,结果 a+b 存放在寄存器中。

③ 执行存数指令,将寄存器的内容 a+b 存放到 00006 单元。

④ 执行停机指令,计算机停止工作。

1.3.2 计算机的主要性能指标

1. 机器字长

机器字长是指参与运算的数的基本位数,它是由加法器、寄存器的位数决定的,所以机器字长一般等于内部寄存器的大小。字长标志着精度,字长越长,计算精度就越高。

在计算机中为了更灵活地表示和处理信息,又以字节(Byte)作为基本单位,用 B 表示。1字节等于 8 位二进制位(bit)。

不同的计算机,字(Word)的长度可以不相同,但对于系列机来说,在同一系列中字的长度是固定的,如 Intel 80x86 系列,1 字等于 16 位。

2. 数据通道宽度

数据总线一次所能并行传送信息的位数,称为数据通道宽度。它影响到信息传送能力,从而影响计算机的有效处理速度。通常所指的数据通道宽度是指 CPU 外部数据总线的宽度,它与 CPU 内部的数据总线宽度(内部寄存器的大小)有可能不同。有些 CPU 的内、外数据总线宽度相同,如 Intel 8086、80286、80486 等;有些 CPU 的外数据总线宽度小于内部,如 Intel 8088、80386 SX 等;也有些 CPU 的外数据总线宽度大于内部,如 Intel Pentium 等;所有的 Pentium CPU 内都有 64 位外部数据总线和 32 位内部寄存器结构。这是因为 Pentium 有两条 32 位流水线,它就像两个合在一起的 32 位芯片,64 位数据总线可以满足高效地充满多个寄存器的需要。

3. 存储器容量

一个存储器所能存储的全部信息量称为存储器容量。通常,以字节数来表示存储容量,这样的计算机称为字节编址计算机。也有一些计算机是以字为单位编址的,它们用字数乘以字长来表示容量。表示容量的字符通常意义如表 1.1 所示。

表 1.1　容量的字符通常意义

单　位	通常意义	实　际　表　示
K(Kilometers)	10^3	$2^{10}=1024$
M(Mega)	10^6	$2^{20}=1048576$
G(Giga)	10^9	$2^{30}=1073741824$
T(Tera)	10^{12}	$2^{40}=1099511627776$
P(Peta)	10^{15}	$2^{50}=11258999068426241024$

1024 个字节称为 1KB,1024KB 称为 1MB,1024MB 称为 1GB,……。计算机的内部存储器容量越大,存放的信息就越多,处理能力就越强。

4. 运算速度

计算机的运算速度与许多因素有关,如机器的主频、执行什么样的操作以及内存本身的速度等。对运算速度的衡量有不同的方法。

① 根据不同类型指令在计算过程中出现的频繁程度,乘上不同的系数,求得统计平均值,这时所指的运算速度是平均运算速度。

② 以每条指令执行所需时钟周期数(Cycles Per Instructions,CPI)来衡量运算速度。

③ 以 MIPS 和 MFLOPS 作为计量单位来衡量运算速度。

MIPS(Million Institute Per Second)表示每秒执行多少百万条指令。对于一个给定的程序,MIPS 定义为:

$$MIPS=\frac{指令条数}{执行时间\times10^6} \tag{1-1}$$

这里所说的指令一般是指加、减运算这类短指令。

MFLOPS(Million Floating-point Operations Per Second)表示每秒执行多少百万次浮点运算。对于一个给定的程序,MFLOPS 定义为:

$$MFLOPS=\frac{浮点操作次数}{执行指令\times10^6} \tag{1-2}$$

MFLOPS 适用于衡量向量机的性能。

1.4　微处理器发展历程

1. 第一代微处理器

第一代微处理器的典型产品是 Intel 公司 1971 年研制成功的 4004(4 位 CPU)及 1972 年

推出的低档 8 位 CPU 8008。采用 PMOS 工艺,集成度约为 2000 只晶体管/片。指令系统比较简单,运算能力差,速度慢(平均指令执行时间为 $10\sim20\mu s$)。软件主要使用机器语言及简单的汇编语言编写。

2. 第二代中高档 8 位微处理器

微处理器问世以后,众多公司纷纷研制微处理器,逐渐形成了以 Intel 公司、Motorola 公司和 Zilog 公司产品为代表的三大系列微处理器。第二代微处理器的典型产品有 1974 年 Intel 公司生产的 8080 CPU,Zilog 公司生产的 Z80 CPU、Motorola 公司生产的 MC6800 CPU 以及 Intel 公司 1976 年推出的 8085 CPU。它们均为 8 位微处理器,具有 16 位地址总线。

第二代微处理器采用 NMOS 工艺,集成度为 9000 只晶体管/片,指令的平均执行时间为 $1\sim2\mu s$。指令系统相对比较完善,已具有典型的计算机体系结构,以及中断、存储器直接存取 (DMA)功能。由第二代微处理器构成的微机系统(如 Apple II 等)已经配有单用户操作系统 (如 CP/M),并可使用汇编语言及 BASIC、Fortran 等高级语言编写程序。

3. 第三代 16 位微处理器

第三代微处理器的典型产品是 1978 年 Intel 公司生产的 8086 CPU、Zilog 公司的 Z8000 CPU 和 Motorola 公司的 MC68000 CPU。它们均为 16 位微处理器,具有 20 位地址总线。

用这些芯片组成的微型计算机有丰富的指令系统、多级中断系统、多处理机系统、段式存储器管理以及硬件乘除法器等。为了方便原 8 位机用户,Intel 公司在 8086 推出不久便很快推出准 16 位的 8088 CPU,其指令系统与 8086 完全兼容,CPU 内部结构仍为 16 位,但外部数据总线是 8 位的。这两种都是 16 位微处理器,执行一条指令只需要 400ns(2.5MIPS,即每秒250 万条指令),可寻址 1MB 存储器,使用了小型的 4 字节或 6 字节的指令高速缓冲存储器(指令队列),这为现代微处理器中更大的指令高速缓冲存储器奠定了基础。1981 年 IBM 公司以 8088 为 CPU 组成了 IBM PC、PC/XT 等准 16 位微型计算机,由于其性能价格比高,很快占领了市场。

1982 年,Intel 公司在 8086 基础上研制出性能更优越的 16 位微处理器芯片 80286。它具有 24 位地址总线,寻址 16MB 存储器系统;8MHz 时钟的 80286 执行某些指令的时间还不到250ns(4.0MIPS),并具有多任务系统所必需的任务切换功能、存储器管理功能以及各种保护功能。1984 年 IBM 公司以 80286 为 CPU 组成 IBM PC/AT(Advanced Technology)高档 16 位微型计算机。

4. 第四代 32 位微处理器

1986 年,Intel 公司推出了 32 位微处理器芯片 80386,其地址总线也为 32 位,可寻址最高4GB 存储器。80386 有两种结构:80386 SX 和 80386 DX。这两者的关系类似于 8088 和 8086 的关系。80386 SX 内部结构为 32 位,外部数据总线为 16 位,24 位地址总线可寻址 16MB 存储器,采用 80387-SX 作为协处理器,指令系统与 80286 兼容。80386 DX 内部结构、外部数据总线皆为 32 位,地址总线也为 32 位,可寻址最高 4GB 存储器,采用 80387 作为协处理器。

1989 年,Intel 公司在 80386 基础上研制出新一代 32 位微处理器芯片 80486,其地址总线仍然为 32 位,可寻址最高 4GB 存储器。它相当于把 80386、80387 及 8KB 高速缓冲存储器(Cache)集成在一块芯片上,性能比 80386 有较大提高。80486 修改了 80386 的内部结构,大约一半的指令只在一个时钟周期内完成,而不是两个时钟周期。50MHz 的 80486DX2 大约一半指令的执行时间只花费 25ns(50MIPS)。在同样的时钟速度下,执行典型的混合指令的平均速度约比 80386 提高 50%。更新型的 80486DX4 采用三倍频使内部执行速度提高到 100MHz,存储器传送速度为 33MHz,这为将来出现指令内部执行速度高达 1GHz 甚至更高的处理器奠定了基础。

5. 第五代 64 位微处理器

第五代微处理器的典型产品是 1993 年 Intel 公司推出的 Pentium(奔腾,Intel 586)以及 IBM、Apple 和 Motorola 三家公司联合生产的 Power PC。Pentium 微处理器数据总线为 64 位,地址总线为 36 位,可寻址最高 64GB 存储器,有两条超标量流水线,两个并行执行单元及双高速缓冲存储器,工作频率有 50MHz、66MHz、133MHz 和 166MHz 等。时钟频率为 60MHz 或 66MHz 的,指令执行速度为 110MIPS;时钟频率为 100MHz,指令执行速度为 150MIPS。Power PC 是一种精简指令集计算机 RISC(Reduced Instruction Set Computer),也是一种性能优异的 64 位微处理器,其中也采用了先进的超标量流水线技术及双高速缓冲存储器,它是有两个整数部件和一个浮点部件的 RISC 微处理器。精简指令集计算机的特点是指令规整,从而使指令译码电路简单,译码速度快;指令系统中只设置了使用频率较高的指令,因而指令条数少,指挥指令执行的控制逻辑电路简单,执行速度快。与精简指令集计算机对应的是复杂指令集计算机 CISC(Complex Instruction Set Computer),Intel 公司的 Pentium 微处理器及其以前的微处理器产品都属于 CISC。

随后,Intel 公司又推出了 Pentium Pro、Pentium Ⅱ、Pentium Ⅲ和 Pentium Ⅳ等一系列微处理器数据总线为 64 位,地址总线为 36 位,可寻址最高 64GB 存储器。工作频率有 166MHz、400MHz、1GHz、1.5GHz、……。表 1.2 列出了 Intel 系列微处理器具备的能力。

表 1.2　Intel 系列微处理器

微处理器	数据总线宽度	地址总线宽度	存储器容量
8086	16	20	1MB
8088	8	20	1MB
80286	16	24	16MB
80386SX	16	24	16MB
80386DX	32	32	4GB
80386EX	16	26	64MB
80486	32	32	4GB
Pentium	64	32	4GB
Pentium Pro	64	36(32)	64GB(4GB)
Pentium Ⅱ	64	36(32)	64GB(4GB)
Pentium Ⅲ和 Pentium Ⅳ	64	36	64GB

6. 双核微处理器

随着微处理器市场的竞争,现有的单核心处理器已经遇到性能提升瓶颈,单纯的主频提升和二级缓存的增加已经不能大幅提高整体效能。此外，现有的制作工艺也不能在单位面积的晶圆上添置更多的晶体管。与此同时，随之而来的负面问题也显现出来，例如，功耗过大，散热器的噪声，生产难度增加，等等。双核处理器的及时出现解决了这些问题。

2005 年年末到 2006 年，Intel、AMD 竞相推出的双核 CPU，Intel 的 Pentium D、Pentium EE 和 Core 架构代号 Conroe 的双核处理器；AMD 的 Opteron 系列和全新的 Athlon 64 X2 系列双核处理器。双核 CPU 的主要特点是节能。传统 CPU 性能提升主要依靠 CPU 主频的提高，而频率提高导致功耗（发热量）按指数倍数增长。在 CPU 进入"GHz"时代后，发热问题已经成为限制 CPU 频率的重大瓶颈。在同等计算量下，双核 CPU 技术将计算工作量分摊到两个 CPU 核心上，从而降低了 CPU 工作频率。尽管双核 CPU 中有两个"CPU"，但其发热量要比承担同样工作的单核 CPU 减少接近一半。与相同频率的单核 CPU 相比，双核 CPU 的性能要高一些。这主要体现在多任务状态下（性能约高出一半，例如同时播放 DVD 和进行游戏），而在单任务状态下性能提升有限。

由于良好的性能/功耗特性，双核 CPU 已获得良好应用。据研究结果，双核 CPU 的协同工作能力极限约为单核的 1.8～1.9 倍，这是因为协同过程会有一定开销。为达到这个性能，需要在编程上进行一些特别处理，尤其是编译程序要有双核任务分配功能，这在短期内还不会有特别进展，所以双核 CPU 跑单任务的性能提升不够理想。

未来 CPU 可能继续向多核 CPU 发展。根据目前的研究，4 核、8 核 CPU 的性能/功耗比值比双核 CPU 还要好。从经济和性能、功耗的综合角度来看，双核 CPU 将是今后发展的重要分支。

1.5　基础知识

计算机的最基本功能是进行数据的计算和处理加工。数在计算机中是以器件的物理状态来表示的。为了方便和可靠，在计算机中采用了二进制数字系统，即计算机中要处理的所有数据，都要用二进制数字系统来表示，所有的字母、符号也都要用二进制编码来表示。

1.5.1　数和数制

在人们应用各种数字符号表示事物个数的长期过程中形成了各种数制。数制是以表示数值所用的数字符号的个数来命名的，如十进制、十二进制、十六进制和六十进制等。各种数制中数字符号的个数称为该数制的基数。一个数可以用不同计算制表示它的大小，虽然形式不同，但数的量值则是相等的。在日常生活中，最常用的是十进制。

1. 数制的表示法

（1）十进制数的表示方法

十进制计数法的特点是：

① 使用 10 个数字符号 $0,1,2,\cdots,9$ 的不同组合来表示一个十进制数。这些符号称为数码，数码的个数称为基数，十进制数的基数是 10。

② 一个数中，每个数码表示的值不仅取决于数码本身，还取决于它所处的位置。对每一个数码赋以不同的位值，称为"权"。十进制，每个数码上的权是 10 的某次幂，个位、十位及百位的权分别为 10^0、10^1 和 10^2，例如 $678=6\times10^2+7\times10^1+8\times10^0$。每个数位上的数字所表

示的量是这个数字和该数位的权的乘积。

③ 逢十进一。

任何一个十进制数可表示为

$$N = \sum_{i=-m}^{n-1} a_i \times 10^i \tag{1-3}$$

式中：m 表示小数位的位数，n 表示整数位的位数，a_i 为第 i 位上的数码（可以是 $0 \sim 9$ 十个数字符号中的任何一个）。

(2) 二进制数、八进制数和十六进制数表示法

式(1-3)可推广到任意进制数。设其基数用 R 表示，则任意数 N 为

$$N = \sum_{i=-m}^{n-1} a_i \times R^i \tag{1-4}$$

对于二进制，$R=2$，a_i 为 0 或 1，逢二进一。

$$N = \sum_{i=-m}^{n-1} a_i \times 2^i \tag{1-5}$$

对于八进制，$R=8$，a_i 为 $0,1,\cdots,7$ 中的任何一个，逢八进一。

$$N = \sum_{i=-m}^{n-1} a_i \times 8^i \tag{1-6}$$

对于十六进制，$R=16$，a_i 为 $0,1,\cdots,9,A,B,C,D,E,F$ 中的任何一个，逢十六进一。

$$N = \sum_{i=-m}^{n-1} a_i \times 16^i \tag{1-7}$$

上述几种进制数有以下共同特点：

① 每种计数值有一个确定的基数 R，每一位的系数 a_i 有 R 中可能的取值；

② 按"逢 R 进一"方式计数。在计数中，小数点右移一位相当于乘以 R；反之相当于除以 R。

2. 数制之间的转换

(1) 任意进制数转换为十进制数

二进制、八进制和十六进制以至任意进制数转换为十进制数的方法很简单，可先将其按定义展开为多项式，再将系数及权均用十进制表示，按十进制进行乘法与加法运算，所得结果即为该数对应的十进制数。例如

$$(101.01)_2 = 1 \times 2^2 + 0 \times 2^1 + 1 \times 2^0 + 0 \times 2^{-1} + 1 \times 2^{-2} = 5.25$$

(2) 十进制转换为任意进制数

① 十进制整数转换成非十进制整数

设 N 为任一十进制整数，若要把它转换成 n 位 R 进制整数，则

$$N = \sum_{i=-m}^{n-1} a_i \times R^i = (((\cdots(a_{n-1} \times R) + a_{n-2}) \times R + a_{n-3}) \times R + \cdots + a_1) \times R + a_0$$

$$\tag{1-8}$$

显然，等式右边，除了最后一项 a_0 以外，其余各项都包含基数 R 的因子，都能被 R 除尽。所以等式两边同除以基数 R 取其余数的方法得到 a_i。首先得到的是 a_0，如此一直进行下去，

直到商等于 0 为止,就得到一系列余数 $a_0, a_1, \cdots, a_{n-1}$,它们正是要求的 R 进制数的各位。

十进制整数转换为任意进制整数的方法总结为:"除以基数 R 取余数,先为低位后为高位"。

【例 1-1】将十进制数 11 转换为二进制数。

$$
\begin{array}{r|l}
2 & 11 \\
2 & 5 \longrightarrow 1 \quad a_0 \\
2 & 2 \longrightarrow 1 \quad a_1 \\
2 & 1 \longrightarrow 0 \quad a_2 \\
& 0 \longrightarrow 1 \quad a_3
\end{array}
$$

$$11 = (1011)_2$$

② 十进制小数转换成非十进制小数

设 N 为任一十进制小数,若要把它转换为 m 位 R 进制小数,则

$$
N = \sum_{i=-m}^{-1} a_i \times R^i = a_{-1} \times R^{-1} + a_{-2} \times R^{-2} + \cdots + a_{-m} \times R^{-m} \tag{1-9}
$$

$$
= R^{-1} \times (a_{-1} + R^{-1} \times (a_{-2} + \cdots + R^{-1} \times (a_{-m+1} + R^{-1} a_{-m}) \cdots))
$$

因此,可以将十进制小数不断乘以 R,再取其乘积的整数作为 a_i,直到小数部分为零时止。首先得到的是 a_{-1},然后依次得到 $a_{-2}, a_{-3}, \cdots, a_{-m}$。若乘积的小数部分始终不为 0,说明相对应的 R 进制小数为不尽小数。这时可以乘到能满足计算机精度要求为止。综上所述,可以把十进制小数转换为相应 R 进制小数的方法总结为:"乘以基数 R 取整数,先为高位后为低位"。

【例 1-2】将 0.625 分别转换为二进制小数。

转换为二进制的过程如下:

$0.625 \times 2 = 1.25$	$a_{-1} = 1$
$0.25 \times 2 = 0.5$	$a_{-2} = 0$
$0.5 \times 2 = 1$	$a_{-3} = 1$

$$0.625 = (0.101)_2$$

(3) 二进制数与十六进制数之间的转换

因为 $2^4 = 16$,即可用 4 位二进制数表示 1 位十六进制数,所以可得到如下所述的二进制数与十六进制数之间的转换方法。

将二进制数转换为十六进制数的方法:以小数点为界,向左(整数部分)每 4 位为一组,高位不足 4 位时补 0;向右(小数部分)每 4 位为一组,低位不足 4 位时补 0。然后分别用一个十六进制数表示每一组中的 4 位二进制数。

将十六进制数转换为二进制数的方法:直接将每 1 位十六进制数写成其对应的 4 位二进制数。

1.5.2 带符号数的表示

1. 机器数与真值

日常生活中遇到的数,除了上述无符号数外,还有带符号数。对于带符号的二进制数,在

计算机中通常用二进制数的最高位表示数的符号。对于一个字节型二进制数来说，D_7位为符号位，$D_6 \sim D_0$位为数值位。在符号位中，规定用"0"表示正，"1"表示负，而数值位表示该数的数值大小。

把一个数及其符号位在机器中的一组二进制数表示形式，称为"机器数"。机器数所表示的值称为该机器数的"真值"。例如：

$$+32 = 00100000 \qquad\qquad -32 = 10100000$$

2. 原码

设数 x 的原码记作 $[x]_原$，如机器字长为 n，则原码定义如下

$$[x]_原 = \begin{cases} x & 0 \leqslant x \leqslant 2^{n-1} - 1 \\ 2^{n-1} + |x| & -(2^{n-1} - 1) \leqslant x \leqslant 0 \end{cases} \tag{1-10}$$

在原码表示法中，最高位为符号位（正数为 0，负数为 1），其余数字位表示数的绝对值。例如：

$$x_1 = +1010101, 则 [x_1]_原 = 01010101$$

$$x_2 = -1011101, 则 [x_2]_原 = 11011101$$

可以看出，8 位二进制原码表示数的范围为 $-127 \sim +127$，16 位二进制原码表示数的范围为 $-32767 \sim +32767$；"0"的原码有两种表示法：

$$[+0]_原 = 00000000 \text{ 或} [-0]_原 = 10000000$$

原码表示法简单直观，且与真值的转换很方便，但不便于在计算机中进行加减运算。如进行两数相加，必须先判断两个数的符号是否相同。如果相同，则进行加法运算，否则进行减法运算。如进行两数相减，必须比较两数的绝对值大小，再由大数减小数，结果的符号要和绝对值大的数的符号一致。按上述运算方法设计的算术运算电路很复杂。为此，引入了补码和反码表示法，它可以使正、负数的加法和减法运算简化为单一相加运算。

3. 反码

设数 x 的反码记作 $[x]_反$，如机器字长为 n，则反码定义如下

$$[x]_反 = \begin{cases} x & 0 \leqslant x \leqslant 2^{n-1} - 1 \\ (2^n - 1) - |x| & -(2^{n-1} - 1) \leqslant x \leqslant 0 \end{cases} \tag{1-11}$$

正数的反码与其原码相同。例如，当机器字长 $n = 8$ 时：

$$[+0]_反 = [+0]_原 = 00000000B \qquad [+35]_反 = [+35]_原 = 00100011B$$

负数的反码是在原码基础上，符号位不变（仍为 1），数值位按位取反。例如，当机器字长 $n=8$ 时：

$$[-0]_反 = (2^8 - 1) - 0 = 11111111B \qquad -[35]_反 = (2^8 - 1) - 35 = 11011100B$$

8 位二进制反码表示数的范围为 $-127 \sim +127$，16 位二进制反码表示数的范围为 $-32767 \sim +32767$；"0"的反码有两种表示法：$[+0]_反 = 00000000B$，$[-0]_反 = 11111111B$。

4. 补码

设数 x 的补码记作 $[x]_补$，如机器字长为 n，则补码定义如下

$$[x]_\text{补} = \begin{cases} x & 0 \leqslant x \leqslant 2^{n-1}-1 \\ 2^n - |x| & -2^{n-1} \leqslant x < 0 \end{cases} \qquad (1-12)$$

正数的补码与其原码和反码相同。例如，当机器字长 $n=8$ 时，有

$[+8]_\text{补} = [+8]_\text{反} = [+8]_\text{原} = 00001000\text{B}$

$[+127]_\text{补} = [+127]_\text{反} = [+127]_\text{原} = 01111111\text{B}$

负数的补码是在原码基础上，符号位不变（仍为 1），数值位按位取反，末位加 1；或在反码基础上末位加 1。例如，当机器字长 $n=8$ 时，有

$[-8]_\text{原} = 10001000\text{B}$ $[-127]_\text{原} = 11111111\text{B}$

$[-8]_\text{反} = 11110111\text{B}$ $[-127]_\text{反} = 10000000\text{B}$

$[-8]_\text{补} = 2^8 - 8 = 11111000\text{B}$ $[-127]_\text{补} = 2^8 - 127 = 10000001\text{B}$

可以看出，8 位二进制补码表示数的范围为 $-128 \sim +127$，16 位二进制补码表示数的范围为 $-32768 \sim +32767$。8 位二进制数的原码、反码和补码如表 1.3 所示。

表 1.3   8 位二进制数的原码、反码和补码表

二进制数	无符号 十进制数	带符号数		
		原码	反码	补码
00000000	0	+0	+0	+0
00000001	1	+1	+1	+1
00000010	2	+2	+2	+2
...	...	...	...	...
01111110	126	+126	+126	+126
01111111	127	+127	+127	+127
10000000	128	−0	−127	−128
10000001	129	−1	−126	−127
...	...	...	...	...
11111101	253	−125	−2	−3
11111110	254	−126	−1	−2
11111111	255	−127	−0	−1

5. 移码

移码的符号表示法与原码、反码和补码相反，符号位为 1 时表示正数，为 0 时表示负数，其他位与补码相同。因此要求得一个数的移码只需将其二进制补码的符号位取反即可。例如

$[+9]_\text{补} = 00001001$ $[+9]_\text{移} = 10001001$

$[0]_\text{补} = 00000000$ $[0]_\text{移} = 10000000$

$[-127]_\text{补} = 10000001$ $[-127]_\text{移} = 00000001$

移码是将真值在数轴上往正方向平移了 2^{n-1}。对 8 位数，平移了 $2^7 = 128$。因此称为移码。移码也被称为余码、增码或偏移二进制码。在数/模、模/数转换电路中，经常用到移码。

1.5.3 真值与机器数之间的转换

1. 原码转换为真值

根据原码定义，将原码数值位各位按权展开求和，由符号位决定数的正负即可由原码求出真值。

【例 1-3】 已知$[x]_原$=00011101B，$[y]_原$=10011111B，求 x 和 y。

$$x=+(0\times2^6+0\times2^5+1\times2^4+1\times2^3+1\times2^2+1\times2^1+1\times2^0)=29$$

$$y=-(0\times2^6+0\times2^5+1\times2^4+1\times2^3+1\times2^2+1\times2^1+1\times2^0)=-31$$

2. 反码转换为真值

要求反码的真值，只要先求出反码对应的原码，再按上述原码转换为真值的方法即可求出其真值。

正数的原码与反码相同。

负数的原码可在反码基础上，符号位仍为 1 不变，数值位按位取反。

3. 补码转换为真值

同理，要求补码的真值，也要先求出补码对应的原码。

正数的原码与补码相同。

负数的原码可在补码基础上再次求补，即

$$[x]_原=[[x]_补]_补 \qquad\qquad\cdot(1\text{-}13)$$

【例 1-4】 已知$[x]_补$=00001101B，$[y]_补$=11101101B，求$[x]_原$和$[y]_原$。

解 $\qquad[x]_原=[x]_补$=00001101B $\qquad\qquad [y]_原=[[y]_补]_补$=10010011B

1.5.4 补码的加减运算

1. 补码加法

在计算机中，凡是带符号数一律用补码表示，运算结果自然也是补码。其运算特点是：符号位和数值位一起参加运算，并且自动获得结果（包括符号位与数值位）。

补码加法的运算规则为

$$[x]_补+[y]_补=[x+y]_补 \qquad\qquad (1\text{-}14)$$

即：两数补码的和等于两数和的补码。不论被加数、加数是正数还是负数，只要直接用它们的补码直接相加，当结果不超出补码所表示的范围时，计算结果便是正确的补码形式。但当计算结果超出补码表示范围时，结果出错，这种情况称为溢出。

2. 补码减法

补码减法的运算规则为：

$$[x]_补-[y]_补=[x]_补+[-y]_补=[x-y]_补 \qquad\qquad (1\text{-}15)$$

无论被减数、减数是正数还是负数，上述补码减法的规则都是正确的。同样，由最高位向更高位的进位会自动丢失而不影响运算结果的正确性。

计算机中带符号数用补码表示时有如下优点：

① 可以将减法运算变为加法运算，因此可使用同一个运算器实现加法和减法运算，简化了电路。

② 无符号数和带符号数的加法运算可以用同一个加法器实现，结果都是正确的。

1.5.5 数的进位和溢出

1. 进位与溢出

所谓进位,是指运算结果的最高位向更高位的进位,用来判断无符号数运算结果是否超出了计算机所能表示的最大无符号数的范围。

溢出是指带符号数的补码运算溢出,用来判断带符号数补码运算结果是否超出了补码所能表示的范围。例如,字长为 n 位的带符号数,它能表示的补码范围为 $-2^{n-1} \sim +2^{n-1}-1$,如果运算结果超出此范围,就叫补码溢出,简称溢出。

很显然,溢出只能出现在两个同号数相加,或两个异号数相减的情况下。

2. 溢出的判断方法

PC 中常用的溢出判别法是双高位判别法。假设引进两个附加的符号,即

Cs:它表征最高位(符号位)的进位情况,如有进位,Cs=1,否则,Cs=0。

Cp:它表征数值部分最高位的进位情况,如有进位,Cp=1,否则,Cp=0。

当符号位向前有进位时,Cs=1,否则,Cs=0;当数值部分最高位向前有进位时,Cp=1,否则,Cp=0。单符号位法就是通过该两位进位状态的异或结果来判断是否溢出的。

$$OF = Cs \oplus Cp \tag{1-16}$$

若 OF=1,说明结果溢出;若 OF=0,则结果未溢出。也就是说,当符号位和数值部分最高位同时有进位或同时没有进位时,结果没有溢出,否则,结果溢出。

具体地讲,对于加运算,如果次高位(数值部分最高位)形成进位加入最高位,而最高位(符号位)相加(包括次高位的进位)却没有进位输出时;或者反过来,次高位没有进位加入最高位,但最高位却有进位输出时,都将发生溢出。因为这两种情况分别是:两正数相加,结果超出了范围,形式上变成了负数;两负数相加,结果超出了范围,形式上变成了正数。

对于减运算,当次高不需从最高位借位,但最高位却需要借位(正数减负数,差超出范围);或者反过来,次高位需要从最高位借位,但最高位不需借位(负数减正数,差超出范围),也会出现溢出。

【例 1-5】(+73)+(+98)。

```
    01001001B        +73
 +  01100010B        +98
 ─────────────────────────
    10101011B        -86
```

数值部分最高位向前有进位时,Cp=1;符号位向前无进位,Cs=0;OF=1,发生溢出。

1.5.6 数的定点与浮点表示法

1. 定点表示

定点表示法,是指小数点在数中的位置是固定的。原理上讲,小数点的位置固定在哪一位都是可以的,但通常将数据表示成纯小数或纯整数形式,如图 1-12 所示。

对于纯小数,规定小数点固定在最高数值位之前,机器中能表示的所有数都是小数。n 位数值部分所能表示的数 N 的范围(原码表示,下同)为:

$$1-2^{-n} \geqslant N \geqslant -(1-2^{-n}) \tag{1-17}$$

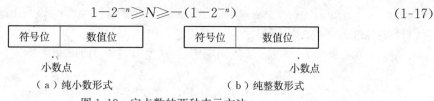

图 1-12　定点数的两种表示方法

它能表示的数的最大绝对值为 $1-2^{-n}$，最小绝对值为 2^{-n}。

对于纯整数表示法，n 位数值部分所能表示的数 N 的范围为：

$$2^n-1 \geqslant N \geqslant -(2^n-1) \tag{1-18}$$

它能表示的数的最大绝对值为 2^n-1，最小绝对值为 1。

2. 基于 IEEE 754 的浮点数存储格式

IEEE(Institute of Electrical and Electronics Engineers，电气工程师协会)在 1985 年制定的 IEEE 754(IEEE Standard for Binary Floating-Point Arithmetic, ANSI/IEEE Std 754—1985)二进制浮点运算规范，是浮点运算部件事实上的工业标准。

(1) 浮点数与其格式

在计算机系统的过程中，曾经提出过多种方法表示实数，但是到目前为止使用最广泛的是浮点表示法。相对于定点数而言，浮点数利用指数使小数点的位置可以根据需要而上下浮动，从而可以灵活地表达更大范围的实数。

一个实数 V 在 IEEE 754 标准中可以用 $V=(-1)^S \times M \times 2^E$ 的形式表示，说明如下：

- 符号 S(sign)决定实数是正数($S=0$)还是负数($S=1$)，对数值 0 的符号位特殊处理；
- 有效数字 M(significand)是二进制小数，M 的取值范围在 $1 \leqslant M < 2$ 或 $0 \leqslant M < 1$；
- 指数 E(exponent)是 2 的幂，它的作用是对浮点数加权。

浮点格式是一种数据结构，它规定了构成浮点数的各个字段，这些字段的布局，及其算术解释。IEEE 754 浮点数的数据位被划分为三个字段，对以上参数值进行编码：

- 一个单独的符号位 S 直接编码符号 S；
- k 位的阶码 p，用移码表示；
- n 位的尾数 f(fraction)($f=f_{n-1} \cdots f_1 f_0$)编码有效数字 M，用原码表示。

(2) IEEE 754 浮点存储格式

与浮点格式对应，浮点存储格式规定了浮点格式在存储器中如何存放。IEEE 标准定义了这些浮点存储格式，但具体选择哪种存储格式由实现工具(程序设计语言)决定。IEEE 754 标准规定了三种浮点数格式：单精度、双精度和扩展精度。

① 单精度格式

IEEE 单精度浮点格式共 32 位，包含三个构成字段：23 位尾数 f，8 位阶码 p，1 位符号 S。将这些字段连续存放在一个 32 位字里，并对其进行编码，其格式如图 1-13 所示。

图 1-13　单精度格式

符号位取"0"表示正数，取"1"表示负数。

阶码位是 8 位,用移码表示,那就是的指数并不能直接当作阶码来处理,需要将其与 127 (7FH)相加才可得到的阶码表示。

尾数的位域长度为 23 位,其值固定为 1,这也就是说 IEEE 754 标准所定义的浮点数,其有效数字是介于 1 与 2 之间的小数。

单精度浮点数大小可表示为:$V=(-1)^S\times 2^{(p-127)}\times 1\cdot f$

例如:1.0 的二进制单精度浮点格式:0 0111 1111 000 0000 0000 0000 0000 0000

IEEE 754 标准所定义的单精度浮点数所表示的数值的范围 $2^{-126}\sim 2^{+128}$。

(2)双精度浮点数

IEEE 双精度浮点格式共 64 位,占两个连续 32 位字,包含三个构成字段:52 位的尾数 f,11 位的阶码 p,1 位的符号位 S,其格式如图 1-14 所示。

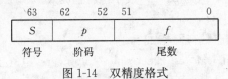

图 1-14 双精度格式

相对于单精度浮点数格式,双精度的阶码变为 11 位,移码变为 1023(3FFH),尾数变为 52 位。双精度浮点数所表示的数值的动态范围约为 $2^{-1022}\sim 2^{+1024}$。

(3)扩展双精度格式(Intel x86 结构计算机)

IEEE 双精度扩展格式的定义共 80 位,占三个连续 32 位字,包含 4 个构成字段:63 位的尾数 f,1 位显式前导有效位 j(explicit leading significand bit),15 位阶码 p,和 1 位符号位 S。将这三个连续的 32 位字整体作为一个 96 位的字,进行重新编号。其中 0:62 包含 63 位的尾数 f,第 63 位包含前导有效位 j,64:78 位包含 15 位的阶码 p,最高位第 79 位包含符号位 S。

在 Intel 结构系计算机中,这些字段依次存放在 10 个连续的字节中。但是,由于 UNIX System V Application Binary Interface Intel 386 Processor Supplement(Intel ABI)要求双精度扩展参数,从而占用堆栈中三个相连地址的 32 位字,其中最高一个字的高 16 位未被使用。

表 1.4 总结了 IEEE 浮点格式的参数。

表 1.4 IEEE 浮点格式参数总结

参数	浮点格式			
	单精度	双精度	扩展双精度(Intel x86)	扩展双精度(SPARC)
尾数 f 宽度 n	23	52	63	112
前导有效位 j	隐含	隐含	显式	隐含
有效数字 M 精度 p	24	53	64	113
阶码 p 宽度 k	8	11	15	15
偏置值 Bias	+127	+1023	+16383	+16383
符号位 S 宽度	1	1	1	1
存储格式宽度	32	64	80	128

1.5.7 计算机中常用的编码

1. 二进制编码的十进制数(BCD 编码)

如前所述,在计算机中是使用二进制代码工作的。但是由于长期的习惯,在日常生活中,人们最熟悉的数制是十进制。为解决这一矛盾,提出了一人比较适合于十进制系统的二进制代码的特殊形式,即将 1 位十进制的 0～9 这 10 个数字分别用 4 位二进制码的组合来代表,在此基础上,可按位对任意十进制数进行编码。这就是二进制编码的十进制数,简称 BCD 码(Binary-Coded Decimal)。

在计算机中,BCD 码有两种基本格式:压缩 BCD 码格式和非压缩 BCD 码格式。在压缩 BCD 码格式中,两位十进制数,存放在一个字节中。如数 62 存放格式为:

0110　　0010

在非压缩 BCD 码格式中,每位数存放在 8 位字节的低 4 位部分,高 4 位部分的内容与数值无关,如数 62 存放格式为:

xxxx0110　　　　xxxx0010

其中 x 表示任意。

2. ASCII 字符编码

目前国际上使用的字符编码系统有许多种。在微型计算机中普遍采用的是美国国家信息交换标准字符码。即 ACSII 码(American Standard Code for Information Interchange)。

ASCII 码采用 7 位二进制代码来对字符进行编码。它包括 32 个通用控制符号,10 个阿拉伯数字,52 个英文大、小字母,34 个专用符号,共 128 个。例如阿拉伯数字 0～9 的 ASCII 码分别为 30H～39H,英文大写字母 A、B、…、Z 的 ASCII 码是从 41H 开始依次往下编排。并非所有的 ASCII 字符都能打印,有些字符为控制字符用来控制退格,换行和回车等。ASCII 代码还包括几个其他的字符,例如文件结束(EOF)、传送结束(EOT),用作传送和存储数据的标志。表 1.5 为 ASCII 字符表。

表 1.5　ASCII 字符表(7 位码)

高 3 位 $b_6 b_5 b_4$ / 低 4 位 $b_3 b_2 b_1 b_0$		0	1	2	3	4	5	6	7
		000	001	010	011	100	101	110	111
0	0000	NUL	DLE	SP	0	@	P	、	p
1	001	SOH	DC1	!	1	A	Q	a	q
2	0010	STX	DC2	″	2	B	R	b	r
3	0011	ETX	DC3	#	3	C	S	c	s
4	0100	EOT	DC4	$	4	D	T	d	t
5	0101	ENQ	NAK	%	5	E	U	e	u
6	0110	ACK	SYN	&	6	F	V	f	v
7	0111	BEL	ETB	′	7	G	W	g	w
8	1000	BS	CAN	(	8	H	X	h	x
9	1001	HT	EM	)	9	I	Y	i	y
A	1010	LF	SUB	*	:	J	Z	j	z
B	1011	VT	ESC	+	;	K	[	k	{
C	1100	FF	FS	,	<	L	\	l	|
D	1101	CR	GS	-	=	M	]	m	}
E	1110	SO	RS	.	>	N	^	n	~
F	1111	SI	US	/	?	O	o	o	DEL

3. 汉字的编码

（1）基本概念

为了能在不同的汉字系统之间互相通信、共享汉字信息。1980 年我国制定并推行一种汉字编码，称 GB2312—80《国家标准信息交换用汉字编码字符集—基本集》，简称国标码。在国标码中，每个国标字符都规定了二进制表示的编码，一个汉字用两个字节编码，每个字节用 7 位二进制，高位置为 0。GB2312—80 在中国及海外使用简体中文的地区（如新加坡等）是强制使用的唯一中文编码。微软 Windows 3.2 和苹果 OS 就是以 GB2312 为基本汉字编码，Windows 95/98 则以 GBK 为基本汉字编码，但兼容支持 GB2312。国标码共收录 6763 个简体汉字、682 个符号，其中汉字部分：一级字 3755，以拼音排序，二级字 3008，以偏旁排序。该标准的制定和应用为规范、推动中文信息化进程起了很大作用。1990 年又制定了繁体字的编码标准 GB12345—90《信息交换用汉字编码字符集第一辅助集》，目的在于规范必须使用繁体字的各种场合，以及古籍整理等。该标准共收录 6866 个汉字（比 GB2312 多 103 个字，其他厂商的字库大多不包括这些字），纯繁体的字大概有 2200 余个。（2312 集与 12345 集不是相交的。一个是简体，一个是繁体）。

BIG5 编码是目前我国台湾、香港地区普遍使用的一种繁体汉字的编码标准，包括 440 个符号，一级汉字 5401 个、二级汉字 7652 个，共计 13060 个汉字。BIG5 是一个双字节编码方案，其第一字节的值在十六进制的 A0～FEH 之间，第二字节在 40～7EH 和 A1～FEH 之间。因此，其第一字节的最高位是 1，第二字节的最高位则可能是 1，也可能是 0。

GBK 编码（Chinese Internal Code Specification）是中国制订的、等同于 UCS 的新的中文编码扩展国家标准。GBK 工作小组 1995 年 12 月完成 GBK 规范。该编码标准兼容 GB2312，共收录汉字 21003 个、符号 883 个，并提供 1894 个造字码位，简、繁体字融于一库。Windows 95/98 简体中文版的字库表层编码就采用的是 GBK，通过 GBK 与 UCS 之间一一对应的码表与底层字库联系。其第一字节的值在十六进制的 81～FEH 之间，第二字节在 40～FEH，除去 xx7FH 一线。

Unicode 编码（Universal Multiple Octet Coded Character Set）是国际标准组织于 1984 年 4 月成立 ISO/IEC JTC1/SC2/WG2 工作组，针对各国文字、符号进行统一性编码。1991 年美国跨国公司成立 Unicode Consortium，并于 1991 年 10 月与 WG2 达成协议，采用同一编码字集。目前 Unicode 是采用 16 位编码体系，其字符集内容与 ISO10646 的 BMP（Basic Multilingual Plane）相同。Unicode 于 1992 年 6 月通过 DIS（Draf International Standard），目前版本 V2.0 于 1996 公布，内容包含符号 6811 个，汉字 20902 个，韩文拼音 11172 个，造字区 6400 个，保留 20249 个，共计 65534 个。

（2）国家标准汉字代码体系

由于汉字字数繁多，属性丰富，因而汉字代码体系也较复杂，包括：

汉字机内码。它们是汉字在计算机汉字系统内部的表示方法，是计算机汉字系统的基础代码。

汉字交换码。它们是国标汉字（如机内码）进行信息交换的代码标准。

汉字输入码。它们是在计算机标准键盘上输入汉字用到的各种代码体系。

汉字点阵码。它们是在计算机屏幕上显示和在打印机上打印输出汉字的代码体系。

汉字字形控制码。为了打印各种风格的字体和字形所制定的代码。

这些代码系统有的必须有统一的国家标准,有的则不要求统一。近年来我国已经制定系列汉字信息处理方面的国家标准,不断完善,并与国际上求得统一。

(3)国家标准汉字交换码

GB2312—80 国标码的字符集中共收录了一级汉字 3755 个,二级汉字 3008 个,图形符号 682 个,三项字符总计 7445 个。

在国标 GB2312—80 中规定,所有的国标汉字及符号分配在一个 94 行、94 列的方阵中,方阵的每一行称为一个"区",编号为 01 区到 94 区,每一列称为一个"位",编号为 01 位到 94 位,方阵中的每一个汉字和符号所在的区号和位号组合在一起形成的 4 个阿拉伯数字就是它们的"区位码"。区位码的前两位是它的区号,后两位是它的位号。用区位码就可以唯一地确定一个汉字或符号,反过来说,任何一个汉字或符号也都对应着一个唯一的区位码。汉字"母"字的区位码是 3624,表明它在方阵的 36 区 24 位,问号"?"的区位码为 0331,则它在 03 区 31 位。

所有的汉字和符号所在的区分为以下 4 个组:

(1)01 区到 15 区。图形符号区,其中 01 区到 09 区为标准符号区,10 区到 15 区为自定义符号区。01 区到 09 区的具体内容如下:

- 01 区。一般符号 202 个,如间隔符、标点、运算符、单位符号及制表符;
- 02 区。序号 60 个,如 1.～20.、(1)～(20)、①～⑩及(一)～(十);
- 03 区。数字 22 个,如 0～9 及Ⅰ～Ⅻ,英文字母 52 个,其中大写 A～Z,小写 a～z 各 26 个;
- 04 区。日文平假名 83 个;
- 05 区。日文片假名 86 个;
- 06 区。希腊字母 48 个;
- 07 区。俄文字母 66 个;
- 08 区。汉语拼音符号 a～z 26 个;
- 09 区。汉语拼音字母 37 个。

(2)16 区到 55 区。一级常用汉字区,包括了 3755 个一统汉字。这 40 个区中的汉字是按汉语拼音排序的,同音字按笔画顺序排序。其中 55 区的 90～94 位未定义汉字。

(3)56 区到 87 区。二级汉字区,包括了 3008 个二级汉字,按部首排序。

(4)88 区到 94 区。自定义汉字区。

第 10 区到第 15 区的自定义符号区,以及第 88 区到第 94 区的自定义汉字区可由用户自行定义国标码中未定义的符号和汉字。

(4)国家标准汉字机内码

汉字的机内码是指在计算机中表示一个汉字的编码。机内码与区位码稍有区别。如上所述,汉字区位码的区码和位码的取值均在 1～94 之间,如直接用区位码作为机内码,就会与基本 ASCII 码混淆。为了避免机内码与基本 ASCII 码的冲突,需要避开基本 ASCII 码中的控制码(00H～7FH),还需与基本 ASCII 码中的字符相区别。为了实现这两点,可以先在区码和位码分别加上 20H,在此基础上再加 80H。经过这些处理,用机内码表示一个汉字需占两个字节,分别称为高位字节和低位字节,这两位字节的机内码按如下规则表示:

高位字节=区码+20H+80H(或区码+A0H)

低位字节=位码+20H+80H(或位码+A0H)

由于汉字的区码与位码的取值范围的十六进制数均为 01H～5EH(即十进制的 01～94),

所以汉字的高位字节与低位字节的取值范围则为 A1H~FEH（即十进制的 161~254）。例如，汉字"啊"的区位码为 1601，区码和位码分别用十六进制表示即为 1001H，它的机内码的高位字节为 B0H，低位字节为 A1H，机内码就是 B0A1H。

（5）汉字的输入码

在计算机标准键盘上，汉字的输入和西文的输入有很大的不同。西文的输入，击一次键就直接输入了相应的字符或代码，"键入"和"输入"是同一个含义。但是在计算机上进行汉字输入时，"键入"是指击键的动作，即键盘操作的过程，而"输入"则是把所需的汉字或字符送到指定的地方，是键盘操作的目的。目前已有多种汉字输入方法，因此就有多种汉字输入码。汉字输入码是面向输入者的，使用不同的输入码其操作过程不同，但是得到的结果是一样的。不管采用何种输入方法，所有输入的汉字都以机内码的形式存储在介质中，而在进行汉字传输时，又都以交换码的形式发送和接收。

国标 GB2312—80 规定的区位码和沿用多年的电报码都可以作为输入码。这类汉字编码和输入码是一一对应的，具有标准的性质，它们编码用的字符是 10 个阿拉伯数字，每个汉字的码长均为等长的 4 个数码。

（6）汉字的点阵码

汉字的显示和输出，普遍采用点阵方法。由于汉字数量多且字形变化大，对不同字形汉字的输出，就有不同的点阵字型。所谓汉字的点阵码，就是汉字点阵字型的代码。存储在介质中的全部汉字的点阵码又称为字库。16×16 点阵的汉字其点阵有 16 行，每一行上有 16 个点。如果每一个点用一个二进制位来表示，则每一行有 16 个二进制位，需用两个字节来存放每一行上的 16 个点，并且规定其点阵中二进制位 0 为白点，1 为黑点，这样一个 16×16 点阵的汉字需要用 256 个点，即 32 个字节来存放。依次类推，24×24 点阵和 32×32 点阵的汉字则依次要用 72 个字节和 128 个字节存放一个汉字，构成它在字库中的字模信息。字模的表示顺序为：先从左到右，再从上到下。也就是先画第一行左上方的 8 个点，再是右上方的 8 个点，然后是第二行左边 8 个点，右边 8 个点，以此类推。

要显示或打印输出一个汉字时，计算机汉字系统根据该汉字的机内码找出其字模信息在字库中的位置，再取出其字模信息作为字形在屏幕上显示或在打印机上打印输出。

汉字的显示原理：

• 从键盘输入的汉字经过键盘管理模块，变换成机内码。

• 然后经字模检索程序，查到机内码对应的点阵信息在字模库的地址。

• 从字库中检索出该汉字点阵信息。

• 利用显示驱动程序将这些信息送到显示卡的显示缓冲存储器中。

• 显示器的控制器把点阵信息整屏顺次读出，并使每一个二进制位与屏幕的一个点位相对应，就可以将汉字字形在屏幕上显示出来。

以 16×16 的点阵汉字库文件为例。一个汉字用了 256 个点共 32 个字节表示。汉字共分 94 区，每个区有 94 位汉字。机内码用两个字节表示，第一个字节存储区号（qh），为了和 ASCII 码相区别，范围从十六进制的 A1H 开始（小于 80H 地为 ASCII 码字符），对应区码的第一区；第二个字节是位号（wh），范围也从 A1H 开始，对应某区中的第一个位码。这样，将汉字机内码减去 A0A0H 就得到该汉字的区位码。从而可以得到汉字在字库中的具体位置：

$$位置 = [94×(qh-1)+(wh-1)]×一个汉字字模占用的字节数$$

对于 16×16 的点阵汉字库，汉字在字库中的具体位置的计算公式就是：$[94×(qh-1)+$

(wh−1)]×32。例如，"房"的机内码为十六进制的 B7BF，则其区位码是 B7BFH-A0A0H＝171FH，转化为十进制就是 2331，在汉字库中的位置就是 32×[94×(23−1)＋(31−1)]＝67136 字节以后的 32 个字节为"房"的显示点阵。

习　题　1

1. 微处理器与 PC 系统有什么不同？微处理器的作用是什么？

2. PC 系统的硬件系统有哪几部分组成？各部分主要功能是什么？

3. 冯·诺依曼结构和哈佛结构各有什么特点？

4. 系统软件和应用软件各有什么特点？

5. MIPS、CISC 和 RISC 各是什么意思？

6. 在 PC 系统中的 1MB 存储器中包含＿＿＿＿＿＿区和＿＿＿＿＿区。

7. Intel 推出的第一款可寻址 1MB 的微处理器是＿＿＿＿＿。

8. Intel 推出的第一款 32 位微处理器是＿＿＿＿＿。
A. 80286　　　　　B. 80386　　　　　C. 80486　　　　　D. Pentium

8. Intel 第一次在微处理器芯片内部增加浮点运算部件和 Cache 的是＿＿＿＿＿。
A. 80286　　　　　B. 80386　　　　　C. 80486　　　　　D. Pentium

9. Intel 64 位微处理器的是＿＿＿＿＿。
A. 80286　　　　　B. 80386　　　　　C. 80486　　　　　D. Pentium

10. 将下列二进制数转换为十进制数和 BCD 数。
    01001011B，　11010001B，　00111100B

11. 将下列十进制数转换为二进制数和十六进制数。
    75，　153，　219

12. 写出下列数的原码、反码和补码(设字长为 8 位)。
    35，　−173，　220

13. 当两个补码进行加、减运算时，什么情况下会产生溢出？补码溢出意味着什么？试举例说明。

14. GB2312—80 国标码中每个汉字的编码由几个字节组成？采用什么样的编码规则？

第 2 章　8086/8088 系统结构与 80x86 微处理器

微处理器是组成微型计算机系统的核心硬件。微处理器通过与某些其他逻辑电路连接组成主机板系统,形成系统级总线。许多外部设备经过接口逻辑与系统级总线连接,使主机与外部设备共同组成完整的微机硬件系统。

本章首先介绍微处理器的一般特点,然后重点讨论 Intel 8086/8088 微处理器的内部结构、存储器和 I/O 组织,最后简要介绍 Intel 80x86 系列微处理器的基本结构特点。

2.1　微处理器

2.1.1　概述

微处理器简称 CPU,是用来实现运算和控制功能的部件,由运算器、控制器和寄存器三部分组成。运算器用于完成数据的算术和逻辑运算。CPU 内部的寄存器用来暂存参加运算的操作数和运算结果。控制器通常由指令寄存器、指令译码器和控制电路组成。指令是一组二进制编码信息,主要包括两个内容:一是告诉计算机进行什么操作;二是指出操作数或操作数地址。控制电路根据指令的要求向微型机各部件发出一系列相应的控制信息,使它们协调有序地工作。

80x86 微处理器是美国 Intel 公司生产的系列微处理器。从 1978 年推出的 16 位 8086 微处理器芯片后,便开始了 Intel 公司的 80x86 系列微处理器的生产历史。本节简要介绍 Intel 公司 80x86 系列微处理器的发展过程及其特性。

表 2.1 给出了微处理器概况。下面通过对表中有关技术数据的分析来说明 Intel 80x86 系列微处理器的发展情况。

表 2.1　微处理器概况

类型	时期	代表产品	类　型
第一代	1971—1973 年	Intel 4004、4040	数据总线 4 位、集成度 2300 管/片、时钟频率 1MHz
第二代	1973—1977 年	Intel 8080/85 Zilog Z80 Motorola 6800 Rockwe H6502	数据总线 8 位、地址总线 16 位、集成度 1 万管/片、时钟频率 2～4MHz
第三代	1978—1980 年	Intel 8086/88 Motorola 68000	数据总线 16 位、地址总线 20 位、集成度 2～6 万管/片、时钟频率 4～8MHz
	1981—1984 年	Intel 80286 Motorola 68010	数据总线 16 位、地址总线 24 位、集成度约 13 万管/片、时钟频率 6～20MHz
第四代	1985—1989 年	Intel 80386 Motorola 68020	数据总线 32 位、地址总线 32 位、集成度 15～50 万管/片、时钟频率 16～40MHz

类型	时期	代表产品	类　型
第四代	1989—1992 年	Intel、AMD、Cyrix 80486 IBM Power PC 601	数据总线 32 位、地址总线 32 位、集成度 120 万管/片、时钟频率 33～100MHz
第五代	1993—1994 年	Intel 的 Pentium、AMD、Cyrix 的 5X86 及 K5、M 系列、IBM PowerPC 604、DEC Alpha 21064	数据总线 64 位、地址总线 32 位、集成度 350 万管/片、时钟频率 50～166MHz
	1995—2004 年	Pentium Pro、Pentium Ⅱ、Pentium Ⅲ 和 Pentium Ⅳ 等	数据总线 64 位、地址总线 36 位、集成度超过 2100 万管/片、工作频率有 166MHz、400MHz、1GHz、1.5GHz、……
	2005 年以后	Pentium 8xx 处理器、9xx 处理器	多核

目前，微型计算机系统采用如图 2-1 所示的三级存储器组织结构，即由高速缓冲存储器 Cache、主存和外存组成。主存储器通常由 CPU 之外的半导体存储器芯片组成，用来存放程序、原始操作数、运算的中间结果数据和最终结果数据。程序是按解题顺序编排、用一系列指令表示的计算步骤。程序和数据在形式上均为二进制码，它们均以字节为单位存储在内存储器中，一个字节占用一个存储单元，并具有唯一的地址编码。CPU 可以对内存储器执行读/写两种操作。高速缓冲存储器 Cache 的使用，大大减少了 CPU 读取指令和操作数所需的时间，使 CPU 的执行速度显著提高。为了满足微型计算机对存储器系统高速、大容量、低成本的要求。

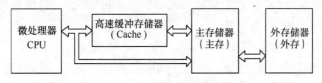

图 2-1　存储器三级结构

当前正在执行的程序或要使用的数据必须从外存调入主存后才能被 CPU 读取并执行，主存容量通常为 MB 和 GB 级（如 Pentium Ⅱ 可配置的内存最大容量可达 $2^{36}=64G$，但事实上，基于成本和必要性考虑，目前，微型计算机内存配置一般都不会达到其理论允许值）；当前没有使用的程序可存入外存，如硬盘和光盘等，外存的容量通常很大，可达 GB 甚至 TB 级；而高速缓冲存储器的最大特点是存取速度快，但容量较小，通常为 MB 级，将当前使用频率较高的程序和数据通过一定的替换机制从主存放入 Cache，CPU 在取指令或读取操作数时，同时对 Cache 和主存进行访问，如果 Cache 命中，则终止对主存的访问，直接从 Cache 中将指令或数据送 CPU 处理，由于 Cache 的速度比主存快得多，因此，Cache 的使用大大提高了 CPU 读取指令或数据的速度。

80386 之前的 CPU 都没有 Cache。80386 CPU 内无 Cache，而由与之配套使用的 Intel 82385 Cache 控制器实现 CPU 之外的 Cache 管理。80486 之后的 CPU 芯片内部都集成了一至多个 Cache。

80x86 CPU 在发展过程中，存储器的管理机制发生了较大变化。8086/8088 CPU 对存储器的管理采用的是分段的实方式；80286 CPU 除了可在实方式下工作外，还可以在保护方式下工作；而 80386 CPU 之后的处理器则具有三种工作方式：实方式、保护方式和虚拟 8086 方式。

在保护方式下，机器可提供虚拟存储管理和多任务管理机制。虚拟存储的实现，为用户提供了一个比实际主存空间大得多的程序地址空间，从而可使用户程序的大小不受主存空间的限制。多任务管理机制的实现，可允许多个用户或一个用户的多个任务同时在机器上运行。

从 80386 开始，微处理器除支持实方式和保护方式外，又增加了一种虚拟 8086 方式。在这种方式下，一台机器可以同时模拟多个 8086 处理器的工作。

2.1.2　微处理器的主要技术参数

微处理器品质的高低直接决定了一个 PC 系统的档次，而微处理器的主要技术参数可以反映出微处理器大致性能。

1. 字长

微处理器的字长是指在单位时间内同时处理的二进制数据的位数。微处理器按照其处理信息的字长可分为：8 位 CPU、16 位 CPU、32 位 CPU 和 64 位 CPU 等。

2. 内部工作频率

内部工作频率又称为内频或主频，它是衡量微处理器速度的重要参数。微处理器的主频表示在微处理器内数字脉冲信号振荡的速度，与微处理器实际的运算能力并没有直接关系。因此，主频仅是微处理器性能表现的一个方面，而不代表微处理器的整体性能。

内部频率的倒数是时钟周期，这是微处理器中最小的时间元素，微处理器每个动作至少需要一个时钟周期。

以 PC 系列微处理器为例，8086 和 8088 执行一条指令平均需要 12 个时钟周期；80286 和 80386 的速度提高，每条指令大约要 4.5 个时钟周期；80486 速度进一步提高，每条指令大约 2 个时钟周期；Pentium 具有双指令流水线，每个指令周期执行 1～2 条指令；而 Pentium Pro 和 Pentium Ⅱ/Ⅲ 每个时钟周期可执行 3 条或更多的指令。

3. 外部工作频率

微处理器除主频外，还有另一种工作频率，称为外部工作频率，它是由主板为 CPU 提供的基准时钟频率。

在早期，微处理器的内频就等于外频。例如：80486 DX—33 的内频为 33MHz，它的外频也为 33MHz。80486 DX—33 以 33MHz 的速度在内部进行运算，也同样以 33MHz 的速度与外界交换数据。目前，微处理器的内频越来越高，相比之下其他设备的速度还很缓慢，所以现在外频跟内频不再只是一比一的同步关系，从而出现了内部倍频技术。内频、外频和倍频三者之间的关系为：内频＝外频×倍频。

例如，80486 DX—66 外频为 33MHz，由于内部 2 倍频技术的关系，内频为 66MHz。到了 Pentium 时代，由于微处理器支持多种倍频，因此在设定微处理器频率时，不仅要设定外频，也要指定倍频。

目前微处理器的内频已高达几 GHz，而外频为 266MHz 和 400MHz 等，与微处理器的差距很大，最高的倍频可达到十几甚至更高。理论上倍频是从 1.5 一直到无限，以 0.5 为一个间隔单位。

4. 前端总线频率

前端总线(Front Side Bus),通常用 FSB 表示,它是微处理器和外界交换数据的最主要通道,主要连接主存、显卡等数据吞吐率高的部件,因此前端总线的数据传输能力对计算机整体性能作用很大。

在 Pentium Ⅳ 出现之前,前端总线频率与外频是相同的,因此往往直接称前端总线频率为外频。随着计算机技术的发展,需要前端总线频率高于外频,因此采用 QDR(Quad Date Rate)技术或者其他类似的技术,使得前端总线频率成为外频的 2 倍、4 倍甚至更高。

5. 片内 Cache 的容量

片内 Cache 又称 CPU Cache,它是容量和工作速度对提高计算机的速度起着关键的作用。CPU Cache 可分为 L1 Cache、L2 Cache,部分高端 CPU 还具有 L3 Cache。L1 Cache 的容量基本在 4～64KB 之间,L2 Cache 的容量则从 128KB～2MB 不等。L2 Cache 是影响 CPU 性能的关键因素之一。在 CPU 核心不变的情况下,增加 L2 Cache 的容量能使其性能大幅度提高,而同一核心 CPU 的高低之分往往也是在 L2 Cache 上有差异。

6. 地址总线宽度

地址总线宽度决定了微处理器可以访问的最大物理地址空间,简单地说就是微处理器到底能够使用多大容量的主存。例如,Pentium 有 32 位地址线,可寻址的最大容量为 $2^{32}=4GB$。

7. 数据总线宽度

数据总线宽度则决定了微处理器与外部 Cache、主存以及 I/O 设备之间进行一次数据传输的信息量。如果数据总线为 32 位,每次最多可以读/写主存中的 32 位数据;如果数据总线为 64 位,每次最多可以读/写主存中的 64 位数据。

数据总线和地址总线是相互独立的,数据总线宽度指明了芯片的信息传递能力,而地址总线宽度说明了芯片可以访问多少个主存单元。

8. 工作电压

工作电压指的是微处理器正常工作所需的电压。随着近年来微处理器设计和制造工艺与内频的提高,微处理器的工作电压呈逐步下降趋势,以解决发热问题。目前一般台式机用 CPU 工作电压已在 3V 以下;而笔记本专用 CPU 的工作电压就更低了,低至 1.2V 或 0.8V。这使 CPU 功耗大大减少,但其生产成本会大为提高。

2.1.3 微处理器的内部结构

微处理器是组成计算机系统的核心部件。它具有运算和控制的功能。具体地讲,CPU 应具有下述基本功能:

① 进行算术和逻辑运算;
② 具有接收存储器和 I/O 接口来的数据和发送数据给存储器和 I/O 接口的功能;
③ 可以暂存少量数据;
④ 能对指令进行寄存、译码并执行指令所规定的操作;

⑤ 能提供整个系统所需的定时和控制信号；

⑥ 可响应 I/O 设备发出的中断请求。

从程序设计的角度考虑，CPU 必须便于处理：

① 赋值和算术表达式；

② 无条件转移；

③ 条件转移以及关系和逻辑表达式；

④ 循环；

⑤ 数组和其他数据结构；

⑥ 子程序；

⑦ 输入/输出。

CPU 的内部结构是实现上述功能的执行部件。内部结构中与指令和程序有关的部分组成编程模型。

尽管各种微处理器的内部结构不尽相同，但是为了实现上述基本功能的要求，典型的 CPU 内部结构应包括控制器、工作寄存器、算术逻辑运算单元（ALU）和 I/O 控制逻辑，如图 2-2 所示。

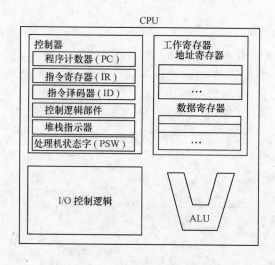

图 2-2　典型 CPU 内部结构

算术逻辑运算单元（ALU）：它是运算器的核心，几乎所有的算术运算、逻辑运算和移位操作都是由 ALU 完成的。它是由门电路组成的组合网络，没有记忆功能。每 1 位有两个输入端，一个输出端，在控制信号（由指令译码器和控制逻辑形成和发出的）控制下，完成不同的操作。其输出与内部数据总线相接，以便内部寄存器接收或输出到外部数据总线上去。

工作寄存器：暂存用于寻址和计算过程的信息。工作寄存器分为两组：数据寄存器组和地址寄存器组。但有的寄存器兼有双重用途。数据寄存器用来暂存操作数和中间运算结果。存取寄存器要比访问存储器快得多。一般情况下，CPU 所含的数据寄存器越多，计算速度越快。地址寄存器组用于操作数的寻址，寻址方式有几种。主要的几种寻址方式都是把操作数的地址全部或部分的存放在地址寄存器中，这就增加了寻址方式的灵活性，也为处理数组元素提供了方便。

控制器:完成指令的读取、寄存、译码和执行。控制器中的程序计数器(PC)用于保存下一条要执行的指令的地址,即由它提供一个存储器地址,按此地址从对应存储器单元取出的内容,就是要执行的指令。一般指令是顺序存放在存储器内的,所以程序计数器也叫指令地址计数器。由此可见,在程序执行过程中要实现程序的转移,就要改变程序计数器 PC的内容。指令寄存器(IR)保存从存储器中读取的当前要执行的指令。指令译码器(ID)对指令寄存器中保存的指令进行译码分析。控制逻辑部件根据对指令的译码分析,发出相应的一系列的节拍脉冲和电位(控制信号),去完成指令的所有操作。处理器状态字(PSW)寄存器暂存处理器当前的状态。PSW 中的各位用来指示诸如算术运算结果的正或负,是否为零,是否有进位或借位,是否溢出等标志。堆栈指示器(SP)是在对按后进先出原则组织的称为堆栈的专用存储区进行操作时提供地址的。堆栈用于子程序调用时保存返回地址和工作寄存器的内容。

I/O 控制逻辑:包括 CPU 中与输入/输出操作有关的逻辑。其作用是处理输入/输出操作。

计算机的工作过程是不停的取指令和执行指令的过程。图 2-3 是说明 CPU 执行指令过程的流程图。

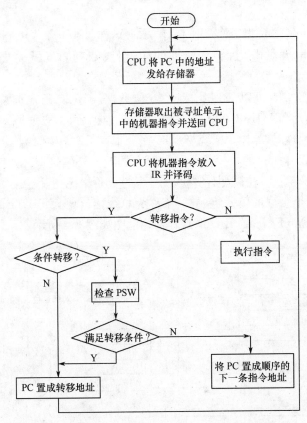

图 2-3　指令执行过程

2.1.4　微处理器的外部结构

微处理器的外部就是数量有限的输入/输出引脚。这些引脚与其他逻辑部件相连接,组成多种型号的微型计算机系统的总线。这些总线及其信号必须完成以下功能：

① 和存储器之间交换信息；

② 和 I/O 设备之间交换信息；

③ 为了系统工作而接收和输出必要的信号，如输入时钟脉冲、复位信号、电源和接地等。

按功能分，这些总线可以分为三种：

① 传送信息（指令或数据）的数据总线（Data Bus）；

② 指示欲传信息的来源或目的地址的地址总线（Address Bus）；

③ 管理总线上活动的控制总线（Control Bus）。

三种总线中，CPU 通过地址总线输出地址码用来选择某一存储器单元或某一 I/O 端口的寄存器；数据总线用于 CPU 和存储器或 I/O 接口之间的传送数据；而控制总线用来传输自 CPU 发出的或送到 CPU 的控制信息与状态信息。

微处理器数据总线的条数决定 CPU 和存储器或 I/O 设备一次能交换数据的位数，是区分微处理器是多少位的依据。如 8086 CPU 的数据总线是 16 条，是 16 位微处理器。

2.2 8086/8088 CPU 的功能结构

8086 是 Intel 系列的 16 位微处理器。使用 HMOS 工艺制造，芯片上集成了 2.9 万个晶体管，用单一的 +5V 电源供电，封装在标准的 40 引脚双列直插式管壳内，时钟频率 5～10MHz。

8086 有 16 条数据总线，可以处理 8 位或 16 位数据。有 20 条地址总线，可以直接寻址 1M(2^{20})字节的存储单元和 64K 个 I/O 端口。在 8086 推出后，为方便原 8 位机用户，Intel 公司很快推出了 8088 微处理器，其指令系统与 8086 完全兼容，CPU 内部结构仍为 16 位，但外部数据总线是 8 位的，这样设计的目的主要是为了与原有的 8 位外围接口芯片兼容。并以 8088 为 CPU 组成了 IBM PC/XT 准 16 位微型计算机，由于其性能价格比高，很快占领了市场。

8086 CPU 采用两个独立的单元组成，一个称为总线接口单元 BIU（Bus Interface Unit），另一个称为执行单元 EU（Execution Unit），其功能框图如图 2-4 所示。

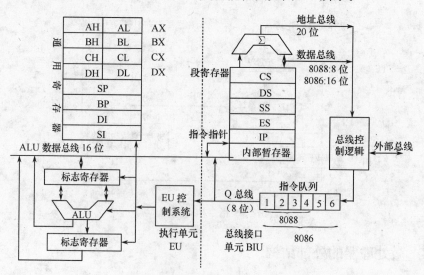

图 2-4 8086/8088 CPU 功能框图

总线接口单元 BIU 包括段寄存器(4 个)、指令指针 IP(相当于 PC)、指令队列寄存器(相当于一般的指令寄存器)、完成与 EU 通信的内部寄存器、由段寄存器保存的段地址和 IP 或 EU 部件提供的偏移地址(均 16 位)形成 20 位物理地址的加法器和总线控制逻辑。它的任务是执行总线周期,完成 CPU 与存储器和 I/O 设备之间信息的传送。具体地讲,取指令时,从存储器指定地址取出指令送入指令队列排队。执行指令时,根据 EU 命令对指定存储器单元或 I/O 端口存取数据。

执行单元 EU 由算术逻辑运算单元 ALU、暂存器、标志寄存器(即 PSW 寄存器)、通用寄存器组和 EU 控制器构成。其任务是执行指令,进行全部算术逻辑运算、完成偏移地址的计算,向总线接口单元 BIU 提供指令执行结果的数据和偏移地址,并对通用寄存器和标志寄存器进行管理。

16 位的 ALU 总线和 8 位队列总线用于 EU 内部和 EU 与 BIU 之间的通信。

EU 单元执行完一条指令后,就从 BIU 的指令队列中取出预先读入的指令代码加以执行。如此时指令队列是空的,EU 处于等待状态。一旦指令队列中出现指令,EU 立即取出执行。在执行指令过程中,若需要访问存储器单元或 I/O 端口,EU 就会发出命令,使 BIU 进入访问存储器或 I/O 端口的总线周期。若此时 BIU 正处于取指令总线周期,则必须在取指令总线周期后,BIU 才能对 EU 的命令进行处理。

8086 的指令队列有 6 个字节,8088 的指令队列有 4 个字节。对 8086 而言,当指令队列出现 2 个空字节时;对 8088 而言,当指令队列出现 1 个空字节时,BIU 就自动执行一次取指令周期,将下一条要执行的指令从内存单元读入指令队列。它们采用"先进先出"原则,按顺序存放,并按顺序取到 EU 中去执行。

当 EU 执行一条需要到存储器或 I/O 端口读取操作数的指令时,BIU 将在执行完现行取指令的存储器周期后的下一个存储周期,对指令所指定的存储单元或 I/O 端口进行访问,读取的操作数经 BIU 送 EU 进行处理。当 EU 执行跳转、子程序调用或返回指令时,BIU 就使指令队列复位,并从指令给出的新地址开始取指令,新取的第 1 条指令直接经指令队列送 EU 执行,随后取来的指令将填入指令队列缓冲器。

指令队列的引入使得 EU 和 BIU 可并行工作,即 BIU 在读指令时,并不影响 EU 单元执行指令,EU 单元可以连续不断地直接从指令队列中取到要执行的指令代码,从而减少了 CPU 为取指令而等待的时间,提高了 CPU 的利用率,加快了整机的运行速度,如图2-5所示。

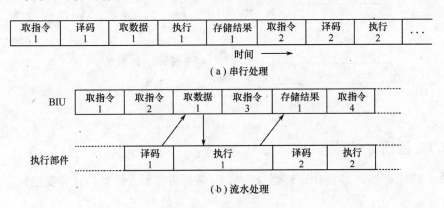

图 2-5 串行处理和流水处理

8088 CPU 内部结构与 8086 基本相似,两者的执行单元 EU 完全相同,其指令系统,寻址方式及程序设计方法都相同,所以两种 CPU 完全兼容。区别仅在于总线接口单元 BIU,归纳起来主要有以下几个方面的差异:

① 外部数据总线位数不同。8086 外部数据总线 16 位,在一个总线周期内可以输入/输出一个字(16 位数据),而 8088 外部数据总线 8 位,在一个总线周期内只能输入/输出一个字节(8 位数据)。

② 指令队列缓冲器大小不同。8086 指令队列可容纳 6 个字节,且在每一个总线周期中从存储器取出 2 个字节的指令代码填入指令队列;而 8088 指令队列只能容纳 4 个字节,在一个机器周期中取出一个字节的指令代码送指令队列。

③ 部分引脚的功能定义有所区别。

2.3 8086/8088 寄存器结构

8086 CPU 内部具有 14 个 16 位寄存器,用于提供运算,控制指令执行和对指令及操作数寻址。其寄存器结构如图 2-6 所示。

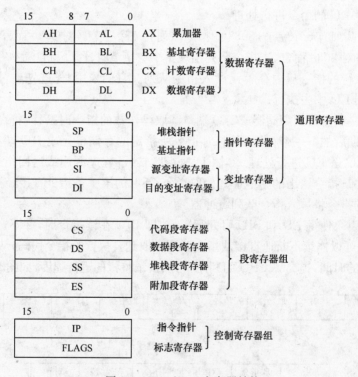

图 2-6 8086/8088 寄存器结构

2.3.1 通用寄存器组

在图 2-6 中,8 个 16 位通用寄存器分为两组:数据寄存器及地址指针和变址寄存器。

1. 数据寄存器

数据寄存器包括 AX、BX、CX 和 DX。在指令执行过程中既可用来寄存操作数,也可用于寄存操作的结果。它们中的每一个又可将高 8 位和低 8 位分成独立的两个 8 位寄存器来使用。16 位数据寄存器主要用于存放数据,也可以用来存放地址。而 8 位寄存器(AH、AL、BH、BL、CH、CL、DH 和 DL)只能用于存放数据。

2. 指针寄存器和变址寄存器

指针寄存器和变址寄存器包括 SP、BP、SI 和 DI。这组寄存器在功能上的共同点是,在对存储器操作数寻址时,用于形成 20 位物理地址码的组成部分。在任何情况下,它们都不能独立地形成访问内存的地址码,因为它们都只有 16 位。访问存储器的地址码由段地址(存放在段寄存器中)和段内偏移地址两部分构成。而这 4 个寄存器用于存放段内偏移地址的全部或一部分。后面我们将说明段寄存器和地址形成的方法。

SP(Stack Pointer)堆栈指针。用于存放堆栈操作(压入或弹出)地址的段内偏移地址。其段地址由段寄存器 SS 提供。

BP(Base Pointer)基址指针。在某些间接寻址方式中,BP 用来存放段内偏移地址的一部分,第 3 章讨论寻址方式时将进一步说明。特别值得注意的是,凡包含有 BP 的寻址方式中,如果无特别说明,其段地址由段寄存器 SS 提供。就是说,该寻址方式是对堆栈区的存储单元寻址的。

SI(Source Index)和 DI(Destination Index)变址寄存器。在某些间接寻址方式中,SI 和 DI 用来存放段内偏移地址的全部或一部分。在字符串操作指令中,SI 用作源变址寄存器,DI 用作目的变址寄存器。

这组寄存器主要用来存放地址,也可以存放数据。

以上 8 个 16 位通用寄存器在一般情况下都具有通用性,从而提高了指令系统的灵活性。通用寄存器还各自具有特定的用法,有些指令中还隐含地使用这些寄存器。

2.3.2 段寄存器组

访问存储器的地址码由段地址和段内偏移地址两部分组成。段寄存器用来存放段地址。总线接口单元 BIU 设置 4 个段寄存器。CPU 可通过 4 个段寄存器访问存储器中 4 个不同的段(每段 $2^{16}=64$KB)。4 个段寄存器分别是:

代码段寄存器 CS(Code Segment)。它存放当前执行程序所在段的段地址。CS 的内容左移四位再加上指令指针 IP 的内容就是下一条要执行的指令地址。

数据段寄存器 DS(Data Segment)。它存放当前数据的段地址。通常数据段用来存放数据和变量。DS 的内容左移四位再加上按指令中存储器寻址方式计算出来的偏移地址,即为对数据段指定单元进行读/写的地址。

堆栈段寄存器 SS(Stack Segment)。它存放当前堆栈段的地址。堆栈是存储器中开辟的按后进先出的原则组织一个特别存储区。主要用于调用子程序时,保留返回主程序的地址和保存进入子程序将要改变其值的寄存器的内容。对堆栈进行操作(压入或弹出)的地址由 SS 的内容左移四位加上 SP 的内容得到。

附加段寄存器 ES(Extra Segment)。附加段是一个附加数据段。附加段是在进行字符串操作时作为目的区地址使用的,ES 存放附加段的段地址,DI 存放目的区的偏移地址。

DS 和 ES 都要由用户用程序设置初值。若 DS 和 ES 的初值相同,则数据段和附加段重合。

2.3.3 控制寄存器组

1. 指令指针 IP(Instruction Pointer)

指令指针 IP 保存下一条要执行指令的偏移地址。在用户程序中不能使用该寄存器，但可以用调试程序 DEBUG 中的命令改变其值，以改变程序执行地址，用于调试程序。某些指令如转移指令、过程调用指令和返回指令等将改变 IP 的内容。

2. 标志寄存器(FLAG)

即处理器状态字(PSW)寄存器。8086/8088 CPU 设立了一个两字节的标志寄存器，共 9 个标志。其中 6 个是反映前一次涉及 ALU 操作结果的状态标志，3 个是控制 CPU 操作特征的控制标志，如下所示。

15	14	13	12	11	10	9	8	7	6	5	4	3	2	1	0
				OF	DF	IF	TF	SF	ZF		AF		PF		CF

(1)状态标志

CF(Carry Flag)进位标志。如果加法时最高位(对字节操作是 D_7 位，对字操作是 D_{15} 位)产生进位或减法时最高位产生借位，则 CF＝1，否则 CF＝0。

PF(Parity Flag)奇偶标志。如果操作结果的低 8 位中含有偶数个 1，PF＝1，否则 PF＝0。

AF(Auxiliary Carry Flag)辅助进位标志。如果在加法时 D_3 位有进位或减法时 D_3 位有借位，则 AF＝1，否则 AF＝0。该标志位用于实现 BCD 码算术运算结果的调整。

ZF(Zero Flag)零标志。如果运算结果各位都为零，则 ZF＝1，否则 ZF＝0。

SF(Sign Flag)符号标志。它总是和结果的最高位(字节操作时是 D_7，字操作时是 D_{15})相同。因为在补码运算时最高位是符号位，所以当运算结果为负时，SF＝1，否则 SF＝0。

OF(Overflow Flag)溢出标志。当运算结果超出了带符号数所能表示的数值范围，即溢出时，OF＝1，否则为 0。用来判断带符号数运算结果是否溢出。

对于加运算，如果次高位(数值部分最高位)形成进位加入最高位，而最高位(符号位)相加时(包括次高位的进位)却没有进位输出；或者反过来，次高位没有进位加入最高位，但最高位却有进位输出，都将发生溢出。

对于减运算，当次高位不需从最高位借位，但最高位却需要借位(正数减负数，差超出范围)；或反过来，次高位需从最高位借位，但最高位不需要借位(负数减正数，差超出范围)，也会溢出。溢出和进位是两个性质不同的标志，千万不能混淆。

例如，假设执行一条指令加法：

```
  0110   0011   0100   0101
+ 0101   0010   0001   1001
─────────────────────────────
  1011   0101   0101   1110
```

那么，执行完这条指令后各标志是：SF＝1，ZF＝0，PF＝0，AF＝0，CF＝0，OF＝1。

假如执行一条指令减法：

```
  0101   0100   0011   1010
- 1111   1110   0000   0000
─────────────────────────────
  0101   0110   0011   1010
```

那么,执行完这条指令后各标志是:SF=0,ZF=0,PF=1,AF=0,CF=1,OF=0。

(2) 控制标志

DF(Direction Flag)方向标志。可用指令预置。字符串操作指令执行时受它的控制。当DF=0时,执行串操作指令,变址寄存器地址自动递增;当DF=1时,则变址寄存器地址自动递减。即该标志位可控制地址向着增大的方向或减小的方向改变。

IF(Interrupt Enable Flag)中断允许标志。可用指令预置。当IF=1,CPU可响应可屏蔽中断请求;若IF=0,CPU不响应可屏蔽中断请求。

TF(Trap Flag)陷阱标志。若TF=1,则CPU处于单步执行指令工作方式。每执行一条指令就自动产生一次类型1的内部中断。IBMPC系统中,用系统调试程序DEBUG时,T命令就是利用这种中断,服务子程序的功能是显示所有寄存器的当前值和将要执行的下一条指令。

2.4 8086/8088 存储器组织和 I/O 组织

2.4.1 存储器地址空间和数据存储格式

8086/8088 的存储器是以字节(8位)为单位组织的。它们具有 20 条地址总线,所以可寻址的存储器地址空间容量为 2^{20}B(约 1MB)。每个字节对应一个唯一的地址,地址范围为 0～$2^{20}-1$(用十六进制表示为 00000～FFFFFH),如图 2-7 所示。

一个存储单元中存放的信息称为该存储单元的内容。如图 2-7 所示,00001H 单元的内容为 9FH,记为:(00001H)=9FH。

存储器内两个连续的字节,定义为一个字。一个字中的每个字节,都有一个字节地址,每一个字的低字节(低 8 位)存放在低地址中,高字节(高 8 位)存放在高地址中。

字的地址指低字节的地址。各位的编号方法是最低位(LSB)为位 0。一个字节中,最高位(MSB)编号为位 7;一个字中最高位的编号为位 15,这些约定如图 2-8 所示。

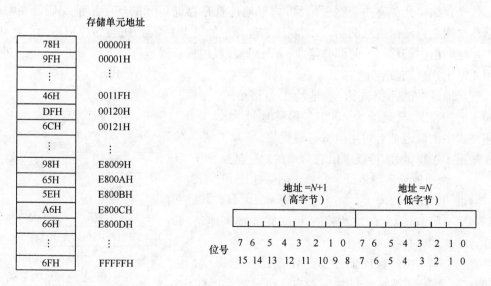

图 2-7 数据在存储器中的存放   图 2-8 地址和位号

8086 允许字从任何地址开始。若字的地址为偶地址时,称字的存储是对准的;若字的地址为奇地址时,则称字的存储是未对准的。

8086 CPU 数据总线 16 位,对于访问(读或写)一个偶地址的字的指令,是需要一个总线周期,而对于访问一个奇地址的字的指令,则需要两个总线周期(CPU 自动完成)。

若存放的是双字型数据(32 位二进制数,这种数一般作为地址指针,其低位字是被寻址地址的偏移量,高位字是被寻址地址所在段的段地址),这种类型的数据要占用连续的 4 个存储单元,同样,低字节存放在低地址单元,高字节存放在高地址单元。

2.4.2 存储器的分段和物理地址的形成

8086/8088 CPU 中有关可用来存放地址的寄存器如 IP、SP 等都是 16 位的,故只能直接寻址 64KB。为了对 1M 个存储单元进行管理,8086/8088 采用了段结构的存储器管理方法。

在 8086/8088 中,把 1MB 的存储器空间划分成若干个逻辑段,每段最多为空间容量是 64KB 的存储单元。允许它们在整个存储空间中浮动,各个逻辑段之间可以紧密相连,也可以互相重叠。各逻辑段的起始地址必须是能被 16 整除的地址,即段的起始地址的低 4 位二进制码必须是 0。一个段的起始地址的高 16 位被称为该段的段地址。

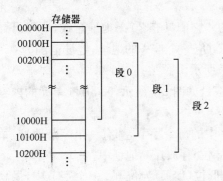

图 2-9 存储器段覆盖示意图

显然,在 1MB 的存储器地址空间中,可以有 2^{16} 个段地址。任意相邻的两个段地址相距 16 个存储单元。段内一个存储单元的地址,可用相对于段起始地址的偏移量来表示,这个偏移量被称为段内偏移地址,也称为有效地址 EA。偏移地址也是 16 位的,所以,一个段最大可以包括一个 64KB 的存储器空间。由于相邻两个段地址只相距 16 个单元,所以段与段是互相覆盖的,如图 2-9 所示。

每个存储单元都有一个物理地址,物理地址就是存储单元的实际地址编码。在 CPU 与存储器之间进行任何信息交换时,需利用物理地址来查找所需要访问的存储单元。逻辑地址由段地址和段内偏移地址两部分组成。段地址和段内偏移地址都是无符号的 16 位二进制数,常用 4 位十六进制数表示。

逻辑地址的表示格式为:段地址:偏移地址。例如 4000:0200 表示段地址为 4000H,偏移地址为 0200H。上述格式中的段地址有时用段寄存器代替。

知道了逻辑地址,可以求出它对应的物理地址:

$$物理地址 = 段地址 \times 10H + 偏移地址 \quad (2\text{-}1)$$

因此 4000:0200 的物理地址为 40200H。8086/8088CPU 中 BIU 单元的加法器 Σ 用来完成物理地址的计算,如图 2-10 所示。

在访问存储器时,段地址总是由段寄存器提供的。8086/8088 微处理器的 BIU 单元设有 4 个段寄存器(CS、DS、SS、ES),所以 CPU 可通过这 4 个段寄存器来访问 4 个不同的段。

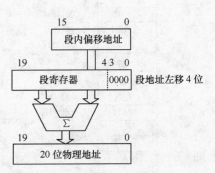

图 2-10 物理地址的形成

2.4.3 信息的分段存储与段寄存器关系

用户编写的程序(包括指令代码和数据)被分别存储在代码段、数据段、堆栈段和附加数据段中,这些段的段地址分别存储在段寄存器 CS、DS、SS 和 ES 中,而指令或数据在段内偏移地址可由对应的地址寄存器或立即数给出,如表 2.2 所示。

表 2.2 存储器操作时段地址和段内偏移地址的来源

存储器操作类型	段地址		段内偏移地址
	默认段地址	可指定段地址	
取指令码	CS	无	IP
一般数据存取	DS	CS、ES 或 SS	有效地址 EA
BP 用作基址寄存器	SS	CS、DS 或 ES	有效地址 EA
堆栈操作	SS	无	SP
字符串操作源地址	DS	CS、ES 或 SS	SI
字符串操作目的地址	ES	无	DI

如果从存储器中读取指令,则段地址来源于代码段寄存器 CS,偏移地址来源于指令指针寄存器 IP。

如果从存储器读/写操作数,则段地址通常由数据段寄存器 DS 提供(必要时可通过指令前缀实现段超越,将段地址指定为由 CS、ES 或 SS 提供),偏移地址则要根据指令中所给出的寻址方式确定,这时,偏移地址通常由寄存器 BX、SI、DI 以及立即数等提供,这类偏移地址也被称为"有效地址"(EA)。如果操作数是通过基址寄存器 BP 寻址的,则此时操作数所在段的段地址由堆栈段段寄存器 SS 提供(必要时也可指定为 CS、DS 或 ES)。

如果使用堆栈操作指令(PUSH 或 POP)进行进栈或出栈操作,以保护断点或现场,则段地址来源于堆栈段寄存器 SS,偏移地址来源于堆栈指针寄存器 SP。

如果执行的是字符串操作指令,则源字符串所在段的段地址由数据段寄存器 DS 提供(必要时可指定为 CS、ES 或 SS),偏移地址由源变址寄存器 SI 提供;目的字符串所在段的段地址由附加数据段寄存器 ES 提供,偏移地址由目的变址寄存器 DI 提供。

以上这些存储器操作时段地址和偏移地址的约定是由系统设计时事先已规定好的,编写程序时必须遵守这些约定。

在程序设计时,当前段可容纳 64KB 代码、64KB 堆栈和 128KB 数据,即共 256KB。一般情况下,用不到这么多,因而段有部分重叠,若不用附加段,则 ES 和 DS 重合。图 2-11 给出了这两种典型分段法。

2.4.4 8086/8088 I/O 组织

I/O 设备包括与外界通信和存储大容量信息用的各种外部设备。由于这些外部设备的复杂性和多样性,特别是速度比 CPU 低得多,因此 I/O 设备不能直接和总线相连接。I/O 接口是保证信息和数据在 CPU 与 I/O 设备之间正常传送的电路。I/O 接口与 CPU 之间的通信是利用称为 I/O 端口的寄存器来完成的。在微机系统中每个端口分配一个地址号,称为端口地址。一个端口通常为 I/O 接口电路内部的一个寄存器或一组寄存器。一个 I/O 端口有唯一的 I/O 地址与之对应。

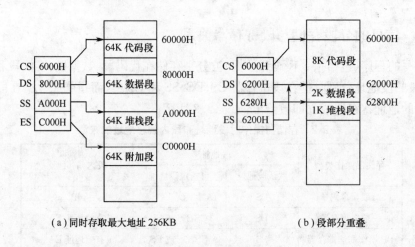

（a）同时存取最大地址 256KB   （b）段部分重叠

图 2-11   典型分段法

8086 地址总线的低 16 位用来对 8 位 I/O 端口寻址,所以 8086 的 I/O 地址空间为 65536,即可以访问 65536 个 8 位 I/O 端口。虽然 I/O 地址线和存储器地址线是共用的,但利用控制总线中的一些控制信号可以区分是 I/O 存取,还是存储器存取。任何两个地址连续的 8 位 I/O 端口,都可以当作一个 16 位 I/O 端口,即类似于存储器的字。

需要说明的是,8086/8088CPU 的 I/O 指令可以用 16 位的有效地址 $A_{15} \sim A_0$ 来寻址,0000～FFFFH 共 64K 个端口。但基于 8088 CPU 的 IBMPC/XT 系统中只使用了 $A_9 \sim A_0$ 这 10 位地址来作为 I/O 端口的寻址信号,因此,其 I/O 端口的地址为 000～3FFH,共 1K 个。

2.5   Intel 80x86 系列高档微处理器简介

随着微机应用领域的扩大和应用技术的发展,管理 1MB 内存与单任务的 8086 微处理器已无法满足要求。Intel 公司自 1978 年推出 8086 后,从 20 世纪 80 年代初开始相继推出了80286、80386,80486 和 Pentium 系列高档微处理器,不断地将个人计算机推向新的发展阶段。

本节简要介绍从 80286 到 Pentium 这几种高档微处理器的特点。

2.5.1   80286 微处理器

80286 微处理器是 8086 的改进型,它是新一代超级 16 位微处理器。80286 具有独立的16 条数据总线和 24 条地址线。80286 CPU 的结构框图,如图2-12所示。与 8086 微处理器相比,主要特点如下:

① 80286 与 8086 在目标代码一级完全保持了向上的兼容性。

② 80286 微处理器内部功能结构和 8086 相比,都具有执行部件(EU),而 8086 的总线接口部件(BIU)在 80286 中分成地址部件(AU)、指令部件(IU)和总线部件(BU)。80286 微处理器内部这 4 个处理部件并行操作,提高了吞吐量,加快了处理速度。

③ 80286 片内具有存储器管理部件(MMU)和保护机构。存储器管理功能可以实现在实地址和保护虚地址两种方式下访问存储器。在实地址方式下,80286 只使用低 20 位地址线,其寻址能力为 1MB,相当于一个快速的 8086 的最大方式系统,其 20 位物理地址的形成

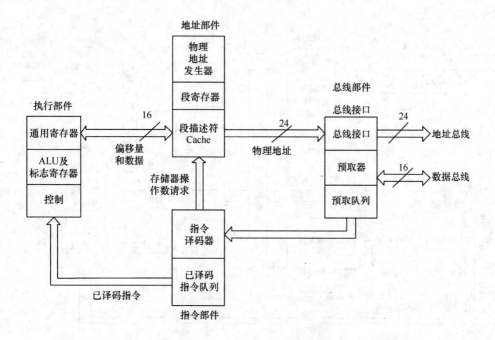

图 2-12　80286 CPU 的结构框图

方法与 8086 完全相同。在保护虚地址方式下,80286 可直接寻址的物理存储器地址空间为 16MB,能支持多任务操作,并能为每个任务提供多达 1GB 的虚拟地址空间。保护功能包括对存储器进行合法操作与对任务实现特权级的保护两个方面,实现操作系统与任务之间、任务与任务之间、任务内程序与数据之间的分离与保护。80286 对多用户多任务系统具有完善的处理能力。

　　④ 80286 片内的存储器管理部件 MMU 首次实现了虚拟存储器管理功能。在 8086 系统中,程序占有的存储器和 CPU 可以访问的存储器是一致的,只有物理存储器的概念,其大小为 1MB。从 80286 开始,CPU 内的 MMU 在保护虚地址方式下将支持对虚拟存储器的访问。虚拟存储器是程序可以占有的空间,实际上这个空间是由磁盘等外部存储器的支持来实现的,而物理存储器是 CPU 可以访问的存储器。用户编写的程序是放在磁盘存储器上,当执行程序时,必须把程序加载到物理存储器上。在 80286 中,虚拟存储器(虚拟空间)的大小可达 2^{30} B (1GB),而物理存储器的大小只可达 2^{24} B(16MB)。虚拟存储器管理要解决如何把较小的物理存储器空间分配给具有较大虚拟存储器空间的多用户、多任务的问题。

2.5.2　80386 微处理器

　　80386 微处理器是与 8086 和 80286 相兼容的高性能全 32 位微处理器,它是为满足很高性能的应用领域与多用户、多任务操作系统需要而设计的。80386 CPU 功能结构框图,如图 2-13 所示。其主要特点如下:

　　① 全 32 位结构。它有 32 条数据总线和内部数据通道,包括寄存器、ALU 和内部总线都是 32 位,能灵活处理 8 位、16 位和 32 位三种数据类型,能提供 32 位的指令寻址能力和 32 位的外部总线接口单元。其地址总线 32 条,能寻址 4GB 的物理存储器空间。

　　② 内部结构由总线接口单元、指令预取部件、指令译码部件、执行部件、分段部件和分页部件 6 个逻辑功能部件组成。6 个部件都能独立操作,也能与其他部件并行工作。这样,既可

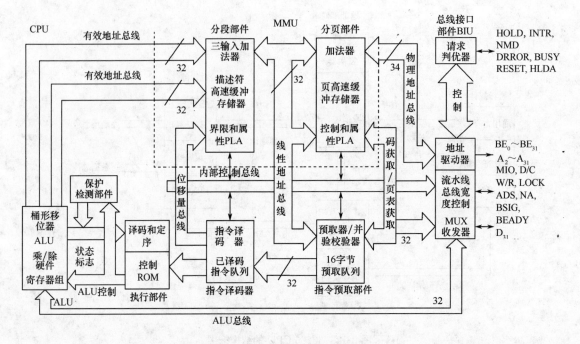

图 2-13　80386 CPU 功能结构框图

以对不同指令进行操作,又可以对同一指令的不同部分同时并行操作。由于能对指令流并行操作,使多条指令重叠进行,因而大大提高了 CPU 的速度。

③ 80386 可以按实地址、保护虚地址以及虚拟 8086 三种方式对存储器进行访问。实地址方式下,80386 的操作像一个极快的 8086,不同的是如果需要,可以扩展到 32 位。保护虚拟地址方式与 80286 相类似,支持多任务模式,但是 80386 引入了段页式机构,保护虚地址方式下 CPU 可以访问 4GB(2^{32} B)的物理存储器(实存)。80386 的存储器管理部件 MMU 由分段部件和分页部件组成,实现了存储器段页式管理,这是 80386 的又一新特点。

分页部件提供了对物理地址空间的管理,每一页为 4KB,程序或数据均以页为单位进入实存。分段部件通过一个额外的寻址器对逻辑地址空间进行管理,可以实现任务之间的隔离,也可以实现指令和数据区的再定位。存储器是按段来组织的,每一段可以包含一页,也可以包含若干页。每一段的最大空间为 4GB。80386 的每一个任务都可以有最多 16×1024 个段,因此 80386 为每个任务都可以提供最大为 64TB(1TB=1024GB)的虚拟存储器空间。为了使应用程序的操作系统相互隔离和各自得到保护,分段部件提供了 4 级保护。这种由硬件实施的保护,使各种系统的设计具有高度完整性。在保护虚地址方式下,软件可以通过切换进入虚拟 8086 方式。在这种方式下的每个任务都用 8086 的语义运行,从而可以运行 8086 的各种软件(应用程序或整个操作系统)。

2.5.3　80486 微处理器

80486 微处理器属于第二代 32 位微处理器,它的开发目标是实现高速化并支持多处理机系统。它采用 CMOS 工艺,在一单片上集成了 120 万个晶体管,是 80386 的 27.5 万个晶体管的 4 倍以上。在相同工作频率下,其处理速度比 80386 提高了 2～4 倍。80486 CPU 框图如图 2-14 所示。主要特点如下:

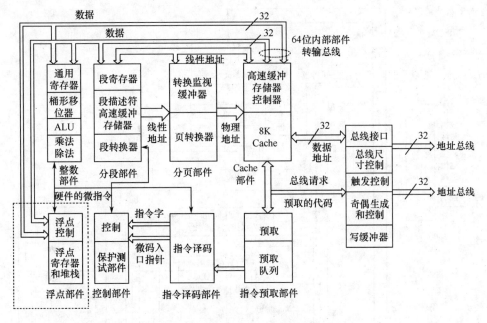

图 2-14　80486 CPU 框图

① 延续 80386 体系结构。它保留了 80386 的 6 个逻辑部件。从程序人员看,80486 并没有改变 80386 的体系结构,与 8086、80286、80386 在目标代码一级完全保持了向上的兼容性。80486 与 8086 的兼容性是以实地址方式来保证的。其保护虚地址方式和 80386 指标一样。80386 引入的虚拟 8086 方式在 80486 中也原样继承。

② 为了提高指令译码的执行速度,对于基本指令由以前 80386 采用的微代码控制改为硬件逻辑直接控制,同时内含 128 位总线。

③ 内含 8KB 的高速缓存(Cache),可高速存取指令和数据。

④ 内含与片外 80387 功能完全兼容且功能又有扩充的片内 80387 协处理器,称为浮点运算部件(FPU)。比 80386 加 80387 组合的速度高出几倍。

⑤ 增加了面向多处理机的机构,支持多处理机系统。80486 在提高单体 CPU 性能的基础上,还可以使用几个 80486 构成多处理机结构。

2.5.4　新一代微处理器 Pentium

1993 年 3 月,Intel 公司率先推出最新的第 5 代微处理器 Pentium。它是继 80486 之后又一代新产品,简称为 P5 或 80586,它为微处理器体系结构和个人计算机性能引入了全新的概念。Pentium 微处理器功能框图如图 2-15 所示。

由于利用亚微米级的 CMOS 技术进行 CPU 设计,使 Pentium 芯片的集成度达到 310 万个晶体管片。单靠增加芯片的集成度还不足以提高 CPU 的整体性能,为此,Intel 公司在 Pentium 的设计中采用了新的体系结构。Pentium 新型体系结构的主要特点为:

① 超标量流水线。超标量流水线(Superscalar)设计是 Pentium 微处理器技术的核心。由两条指令流水线构成,每条流水线都有自己的 ALU、地址生成电路和数据 Cache 接口,这种流水线结构允许 Pentium 在单个时钟周期内执行两条整数指令,比相同频率的 80486 DX CPU 性能提高了一倍。

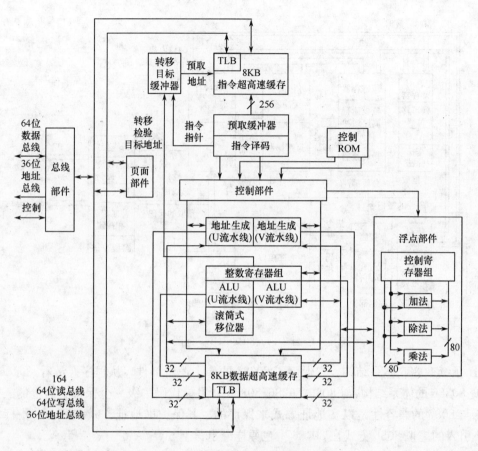

图 2-15 Pentium 微处理器功能框图

② 独立的指令 Cache 和数据 Cache。Pentium 片内含相互独立的 8KB 指令 Cache 和 8KB 的数据 Cache,两个 Cache 均采用 32×8 线宽(80486 DX 为 16×8 线宽)。这将使指令预取和数据操作可以同时进行,使 Pentium 的性能大大超过 80486。

数据 Cache 有两个接口分别通向两条流水线,以便能在相同时刻向两个独立工作的流水线进行数据交换。在数据 Cache 中采用 Cache 回写技术大大节省了处理时间。

③ 重新设计浮点单元。Pentium 的浮点单元在 80486 的基础上进行了彻底的改造和重新设计,使每个时钟周期能完成一个浮点操作(某些情况下可以完成两个)。Pentium 的 CPU 对一些常用指令如 ADD、MUL 和 LOAD 等采用了新算法,并用硬件实现,明显提高了速度。在运行浮点密集型程序时,66MHz Pentium 运算速度为 33MHz 的 80486 DX 的 5～6 倍。

④ 动态分支预测。在程序循环当中,对循环条件的判断占用了大量的 CPU 时间。为此 Pentium 提供了一个称为分支目标缓冲器 BTB(Branch Target Buffer)的小 Cache 来动态地预测程序分支。当一条指令导致程序分支时,BTB 记忆下这条指令和分支目标的地址,并用这些信息预测这条指令产生分支时的路径,预先从此处预取指令。保证流水线的指令预取步骤不会空置。

除以上特点外,Pentium 微处理器还在 80486 体系结构基础上,做了一些增强性改进,主要有:Pentium 的内部工作频率和外部工作频率相同,使速度加快;存储器每一页的容量增大,使程序在传送大块数据时,避免了频繁的换页操作;常用指令由 80486 的微码操作改用硬件固化实现,执行速度加快;对指令系统的微码算法做了重大改进,缩短执行时间;外部数据总线为

64 位,使得在一个总线周期内与存储器的数据传输量增加了一倍。Pentium 还支持多种类型的总线周期,在突发模式下一个总线周期可以装入 256 位数据。Pentium 与主存的数据交换速度可达 528Mbps,是 50MHz 80486 的 3 倍多。

2.5.5 双核微处理器

从 2005 年以后,Intel 公司和 AMD 公司分别推出双核处理器。Intel 公司推出的台式机双核处理器有 Pentium D、Pentium EE(Pentium Extreme Edition)和 Core Duo 三种类型;AMD 推出的双核处理器分别是 Opteron 系列和全新的 Athlon 64 X2 系列处理器。双核处理器(Dual Core Processor)是指在一个处理器上集成两个运算核,从而提高计算能力。"双核"的概念最早是由 IBM、HP、Sun 等支持 RISC 架构的高端服务器厂商提出的,主要运用于服务器上。

如图 2-16 所示,双核处理器每个核心采用独立式缓存设计,在处理器内部两个核心之间是互相隔绝的,通过处理器外部(主板北桥芯片)的仲裁器负责两个核心之间的任务分配以及缓存数据的同步等协调工作。两个核心共享前端总线,并依靠前端总线在两个核心之间传输缓存同步数据。从架构上来看,这种类型是基于独立缓存的松散型双核心处理器耦合方案,其优点是技术简单,只需要将两个相同的处理器内核封装在同一块基板上即可;缺点是数据延迟问题比较严重,性能并不尽如人意。

与 Pentium D 和 Pentium EE 所采用的基于独立缓存的松散型双核心处理器耦合方案完全不同的是,2006 年年初 Intel 发布的 Core Duo 采用的是基于共享缓存的紧密型双核心处理器耦合方案,其最重要的特征是抛弃了两个核心分别具有独立的二级缓存的方案,改为采用与 IBM 的多核心处理器类似的两个核心共享二级缓存方案,如图 2-17 所示。与独立的二级缓存相比,共享的二级缓存具有如下优势:

① 二级缓存的全部资源可以被任何一个核心访问,当二级缓存的数据更新之后,两个核心并不需要作缓存数据同步的工作,工作量相对减少了,而且极大的降低了缓存数据延迟问题,这有利于处理器性能的提升。

② 前两种类型的每个核心的二级缓存资源都是固定不变的,任何一个核心都可以根据工作量的大小来决定占用多少二级缓存资源,利用效率相对于独立的二级缓存得到了极大的提高。

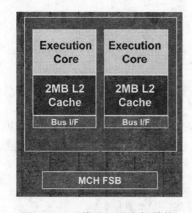

图 2-16　双核处理器内部结构

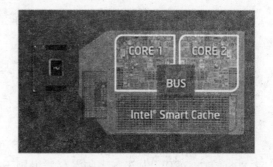

图 2-17　Core Duo 双核处理器内部结构

③ 有利于降低处理器的功耗。可以把两个核心分为"冷核"和"热核"模式,在工作量较大时两个核心都全速运作,而在工作量较小时则可以让"冷核"关闭,进入休眠模式,而继续运作的"热核"则可以占有全部的二级缓存资源,相比之下独立式缓存就只剩下一半的二级缓存资源可用了。

Core Duo 采用"Smart Cache"共享缓存技术在两个核心之间作协调。在 Core Duo 处理器内部,两个核心通过 SBR(Share Bus Router,共享资源协调器)共享二级缓存资源,当其中一个核心运算完毕并将结果存放到二级缓存中以后,另外一个核心就可以通过 SBR 读取这些数据,不但有效解决了二级缓存资源争夺的问题,与前两种类型相比也不必对缓存资源做频繁地同步化操作,而且比起 Intel 自己早先采用的第一种类型需要通过主板北桥芯片迂回的方法相比,不但大幅度降低了缓存数据的延迟,而且还不必占用前端总线资源。另外,SBR 还具有"Bandwidth Adaptation"(带宽适应)功能,可以对两个核心共享前端总线资源进行统一管理和协调,改善了两个核心共享前端总线的效率,减少了不必要的延迟,而且有效避免了两个核心之间的冲突。

Smart Cache 共享缓存技术确实是行之有效的双核心处理器的高效解决方案,借助于 Smart Cache 共享缓存技术 Core Duo 也体现出了强大的性能,这才是严格意义上的真正的双核心处理器。

与其他 CPU 相比,在同等计算量下,双核 CPU 技术将计算工作量分摊到两个 CPU 核心上,从而降低了 CPU 工作频率。尽管双核 CPU 中有两个"CPU",但其发热量要比承担同样工作的单核 CPU 减少接近一半。与相同频率的单核 CPU 相比,双核 CPU 的性能要高一些。这主要体现在多任务状态下(性能约高出一半,例如同时播放 DVD 和进行游戏),而在单任务状态下性能提升有限。

由于良好的性能/功耗特性,双核 CPU 已获得良好应用。据研究结果,双核 CPU 的协同工作能力极限约为单核的 1.8~1.9 倍,这是因为协同过程会有一定开销。为达到这个性能,需要在编程上进行一些特别处理,尤其是编译程序要有双核任务分配功能,这在短期内还不会有特别进展,所以双核 CPU 跑单任务的性能提升不够理想。

未来 CPU 可能继续向多核 CPU 发展。根据目前的研究,4 核、8 核 CPU 的性能/功耗比值比双核 CPU 还要好。从经济和性能、功耗的综合角度来看,双核 CPU 将是今后发展的重要分支。

习　题　2

1. 阐述微处理器内部结构各部分的主要功能。
2. 阐述系统总线的主要作用和特点。
3. 8086/8088 CPU 内部各类寄存器的主要作用是什么?
4. 若 8750H 与 A0C8H 相加,求出其结果及标志位 CF、AF、SF、ZF、OF 和 PF 的值。
5. 若 D570H 与 6791H 相加,求出其结果及标志位 CF、AF、SF、ZF、OF 和 PF 的值。
6. 逻辑地址与物理地址之间的关系如何?
7. 一个数据的有效地址为 58B0H,并且(DS)=2100H,求该数据的物理地址。
8. 8086/8088 CPU 内部有哪些寄存器可用于指示存储器的地址?

第3章　*8086/8088* 指令系统

IBM PC/XT 微型计算机的微处理器采用的是 8088 芯片,本章将介绍 8086/8088 微处理器的指令系统和寻址方式。指令系统是指处理器所能完成的所有指令的集合。它是在微处理器设计时就确定了的,所以,对于不同的微处理器,其指令系统中所包含的具体指令将是各不相同的。

3.1　8086/8088 指令格式

8086/8088 指令系统的指令类型较多,功能较强。各种指令由于功能不同,需要指令码提供的信息也不同。为了满足不同功能的要求又要尽量减少指令所占的空间,8086/8088 指令系统采用了一种灵活的、由 1～6 个字节组成的变字长的指令格式,包括操作码、寻址方式以及操作数三个部分,如图 3-1 所示。

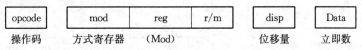

图 3-1　8086/8088 CPU 指令编码的一般形式

通常指令的第一字节为操作码字节(Opcode),规定指令的操作类型;第二字节为寻址方式字节(Mod),规定操作数的寻址方式;接着以后的 3～6 字节依据指令的不同而取舍,可变字长的指令主要体现在这里,一般由它指出存储器操作数地址的位移量或立即数。

3.2　8086/8088 寻址方式

机器语言指令由二进制代码组成。一条指令包含操作码(OP)和操作数两部分,操作码指明该指令进行什么操作,操作数指出该指令在执行规定操作时所需的信息。8086/8088 的指令通常使用一个操作数或两个操作数。

规定操作数的方法,即指令中用于说明操作数所在地址的方法称为寻址方式。8086/8088 的寻址方式分为两类:数据寻址方式和转移地址寻址方式。

3.2.1　数据寻址方式

1. 立即寻址

当数据为 8 位或 16 位时,可直接放在指令本身的最后一个字节(8 位)或两个字节(16 位)中。这样的数据常称为立即操作数。例如:

MOV AL,80H　　;将 8 位立即数 80H 送入 AL 寄存器中

MOV AX,1234H　;将 16 位立即数 1234H 送入 AX 寄存器中,其中(AX)=1234H

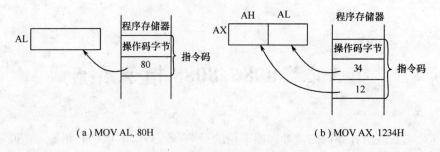

(a) MOV AL, 80H   (b) MOV AX, 1234H

图 3-2　立即数寻址方式举例

2. 寄存器寻址

数据存放在指令规定的寄存器中。对于 16 位数据,寄存器可以是 AX,BX,CX,DX,SI,DI,SP 或者 BP。而对于 8 位数据,寄存器可以是 AL,AH,BL,BH,CL,CH,DL 或 DH。例如:

```
MOV CL,DL
MOV AX,BX
```

如果(DL)=50H,(BX)=1234H,则指令执行情况如图 3-3 所示。执行结果为:(CL)=50H,(AX)=1234H。

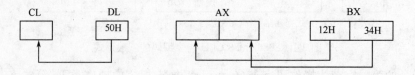

图 3-3　寄存器寻址方式的指令执行情况

3. 直接寻址

操作数在存储单元中,其 16 位有效地址,即段内偏移地址在指令码之中,占两个字节。此存储单元的实际物理地址是由段寄存器内容和指令码中直接给出的有效地址之和形成的。例如:

```
MOV  AL,[1064H]
```

如果(DS)=2000H,则指令执行情况如图 3-4 所示。执行结果为:(AL)=45H。

4. 寄存器间接寻址

操作数在存储单元中,其有效地址在指令码指明的基址寄存器 BX、BP 或变址寄存器 SI 或 DI 之中。有效地址可表示为

$$EA=\begin{bmatrix}(BX)\\(BP)\\(SI)\\(DI)\end{bmatrix}$$

和直接寻址一样,寄存器间接寻址的操作数一定存放在存储单元中。BX、SI 和 DI 间接寻址默认的段寄存器为 DS,而 BP 间接寻址默认的段寄存器为 SS。例如:

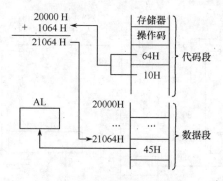

图 3-4　直接寻址示意图

```
MOV  AX,[SI]
MOV  [BX],AL
```

如果(DS)＝3000H,(SI)＝2000H,(BX)＝1000H,(AL)＝64H,则上述两条指令的执行情况如图 3-5 所示。执行结果为:(AX)＝4050H,(31000H)＝64H。

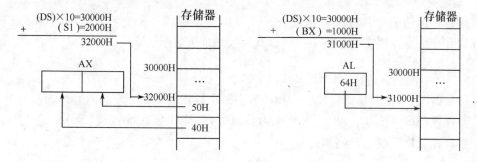

图 3-5　寄存器间接寻址方式的指令执行情况

5. 寄存器相对寻址

操作数在存储单元中,其有效地址是一个 8 位或 16 位的位移量(以后都用 disp 表示)与一个基址寄存器或变址寄存器的内容之和。位移量 disp 和这个寄存器在指令码中给出。其有效地址可表示为

$$EA=\begin{bmatrix}(BX)\\(BP)\\(SI)\\(DI)\end{bmatrix}+\begin{bmatrix}8\text{位 disp}\\16\text{位 disp}\end{bmatrix}$$

上述位移量也可以看成是基于基址/变址的一个相对值,故称此寻址方式为寄存器相对寻址。

在一般情况下,若指令中指定的寄存器是 BX、SI、DI,则操作数默认为存放在数据段(DS)中;若指令中指定的寄存器是 BP,则操作数默认为存放在堆栈段(SS)中。同样,寄存器相对寻址方式也允许段超越。位移量既可以是一个 8 位或 16 位的立即数,也可以是符号地址。例如:

```
MOV  [SI+10H],AX
MOV  CX,[BX+COUNT]
```

如果(DS)＝3000H,(SI)＝2000H,(BX)＝1000H,COUNT＝1050H,(AX)＝4050H,则指令执行情况如图 3-6 所示。执行结果为:(32010H)＝4050H,(CX)＝4030H。

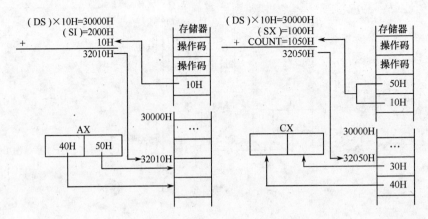

图 3-6　寄存器相对寻址方式的指令执行情况

6. 基址变址寻址

操作数在存储单元中,其有效地址是一个基址寄存器和一个变址寄存器的内容之和。基址寄存器和变址寄存器在指令码中指明。其有效地址可表示为

$$EA=\begin{bmatrix}(BX)\\(BP)\end{bmatrix}+\begin{bmatrix}(SI)\\(DI)\end{bmatrix}$$

在一般情况下,由基址寄存器决定操作数在哪个段中。若用 BX 的内容作为基地址,则操作数在数据段(DS)中;若用 BP 的内容作为基地址,则操作数在堆栈段(SS)中。基址变址寻址方式同样也允许段超越。例如:

```
MOV  [BX+DI],AX
MOV  CX,[BP][SI]
```

设当前(DS)=3000H,(SS)=4000H,(BX)=1000H,(DI)=1100H,(AX)=0050H,(BP)=2000H,(SI)=1200H,则指令的执行情况如图 3-7 所示。执行结果为:(32100H)=0050H,(CX)=1234H。

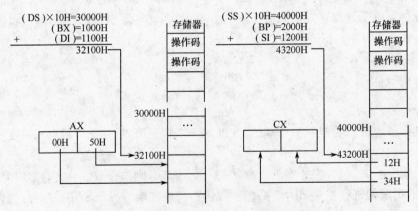

图 3-7　基址变址寻址方式的指令执行情况

7. 基址变址且相对寻址

操作数在存储单元中,其有效地址是一个 8 位或 16 位的位移量 disp、一个基址寄存器内

容和一个变址寄存器内容三部分之和,即为

$$EA = \begin{bmatrix} (BX) \\ (BP) \end{bmatrix} + \begin{bmatrix} (SI) \\ (DI) \end{bmatrix} + \begin{bmatrix} 8\ 位\ disp \\ 16\ 位\ disp \end{bmatrix}$$

当基址寄存器为 BX 时,操作数在数据段(DS)中;基址寄存器为 BP 时,操作数在堆栈段(SS)中。基址变址相对寻址方式同样也允许段超越。例如:

MOV　AX,[BX+DI+1200H]

MOV　[BP+SI+200H],CX

若(DS)=8000H,(SS)=6000H,(BX)=1000H,(DI)=1500H,(BP)=1000H,(SI)=1600H,(CX)= 7856H,则指令执行情况如图 3-8 所示。执行结果为:(AX)=8056H,(62800H)=7856H。

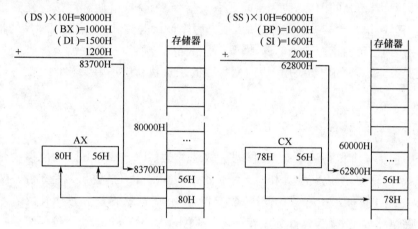

图 3-8　基址变址相对寻址方式的指令执行情况

8. 隐含寻址

有些指令的指令码中不包含指明操作数地址的部分,而其操作码本身隐含地指明了操作数地址。字符串操作类指令就属于这种寻址。

例如,若(BX)=1200H,(SI)=0A00H,位移量=0710H,(DS)=3200H,(SS)=5000H,(BP)=2200H,段寄存器按默认段寄存器,则相对于各种寻址方式的有效地址和物理地址将是:

(1) 直接寻址:

EA=0710H

物理地址=32000H+0710H=32710H

(2) 寄存器间接寻址(假设寄存器为 BP):

EA=2200H

物理地址=50000H+2200H=52200H

(3) 寄存器相对寻址(假设寄存器为 BX):

EA=1200H+0710H=1910H

物理地址=32000H+1910H=33910H

(4) 基址变址寻址(假设寄存器为 BP 和 SI):

EA=2200H+0A00H=2C00H

物理地址＝50000H＋2C00H＝52C00H

（5）基址变址且相对寻址（假设寄存器为 BX 和 SI）：

EA＝1200H＋0A00H＋0710H＝2310H

物理地址＝32000H＋2310H＝34310H

3.2.2 转移地址寻址方式

CPU 执行指令的过程，指令是按顺序存放在存储器中的。

8086 由于采用存储器分段的方法把寻址范围扩大为 1MB，因而程序的执行顺序是由代码段寄存器 CS 和指令指针 IP 的内容决定的。正常情况下，每当 BIU 完成一条取指周期之后，就自动改变指令指针 IP 的内容，使之指向下一条指令。这样，就使程序按预先安排的顺序依次执行。但当程序执行到某一特定位置时，根据程序设计的要求，需要脱离程序的正常执行顺序，而把它转移到指定的指令地址。这种转移是在程序转移指令的控制下实现的。程序转移指令通过改变 IP 和 CS 的内容，就可以改变程序的正常执行顺序。转移地址的寻址方式有以下 4 种。

1. 段内直接寻址

指令码中包括一个位移量 disp，转移的有效地址为（IP）＋disp。因为位移量是相对于当前 IP 的内容来计算的，所以又称为相对寻址。disp 可以是 16 位，也可以是 8 位。如果 disp 为 8 位，称为段内短程转移。无论是 8 位还是 16 位，disp 在指令码中都是用补码表示的有正负符号的数。当位移量是 8 位时，称为短转移，转移范围为－128～＋127；位移量是 16 位时，称为近转移，转移范围为－32768～＋32767。段内直接寻址转移指令的格式可以表示为：

JMP NEAR PTR PROGIA

JMP SHORT QUEST

其中，PROGIA 和 QUEST 均为转向的目标地址，在机器指令中，用位移量来表示。

2. 段内间接寻址

在同一代码段内，要转移到的地址的 16 位段内偏移地址（即有效地址）在一个 16 位寄存器中或在存储器相邻两个单元中。这个寄存器或相邻两个单元的第一个单元的地址，是在指令码中以上面讨论的数据的寻址方式给出的。只不过寻址方式决定的地址里存放的不是一般的操作数而是转移地址。段内间接寻址转移指令的格式可以表示为：

JMP BX

JMP WORD PTR [BP＋10H]

其中 WORD PTR 为操作符，用以指出其后的寻址方式所取得的目标地址是一个字的有效地址。

3. 段间直接寻址

指令码中直接给出 16 位的段地址和 16 位的有效地址。指令的格式可以表示为：

JMP FAR PTR LABEL_NAME

其中，LABEL_NAME 是一个在另外的代码段内已定义的远标号。

4. 段间间接寻址

段间间接寻址和段内间接寻址相似,但不可能有寄存器寻址,因为要得到的转移地址为32位(16位段地址和16位有效地址)。指令中一定给出某种访问内存单元的寻址方式。用这种寻址方式计算出的存储单元地址开始的连续4个单元的内容就是要转移的地址,其中前两个单元内的16位值为有效地址,后两个单元内的16位值为段地址。以下是两条段间间接转移指令的例子:

```
JMP VAR_DOUBLEWORD
JMP DWORD PTR [BX]
```

上面第一条指令中,VAR_DOUBLEWORD应是一个已定义为32位的存储器变量;第二条指令中,利用操作符PTR将存储器操作数的类型定义为DWORD(双字)。

属于转移类指令的有转子程序指令CALL,无条件转移指令JMP和多种条件转移指令等。并不是每种指令都具有上述4种寻址方式。程序转移地址的寻址方式,如图3-9所示。

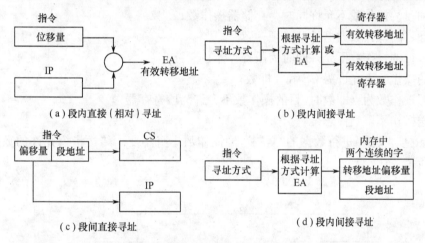

图 3-9 程序转移地址的寻址方式

3.3 8086/8088 指令系统

8086/8088 CPU指令系统可分成以下6类:

(1) 数据传送(Data Transfer)指令;

(2) 算术运算(Arithmetic)指令;

(3) 逻辑运算(Logic)指令;

(4) 控制转移(Control Transfer)指令;

(5) 串操作(String Manipulation)指令;

(6) 处理器控制(Processor Control)指令。

3.3.1 数据传送指令

数据传送指令是程序中使用最频繁的指令,以实现CPU的内部寄存器之间,CPU和存储器之间,以及CPU与I/O接口之间的数据传送。

数据传送指令按其功能的不同,可以分为四组:

- 通用数据传送指令;
- 地址传送指令;
- 累加器专用传送(输入/输出指令);
- 标志传送指令。

1. 通用数据传送指令

通用数据传送指令中包括最基本的传送指令 MOV、数据交换指令 XCHG、堆栈指令 PUSH 和 POP。

(1) 通用传送指令 MOV(MOVe)

通用传送指令是使用最频繁的指令,格式:MOV DST,SRC;(DST)←(SRC)

指令格式中的 DST 表示目的操作数,SRC 表示源操作数。

功能:把一个字节或字从源操作数 SRC 传送至目的操作数 DST。

- 源和目的操作数不允许同时为存储器操作数;
- 源和目的操作数数据类型必须一致;
- 源和目的操作数不允许同时为段寄存器;
- 目的操作数不允许为 CS 和立即数;
- 当源操作数为立即数时,目的操作数不允许为段寄存器;
- 传送操作不影响标志位。

这种传送实际上是进行数据的"复制",源操作数本身不变。传送指令允许的数据流方向如图 3-10 所示。

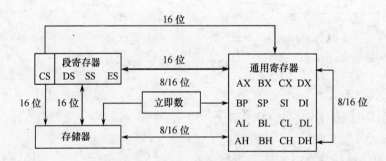

图 3-10　通用传送指令数据流

由图 3-10 可知,数据允许流动方向为:通用寄存器之间、通用寄存器和存储器之间、通用寄存器和段寄存器之间、段寄存器和存储器之间,另外还允许立即数传送至通用寄存器或存储器。但在上述传送过程中,段寄存器 CS 的值不能用传送指令改变。例如:

```
MOV AL,DH        ;(AL)←(DH)
MOV DS,AX        ;(DS)←(AX)
MOV [BX],AX      ;((BX))←(AX)
MOV AL,BLOCK     ;BLOCK 为字节型变量名
MOV BLOCK,12H    ;(BLOCK)←12H
MOV AX,1234H     ;(AX)←1234H
```

（2）交换指令 XCHG(Exchange)

格式：XCHG DST,SRC;(DST)←→(SRC)

功能：交换操作数 DST 和 SRC 的值，操作数数据类型为字节或字。允许通用寄存器之间，通用寄存器和存储器之间交换数据。

- 操作数 DST 和 SRC 不允许同为存储器操作数；
- 操作数数据类型必须一致；
- 交换指令不影响标志位。

例如：

```
XCHG AX,BX        ;通用寄存器之间交换数据
XCHG BX,[SI]      ;通用寄存器和存储器之间交换数据
XCHG AL,[BX]      ;通用寄存器和存储器之间交换数据
```

如要实现存储器操作数交换，若 BLOCK1 和 BLOCK2 为已定义字变量，可用如下指令实现：

```
MOV AX,BLOCK1
XCHG AX,BLOCK2
MOV BLOCK1,AX
```

（3）堆栈操作指令

堆栈是以后进先出(LIFO)的规则存取信息的一种存储机构。PC 中，堆栈通常是存储器的一部分。为了保证堆栈区的存储器能按后进先出的规则存取信息，该存储区的存取地址由一个专门的地址寄存器来管理，这个地址寄存器称为堆栈指示器或称堆栈指针 SP。

当信息存入堆栈时，堆栈指针 SP 将自动减量并将信息存入堆栈指针所指出的存储单元，当需要从堆栈中取出信息时，也将从堆栈指针 SP 所指出的存储单元中读取信息，并自动将堆栈指针 SP 增量。所以，堆栈指针 SP 始终指向堆栈中最后存入信息的那个单元，我们称该单元为堆栈顶。在信息的存与取的过程中，栈顶是不断移动的，也称它为堆栈区的动端，而堆栈区的另端则是固定不变的，这端又称其为栈底。

堆栈区的段地址则存于段寄存器 SS 中。若把内存中某段的偏移地址为 0000～00FFH 的一个存储区作为堆栈，那么堆栈指针 SP 的初值为 0100H。此时，若向堆栈中存入信息 1234H，那么，首先将 SP 内容减 2，即(SP)=00FEH，然后，将 16 位信息 1234H 送入 SP 所指单元，如图 3-11 所示。

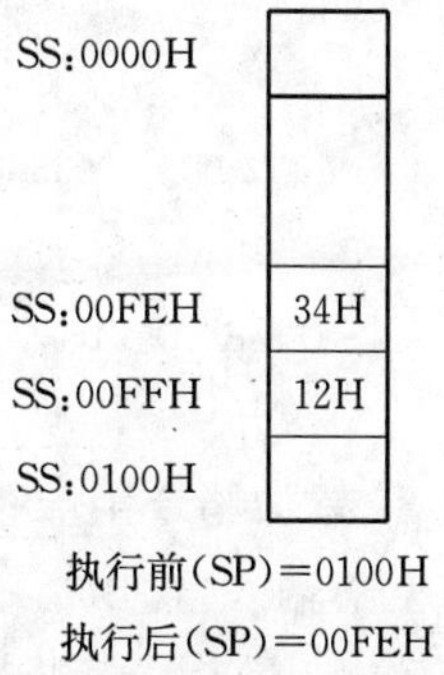

堆栈操作指令不影响标志位。

SS:0000H	
SS:00FEH	34H
SS:00FFH	12H
SS:0100H	

执行前(SP)=0100H
执行后(SP)=00FEH

图 3-11 堆栈操作示意图

① 压栈指令 PUSH(Push onto the stack)

格式：PUSH SRC;(SP)←(SP)-2,((SP)+1,(SP))←(SRC)的有效地址

功能：将源操作数 SRC 压下堆栈，源操作数允许为 16 位通用寄存器、存储器和段寄存器，但不允许是立即数。操作数数据类型为字类型，压栈操作使 SP 值减 2。

例如：

```
PUSH AX        ;通用寄存器操作数入栈
PUSH [SI]      ;存储器操作数入栈
PUSH CS
```

② 出栈指令 POP(Pop from the stack)

格式:POP DST;(DST)←((SP+1),(SP)),(SP)←(SP)+2

功能:从栈顶弹出操作数送入目的操作数。目的操作数允许为 16 位通用寄存器、存储器和段寄存器,但不允许是 CS 和立即数。操作数数据类型为字类型,出栈操作使 SP 加 2。

例如:

```
POP AX          ;操作数出栈送寄存器
POP [BX]         ;操作数出栈送存储器
POP DS
```

2. 地址传送指令

地址传送指令对标志位无影响。

(1) 取有效地址指令 LEA(Load effective address)

格式:LEA REG,SRC;(REG)←SRC 的有效地址

功能:将源操作数 SRC 的有效地址传送到通用寄存器,操作数 REG 为 16 位通用寄存器,源操作数为存储器操作数。

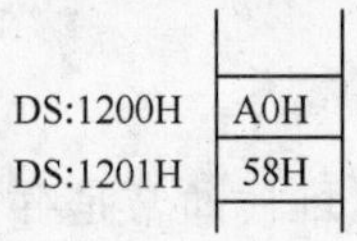

DS:1200H	A0H
DS:1201H	58H

图 3-12　LEA 和 MOV 指令示意图

例如:根据图 3-12 下述指令执行为:

```
LEA BX,[1200H] ;(BX)=1200H
MOV BX,[1200H] ;(BX)=58A0H
```

(2)指针送寄存器 DS 指令 LDS(Load DS with pointer)

格式:LDS REG,SRC;(REG)←(SRC),(DS)←(SRC+2)

功能:根据源操作数 SRC 指定的偏移地址,在数据段中取出段地址和偏移地址分别送指定的段寄存器 DS 和指定的通用寄存器。

例如:

```
LDS BX,[SI]                    ;将 32 位地址指针分别送 DS 和 BX
DATA DD 40003500H
   ……
LDS BX,DATA                    ;(DS)←4000H,(BX)←3500H
```

3. 累加器专用传送(输入/输出指令)

(1) 输入/输出指令(IN/OUT)

输入 IN 指令是将数据(字节/字数据)从一个输入端口传送到累加器(AL 或 AX)中。输出 OUT 指令是将数据(字节/字数据)从累加器(AL 或 AX)传送到一个输出端口中。

输入/输出指令可以分为两大类:一类是直接端口(Port)寻址的输入/输出指令;另一类是通过 DX 寄存器间接寻址的输入/输出指令。在直接寻址的指令中只能寻址 0~255 个端口,而间接寻址的指令中可寻址整个 64K(0000~FFFFH)个端口。

输入/输出指令不影响标志位。

① 输入指令 IN(Input)

直接寻址格式:IN Acc,Port。此指令是将 8/16 位数据经输入端口 Port(地址号 0~255)送入 AL/AX 累加器中。

间接寻址格式:IN Acc,DX。此指令是从 DX 寄存器内容指定的端口中将 8/16 位数据送

入 AL/AX 寄存器中。这种寻址方式端口地址可由 16 位地址号表示,执行此指令前应将 16 位地址号存入 DX 寄存器中。

② 输出指令 OUT(Output)

直接寻址格式:OUT Port,Acc。此指令是从 AL 或 AX 累加器输出 8/16 位数据到指令直接指定的 I/O 端口 Port 中。

间接寻址格式:OUT DX,Acc。此指令是从 AL 或 AX 累加器中输出 8/16 位数据到由 DX 寄存器内容指定的 I/O 端口中。

使用输入/输出指令应注意:每个 I/O 地址对应的端口的数据长度为 8 位,传送 8 位数据占用一个端口地址,传送 16 位数据占用两个端口地址。例如:

```
IN AL,10H
OUT 20H,AX
OUT DX,AL
IN AL,DX
```

(2) 查表指令 XLAT(Translate)

格式:XLAT;(AL)←((BX)+(AL))

功能:将寄存器 AL 中的内容转换成存储器表格中的对应值。实现直接查表功能。

XLAT 指令规定:BX 寄存器存放表的首地址,AL 寄存器中存放表内偏移量,执行 XLAT 指令,以段寄存器 DS 的内容为段基址,有效地址为 BX 和 AL 内容之和,取出表中一个字节内容送 AL 中。查表指令不影响标志位。

【例 3-1】内存中有一起始地址为 TABLE 的编码表,试编程将表中顺序号为 3 的存储单元内容送寄存器 AL。

```
TABLE DB 10H,20H,30H,40H,50H,60H   编码表
……
MOV AL,3                            ;(AL)←3
LEA BX,TABLE                        ;BX←TABLE 表首地址
XLAT                               ;结果在 AL 中,(AL)=40H
```

4. 标志寄存器传送指令

(1) 标志送 AH 指令 LAHF(Load AH with flags)

格式:LAHF;(AH)←(PSW)低 8 位

功能:将标志寄存器中低 8 位送 AH 中,不影响标志位,如图 3-13 所示。

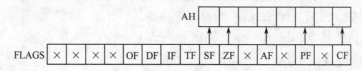

图 3-13　LAHF 指令示意图

(2)AH 送标志寄存器指令 SAHF(Store AH into flags)

格式:SAHF;(PSW)低 8 位←(AH)

功能:将 AH 中内容送标志寄存器中低 8 位。影响标志位。

(3) 标志进栈指令 PUSHF(Push the flags)

格式:PUSHF;(SP)←(SP)−2,((SP)+1,(SP))←(PSW)

功能:将标志寄存器内容压入堆栈,(SP)←(SP)−2。不影响标志位。

(4) 标志出栈指令 POPF(Pop the flags)

格式:POPF;(PSW)←((SP)+1,(SP)),(SP)←(SP)+2,

功能:将当前栈顶一个字传送到标志寄存器中,(SP)←(SP)+2。影响标志位。

3.3.2 算术运算指令

8086/8088 指令包括加、减、乘、除四种基本算术运算操作及符号扩展指令和十进制算术运算调整指令。二进制加、减法指令,带符号操作数采用补码表示时,无符号数和带符号数据运算可以使用相同的指令。二进制乘、除法指令分带符号数和无符号数运算指令。

1. 加法指令

(1) 加法指令 ADD(Add)

格式:ADD DST,SRC;(DST)←(DST)+(SRC)

功能:ADD 是将源操作数与目的操作数相加,结果传送到目的操作数。

源操作数 SRC 可以是通用寄存器、存储器或立即数。目的操作数 DST 可以是通用寄存器或存储器操作数。SRC 和 DST 都不能为段寄存器。

(2) 带进位加法指令 ADC(Add with carry)

格式:ADC DST,SRC;(DST)←(DST)+(SRC)+CF

功能:ADC 是将源操作数与目的操作数以及 CF(低位进位)值相加,结果传送到目的操作数。

ADD,ADC 指令影响标志位为 OF,SF,ZF,AF,PF,CF。

例如:

```
MOV AX,9876H
ADD AH,AL ;(AX)=0E76H  CF=1  SF=0  O=0  ZF=0  AF=0  PF=0
ADC AH,AL ;(AX)=8576H  CF=0  SF=1  O=1  ZF=0  AF=1  PF=0
```

2. 减法指令

(1) 减法指令 SUB(Subtract)

格式:SUB DST,SRC;(DST)←(DST)−(SRC)

功能:SUB 将目的操作数减源操作数,结果送目的操作数。

源操作数 SRC 可以是通用寄存器、存储器或立即数。目的操作数 DST 可以是通用寄存器或存储器操作数。SRC 和 DST 都不能为段寄存器。

(2) 带借位减法指令 SBB(Subtract with borrow)

格式:SBB DST,SRC;(DST)←(DST)−(SRC)−CF

功能:SBB 将目的操作数 DST 减源操作数 SRC,还要减 CF(低位借位)值,结果送目的操作数。

SUB,SBB 指令影响标志位为 OF,SF,ZF,AF,PF,CF。

例如:

```
MOV AX,9966H      ;(AX)=9966H
SUB AL,80H        ;(AL)=0E6H,CF=1,SF=1,OF=1,ZF=0,AF=0,PF=0
```

```
SBB AH,80H          ;(AH)=18H,CF=0,SF=0,OF=0,ZF=0,AF=0,PF=1
```

3. 增量指令和减量指令

(1) 增量指令 INC(Increment)

格式:INC DST;(DST)←(DST)+1

功能:INC 指令将目的操作数加 1,结果送目的操作数 DST。目的操作数为通用寄存器或存储器操作数。DST 不能为立即数和段寄存器。

(2) 减量指令 DEC(Decrement)

格式:DEC DST;(DST)←(DST)-1

功能:DEC 指令将目的操作数 DST 减 1,结果送目的操作数。

INC,DEC 指令影响标志位为 OF,SF,ZF,AF,PF。

例如:

```
INC BL;(BL)←(BL)+1
DEC AX;(AX)←(AX)-1
INC WORD PTR [BX] ;((BX))←((BX))+1
```

4. 比较指令 CMP(Compare)

格式:CMP DST,SRC;(DST)-(SRC)只影响标志位

功能:目的操作数 DST 减源操作数 SRC,结果不回送,只影响标志位。源操作数为通用寄存器、存储器和立即数。目的操作数为通用寄存器、存储器操作数。

CMP 指令影响标志位为 OF,SF,ZF,AF,PF,CF。

例如:

```
CMP CX,DX
CMP WORD PTR [SI],3
CMP AX,BLOCK; BLOCK 为已定义字变量
```

若(AX)和(BX)中已存储有数,执行比较指令后,对于两个数的比较(AX)-(BX)有以下三种情况。

- 两个无符号数比较,使用 CF 标志位判断。

CF=0,则(AX)≥(BX),若 ZF=1,则(AX)=(BX)

CF=1,则(AX)<(BX)

- 两个带符号数比较,使用 OF 标志位判断。

当 OF=0,SF=0,则(AX)>(BX),若 ZF=1,则(AX)=(BX)

SF=1,则(AX)<(BX)

当 OF=1,SF=0,则(AX)<(BX)

SF=1,则(AX)>(BX)

5. 求补指令 NEG(Negate)

格式:NEG DST;(DST)←0-(DST)

功能:对目的操作数 DST 求补,用零减去目的操作数,结果送目的操作数。目的操作数为通用寄存器、存储器操作数。

NEG 指令影响标志位为 OF,SF,ZF,AF,PF,CF。

6. 乘法指令

（1）无符号数乘法指令 MUL(Unsigned multiple)

格式：MUL SRC;字节操作数：(AX)←(AL)×(SRC)

　　　　　　　字操作数：(DX:AX)←(AX)×(SRC)

功能：MUL 为无符号数乘法。源操作数为通用寄存器或存储器操作数。目的操作数为 AL 或 AX,乘积存 AX 或 DX:AX 中。

（2）带符号数乘法指令 IMUL(Signed multiple)

格式：IMUL SRC;字节操作数：(AX)←(AL)×(SRC)

　　　　　　　字操作数：(DX:AX)←(AX)×(SRC)

功能：IMUL 为带符号数乘法,与 MUL 相同,但必须是带符号数。积采用补码形式表示。

MUL,IMUL 指令执行后,CF=OF=0,表示乘积高位无有效数据;CF=OF=1 表示乘积高位含有效数据,对其他标志位无定义。

例如：

```
MUL BL
MUL WORD PTR [SI]
IMUL BYTE PTR [DI]
```

7. 除法指令

（1）无符号数除法指令 DIV(Unsigned divide)

格式：DIV SRC;字节除法：(AL)←(AX)/(SRC)商,(AH)←余数

　　　　　　字除法：(AX)←(DX:AX)/(SRC)商,(DX)←余数

功能：DIV 为无符号数除法。源操作数作为除数,为通用寄存器或存储器操作数。被除数为 AX 或(DX:AX)。

（2）带符号数除法指令 IDIV(Signed divide)

格式：IDIV SRC;字节除法：(AL)←(AX)/(SRC)商,(AH)←余数

　　　　　　　字除法：(AX)←(DX:AX)/(SRC)商,(DX)←余数

功能：IDIV 为带符号数除法,与 DIV 相同,但必须是带符号数。商和余数采用补码形式表示,余数与被除数同符号。

例如：

```
DIV DATA ;DATA 为已定义字节变量
IDIV BX
```

对于除法,当除数为零或商超过了规定数据类型所能表示的范围时,将会出现溢出现象,产生一个中断类型码为"0"的中断。执行除法指令后,标志位无定义。

8. 符号扩展指令

（1）字节转换为字指令 CBW(Convert byte to word)

格式：CBW;(AL)内容扩展至(AX)

功能:AL 的内容符号扩展到 AH。即如果(AL)的最高有效位为 0,则(AH)＝00;如果(AL)的最高有效位为 1,则(AH)＝0FFH。

例如:

(AL)＝55H,执行 CBW 指令后,(AX)＝0055H。

(AL)＝0A5H,执行 CBW 指令后,(AX)＝0FFA5H。

(2) 字转换为双字指令 CWD(Contcrt word to double word)

格式:CWD;(AX)内容扩展至(DX：AX)

功能:AX 的内容符号扩展到 DX。即如(AX)的最高有效位为 0,则(DX)＝0;否则(DX)＝0FFFFH。

符号扩展指令对标志位无影响。

9. 压缩 BCD 码算术运算指令

压缩 BCD 数是以一个字节存储 2 位 BCD 码,用 BCD 码来表示十进制数。BCD 加减法是在二进制加减运算的基础上,对其二进制结果进行调整,将结果调整成 BCD 码表示形式。

(1) 压缩 BCD 码加法调整指令 DAA(Decimal adjust for addition)

格式:DAA

功能:将存放在 AL 中的二进制和数,调整为压缩格式的 BCD 码表示形式。

调整方法:

如果((AL)∧0FH)>9 或(AF)＝1

则(AL)←(AL)＋06H,(AF)←1

如果(AL)>9FH 或(CF)＝1

则(AL)←(AL)＋60H,(CF)←1

DAA 指令一般紧跟在 ADD 或 ADC 指令之后使用,影响标志位为 SF,ZF,AF,PF,CF。OF 无定义。例如:

ADD AL,BL

DAA

(2) 压缩 BCD 码减法调整指令 DAS(Decimal adjust for subtraction)

格式:DAS

功能:将存放在 AL 中的二进制差数,调整为压缩的 BCD 码表示形式。

调整方法:

如果((AL)∧0FH)>9 或(AF)＝1

则(AL)←(AL)－06H,(AF)←1

如果((AL)>9FH)或(CF)＝1

则(AL)←(AL)－60H,(CF)←1

DAS 指令一般紧跟在 SUB 或 SBB 指令之后使用,影响标志位为 SF,ZF,AF,PF,CF。OF 无定义。例如:

SUB AL,BL

DAS

10. 非压缩 BCD 码算术运算

非压缩 BCD 数是以一个字节存储 1 位 BCD 码,用 BCD 码来表示十进制数。BCD 码的算术运算是在二进制运算基础上进行调整。调整指令有加、减、乘、除四种调整指令。

（1）非压缩 BCD 码加法调整指令 AAA(ASCII adjust for addition)

格式：AAA

功能：将存放在 AL 中的二进制和数，调整为 ASCII 码表示的结果。

调整方法：

如果$((AL) \wedge 0FH) > 9$ 或$(AF) = 1$

则$(AL) \leftarrow (AL) + 06H, (AH) \leftarrow (AH) + 1, (AF) \leftarrow 1, (CF) \leftarrow (AF)$

$\quad (AL) \leftarrow ((AL) \wedge 0FH)$

否则$(AL) \leftarrow ((AL) \wedge 0FH)$

AAA 指令一般紧跟在 ADD 或 ADC 指令之后使用，影响标志位为 AF, CF。其他标志位无定义。例如：

MOV AX,0006H

ADD AL,05H

AAA ;(AX)=0101H

（2）非压缩 BCD 码减法调整指令 AAS(ASCII Adjust for subtraction)

格式：AAS

功能：将存放在 AL 中的二进制差数，调整为 ASCII 码表示形式。

调整方法：

如果$((AL) \wedge 0FH) > 9$ 或$(AF) = 1$

则$(AL) \leftarrow (AL) - 06H, (AH) \leftarrow (AH) - 1, (AF) \leftarrow 1, (CF) \leftarrow (AF)$

$\quad (AL) \leftarrow ((AL) \wedge 0FH)$

否则$(AL) \leftarrow ((AL) \wedge 0FH)$

AAS 指令一般紧跟在 SUB, SBB 指令之后使用，影响标志位为 AF, CF。其他标志位无定义。

（3）非压缩 BCD 码的乘法调整指令 AAM(ASCII Adjust for multiply)

格式：AAM

功能：将存放在 AL 中的二进制积数，调整为 ASCII 码表示形式。

调整方法：$(AH) \leftarrow (AL)/0AH$ 的商，即(AL)除以 10，商送(AH)。

$\qquad (AL) \leftarrow (AL)/0AH$ 的余数，即(AL)除以 10，余数送(AL)。

AAM 指令一般紧跟在 MUL 指令之后使用，影响标志位为 SF, ZF, PF。其他标志位无定义。例如：

MOV AL,07H

MOV BL,09H

MUL BL ;(AX)=003FH

AAM ;(AX)=0603H

（4）非压缩 BCD 码的除法调整指令 AAD(ASCII Adjust for division)

格式：AAD

功能：将 AX 中两位非压缩 BCD 码（一个字节存放一位 BCD 码），转换为二进制数的表示形式。

调整方法：$(AL) \leftarrow (AH) \times 0AH + (AL), (AH) \leftarrow 0$

AAD 指令用于二进制除法 DIV 操作之前,影响的标志位为 SF,ZF,PF。其他标志位无定义。例如:

```
MOV AX,0605H
MOV BL,09H
AAD ;AX=0041H
DIV BL ;AX=0207H
```

使用该类指令应注意,加法、减法和乘法调整指令都是紧跟在算术运算指令之后,将二进制的运算结果调整为非压缩 BCD 码表示形式,而除法调整指令必须放在除法指令之前进行,以避免除法出现错误的结果。

使用算术运算类指令应注意:

① 如果没有特别规定,参与运算的两个操作数数据类型必须一致,且只允许一个为存储器操作数;

② 如果参与运算的操作数只有一个,且为存储器操作数,必须使用 PTR 伪指令说明数据类型;

③ 操作数不允许为段寄存器;目的操作数不允许为立即数;

④ 如果是存储器寻址,则存储器各种寻址方式均可使用。

3.3.3 逻辑运算指令

1. 逻辑运算指令

(1) 逻辑与指令 AND(And)

格式:AND DST,SRC;(DST)←(DST)∧(SRC)

功能:目的操作数 DST 和源操作数 SRC 按位进行逻辑与运算,结果存目的操作数中。源操作数可以是通用寄存器、存储器或立即数。目的操作数可以是通用寄存器或存储器操作数。例如:

```
AND [DI],BX
AND AL,0FH ;(AL)←((AL)∧0FH)
```

AND 指令常用于将操作数中某位清 0(称屏蔽),只需将要清 0 的位与 0,其他不变的位与 1 即可。

AND 指令影响标志位为 SF,ZF,PF,并且使 OF=CF=0。

(2) 逻辑或指令 OR(OR)

格式:OR DST,SRC;(DST)←(DST)∨(SRC)

功能:目的操作数 DST 和源操作数 SRC 按位进行逻辑或运算,结果存目的操作数中。源操作数可以是通用寄存器、存储器或立即数。目的操作数可以是通用寄存器或存储器操作数。

OR 指令常用于将操作数中某位置 1,只需将要置 1 的位或 1,其他不改变的位或 0 即可。例如:OR AL,80H;将 AL 中最高位置 1。

OR 指令影响标志位为 SF,ZF,PF。并且使 OF=CF=0。

(3) 逻辑异或指令 XOR(Exclusive or)

格式:XOR DST,SRC;(DST)←(DST)⊕(SRC)

功能:目的操作数 DST 和源操作数 SRC 按位进行逻辑异或运算,结果送目的操作数。源操作数可以是通用寄存器、存储器或立即数。目的操作数可以是通用寄存器或存储器操作数。

XOR 指令常用于将操作数中某些位取反,只需将要取反的位异或 1,其他不改变的位异或 0 即可。例如:XOR AL,OFH;将 AL 中低 4 位取反,高 4 位保持不变。

XOR 指令影响标志位为 SF,ZF,PF,并且使 OF=CF=0。

(4) 逻辑非指令 NOT(NOT)

格式:NOT DST;(DST)←$\overline{\text{(DST)}}$

功能:对目的操作数 DST 按位取反,结果回送目的操作数。目的操作数可以为通用寄存器或存储器。NOT 指令对标志位无影响。

(5) 测试指令 TEST(Test)

格式:TEST DST,SRC;(DST)∧(SRC)影响标志位

功能:目的操作数 DST 和源操作数 SRC 按位进行逻辑与操作,结果不回送目的操作数。源操作数可以为通用寄存器、存储器或立即数。目的操作数可以为通用寄存器或存储器操作数。

TEST 指令常用于测试操作数中某位是否为 1,而且不会影响目的操作数。如果测试某位的状态,对某位进行逻辑与 1 的运算,其他位逻辑与 0,然后判断标志位。运算结果为 0,ZF=1,表示被测试位为 0;否则 ZF=0,表示被测试位为 1。例如:

TEST AL,80H   ;测试 AL 中最高位

JZ NEXT   ;如果最高位为 0,转到标志 NEXT 处

TEST 指令影响标志位为 SF、ZF、PF,并且使 OF=CF=0。

2. 移位指令

移位指令对操作数按某种方式左移或右移,当移位位数为 1 时可以由立即数直接给出,否则由 CL 间接给出。移位指令分移位指令和循环移位指令。

(1) 移位指令

移位指令目的操作数 DST 可以为通用寄存器或存储器操作数。

① 算术左移指令 SAL(Shift arithmetic left)

格式:SAL DST,CNT

功能:按照操作数 CNT 规定的移位位数,对目的操作数进行左移操作,最高位移入 CF 中。每移动一位,右边补一位 0,如图 3-14(a)所示。目的操作数可以为通用寄存器或存储器操作数。

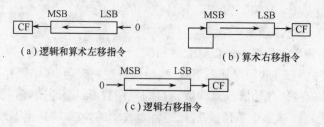

(a)逻辑和算术左移指令   (b)算术右移指令

(c)逻辑右移指令

图 3-14   移位指令示意图

② 逻辑左移指令 SHL(Shift logical left)

格式:SHL DST,CNT

功能:与 SAL 相同。

SAL,SHL 指令影响标志位 OF、SF、ZF、PF、CF。例如:

```
SHL BYTE PTR [DI],1
SAL BX,CL
```

③ 算术右移指令 SAR(Shift arithmetic right)

格式：SAR DST,CNT

功能：按照操作数 CNT 规定的移位次数,对目的操作数进行右移操作,最低位移至 CF 中,最高位(即符号位)保持不变,如图 3-14(b)所示。目的操作数可以为通用寄存器或存储器操作数。

④ 逻辑右移指令 SHR(Shift logical right)

格式：SHR DST,SRC

功能：按照操作数 CNT 规定的移位位数,对目的操作数进行右移操作,最低位移至 CF 中。每移动一位,左边补一位 0,如图 3-14(c)所示。目的操作数可以为通用寄存器或存储器操作数。

SAR、SHR 指令影响标志位 OF、SF、ZF、PF、CF。例如：

```
SAR BYTE PTR [SI],1
SHR DX,CL
```

算术/逻辑左移,只要结果未超出目的操作数所能表达的范围,每左移一次相当于原数乘 2。算术右移只要无溢出,每右移一次相当于原数除以 2。

2. 循环移位指令

循环移位指令目的操作数 DST 可以为通用寄存器或存储器操作数。循环移位指令影响标志位 CF,OF。其他标志位无定义。

① 循环左移指令 ROL(Rotate left)

格式：ROL DST,CNT

② 循环右移指令 ROR(Rotate right)

格式：ROR DST,CNT

功能：循环左移指令 ROL,如图 3-15(a)所示,目的操作数左移,每移位一次,其最高位移入最低位,同时最高位也移入进位标志 CF。循环右移指令 ROR,如图 3-15(b)所示,目的操作数右移,每移位一次,其最低位移入最高位,同时最低位也移入进位标志 CF。

③ 带进位循环左移指令 RCL(Rotate left through carry)

格式：RCL DST,CNT

④ 带进位循环右移指令 RCR(Rotate right through carry)

格式：RCR DST,CNT

功能：带进位循环左移指令 RCL,如图 3-15(c)所示,目的操作数左移,每移动一次,其最高位移入进位标志 CF,CF 移入最低位。带进位循环右移指令 RCR,如图 3-15(d)所示,目的操作数右移,每移动一次,其最低位移入进位标志 CF,CF 移入最高位。

【例 3-2】将一个 2 位数压缩的 BCD 码转换成二进制数。

```
BCD DB 59H
BIN DB ?
……
MOV AL,BCD
```

```
MOV BL,AL

AND BL,0FH

AND AL,0F0H

MOV CL,4

ROR AL,CL

MOV BH,0AH

MUL BH

ADD AL,BL

MOV BIN,AL
```

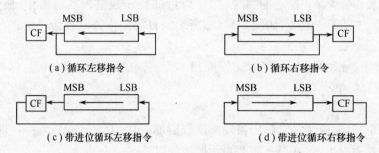

（a）循环左移指令　　　　　　　　　（b）循环右移指令

（c）带进位循环左移指令　　　　　　（d）带进位循环右移指令

图 3-15　循环移位指令

3.3.4　控制转移类指令

计算机执行程序一般是顺序地逐条执行指令。但经常需要根据不同条件做不同的处理，有时需要跳过几条指令，有时需要重复执行某段程序，或者转移到另一个程序段去执行。用于控制程序流程的指令包括转移、循环、过程调用和中断调用。

1. 转移指令

（1）无条件转移指令 JMP(Jump)

无条件转移指令的功能是使程序无条件地转移到指令规定的目的地址去执行指令。转移分为短转移、段内转移（近程转移）和段间转移（远程转移）。

① 段内直接转移

格式：JMP SHORT OPR；段内短转移$(IP) \leftarrow (IP) + D_8$

　　　　JMP NEAR PTR OPR；段内近程转移$(IP) \leftarrow (IP) + D_{16}$

功能：采用相对寻址将当前 IP 值（即 JMP 指令下一条指令的地址）与 JMP 指令中给出的偏移量之和送 IP 中。段内短转移（SHORT）指令偏移量 D_8 为 8 位，允许转移偏移值的范围为 $-128 \sim +127$。段内近程转移（NEAR）指令偏移量 D_{16} 为 16 位，允许转移偏移值范围为 $-2^{15} \sim +2^{15}-1$。OPR 为标号或标号加常量表达式。例如：

```
JMP SHORT NEXT
    ......
NEXT:MOV AL,BL
```

本例为无条件转移到本段内，标号为 NEXT 的地址去执行指令，汇编程序可以确定目的地址与 JMP 指令的距离。

② 段内间接转移

格式:JMP REG

JMP WORD PTR [REG]

JMP OPR1;OPR1 为字变量

功能:段内间接转移,其中 JMP REG 指令的转移地址在通用寄存器中,将其内容直接送 IP 实现程序转移。JMP WORD PTR [REG]指令和 JMP OPR1 的转移地址在存储器中,默认段寄存器根据参与寻址的通用寄存器来确定,将指定存储单元的字取出直接送 IP 实现程序转移。JMP 指令转移偏移值范围为$-2^{15}\sim 2^{15}-1$。

例如:设 DS=3000H,BX=0100H。

JMP BX;(IP)=0100H

JMP WORD PTR [BX] ;将地址 3000∶0100H 单元存放的一个字送 IP

③ 段间直接转移

格式:JMP FAR PTR OPR

功能:段间直接转移,FAR PTR 说明标号 OPR 具有远程属性。将指令中由 OPR 指定的段值送 CS,偏移地址送 IP。例如:

JMP FAR PTR NEXT

④ 段间间接转移

格式:JMP DWORD PTR [REG]

JMP OPR1;OPR1 为双字变量

功能:段间间接转移,由 FAR PTR[REG]和 OPR1 指定的存储器操作数作为转移地址。存储器操作数为 32 位,包括 16 位段地址和 16 位偏移地址。例如:

JMP DWORD PTR [BX]   ;数据段双字存储单元低字内容送 IP

;数据段双字存储单元高字内容送 CS

(2) 条件转移指令

条件转移指令是根据上一条指令对标志寄存器中标志位的影响来决定程序执行的流程,若满足指令规定的条件,则程序转移;否则程序顺序执行。

条件转移指令的转移范围为段内短转移,即(IP)←(IP)+D_8转移量为 8 位。段内转移偏移值范围为$-128\sim +127$。条件转移指令包括四类:单标志位条件转移指令;无符号数比较条件转移指令;带符号数比较条件转移指令;测试 CX 条件转移指令。

OPR 为标号或标号加常量表达式。

• 单标志位条件转移指令

① JZ(或 JE)(Jump if zero,or equal);结果为零(或相等)则转移。

格式:JE(或 JZ) OPR

测试条件:ZF=1

② JNZ(或 JNE)(Jump if not zero,or not equal);结果不为零(或不相等)则转移。

格式:JNZ(或 JNE) OPR

测试条件:ZF=0

③ JS(Jump if sign);结果为负则转移。

格式:JS OPR

测试条件:SF=1

④ JNS(Jump if not sign);结果为正则转移。

格式:JNS OPR

测试条件:SF=0

⑤ JO(Jump if overflow);溢出则转移。

格式:JO OPR

测试条件:OF=1

⑥ JNO(Jump if not overflow);不溢出则转移。

格式:JNO OPR

测试条件:OF=0

⑦ JP(或 JPE)(Jump if parity,or parity even);奇偶位为 1 则转移。

格式:JP OPR

测试条件:PF=1

⑧ JNP(或 JPO)(Jump if not parity,or parity odd);奇偶位为 0 则转移。

格式:JNP(或 JPO) OPR

测试条件:PF=0

⑨ JC(Jump if carry);进位位为 1 则转移。

格式:JC OPR

测试条件:CF=1

⑩ JNC(Jump if not carry);进位位为 0 则转移。

格式:JNC OPR

测试条件:CF=0

• 无符号数比较条件转移指令

① JB(或 JNAE)(Jump if below,or not above or equal);低于或不高于或不等于则转移。

格式:JB(或 JNAE) OPR

测试条件:CF=1

② JNB(或 JAE)(Jump if not below,or above or equal);不低于或者高于或者等于则转移。

格式:JNB(或 JAE) OPR

测试条件:CF=0

③ JBE(或 JNA)(Jump if below or equal,or not above);低于或等于,或不高于则转移。

格式:JBE(或 JNA) OPR

测试条件:CF∨ZF=1

④ JNBE(或 JA)(Jump if not below or equal,or above);不低于或不等于,或者高于则转移。

格式:JNBE(或 JA) OPR

测试条件:CF∨ZF=0

• 带符号数比较条件转移指令

① JL(或 JNGE)(Jump if less,or not greater or equal);小于或者不大于或者不等于则转移。

格式:JL(或 JNGE) OPR

测试条件:SF⊕OF=1

② JNL(或 JGE)(Jump if not less,or greater or equal);不小于或者大于或者等于则转移。

格式:JNL(或 JGE) OPR

测试条件:SF⊕OF=0

③ JLE(或 JNG)(Jump if less or equal,or not greater);小于或等于或者不大于则转移。

格式:JLE(或 JNG) OPR

测试条件:(SF⊕OF)VZF=1

④ JNLE(或 JG)(Jump if not less or equal,or greater);不小于或不等于或者大于则转移。

格式:JNLE(或 JG) OPR

测试条件:(SF⊕OF)VZF=0

• 测试 CX 的条件转移指令

JCXZ(Jump if CX register is zero);CX 寄存器的内容为零则转移。

格式:JCXZ OPR

测试条件:(CX)=0

条件转移指令一般紧跟在 CMP 或 TEST 指令之后,判断执行 CMP 或 TEST 指令对标志位的影响来决定是否转移。

【例 3-3】符号函数

$$f(x)=\begin{cases}1, & x>0 \\ 0, & x=0 \\ -1, & x<0\end{cases}$$

假设 x 为某值且存放在寄存器 AL 中,试编程将求出的函数值 $f(x)$ 存放在 AH 中。

```
        CMP AL,0
        JGE NEXT
        MOV AL,0FFH
        JMP DONE
NEXT:   JE DONE
        MOV AL,1
DONE:   MOV AH,AL
```

2. 循环控制指令

这类指令用 CX 计数器中的内容控制循环次数,先将循环计数值存放在 CX 中,每循环一次 CX 内容减 1,直到 CX 为 0 时循环结束。

循环控制指令的转移范围为段内短转移,即(IP)←(IP)+D₈ 转移量为 8 位。段内转移偏移值范围为−128～+127。OPR 为标号或标号加常量表达式。

(1) LOOP 循环指令

格式:LOOP OPR

测试条件:(CX)←(CX)−1,若(CX)≠0,则转到指令中指定的标号 OPR 处;否则,顺序执行下一条指令。

(2) LOOPZ/LOOPE(LOOP if equal,or zero)当为零或相等时循环指令

格式:LOOPZ(或 LOOPE) OPR

测试条件：$(CX)\leftarrow(CX)-1$，若$(CX)\neq0$且$ZF=1$，则转到指令中指定的标号 OPR 处；否则，顺序执行下一条指令。

（3）LOOPNZ/LOOPNE(LOOP if not equal,or not zero)当不为零或不相等时循环指令

格式：LOOPNZ(或 LOOPNE) OPR

测试条件：$(CX)\leftarrow(CX)-1$，若$(CX)\neq0$且$ZF=0$，则转到指令中指定的标号 OPR 处；否则，顺序执行下一条指令。

【例 3-4】找出以 ARRAY 为首地址的 100 个字节数组中的第一个非 0 值，送 AL 寄存器中。

```
ARRAY DB 100 DUP(?)
       ……
       MOV CX,64H
       LEA BX,ARRAY
NEXT：CMP BYTE PTR [BX],0
       JNZ NOT-ZERO
       INC BX
       LOOP NEXT
NOT-ZERO：MOV AL,[BX]
```

3. 过程调用指令

如果有一些程序段需要在不同的地方多次反复地出现，则可以将这些程序段设计成为过程（相当于子程序），每次需要时进行调用。过程结束后，再返回原来调用的地方。

被调用的过程可以在本段内（近过程），也可在其他段（远过程）。调用的过程地址可以用直接的方式给出，也可用间接的方式给出。

（1）调用指令 CALL(CALL procedure)

① 段内直接调用

格式：CALL NEAR PTR OPR；$(SP)\leftarrow(SP)-2$，$((SP)+1,(SP))\leftarrow(IP)$，$(IP)\leftarrow(IP)+D_{16}$

功能：CALL 指令在执行时会先将 CALL 指令的下面一条指令的 IP 地址压入堆栈保护起来，这个地址称为返回地址。采用相对寻址将当前 IP 值（即 CALL 指令下一条指令的地址）与 CALL 指令中给出的偏移量之和送 IP 中。指令偏移量 D_{16} 为 16 位，允许调用偏移值范围为$-2^{15}\sim+2^{15}-1$。OPR 为标号或标号加常量表达式。

② 段内间接调用

格式：CALL REG；$(SP)\leftarrow(SP)-2$，$((SP)+1,(SP))\leftarrow(IP)$，$(IP)\leftarrow(REG)$

　　　CALL WORD PTR [REG]

　　　CALL OPR1；$(SP)\leftarrow(SP)-2$，$((SP)+1,(SP))\leftarrow(IP)$，$(IP)\leftarrow(OPR1)$

功能：CALL 指令在执行时会先将 CALL 指令的下面一条指令的 IP 地址压入堆栈保护起来，然后 CALL REG 指令的调用地址在通用寄存器中，将其内容直接送 IP 实现程序转移。CALL WORD PTR [REG]指令和 CALL OPR1 的调用地址在存储器中，默认段寄存器根据参与寻址的通用寄存器来确定，将指定存储单元的字取出直接送 IP 实现程序转移。CALL 指令调用偏移值范围为$-2^{15}\sim+2^{15}-1$。OPR1 为字变量。

③ 段间直接调用

格式:CALL FAR PTR OPR;$(SP)\leftarrow(SP)-2,((SP)+1,(SP))\leftarrow(CS)$

$\qquad\qquad\qquad\qquad\quad (CS)\leftarrow SEG\ OPR$

$\qquad\qquad\qquad\qquad\quad (SP)\leftarrow(SP)-2,((SP)+1,(SP))\leftarrow(IP)$

$\qquad\qquad\qquad\qquad\quad (IP)\leftarrow OFFSET\ OPR$

功能:FAR PTR 说明标号 OPR 具有段间(远程)属性。CALL 指令在执行时会先将 CALL 指令的下面一条指令的 CS 和 IP 地址压入堆栈保护起来,然后将指令中由 OPR 指定的段值送 CS,偏移地址送 IP。

④ 段间间接调用

格式:CALL DWORD PTR [REG]

CALL OPR1;$(SP)\leftarrow(SP)-2,((SP)+1,(SP))\leftarrow(CS),(CS)\leftarrow(OPR1+2)$

$\qquad\qquad (SP)\leftarrow(SP)-2,((SP)+1,(SP))\leftarrow(IP),(IP)\leftarrow(OPR1)$

功能:CALL 指令在执行时会先将 CALL 指令的下面一条指令的 CS 和 IP 地址压入堆栈保护起来,然后由 FAR PTR [REG]和 OPR1 指定的存储器操作数作为调用地址。存储器操作数为 32 位,包括 16 位段地址和 16 位偏移地址。OPR1 为双字变量。

(2) 过程返回指令 RET(RETurn from procedure)

格式:

从近过程返回:RET;$(IP)\leftarrow((SP)+1,(SP)),(SP)\leftarrow(SP)+2$

从远过程返回:RET;$(IP)\leftarrow((SP)+1,(SP)),(SP)\leftarrow(SP)+2$

$\qquad\qquad\qquad\quad (CS)\leftarrow((SP)+1,(SP)),(SP)\leftarrow(SP)+2$

功能:过程体中一般总是包含返回指令 RET,它将堆栈中的断点弹出,控制程序返回到原来调用过程的地方。通常,RET 指令的类型是隐含的,它自动与过程定义时的类型匹配,如为近过程,返回时将栈顶的字弹出到 IP 寄存器;如为远过程,返回时先从栈顶弹出一个字到 IP,接着再弹出一个字到 CS。

此外,还有一种带参数的返回指令 RET n。n 可以是一个范围为 $0\sim0FFFFH$ 中的任一偶数,表示堆栈所占字节数。这条指令表示从堆栈顶弹出返回地址后,再使$(SP)\leftarrow(SP)+n$。

4. 中断调用指令

8086/8088CPU 可以在程序中安排一条中断指令来引起一个中断过程,这就是中断指令 INT n 和中断返回指令 IRET,这种中断称为软件中断。有关中断的概念、中断的处理过程以及中断指令等的详细情况将在第 7 章进行讨论。

(1) INT 指令

格式:INT n

功能:产生中断类型码为 n 的软中断,该指令包含中断操作码和中断类型码两部分,中断类型码 n 为 8 位,取值范围为 $0\sim255(00H\sim FFH)$。

执行的操作:

• 将标志寄存器 PSW 压入堆栈,$(SP)\leftarrow(SP)-2,((SP)+1,(SP))\leftarrow(PSW)$;

• 清除 PSW 中的 TF 和 IF 标志位;

• 将当前 CS 和 IP 压入堆栈,$(SP)\leftarrow(SP)-2,((SP)+1,(SP))\leftarrow(CS);(SP)\leftarrow(SP)-2,((SP)+1,(SP))\leftarrow(IP)$;

- 实模式下,$n \times 4$ 获取中断矢量表地址指针,$(IP) \leftarrow (n \times 4)$,$(CS) \leftarrow (n \times 4 + 2)$;保护模式下,$n \times 8$ 获取中断描述符表地址指针;
- 根据地址指针,从中断矢量表或中断描述符表中取出中断服务程序地址送 IP 和 CS 中,控制程序转移去执行中断服务程序。

(2) 若溢出则中断

格式:INTO

执行的操作:若 OF=1 则:

- 将标志寄存器 PSW 压入堆栈,$(SP) \leftarrow (SP) - 2$,$((SP) + 1, (SP)) \leftarrow (PSW)$;
- 清除 PSW 中的 TF 和 IF 标志位;
- 将当前 CS 和 IP 压入堆栈,$(SP) \leftarrow (SP) - 2$,$((SP) + 1, (SP)) \leftarrow (CS)$;$(SP) \leftarrow (SP) - 2$,$((SP) + 1, (SP)) \leftarrow (IP)$;
- 实模式下,$n \times 4 = 4 \times 4 = 16(10H)$ 获取中断矢量表地址指针,$(IP) \leftarrow (0010H)$,$(CS) \leftarrow (0000H)$;保护模式下,$n \times 8$ 获取中断描述符表地址指针;
- 根据地址指针,从中断矢量表或中断描述符表中取出中断服务程序地址送 IP 和 CS 中,控制程序转移去执行中断服务程序。

(3) 从中断返回指令 IRET

格式:IRET

功能:该指令实现在中断服务程序结束后,返回到主程序中断断点处,继续执行主程序。

执行的操作:IRET 指令弹出堆栈中数据送 IP、CS 和 PSW。

$(IP) \leftarrow ((SP) + 1, (SP))$,$(SP) \leftarrow (SP) + 2$;

$(CS) \leftarrow ((SP) + 1, (SP))$,$(SP) \leftarrow (SP) + 2$;

$(PSW) \leftarrow ((SP) + 1, (SP))$,$(SP) \leftarrow (SP) + 2$

3.3.5 串操作指令

8086/8088 提供处理字符串的操作。串操作是指连续存放在存储器中的一些数据字节或字。串操作指令允许程序对连续存放大的数据块进行操作。

串操作指令通常以 DS:SI 作为寻址源串,以 ES:DI 作为寻址目的串。SI、DI 这两个地址指针在每次串操作后,都自动进行修改,以指向串中下一个串元素。地址指针修改是增量还是减量由方向标志 DF 来规定。当 DF=0,SI 和 DI 的修改为增量;当 DF=1,SI 和 DI 的修改为减量。根据串元素类型不同,地址指针增减量也不同,在串操作时,字节类型 SI,DI 加、减 1;字类型 SI,DI 加、减 2。如果需要连续进行串操作,通常加重复前缀。重复前缀可以和任何串操作指令组合,形成复合指令。

1. 重复前缀指令

重复前缀指令列于表 3.1 中。

表 3.1　重复前缀指令

助记符	判断条件	说　　明
REP	(CX)=0	$(CX) \leftarrow (CX) - 1$,若 $(CX) \neq 0$ 则重复
REPE/Z	(CX)=0 且 ZF=1	$(CX) \leftarrow (CX) - 1$,若 $(CX) \neq 0$ 且 ZF=1 则重复
REPNE/NZ	(CX)=0 且 ZF=0	$(CX) \leftarrow (CX) - 1$,若 $(CX) \neq 0$ 且 ZF=0 则重复

(1)REP 重复串操作直到(CX)=0 为止

格式：REP string primitive

其中 String Primitive 可为 MOVS 或 STOS 指令。

执行的操作：

① 如(CX)=0 则退出 REP,否则往下执行；

② (CX)←(CX)-1；

③ 执行其中的串操作；

④ 重复前面的①~③步。

(2) REPE/REPZ 当相等/为零时重复串操作

格式：REPE(或 REPZ)String Primitive

其中 String Primitive 可为 CMPS 或 SCAS 指令。

执行的操作：

① 如(CX)=0 或 ZF=0(即某次比较的结果两个操作数不等)时退出,否则往下执行；

② (CX)←(CX)-1；

③ 执行其后的串指令；

④ 重复前面的①~③步。

(3) REPNE/REPNZ 当不相等/不为零时重复串操作

格式：REPNE(或 REPNZ)String Primitive

其中 String Primitive 可为 CMPS 或 SCAS 指令。

执行的操作：

① 如(CX)=0 或 ZF=1(即某次比较的结果两个操作数相等)时退出,否则往下执行；

② (CX)←(CX)-1；

③ 执行其后的串指令；

④ 重复前面的①~③步。

2. 方向标志指令

格式：CLD；(DF)←0

STD；(DF)←1

功能：CLD 为清除方向标志,即将 DF 置 0。STD 为设置方向标志,即将 DF 置 1。

3. 与 REP 相配合工作的 MOVS 或 STOS 指令

(1) 串传送指令 MOVS

格式：[REP] MOVS DST,SRC

[REP] MOVSB

[REP] MOVSW

执行的操作：

① (ES：DI)←(DS：SI)

② 字节操作：(SI)←(SI)±1,(DI)←(DI)±1

当方向标志 DF=0 时+1,当方向标志 DF=1 时-1。

③ 字操作：(SI)←(SI)±2,(DI)←(DI)±2

当方向标志 DF=0 时+2,当方向标志 DF=1 时-2。

功能:将 DS:SI 规定的源串元素复制到 ES:DI 规定的目的串单元中。该指令不影响标志位。

如果加重复前缀 REP,则可以实现连续存放的数据块的传送,直到(CX)=0 为止。

```
STRING1 DB 1,2,3,…(100 个字节)
STRING2 DB 100 DUP(?)
MOV AX,SEG STRING1
MOV DS,AX
MOV ES,AX
MOV CX,100
LEA SI,STRING1
LEA DI,STRING2
CLD
REP MOVSB
```

该程序将起始地址为 STRING1 的 100 个字节内容传送到起始地址为 STRING2 的存储单元。

(2) 串存储指令 STOS

格式:[REP] STOS DST

　　　[REP] STOSB

　　　[REP] STOSW

执行的操作:

　　　字节操作:(ES:DI)←(AL),(DI)←(DI)±1

　　　字操作:(ES:DI)←(AX),(DI)←(DI)±2

功能:将寄存器 AL 或 AX 中值存入 ES:DI 所指的目的串存储单元中,每传递一次,都按 DF 值以及串元素类型自动修改地址指 针 DI。若加重复前缀 REP,则表示将累加器的值连续送目的串存储单元,直到(CX)=0 时为止。该指令不影响标志位。

(3) 串装入指令 LODS

格式:LODS SRC

　　　LODSB

　　　LODSW

执行的操作:

　　　字节操作:(AL)←(DS:SI),(SI)←(SI)±1

　　　字操作:(AX)←(DS:SI),(SI)←(SI)±2

功能:将 DS:SI 所指的源串元素装入寄存器 AL 或 AX 中,每装入一次都按照 DF 值以及串元素类型自动修改地址指针 SI,该指令一般不须加重复前缀,并且不影响标志位。

4. 与 REPE/REPZ 和 REPNZ/REPNE 联合工作的 CMPS 或 SCAS 指令

(1) 串比较指令 CMPS

格式:[REPE/Z] [REPNZ/NE] CMPS DST,SRC

　　　[REPE/Z] [REPNZ/NE] CMPSB

[REPE/Z] [REPNZ/NE] CMPSW

执行的操作：

① (DS：SI)-(ES：DI)影响标志位

② 字节操作：(SI)←(SI)±1,(DI)←(DI)±1

字操作：(SI)←(SI)±2,(DI)←(DI)±2

功能：由 DS：SI 规定的源串元素减去 ES：DI 指出的目的串元素,结果不回送,仅影响标志位 CF,AF,PF,OF,ZF,SF。当源串元素与目的串元素值相同时,ZF=1;否则 ZF=0。每执行一次串比较指令,根据 DF 的值和串元素数据类型自动修改 SI 和 DI。

在串比较指令前加重复前缀 REPE/Z,则表示重复比较两个字符串,若两个字符串的元素相同则比较到(CX)=0 为止,否则结束比较。在串比较指令前加重复前缀 REPNE/NZ,则表示若两个字符串元素不相同时,重复比较直到(CX)=0 为止,否则结束比较。

例如：编程实现两个串元素比较,如相同则将全"1"送 BH,否则全"0"送 BH。

```
STRING1 DB 5 DUP(?)
STRING2 DB 5 DUP(?)
       ……
       MOV AX,SEG STRING1
       MOV DS,AX
       MOV ES,AX
       MOV CX,5
       LEA SI,STRING1
       LEA DI,STRING2
       CLD
       REPE CMPSB
       JE EQUL
       MOV BH,0
       JMP DONE
EQUL:MOV BH,0FFH
DONE:……
```

(2) 串扫描指令 SCAS

格式：[REPE/Z] [REPNE/NZ] SCAS DST

[REPE/Z] [REPNE/NZ] SCASB

[REPE/Z] [REPNE/NZ] SCASW

执行的操作：

字节操作：(AL)-(ES：DI),(DI)←(DI)±1

字操作：(AX)←(ES：DI),(DI)←(DI)±2

功能：由 AL 或 AX 的内容减去 ES：DI 规定的目的串元素,结果不回送,仅影响标志位 CF,AF,PF,SF,OF,ZF。当 AL 或 AX 的值与目的串元素值相同时,ZF=1;否则 ZF=0。每执行一次串扫描指令,根据 DF 的值和串元素数据类型自动修改 DI。

在串扫描指令前加重复前缀 REPE/Z,则表示目的串元素值和累加器值相同时重复扫描,直到(CX)=0 为止,否则结束扫描。若加重复前缀 REPNE/NZ,则表示当目的串元素值与累加器值不相等时,重复扫描直到(CX)=0 时为止,否则结束扫描。

例如:在内存 STRING 开始的 n 个单元寻找字符'A',如找到字符'A' 置 BH 为 0FFH,
并将'A'的偏移地址送 DI,否则置 BH 为 0。

```
STRING DB n DUP(?)
        ……
        MOV AX,SEG STRING
        MOV ES,AX
        LEA DI,STRING
        MOV CX,n
        MOV AL,'A'
        CLD
        REPNE SCASB
        JE EQUL
        MOV BH,0
        JMP DONE
        EQUL:DEC DI
        MOV BH,0FFH
DONE:……
```

3.3.6 处理器控制指令

1. 标志处理指令

标志处理指令共 7 条,涉及 PSW 的 CF、DF 和 IF 位。

(1) CLC(Clear Carry Flag)进位位置 0 指令 CF=0;

(2) CMC(Complement Carry Flag)进位位求反指令 CF=$\overline{CF}$;

(3) STC(Set Carry Flag)进位位置 1 指令 CF=1;

(4) CLD(Clear Direction Flag)方向标志置 0 指令 DF=0;

(5) STD(Set Direction Flag)方向标志置 1 指令 DF=1;

(6) CLI(Clear Interrupt Flag)中断标志置 0 指令 IF=0;

(7) STI(Set Interrupt Flag)中断标志置 1 指令 IF=1。

2. 空操作指令 NOP(No Operation)

CPU 执行该指令时不完成任何具体功能也不影响标志位,只占用机器的 3 个时钟周期。所以,也称为空操作指令。

3. 处理器暂停指令 HLT(Halt)

该指令使 CPU 进入暂停状态。只有当下面三种情况之一发生时,CPU 才退出暂停状态:

① CPU 的复位输入端 RESET 线上有复位信号;

② 非屏蔽中断请求输入端 NMI 线上出现请求信号;

③ 可屏蔽中断输入端 INTR 线上出现了请求信号且标志寄存器的中断标志 IF=1。

4. 等待指令 WAIT(Wait)

CPU 执行该指令时,测试 CPU 的 $\overline{TEST}$ 引线。当 $\overline{TEST}$ 线为高电平时,CPU 进入等待状

态,且每隔 5 个时钟周期对 TEST 的状态进行一次测试,直到 TEST 引线出现低电平时,CPU 退出等待,顺序执行下一条指令。

5. 总线封锁指令 LOCK(Lock)

它是一条前缀指令,可放在任可指令的前面,使得相应指令执行时,总线被锁定,使别的主设备不能使用总线。本指令不影响标志位。

6. 处理器交权指令 ESC(Escape)

指令格式:ESC DATA,SRC

这条指令主要用于 CPU 与外部处理器(如协处理器 8087)配合工作。CPU 执行该指令时,相应的协处理器应配合工作。SRC 将指出送给协处理器的操作数。DATA 是一个事先规定的 6 位立即数,执行 ESC 指令时,利用这 6 位数控制外部处理器完成预定操作。

习 题 3

1. 若(BX)=78D0H,(DI)=4300H,位移量=8560H,(DS)=2000H,求下列寻址方式产生的有效地址和物理地址:

(1) 直接寻址　　　　　　　(2)用 BX 的寄存器间接寻址

(3) 用 DI 的寄存器相对寻址　　(4)用 BX 和 DI 的基址变址寻址

(5) 用 BX 和 DI 的基址变址且相对寻址

2. 若(CS)=4060H,物理转移地址为 4A230H,那么(CS)变为 6100H,物理转移地址为多少?

3. 若(CS)=0200H,(IP)=2BC0H,位移量=5119H,(BX)=1200H,(DS)=212AH,(224A0H)=0600H,(275B9H)=098AH。求使用下列转移寻址方式时的转移地址:

(1) 段内直接寻址方式;

(2) 使用 BX 寄存器寻址的段内间接寻址方式;

(3) 使用 BX 寄存器相对寻址的段内间接寻址方式。

4. 指令正误判断,对正确指令写出源和目的操作数的寻址方式,对错误指令指出原因(设 VAR1、VAR2 为字变量)。

(1) MOV AX,DX　　　　　　　(2) MOV BL,VAR1

(3) MOV DS,AX　　　　　　　(4) MOV [DI],VAR2

(5) MOV DS,VAR1　　　　　　(6) MOV AL,AH

(7) LEA AL,VAR2　　　　　　(8) PUSH AX

(9) POP DS　　　　　　　　　(10) PUSH VAR2

(11) PUSH 0100H　　　　　　(12) LEA CX,[0100H]

(13) LEA AX,VAR1　　　　　　(14) PUSH CS

(15) POP CS　　　　　　　　　(16) POP VAR1

(17) XCHG AX,VAR2　　　　　(18) XCHG AX,DS

(19) IN AL,[DX]　　　　　　　(20) MOV [DI],AL

(21) OUT 0100H,AL　　　　　(22) XCHG VAR1,VAR2

5. 设堆栈指针(SP)＝0100H,(AX)＝0DA4H,(DX)＝0256H,问:

(1) 执行指令 PUSH AX 后,(SP)＝_____;

(2) 再执行指令 PUSH DX 后,(SP)＝_____;

(3) 再执行指令 POP AX 和 POPDX 后,(SP)＝_____,(AX)＝_____,(DX)＝_____。

6. 设(DS)＝1000H,(AX)＝2000H,(BX)＝0100H,(CX)＝1200H,(DI)＝0010H,(10010H)＝53H,(10011H)＝0BH,(CF)＝1,填写指令执行后的结果。

(1) ADC AX,BX   ;(AX)＝_____

(2) ADD BX,[DI]   ;(BX)＝_____

(3) SUB CX,BX   ;(CX)＝_____

(4) NEG BX   ;(BX)＝_____

(5) INC DI   ;(DI)＝_____

(6) MUL CX   ;(DX)＝_____,(AX)＝_____

(7) SBB BX,CX   ;(BX)＝_____

(8) DEC CX   ;(CX)＝_____

(9) AND AX,[DI]   ;(AX)＝_____

(10) XOR AL,BH   ;(AL)＝_____

(11) TEST AX,8000H   ;(AX)＝_____.

(12) SHL BX,1   ;(BX)＝_____

(13) ROR AX,1   ;(AX)＝_____

(14) RCL BX,1   ;(BX)＝_____

7. 指出下面指令序列的执行结果。

(1) MOV AX,0100H

   MOV BX,0020H

   XCHG BX,AX

   (AX)＝_____,(BX)＝_____

(2) MOV AL,08H

   MOV DL,05H

   ADD AL,DL

   AAA

   (AL)＝_____,(CF)＝_____

(3) MOV AL,06H

   MOV BL,05H

   MUL BL

   AAM

   (AX)＝_____

(4) MOV AL,89H

   CMP AL,00H

   JGE LP

   MOV BH,0FFH

```
       JMP SHORT DONE
    LP:MOV BH,0
       (BH)=_____
(5) MOV BH,0
    MOV AL,62H
    TEST AL,01H
    JNZ LP
    INC BH
    ……
    LP:
(BH)=_____
(6) MOV CX,04H
    MOV AL,87H
    LP:SAR AL,1
    LOOP LP
    (AL)=_____
```

8. 用字符串操作指令完成从 STRING1 开始的 20 个字节数据传送到以 STRING2 为起始的区域。

9. 设 a,b,c,d 为互不相等的 8 位带符号数(补码),编写一程序段,完成运算

$$y=(a+b)\times c-d$$

10. 编写对某一数据缓冲区清零程序段。设(ES)=5000H,数据缓冲区首地址 DI=0100H,缓冲区长度为 30 个字节。

11. 编写程序段,完成在某字符串中查找是否存在"♯"字符(该字符串的首地址为0100H,长度为 50 个字节),如果该字符存在把所在地址送入 BX 寄存器中,否则 BX 寄存器清 0。

第4章　汇编语言程序设计

任何计算机实际上只能直接识别设计微处理器时所规定好的，一整套用"0"、"1"数字代码表示的机器指令。这些机器指令的全体是指令系统。不同类型的 CPU，其机器语言必然是不同的。机器语言是一种用二进制表示指令和数据，能被机器直接识别的计算机语言。它的缺点是不直观，不易理解和记忆，因此编写、阅读和修改机器语言程序都比较繁琐。但机器语言程序是计算机唯一能够直接理解和执行的程序，具有执行速度快、占用内存少等特点。

汇编语言是一种采用助记符表示的程序设计语言，即用助记符来表示指令的操作码和操作数，用标号或符号代表地址、常量或变量。助记符一般都是英文字的缩写，以方便人们书写、阅读和检查。实际上，用汇编语言编写的汇编语言源程序就是机器语言程序的符号表示，汇编语言源程序与其经过汇编所产生的目标代码程序之间有明显的一一对应关系，故也称汇编语言为符号语言。

用汇编语言编写程序能够直接利用硬件系统的特性（如寄存器、标志、中断系统等）直接对位、字节、字寄存器或存储单元、I/O 端口进行处理，同时也能直接使用 CPU 指令系统和指令系统提供的各种寻址方式，编制出高质量的程序，这样的程序不但占用内存空间少，而且执行速度快。当然，由于源程序和所要解决问题的数学模型之间的关系不够直观，使得汇编语言程序设计需要较多的软件开发时间，也增加了程序设计过程中出错的可能性。

用汇编语言编写的源程序也需要翻译成目标程序才能被机器执行。这个翻译过程称为汇编，完成汇编任务的程序称为汇编程序，其汇编程序是 IBM PC 宏汇编程序 MASM，如图 4-1 所示。

图 4-1　汇编程序的功能示意图

汇编程序是最早、也是最成熟的一种系统软件。它除了能够将汇编语言源程序翻译成机器语言程序这一主要功能外，还有以下任务：

- 根据用户的要求自动分配存储区域（包括程序区、数据区、暂存区等）；
- 自动地把各种进位制数转换成二进制数，把字符转换成 ASCII 码；
- 计算表达式的值等；
- 自动对源程序进行检查，给出错误信息等（如非法格式，未定义的助记符、标号，漏掉操作数等）；
- 允许在源程序中把一个指令序列定义为一条宏指令的汇编程序，增加了宏指令、结构、记录等高级汇编语言功能。

4.1　8086 汇编语言的语句

汇编语言的语句有两种基本类型，指令与伪指令。

指令是可由汇编程序翻译成机器语言指令,汇编语言中的指令与机器语言指令基本上是一一对应的。由 CPU 执行的语句,称为指令性语句。

伪指令则不汇编成机器语言指令,仅仅在汇编过程中告诉汇编程序应如何汇编,称为指示性语句。

指令与伪指令都是组成汇编语言源程序的基本语句。除了这两类基本语句外,在汇编语言中还存在另一类指令,即宏指令,它是使用者利用上述基本语句自己定义的新的指令。

4.1.1 指令性语句

指令性语句由名称、操作助记符、操作数、注释四部分组成,格式如下:

[标号:] 操作码 [操作数 1,] [操作数 2] [;注释]

(1) 标号。这是一个任选字段。标号是指令语句的标识符,在语句之首,可由字母(a,b,c,…,z),数字(0,…,9)及特殊符号(?、·、@、—、$)组成。标识符必须由字母打头,若标识符中有圆点符,则圆点符又必须用作第一个字符,数字不能用作第一个字符。构成标识符的字符总数可多达 31 个,若超过 31 个字符,则 31 个字符以后的字符无效。标号必须以":"作为结束符。

(2) 操作助记符。这是为指令操作码规定的符号。任何指令语句都需要此部分,它表示了指令语句的基本操作功能。如 MOV 是传送指令的助记符,ADD 是加法指令的助记符。

(3) 操作数。操作数可以根据指令的功能需要,可不带操作数,带一个操作数或两个操作数,若有两个操作数时,中间用","号分开。如,ADD BL,30H。而操作数与助记符之间必须以空格分隔。

(4) 注释。注释是为方便程序人员阅读程序而加的说明。它既不影响源程序的汇编,也不会出现在目标程序中。通常并不要求每个汇编语句都应加注释。

语句格式中带[]的项,是可有可无的项。如果有此项时,书写时不能加[]括号。

4.1.2 指示性语句

指示性语句也由四部分组成,格式如下:

[标识符(名字)] 指示符(伪指令) 表达式 [;注释]

(1) 标识符。是一个用字母、数字或加上下划线表示的一个符号,标识符定义的性质由伪指令指定。

(2) 指示符。指示符又称为伪指令,是汇编程序规定并执行的命令,它能将标识符定义为变量、程序段、常数和过程等,且能指出其属性。

(3) 表达式。是常数、寄存器、标号、变量与一些操作符相结合的序列,可以有数字表达式和地址表达式两种。在汇编期间,汇编程序按照一定的优先规则,对表达式进行计算后得到一个数值或一个地址值。

(4) 注释。同指令性语句。

伪指令(指示性语句)是给汇编程序的命令,在汇编过程中由汇编程序进行处理,例如定义数据、分配存储区、定义段以及定义过程等。其次,汇编以后,每条指令产生一一对应的目标代码;而伪指令则不产生与之相应的目标代码。根据其功能,伪指令大致可以分为以下几类:数据定义伪指令、符号定义伪指令、段定义伪指令、过程定义伪指令、宏处理伪指令、模块定义与连接伪指令、处理器选择伪指令、条件伪指令、列表伪指令和其他伪指令。

4.1.3 有关属性

存储器操作数的属性有三种：段值、段内偏移量和类型。

（1）段值属性。指存储器操作数的段起始地址，此值必须在一个段寄存器中，而标号的段则总在 CS 寄存器中。

（2）段内偏移量。为 16 位无符号数，它代表从段起始地址到该操作数所在位置之间的字节数。在当前段内给出变量的偏移量等于当前地址计数器的值，当前计数器的值可用"＄"来表示。

（3）类型属性。标号的属性用来指出该标号在本段内引用还是在其他段中引用，在段内引用，称为 NEAR，指针长度为 2 字节；在段间引用，称为 FAR，指针长度为 4 字节。变量的类型属性用来指出该变量所保留的字节数，主要有 BYTE（字节型）、WORD（字型（2 字节））或 DWORD（双字型（4 字节））等。

4.2 8086 汇编语言中常数、标号、变量及表达式

4.2.1 常数、标号和变量

汇编语言中数据项有常量、标号和变量三种类型。

1. 常数

常数就是指令中出现的那些固定值，可以分为数值常数和字符串常数两类。数值常数按其基数的不同，可以有二进制数、八进制数、十进制数、十六进制数等几种不同的表示形式，汇编语言中采用不同的后缀加以区分。

B：表示二进制数。例如，10110011B。

D：表示十进制数。例如，179D 或 179。

O：表示八进制数。例如，263O。

H：表示十六进制数。例如，B3H。

还应指出，汇编语句中的数值常数的第一位必须是数字，否则汇编时将被看成是标识符。如常数 B3H 在语句中应写成 0B3H。

字符串常数是由单引号''括起来的一串字符。例如：'ABCDEFG'和'179'。单引号内的字符在汇编时都以 ASCII 的代码形式存放在存储单元中。如上述两字符串其 ASCII 代码分别为 41H、42H、43H、44H，…，4BH 和 31H、37H、39H。字符串最长允许有 255 个字符。

2. 标号

标号是用符号表示的地址，称为符号地址，用以指示此指令语句所在的地址。标号有 3 个属性：段地址、偏移地址和类型。标号的段地址和偏移地址属性是指标号对应的指令首字节所在的段地址和段内的偏移地址。标号的类型属性有两种：NEAR 和 FAR 类型。标号如定义成 NEAR 类型，表示标号仅在本段内被引用；如定义成 FAR 类型，表示标号可以在段间使用。在转移和调用指令中常将标号作为转移目标地址使用。

标号的基本定义方法是在指令的操作助记符前加上标识符和冒号，该标识符就是我们所

要定义的标号。例如：START：PUSH DS

这里，START 为一标号，它代表了指令 PUSH 的地址，从而标号可以作为程序转移指令的操作数（即要转向的地址）。标号还可以采用伪指令定义，如用 LABEL 伪指令和过程定义伪指令来定义，这将在后面叙述。

3. 变量

变量是与一个数据项的第一字节相对应的标识符，它表示该数据项第一字节在现行段中的偏移量。变量的值在程序运行期间可随时修改。

（1）变量定义

汇编语言中的变量是通过伪指令定义的，伪指令的格式如下：

变量名 DB 表达式；定义字节变量

变量名 DW 表达式；定义字变量

变量名 DD 表达式；定义双字变量

变量名 DQ 表达式；定义长字变量

变量名 DT 表达式；定义一个十字节变量

变量名是一个标识符，其定义方法与上面指出的语句中的名称一样，但变量名后面不能加冒号，只能用空格。变量名不是必要的，在语句中可以有，也可以没有。变量的类型与变量名后的关键字 DB、DW、DD、DQ、DT 有关，它们分别定义了单字节变量（或称字节变量）、双字节变量（或称字变量）、四字节变量（或称双字变量）、八字节变量（或称长字变量）和十字节变量。

上述伪指令格式中的表达式可以有以下几种情况：

① 一个或多个常数或某个运算公式（其值应为常数）。当定义的变量有多个操作数时，其间用逗号隔开，应按从左到右由低地址向高地址顺序分配所定义的常数的存放单元。

② 带引号的字符串。字符串必须用单引号括住，字符串的字符不超过 255 个。当操作数有多个字符串时，也是从左到右按地址递增顺序分配各字符串的存放单元。

③ 用问号作为表达式。不带引号的问号是一个保留字，它可用作数据类型伪指令 DB、DW、DD 语句中的表达式。用它告诉汇编程序，留出 DB、DW、DD 所分配的存储单元，原先内存内容不改变。

④ 带 DUP（重复方式）表达式。DUP 是表达式中的一个操作符。此时表达式的格式为

重复次数 DUP（表达式）

DUP 操作符的后面为一个加圆括号的表达式。DUP 表示的功能是把表达式重复预置，重复的次数由 DUP 前面的常数决定。

⑤ 地址表达式（只能用于 DW 或 DD）。操作数为地址表达式时，应遵循下列规则：

- 当用 DW 定义地址表达式时，地址表达式中的变量名称表示该变量的第一个存储单元的偏移地址，地址表达式中的标号表示它所代表的指令（或伪指令）的第一个字节的偏移地址。
- 当用 DD 定义地址表达式时，低位字用于预置偏移地址，高位字用于预置段地址，这些数值都是在定位时装入的。
- 地址表达式中的变量或标号可与常数值相加减。对于变量来说，运算结果的类型不变；对标号来说，运算结果仍表示原标号所在段中的偏移地址。

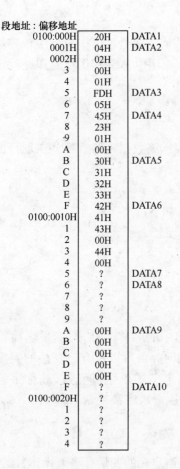

段地址:偏移地址

地址	值	变量
0100:000H	20H	DATA1
0001H	04H	DATA2
0002H	02H	
3	00H	
4	01H	
5	FDH	DATA3
6	05H	
7	45H	DATA4
8	23H	
9	01H	
A	30H	DATA5
B	31H	
C	32H	
D	33H	
E	42H	DATA6
F	41H	
0100:0010H	43H	
1	00H	
2	44H	
3	00H	
4	?	DATA7
5	?	DATA8
6	?	
7	?	
8	?	
9	00H	DATA9
A	00H	
B	00H	
C	00H	
D	00H	
E	?	DATA10
F	?	
0100:0020H	?	
1	?	
2	?	
3	?	
4	?	

图 4-2 各变量在内存中分配的单元

- 变量或标号不能与变量或标号相加,但可相减,结果是没有属性的纯数值。

（2）变量属性

- 段地址（SEG）:变量所在段的段地址。
- 偏移地址（OFFSET）:变量所在段内的偏移地址。
- 类型（TYPE）:变量的类型是所定义的每个变量所占据的字节数。对于 DB、DW、DD、DQ、DT 定义的变量其类型分别为 1、2、4、8、10。
- 长度（LENGTH）:变量定义时,一个变量名所定义的变量个数。在含有 DUP 操作符的变量定义中,变量名所定义的变量个数为定义格式中的重复次数。在其他各种变量定义中,每个变量名所定义的变量个数均为 1。
- 大小（SIZE）:变量定义语句中,分配给同一变量名的所有变量的总的字节数;大小（SIZE）＝变量类型（TYPE）×变量长度（LENGTH）。

在上述属性中,前三个属性属于每一个变量,称其为主属性,后两个属性则是对同一语句中同一变量名所定义的所有变量而言的,称其为辅助属性,详见表 4.1 及图 4.2。

（3）举例

【例 4-1】变量定义。

DATA1	DB	20H
DATA2	DW	0204H,100H
DATA3	DB	(−1 * 3),(15/3)
DATA4	DD	12345H
DATA5	DB	'0123'
DATA6	DW	'AB','C','D'
DATA7	DB	?
DATA8	DD	?
DATA9	DB	5 DUP(00)
DATA10	DW	3 DUP(?)

表 4.1 部分变量的属性

变量名	段地址 （SEG）	偏移地址 （OFFSET）	类型 （TYPE）	长度 （LENGTH）	大小 （SIZE）
DATA2	0100H	0001H	2	1	2
DATA3	0100H	0005H	1	1	1
DATA4	0100H	0007H	4	1	4

变量名	段地址 (SEG)	偏移地址 (OFFSET)	类型 (TYPE)	长度 (LENGTH)	大小 (SIZE)
DATA5	0100H	000BH	1	1	1
DATA6	0100H	000FH	2	1	2
DATA8	0100H	0016H	4	1	4
DATA10	0100H	001FH	2	3	6

【例 4-2】定义地址表达式。

A1 DW VALUE　　　　　;定义变量 A1 为变量 VALUE 的偏移地址。

A2 DW VALUE+5　　　　;定义变量 A2 为变量 VALUE 第 6 个字节的偏移地址。

A3 DW VALUE-3　　　　;定义变量 A3 为变量 VALUE 前 3 个字节的偏移地址。

A4 DD VALUE　　　　　;高位字为变量 VALUE 所在段的段地址,低位字为变量 VALUE 的偏移地址。

4.2.2　符号定义伪指令语句

符号定义伪指令的用途是给一个符号重新命名,或定义新的类型属性等。符号包括汇编语言的变量名、标号名、过程名、寄存器名以及指令助记符等。

常用的符号定义伪指令有 EQU、=(等号)和 LABLE。

1. EQU 语句

格式:名称 EQU 表达式

该伪指令同样是为格式中的表达式赋了一个名称,在编写源程序时,当某个表达式被多次引用时,用到表达式或表达式值的地方都可以用名称来代替。在汇编时,凡是程序中出现名称的地方,都用表达式或表达式的值取代。该伪指令也不占内存空间。格式中的表达式可以是一个常数、符号、数值表达式或地址表达式等。例如:

ABC EQU 2000H　　　　;表示名称 ABC 就是等价于数值 2000H。

XYZ EQU [BP+5]　　　　;名称 XYZ 就代表地址表达式[BP+5]。

ECON EQU E7H MOD 10　;ECON 是代表取模运算后的余数

注意:EQU 伪指令不允许对同一符号重复定义。

2. =(赋值)语句

格式:名字=表达式

"="(等号)伪指令的功能与 EQU 伪指令基本相同,主要区别在于它可以对同一个名字重复定义。例如:

COUNT=100

MOV CX,COUNT　　　　;(CX)←100

　　……

COUNT=COUNT-10

MOV BX,COUNT　　　　;(BX)←90

3. LABLE 语句

格式:名字　LABLE　类型

LABLE 伪指令的用途是定义标号或变量的类型。变量的类型可以是 BYTE、WORD、DWORD 等；标号的类型可以是 NEAR 或 FAR。LABLE 伪指令并不占内存单元。

利用 LABEL 伪指令可以使同一个数据区兼有 BYTE 和 WORD 两种属性，这样，在以后的程序中可根据不同的需要分别以字节或字为单位存取其中的数据。例如：

```
ARRAY1 LABEL BYTE
ARRAY2 DW 10 DUP(?)
```

上面定义了两种类型的变量，ARRAY1 为字节类型，ARRAY2 为字类型，它们的段和偏移地址属性完全相同，都是下面保留的 10 个字空间的首地址。其目的是为了程序中可以对这 10 个字空间作两种不同类型的操作。

LABEL 伪指令也可以将一个属性已经定义为 NEAR 或者后面跟有冒号（隐含属性为NEAR）的标号再定义为 FAR。例如：

```
AGAIN1  LABEL  FAR      ;定义标号 AGAIN1 的属性为 FAR
AGAIN;PUSH AX           ;定义标号 AGAIN 的属性为 NEAR
```

上面的过程既可以利用标号 AGAIN 在本段内被调用，也可以利用标号 AGAIN1 被其他段调用。

4.2.3　表达式

表达式由操作数和操作符组成，操作数可以是常数或标识符，也可以是子表达式；表达式中的标识符可以是变量名也可以是标号。操作符在宏汇编语言中非常丰富，可以分为算术操作符、逻辑操作符、关系操作符、分析操作符和综合符。

汇编语言中的表达式不能构成单独语句，只能是语句的一个部分。语句中表达式的求值不是在执行指令时完成的，而是在对源程序进行汇编连接时完成的。所以，语句中各表达式的值必须在汇编或连接时就是确定的，也就是说，表达式中各标识符的值在汇编或连接时就应该是确定的。

1. 算术运算符

算术运算符包括加（＋）、减（－）、乘（×）、除（/）和取模运算（MOD）。取模运算是取两数相除的余数，但两操作数必须为正整数。例如：

```
82  MOD 16      ;结果为 2（相当于取低 4 位的值）。
B5H  MOD 20H    ;结果为 21（相当于取低 5 位的值）。
```

2. 逻辑运算符

逻辑运算符包括与（AND）、或（OR）、非（NOT）和异或（XOR）。

逻辑运算的两个操作数的值也应为数字。两数进行逻辑运算是两数的对应位按位进行相应的逻辑运算。例如：

```
11001100B  AND  11100000B  ;结果为 11000000B。
11001100B  OR   11100000B  ;结果为 11101100B。
           NOT  7FH        ;结果为 80H。
11001100B  XOR  11100000B  ;结果为 00101100B。
```

值得注意的是，逻辑操作符同时又是逻辑运算指令的操作助记符，只有当它们出现在指令

的操作数部分时,才是操作符。例如:

```
AND AL,0CH  OR  53H        ;(AL)←(AL)∧(0CH∨53H)
```

其中 AND 是指令的操作助记符,而 OR 是逻辑操作符。

3. 关系运算符

关系运算符有:相等 EQ(Equal)、不等 NE(No Equal)、小于 LT(Less Than)、大于 GT (Greater Than)、小于或等于 LE(Less than or Equal)、大于或等于 GE(Greater than or Equal)。

参加关系运算的两个操作数必须都是操作数或者是同一段中的存储单元地址,结果总是一个数值。当关系成立时,其结果为全1,当关系不成立时,其结果为全0。例如:

```
MOV BX,PORT LT 8
```

表示若 PORT 的值小于 8,则汇编后得到的代码等效于指令 MOV BX,0FFFFH。若 PORT 的值大于或等于 8,等效于指令 MOV BX,0。

4. 分析运算符

分析运算符可以把一个存储单元地址分解为段地址和偏移量。分析运算符有 SEG、OFFSET、TYPE、LENGTH 和 SIZE,如表 4.2 所示。

表 4.2　分析运算符表达式

带分析运算符的表达式		表达式的意义
OFFSET	变量名或标号	取出变量名或标号所在段的偏移地址
SEG	变量名或标号	取出变量名或标号所在段的段地址
TYPE	变量名或标号	取出变量名或标号的类型
SIZE	变量名	取出变量的大小
LENGTH	变量名	取出变量的长度

例如,变量如例 4-1 题定义可以有:

```
MOV AX,SIZE DATA9    ;将 DATA9 所占的字节数送 AX
MOV AX,SEG DATA1     ;将 DATA1 的段地址送 AX
MOV BL,TYPE DATA9    ;将 DATA9 的类型送 BL
```

5. 综合运算符

综合运算符可以规定存储单元的性质。

(1) PTR 运算符

格式:　类型 PTR 表达式

格式中的类型可以是:BYTE、WORD、DWORD、NEAR 和 FAR。前三个类型为变量类型,后两个为标号类型。格式中的表达式可以是变量名、标号或其他地址表达式。

PTR 运算符的功能是用来重新定义已定义的变量或标号的类型。例如:

```
MOV BYTE PTR[4000H],0
```

此语句是用 BYTE PTR 规定地址号为 4000H 存储单元为字节单元。所以执行结果是将

[4000H]单元清零。如使用下列语句：

```
MOV WORD PRT [4000H],0
```

此语句是规定地址号 4000H 存储单元为字单元，所以执行结果应将[4000H]及[4001H]两单元清零。

又若，已定义变量 DATA 是字节变量，若程序中需将它作为字变量使用时，必须用 PTR 操作来重新定义其类型。我们可以有：

```
MOV WORD PTR DATA,AX
```

它的功能是将(AX)送至 DATA 对应的一个字中。应指出变量 DATA 仅在此语句中临时被定义成字变量，DATA 原先定义的字节变量类型没有修改。

（2）THIS 运算符

THIS 运算符也可以用来改变存储区的类型，称类型指定运算符。THIS 运算符的运算对象是类型(BYTE、WORD、DWORD)或距离(NEAR、FAR)，用于规定所指变量或标号类型属性或距离属性。例如：

```
DAT EQU THIS BYTE
```

此等价语句的功能是把字节类型 BYTE 属性赋予变量 DAT。它等效于下述表达式：

```
BYTE PTR DAT
```

THIS 运算符可提高访问标号的灵活性，如：

```
NEXT EQU THIS FAR
```

此语句的功能是把段间距离属性 FAR 赋予标号 NEXT。

6. 运算符的优先级别

在使用以上 5 种类型的常用运算符计算表达式时，应按规定的优先级进行。优先级别从高到低的排序为：

- 圆括号,LENGTH,SIZE;
- PTR,OFFSET,SEG,TYPE,THIS;
- ×,/,MOD;
- +,—;
- EQ,NE,LT,LE,GT,GE;
- NOT;
- AND;
- OR,XOR。

4.3 汇编语言源程序结构

4.3.1 汇编语言源程序的段定义

1. 段定义语句

段定义伪指令的用途是在汇编语言源程序中定义逻辑段，其作用是与内存的分段组织直接相关。典型的程序包括代码段、数据段和堆栈段。常用的段定义伪指令有 SEGMENT/ENDS 和 ASSUME 等。

格式:段名 SEGMENT［定位类型］［组合类型］［′类别′］

    … 指令语句或伪指令语句

    段名 ENDS

（1）段名

段名是所定义的段的名称，其构成规则与语句的名称一样。段名是标识符，同一段的 SEGMENT/ENDS 伪指令前的段名必须一致。段名除了有段地址和偏移地址的属性以外，还有定位类型、组合类型和类别三个属性。格式中定位类型、组合类型和类别外面的方括号不是语法符号，它表示该项是可以省略的。如果有，三者的顺序必须符合格式中的规定。这些任选项是给宏汇编程序（MASM）和连接程序（LINK）的命令。格式中 SEGMENT 到 ENDS 之间的省略部分是该段的具体内容。

一个段一经定义，其中指令的标号、变量等在段内的偏移地址就已排定，它们都在同一个段地址控制之下，整个段占用的存储空间大小也就确定。由 SEGMENT/ENDS 伪指令所定义的段，通常小于 64K 单元，而且经过汇编和连接，定义的各段不互相覆盖。

（2）定位类型

定位类型表示对段的起始边界的要求。其类型有 PAGE、PARA、WORD、BYTE 4 种。这 4 种类型的边界地址的要求如下：

PAGE＝××××　　××××　××××　　　　0000　　0000

PARA＝××××　　××××　××××　　　　××××　0000

WORD＝××××　　××××　××××　　　　××××　×××0

BYTE＝××××　　××××　××××　　　　××××　××××

即它们的边界地址（20 位地址）应分别可以被 256、16、2、1 除尽，分别称为以页、节、字、字节为边界。

【例 4-3】SEGMENT 伪指令定义符的定位类型应用举例。

```
STACK SEGMENT    STACK                    ;STACK 段,定位类型缺省
DB 100           DUP(?)                   ;保留 100 字节
STACK            ENDS                     ;STACK 段结束
DATA1            SEGMENT BYTE             ;DATA1 段,定位类型 BYTE
STRING           DB This is an example!   ;长度为 19 字节
DATA1            ENDS                     ;DTAT1 段结束
DATA2            SEGMENT WORD             ;DATA2 段,定位类型 WORD
BUFFER           DW 40 DUP(0)             ; 40 个字内容为 0
DATA2            ENDS                     ;DATA2 段结束
CODE1            SEGMENT PAGE             ;CODE1 段,定位类型 PAGE
......                                    ;假设 CODE1 段长度为 m(m＜100H)字节
CODE1            ENDS                     ;CODE1 段结束
CODE2            SEGMENT PAGE             ;CODE2 段,定位类型 PAGE
START:           MOV AX,STACK
                 MOV SS,AX
                 ......                   ;假设 CODE2 段长度为 n 字节
CODE2            ENDS                     ;CODE2 段结束
END START                                ;源程序结束
```

表 4.3　例 4-3 各逻辑段的起始地址和结束地址

段　名	定位类型	字节数	超始地址	结束地址
STACK	PARA	100(64H)	0000H	00063H
DATA1	BYTE	19(13H)	00064H	00076H
DATA2	WORD	80(50H)	00078H	000C7H
CODE1	PAGE	m	00100H	00100H+mH
CODE2	PAGE	n	00200H	00200H+nH

（3）组合类型

组合类型在模块式程序设计中表示该段和其他同名段间的组合连接方法。

如果在 SEGMENT 伪指令后面没有指明组合类型，则汇编程序 ASM 认为这个段是不准备与别的段相连接的。组合类型有以下 5 种选择：

① PUBLIC：表示该段可与模块连接时所遇到的其他同名段在满足定位类型的前提下依次连接起来。连接的顺序由连接程序 LINK 确定。

② COMMON：表示该段与别的模块中的所有其他同名同类别段共享相同的存储空间。即各段都是从相同的地址开始，具有同样的段地址，且互相覆盖。连接后，段的长度等于最长的 COMMON 段的长度。

③ AT 表达式：表示相应段定位在由表达式求值得到的节（PARA）边界地址上。表达式也可以是一个常数。例如，AT 1234H 表示该段定位在实际物理地址 12340H 处。

④ STACK：与 PUBLIC 组合类型的处理方式相同，即把不同模块中带有 STACK 组合类型的同名段连接起来，使这些同名段都从同一基地址开始。但 STACK 组合方式仅用于堆栈段。

⑤ MEMORY：表示在连接时，本段应装在被连接的其他段之上，即在同名段中具有最高的地址。若连接时具有 MEMORY 组合类型的段不止一个，则只有第一段才当成 MEMORY 组合类型来处理，其他的段将重叠，即按 COMMON 组合类型来处理。

（4）'类别'

SEGMENT 伪指令的第三个任选项是'类别'，类别必须放在单引号内。'类别'的作用是在连接时决定各逻辑段的装入顺序。当几个程序模块进行连接时，其中具有相同类别名的逻辑段被装入连续的内存区，类别名相同的逻辑段，按出现的先后顺序排列。没有类别名的逻辑段，与其他无类别名的逻辑段一起连续装入内存。

2. ASSUME 语句

伪指令告诉汇编程序，将某一个段寄存器设置为存放某一个逻辑段的段地址，即明确指出源程序中的逻辑段与物理段之间的关系。

格式：ASSUME　段寄存器名：段名[，段寄存器名：段名，……]

格式中的段寄存器可以为 CS、DS、ES、SS。格式中的名称可以有下面几种情况：

① 由 SEGMENT 伪指令定义的段名。如上面程序例子中的 DATA1、CODE1 等，可以有：ASSUME CS1：CODE1，DS：DATA1；

② 表达式：SEG 变量名或 SEG 标号。如上面程序例子中的变量 STRING，那么 SEG STRING 可作为名称，从而可以有：ASSUME DS：SEG STRING；

③ GROUP 伪指令定义的段组名。例如，若 GCODE 为段组名，那么 ASSUME CS：GCODE 将使 CS 指向该段组的组头。

格式中方括号中的内容表示可以省略，所以 ASSUME 伪指令既可以同时说明 4 个段寄存器，也可以只说明一个或两个段寄存器。

ASSUME 伪指令告诉汇编程序，将某一个段寄存器设置为存放某一个逻辑段的段地址，即明确指出源程序中的逻辑段与物理段之间的关系。当汇编程序汇编一个逻辑段时，即可利用相应的段寄存器寻址该逻辑段中的指令或数据。在一个源程序中，ASSUME 伪指令定义符应该放在可执行程序开始位置的前面。还需指出一点，ASSUME 伪指令只是通知汇编程序有关段寄存器与逻辑段的关系，并没有给段寄存器赋予实际的初值。

3. ORG 伪指令与地址计数器 $

格式：ORG 表达式

格式中的表达式是一个其值为 2 字节的无符号数。ORG 伪指令的功能是指明该语句下面的程序在段内的起始地址的。例如：

ORG 0100H

该伪指令指出，下一语句的起始地址为 0100H，或者说，下面程序的机器码将从偏移地址 0100H 单元开始存放。

任何时候在使用存储器时，先要给出存储单元地址。汇编程序在汇编时给出一个隐含的地址计数器，$ 是地址计数器的值，也就是当前所使用的存储单元的偏移地址。

4. PUBLIC 和 EXTRN 伪指令

当一个程序由多个模块组成时，必须通过命令将各模块连接成一个完整的、可执行的程序。所谓程序模块，是指单独编辑和汇编的、能够完成某个功能的程序，如主程序模块、各种功能的子程序模块等。正因为它们是独立汇编的，故在程序编写时要使用 EXTEN 伪指令，表示本模块引用了在其他模块中定义的信息；使用 PUBLIC 伪指令，表示本模块提供被其他模块使用的信息。

（1）PUBLIC 伪指令

PUBLIC 伪指令说明本模块中的某些符号是公共的，即这些符号可以提供给将被连接在一起的其他模块使用。其格式为：

PUBLIC 符号[，…]

其中的符号可以是本模块中定义的变量、标号或数值的名字，包括用 PROC 伪指令定义的过程名等。PUBLIC 伪指令可以安排在源程序的任何地方。

（2）EXTEN 伪指令

EXTRN 伪指令说明本模块中所用的某些符号是外部的，即这些符号在将被连接在一起的其他模块中定义（在定义这些符号的模块中还必须用 PUBLIC 伪指令说明）。其格式为：

EXTRN 名字：类型[，…]

其中的名字必须是其他模块中定义的符号；类型必须与定义这些符号的模块中的类型说明一致。如为变量，类型可以是 BYTE、WORD 或 DWORD 等；如为标号和过程，类型可以是 NEAR 或 FAR，等等。

4.3.2 汇编语言的过程定义

在 IBM PC 汇编语言中，子程序通常以过程的方式编写，所以过程定义伪指令也就是子程序定义伪指令。

定义格式：

过程名 PROC［类型］

……

RET

过程名 ENDP

（1）格式中的过程名是用户给过程起的名称。由于它是提供给其他程序调用时用的，因此过程名是不能省略的。过程名具有与语句标号相同的属性，即具有段地址、偏移地址和类型三个属性。属性段地址和偏移地址是指过程中第1个语句的段地址和偏移地址，属性类型由格式中的类型指明。

（2）格式中的类型有 NEAR 和 FAR 两种，类型为 FAR 表示过程与调用程序可以不在同一段内，类型为 NEAR 表示过程与调用程序在同一段内。类型可以省略，当默认时，表示为 NEAR 类型。

（3）格式中的 PROC 和 ENDP 是过程定义的关键字，它们前面的过程名必须一致，且成对出现。当一个程序段被定义为过程后，程序中其他地方就可以用 CALL 指令调用这个过程。调用一个过程的格式为：

CALL   过程名

（4）RET 是过程的返回指令，是段内返回还是段间返回由格式中的类型决定。RET 指令控制返回到原来调用指令（CALL）的下一条指令。

4.3.3　标准程序返回方式

用户程序结束后一般应该返回 DOS，这一过程称为程序终结。但对程序终结，Microsoft 没有公开具体细节，而是提供了几个关于程序终结的中断和功能调用。一般有两大类方式。

1. 使用中断调用 20H

DOS 加载一个外部（EXE）文件时，首先要建立一个 PSP（程序段前缀，Program Segment Prefix），并且让 DS 指向该段，DS：0000H 处有一条指令 INT 20H，它可以正确返回 DOS，但前提是执行该指令时 CS 必须指向 PSP 段。执行 INT 20H 指令是把控制返回给 DOS 的传统方法。在 DOS 环境下运行一个程序时，自然要求当程序运行结束时，控制返回 DOS。

由于 DOS 的装入程序在加载一个程序时把 DS 和 ES 定位在 PSP 的起点上，应在程序一开始通过下面三条指令把 PSP 的起点地址压入堆栈：

PUSH DS

SUB AX,AX

PUSH AX

这样当程序执行到最后一条 RET 指令时，它将从堆栈顶部弹出 PSP 的起点地址送 CS：IP，使得 INT 20H 指令得以执行，从而把控制权交还 DOS。常把这三条指令称为标准程序前奏。

2. 使用 DOS 的功能调用

在用户程序结束后插入以下语句：

MOV AH,4CH

4.3.4 汇编结束语句 END

伪指令 END 用来表明 END 语句处是源程序的终结。其格式如下：

END 表达式

这里的表达式通常就是程序第一条要执行指令的语句标号。这样,程序在汇编、连接后,END 伪指令将标号的段地址和偏移地址分别提供给 CS 和 IP 寄存器。如果有多个模块连接在一起,则只有主模块的 END 语句使用标号。

4.3.5 汇编语言源程序结构

汇编语言的源程序最多可以由 4 个段组成,通常包括代码段、数据段和堆栈段。这种分段结构的程序称为 EXE 程序。另一种程序为 COM 程序,其规模较小。COM 程序必须位于一个 64KB 的段中,所以 COM 文件的大小不能超过 65 024(64KB 减去用于 PSP 的 256B 和用于一个起始堆栈的至少 256B),而且只有一个用户使用,也无需与外部的其他模块进行装配,则可以把代码段、数据段和堆栈段都包括在代码段内。ASSUME 只有一个数据项,即 CS：CODE。由于 DOS 的装入程序在加载这种 COM 程序时,把 4 个段寄存器都初始化在 PSP 的起点上,所以把 IP 初始化在 0100H,SP 初始化在整个段的高端,如图 4-3 所示。

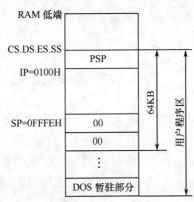

图 4-3　COM 程序被装入内存后的初始设置

PSP 是 DOS 在加载外部命令或应用程序(. EXE 或 . COM 文件)时,在加载的程序段前面设置的一个固定长度的信息区(共 100H(256)B),PSP 包括以下 4 个组成部分：

① 供进程调用的 DOS 入口 PSP+0,+2,+5,+50H 和+2CH 字段；

② 供进程使用的传递参数 PSP+5CH,+6CH 和+80H 字段；

③ 为 DOS 保存的中断向量 PSP+0AH,+0EH 和+12H 字段；

④ 由 DOS 专用的保留区域 PSP+16H～2BH 和 2EH～37H 字段

PSP 的某些关键字段涉及系统内部管理,所以使用者不得更改。

当可执行文件加载后,根据其不同的类型,系统会采用相应的方式进行处理。若用户程序是 . COM 文件,则加载后把程序装入程序段偏移量为 100H 处,并把所有的段寄存器指向 PSP,实际上,由于 . COM 文件是以长度小于 64KB 为要求设计的,所有的程序和数据包括 PSP 都在同一段内。对于 . EXE 文件,加载后把程序的 DS 和 ES 指向 PSP 段,若要使用 PSP,例如,要利用输入参数,可在程序的开始利用 DS 或 ES 实现获取。

加载 . EXE 文件后,各寄存器的初值设置:

① DS 和 ES 指向 PSP 的段地址;

② CS 指向代码段的绝对段址;

③ SS 指向堆栈段的绝对段址;

④ IP 指向代码段入口时,第一条指令的偏移地址;

⑤ SP 指向堆栈段入口时深度,此值由文件头位移 10H 的字域决定;

⑥ BX,CX 是加载程序的字节长度。

加载 . COM 文件后,各寄存器的初值设置:

① CS,DS,ES 和 SS 指向 PSP 的段地址;

② IP 固定为 100H;

③ SP 位 FFFEH,并在栈顶处压入一全 0 字;

④ BX,CX 是 COM 文件的字节长度。

COM 程序通常用伪指令 ORG 0100H 通知汇编器,程序起始地址为 0100H。这是因为前 256 个字节是 DOS 建立的 PSP 区,DOS 装入 COM 程序时总把 IP 定在 0100H,所以在 0100H 处必须是可执行的指令代码。COM 程序不允许定义堆栈段。所以汇编时会产生一个"没有堆栈段"的出错信息,对此可不必理会。只要没有其他错误,便可以连接产生 EXE 文件,并且可以使用 DOS 的 EXE2BIN 实用程序把这个 EXE 文件转化为 COM 文件。然后再删除该 EXE 文件。与 EXE 程序相比,COM 程序更紧凑,执行速度更快一些。但 COM 程序(代码、数据和堆栈合起来),不能超过 64KB。

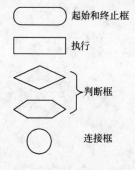

图 4-4 标准流程图符号

4.4 汇编语言程序设计

通常,编制一个汇编语言程序应按如下步骤进行:

① 明确任务,确定算法。

② 画流程图。标准流程图符号如图 4-4 所示。

③ 根据流程图编写汇编语言程序。

④ 上机调试程序。

4.4.1 顺序程序

顺序程序是一种最简单的程序,也称为直线程序,它的执行自始至终按照语句出现的先后顺序进行。其程序结构流程图如图 4-5 所示。

【例 4-4】求两个数的平均值。这两个数分别放在 x 单元和 y 单元中,而平均值放在 z 单元中。源程序如下:

```
DATA      SEGMENT
          x DB 95
          y DB 87
          z DB ?
DATA      ENDS
CODE      SEGMENT
MAIN      PROC FAR
```

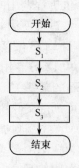

图 4-5 顺序结构流程图

```
        ASSUME CS:CODE,DS:DATA
    START:   PUSH DS
             SUB AX,AX
             PUSH AX
             MOV AX,DATA          ;装填数据段寄存器 DS
             MOV DS,AX
             MOV AL,x             ;第一个数送入 AL
             ADD AL,y             ;两数相加,结果送 AL
             MOV AH,0
             ADC AH,0             ;带进位加法,进位送 AH
             MOV BL,2             ;除数 2 送 BL
             DIV BL               ;求平均值送 AL
             MOV z,AL             ;结果送入 z 单元
             RET
    MAIN     ENDP
    CODE     ENDS
             END START
```

结束用户程序,返回操作系统的另一个办法是用中断指令"INT 21H"。如使用这种办法,用户程序可以不设置过程,只要在用户程序结束时,用以下两条指令即可:

```
    MOV AH,4CH
    INT 21H
```

这样,上述程序的代码段可以修改为:

```
    CODE     SEGMENT
        ASSUME CS:CODE,DS:DATA
    START:   MOV AX,DATA          ;装填数据段寄存器 DS
             MOV DS,AX
             MOV AL,x             ;第一个数送入 AL
             ADD AL,y             ;两数相加,结果送 AL
             MOV AH,0
             ADC AH,0             ;带进位加法,进位送 AH
             MOV BL,2             ;除数 2 送 BL
             DIV BL               ;求平均值送 AL
             MOV z,AL             ;结果送入 z 单元
             MOV AH,4CH
             INT 21H
    CODE     ENDS
             END START
```

【例 4-5】用查表的方法将 1 位十六进制数转换成与它相应的 ASCII 码。

既然指定用查表的方法,那么首先要建立一个表 TABLE。在表中按照十六进制数从小到大的顺序放入它们对应的 ASCII 码值。只要将某 1 位十六进制数 X 转换成它的 ASCII 码值在表中的偏移量,然后将偏移量加上该表在内存的首地址,就可查得数 X 的 ASCII 码值了。

如果该表在内存的首地址为 TABLE,那么,便可以通过下式计算出在内存中存放数 X 的 ASCII 码值的偏移地址 ADR:

$$ADR=TABLE+(X-0)\times 1 \tag{4-1}$$

源程序如下:

```
DATA        SEGMENT
TABLE       DB 30H,31H,32H,33H,34H,35H,36H,37H
            DB 38H,39H,41H,42H,43H,44H,45H,46H
HEX DB 4
RESULT DB ?
DATA        ENDS
CODE        SEGMENT
            ASSUME CS:CODE,DS:DATA
START:      MOV AX,DATA
            MOV DS,AX
            LEA BX,TABLE
            MOV AH,0
            MOV AL,HEX
            ADD BX,AX
            MOV AL,[BX]
            MOV RESULT,AL
            MOV AH,4CH
            INT 21H
CODE        ENDS
            END START
```

4.4.2 分支程序

计算机在完成某种运算或某个过程的控制时,经常需要根据不同的情况(条件)实现不同的功能,这就要求在程序的执行过程中能够进行某种条件的判定,并根据判定结果决定程序的流向,这就是分支程序。分支程序是机器利用改变标志位的指令和转移指令来实现的。分支程序的基本结构如图 4-6 所示。

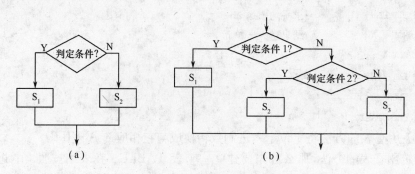

图 4-6　分支程序的结构形式

分支程序设计时必须注意下面几个要点：

① 正确选择判定条件和相应的条件转移指令；

② 在编程时必须保证每条分支都能有完整的结果；

③ 在检查和调试时必须逐条分支进行,因为一条或其中几条分支正确还不足以说明整个程序正确。

【例 4-6】求数 X 的补码,并送回原处。

求 X 的补码,即要求完成下面的运算：

$$F=\begin{cases} X & X \geqslant 0 \\ 0-X & X<0 \end{cases}$$

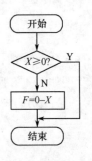

图 4-7　已知补码求绝对值的流程图

这是一个分支程序,程序将根据 X 值的不同完成不同的运算,其流程图如图 4-7 所示。

源程序如下：

```
STACK   SEGMENT STACK
        DB 256 DUP（?）              ;定义堆栈段,预留 256 个单元
        TOP LABLE WORD
STACK   ENDS
DATA    SEGMENT
        XADR DW 1234H               ;设 X=1234H
DATA    ENDS
CODE    SEGMENT
MAIN    PROC FAR
        ASSUME   CS：CODE,DS：DATA,SS：STACK
START：PUSH   DS
        SUB AX,AX
        PUSH AX
        MOV AX,DATA                 ;将数段段址送 DS。
        MOV DS,AX
        MOV AX,STACK                ;将堆栈段段址送 SS。
        MOV SS,AX
        MOV SP,OFFSET TOP           ;设置栈指针,使其指向栈底地址。
        MOV AX,XADR                 ;取 X 到 AX。
        AND AX,AX                   ;设置标志位。
        JNS DONE                    ;若 X≥0,转 DONE。
        NEG AX                      ;若 X<0,求补得到[X]补。
        MOV XADR,AX                 ;将[X]补送回原处。
DONE    RET                         ;返回 DOS 状态。
MAIN    ENDP
CODE    ENDS
END     START
```

【例 4-7】给定以下符号函数：

$$y=\begin{cases} 1 & x>0 \\ 0 & x=0 \\ -1 & x<0 \end{cases}$$

任意给定 x 值,存放在 x 单元,函数值 y 存放在 y 单元,根据 x 的值确定函数 y 的值。程序流程图如图 4-8 所示。

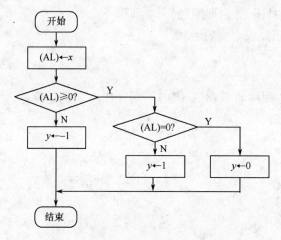

图 4-8　实现符号函数程序的流程图

程序如下:

```
DATA    SEGMENT
        x DB 36
        y DB ?
DATA    ENDS
CODE    SEGMENT
MAIN    PROC FAR
        ASSUME CS：CODE,DS：DATA
START： PUSH DS
        SUB AX,AX
        PUSH AX
        MOV AX,DATA
        MOV DS,AX
        MOV AL,x              ;AL←x
        CMP AL,0
        JGE LOOP1            ;x≥0 时转 LOOP1
        MOV y,0FFH          ;y←—1
        RET
LOOP1： JE LOOP2            ;x=0 时转 LOOP2
        MOV y,1             ;y←1
        RET
LOOP2： MOV y,0             ;y←0
        RET
```

```
MAIN    ENDP
CODE    ENDS
        END START
```

【例 4-8】利用跳转表实现下面要求：若有一组选择项，当 N 选择不同值时则应作不同处理。设该组选择项及其对应的处理为：

$N=1$ 时，显示信息（DISPL）；

$N=2$ 时，传送信息（TRAN）；

$N=3$ 时，处理信息（PROC1）；

$N=4$ 时，打印信息（PRIN）；

$N=5$ 时，结束程序（EXIT）。

这是一个多分支程序，可以采用图 4-9 所示的流程框图来实现。

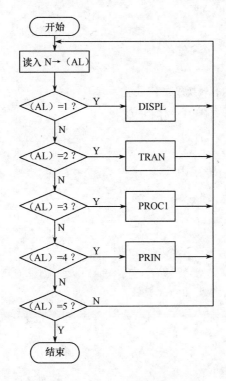

图 4-9 多分支程序流程图

只要根据给定的 N 值计算出对应的转向地址在 JADT 表中的位移量 DISP，然后用一条间接转移指令就可以实现所需的转移了。若转移属于段内转移，那么表中存放的是 16 位段内偏移地址，此时，位移量与 N 的关系为：$DISP=(N-1)\times2$。故可以通过下式计算出 N 与在内存中存放转向地址的偏移地址 ADR：

$$ADR=JADT+(N-1)\times2 \qquad\qquad (4-2)$$

例如当 $N=3$ 时，$DISP=4$，即处理程序的入口地址存放在 JADT＋4 对应两个单元之中。源程序如下：

```
DATA SEGMENT
    JADT DW DISPL      ;跳转表
```

```
            DW TRAN
            DW PROC1
            DW PRIN
            DW EXIT
    DATA ENDS
    CODE SEGMENT
    MAIN PROC FAR
        ASSUME CS：CODE,DS：DATA
    START： PUSH DS
        SUB AX,AX
        PUSH AX
        MOV AX,DATA
        MOV DS,AX
    AGAIN： MOV AH,01        ；读入一个字符送 AL
        INT 21H
        SUB AL,30H          ；AL 内容转换成数字
        CMP AL,01           ；AL 内容在 1～5 之内吗?
        JB AGAIN
        CMP AL,05
        JA AGAIN            ；不是,转 AGAIN
        SHL AL,01
        CBW
        MOV DI,AX
        JMP JADT[DI－2]
    DISPL：……
        JMP AGAIN
    TRAN：……
        JMP AGAIN
    PROC1：……
        JMP AGAIN
    PRIN：……
        JMP AGAIN
    EXIT： RET
            MAIN  ENDP
    CODE  ENDS
    END START
```

4.4.3 循环程序

循环程序在程序设计中是一种十分重要的结构。程序设计中常常会遇到某些操作需要多次重复地进行,在计算机中都可用循环结构程序来实现。典型的循环程序结构如图 4-10 所示。

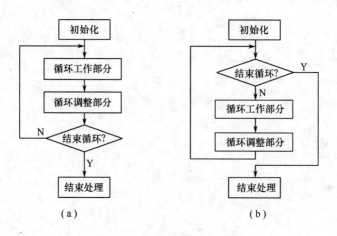

图 4-10 典型的循环程序结构

循环程序由初始化部分、循环工作部分、循环调整部分和结束循环部分组成。

① 初始化部分:建立循环初始值。如设置地址指针、计数器、其他循环参数的起始值等;

② 循环工作部分:在循环过程中所要完成的具体操作,是循环程序的主要部分。这部分视具体情况而定。它可以是一个顺序程序、一个分支程序或另一个循环程序;

③ 循环调整部分:为执行下一个循环而修改某些参数。如修改地址指针、其他循环参数等;

④ 结束处理部分:对循环结束进行适当处理,如存储结果等。有的循环程序可以没有这部分。

【例 4-9】求某数组中负数的个数。

设数组中第一个元素是数组中数据的个数,第二个元素用来存放结果,即数组中负数的个数,数组中的数据从第三个元素开始存放。数组中的每个元素占一字节。程序流程图如图 4-11 所示。

源程序如下:

```
DATA    SEGMENT
        ARRAY DB 200 DUP(?)
DATA ENDS
CODE    SEGMENT
        ASSUME CS：CODE,DS：DATA
MAIN    PROC FAR
START：PUSH DS
        SUB AX,AX
        PUSH AX
        MOV AX,DATA
        MOV DS,AX
```

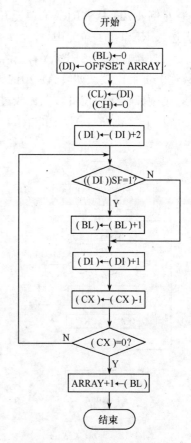

图 4-11 求数组中负数的
个数程序流程图

```
            LEA DI,ARRAY              ; DI,SI 指向数组
            MOV SI,DI                 ; 首地址
            MOV CL,[DI]               ; 数据个数→CL;
            XOR CH,CH                 ; 0→CH;
            MOV BL,CH                 ; 0→BL;
            INC DI                    ; 指针指向第一个数据
            INC DI
AGAIN: TEST BYTE PTR [DI],80H
            JZ POSI
            INC BL
POSI: INC DI
            LOOP AGAIN
            MOV [SI+1],BL
            RET
MAIN    ENDP
CODE    ENDS
END     START
```

【例 4-10】从 ARRAY 单元开始的 N 个连续单元中存放有 N 个无符号数,从中找出最大者送入 RESULT 单元中。

根据题意,把 ARRAY 单元第一个数先送入 AL 寄存器,将 AL 中的数与后面的 $N-1$ 个数逐个进行比较。如果 AL 中的数较小,则两数交换位置;如果 AL 中的数大于等于相比较的数,则两数不交换位置。在比较过程中,AL 中始终保持较大的数,比较 $N-1$ 次,则最大者必在 AL 中。最后把 AL 中的数(最大者)送入 RESULT 单元。程序流程图如图 4-12 所示。

程序如下:

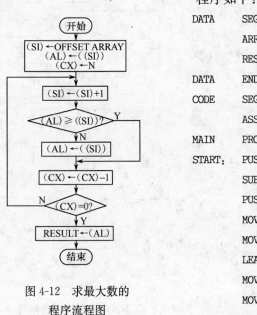

图 4-12　求最大数的
　　程序流程图

```
DATA    SEGMENT
        ARRAY DB N DUP(?)
        RESULT DB ?
DATA    END S
CODE    SEGMENT
        ASSUME   CS:CODE,DS:DATA
MAIN    PROC FAR
START:  PUSH DS
        SUB AX,AX
        PUSH AX
        MOV AX,DATA
        MOV DS,AX
        LEA SI,ARRAY
        MOV AL,[SI]
        MOV CX,LENGTH ARRAY
LOOP1:  INC SI
        CMP AL,[SI]
```

```
            JAE LOOP2
                                    XCHG AL,[SI]
LOOP2:                              LOOP LOOP1
                                    MOV RESUILT,AL
                                    RET
MAIN                                ENDP
CODE                                ENDS
                                    END START
```

【例 4-11】求一字符串的长度,并要求滤去第一个非空格字符之前的所有空格。字符串以'♯'结束。

例题中有两个要求,第一是要找到第一个非空格字符,第二是由第一个非空格字符开始求出字符串的长度。因此,程序包括两个循环,第一个循环的结束条件为非空格字符,第二个循环的结束条件为字符'♯'。流程图如图 4-13 所示。

程序如下:

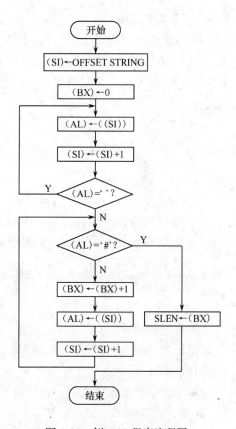

图 4-13 例 4-11 程序流程图

```
DATA        SEGMENT
            STRING DB N DUP(?)
                 DB '♯'
            SLEN DW ?
DATA        ENDS
CODE        SEGMENT
MAIN        PROC FAR
            ASSUME CS:CODE,DS:DATA
START:      PUSH DS
            SUB AX,AX
            PUSH AX
            MOV AX,DATA
            MOV DS,AX
            LEA SI,STRING
            XOR BX,BX
AGAIN1:     MOV AL,[SI]         ;取一个字符
            INC SI              ;指针修正
            CMP AL,' '          ;(AL)=' '?
            JE AGAIN1           ;是,转 AGAIN1
AGAIN2:     CMP AL,'♯'          ;(AL)='♯'?
            JE DONE             ;是,转 DONE;
            INC BX              ;不是,个数加 1
            MOV AL,[SI]
            INC SI
            JMP AGAIN2
DONE:       MOV SLEN,BX
            RET
```

• 107 •

```
MAIN      ENDP
CODE      ENDS
          END START
```

4.4.4 子程序

子程序是完成确定功能的独立的程序段,它可以被其他程序调用,在完成确定功能后,又可自动返回到调用程序处。对于这样一些常用的程序段,我们可以将其写成子程序,在需要时,只要按一定的格式调用,就可以实现相应的运算或转换,从而避免了程序中多次重复地书写这些程序,也节省了内存。同时,由于一些常用的子程序可以事先编好,一旦需要时可随时调用,因而也方便了程序的编制和调试。

子程序的调用和返回需要占用时间,并且在调用时,需要保存某些寄存器的内容,以防止子程序运行过程中破坏调用程序已产生的中间结果,所以,采用子程序在运行时间上将有所损失。

1. 子程序结构

子程序是用过程定义伪指令 PROC 和 ENDP 来定义的,而且还应指出过程的类型属性。在 PROC 和 ENDP 之间是为完成某一特定功能的一连串指令,其最后一条指令是返回指令 RET。过程通常以一个过程名(标号)后跟 PROC 开始,而以过程名后跟 ENDP 结束。其格式如下:

```
过程名   PROC  [NEAR/FAR]
         ……
         RET
过程名   ENDP
```

"过程名"是子程序入口的符号地址;NEAR 或 FAR 是过程的类型属性,其确定原则为:

① 调用程序和过程若在同一代码段中,则使用 NEAR 属性;

② 调用程序和过程若不在同一代码段中,则使用 FAR 属性;

③ 主程序应定义为 FAR 属性(使用标准方式返回 DOS 时)。因为我们把程序的主过程看作 DOS 调用的一个子程序,而 DOS 对主过程的调用和返回都是 FAR 属性。

另外,过程定义允许嵌套,即在一个过程定义中允许包含多个过程定义。

过程的调用采用 CALL 指令,其寻址方式可以是直接寻址方式,也可以是间接寻址方式;可以是段内调用,也可以是段间调用。过程执行完毕返回主程序时,靠过程体最后 RET 指令的执行来保证。

调用程序和子程序在同一代码段中。

```
CODE      SEGMENT
          ……
MAIN      PROC  FAR
          ……
          CALL  PR
          ……
          RET
MAIN      ENDP
PR  PROC  NEAR
```

```
          ……
          RET
PR        ENDP
CODE      ENDS
```

调用程序和子程序不在同一代码段。

```
CODE1     SEGMENT
          ……
          CALL PC
          ……
CODE1     ENDS
CODE2     SEGMENT
          ……
PC   PROC FAR
          ……
          RET
PC   ENDP
CODE2     ENDS
```

2. 主程序与子程序之间的参数传递

主程序在调用子程序之前需将某些初始数据提交给子程序，而子程序运行结束也需将结果返回给主程序，这就是两者之间的参数传递。通常，将主程序给子程序提供的初始数据或获得初始数据的信息称为子程序的入口参数，而子程序返回给主程序的结果称为子程序的出口参数。主程序与子程序之间的参数传递可以有多种方式，这里主要介绍以下三种方式。

（1）寄存器传递参数方式

寄存器传递参数方式是指子程序的入口参数和出口参数是通过寄存器传递的。

【例 4-12】编写统计一个字中"1"的个数程序。

```
STACK     SEGMENT STACK
          DB 256 DUP(?)
          TOP LABEL WORD
STACK     ENDS
DATA      SEGMENT
          DTW DW 5A69H
          DTWS DW ?
DATA      ENDS
CODE      SEGMENT
MAIN      PROC FAR
          ASSUME CS：CODE,DS：DATA,SS：STACK
START：    PUSH DS
          SUB AX,AX
          PUSH AX
          MOV AX,DATA
```

```
            MOV DS,AX
            MOV AX,STACK
            MOV SS,AX
            MOV SP,OFFSET TOP
            MOV AX,DTW
            CALL BCNT              ;调 BCNT1 子程序
            PUSH BX
            MOV AL,AH
            CALL BCNT
            POP AX                 ;从栈中弹出第一次结果
            ADD AX,BX              ;两次结果相加
            MOV DTWS,AX
            RET
MAIN    ENDP
BCNT    PROC NEAR              ;BCNT 子程序,统计 AL 中 1 的个数
            MOV BX,0              ;结果送 BX
            MOV CX,08
BLOOP1: ROL AL,01
            JNC BLOOP2
            INC BX
BLOOP2: LOOP BLOOP1
            RET
BCNT    ENDP
CODE    ENDS
            END START
```

(2) 指定内存单元传递参数方式

参数不通过寄存器传递,而是直接通过内存某些指定单元传递。在这种情况下,主程序在调用前应将子程序中所用的数据送入指定区,所需的结果也从指定区中取出。同样,在进入子程序后,子程序则直接从指定区中取数据和存放结果。此时,子程序必须指出它所用的指定内存区的段及有关变量。

【例 4-13】编写一程序,完成对 ARRAY 数组中 N 个元素求和。

主程序和子过程如下:

```
DATA    SEGMENT
            ARRAY DW 30 DUP (?)
            COUNT DW 30
            SUM DW 2 DUP (?)
DATA    ENDS
CODE    SEGMENT
MAIN    PROC FAR
            ASSUME CS：CODE,DS：DATA
START：PUSH DS
```

```
              SUB AX,AX
              PUSH AX
              MOV AX,DATA
              MOV DS,AX
              CALL PADD
              RET
   MAIN    ENDP
   PADD    PROC NEAR
              PUSH AX
              PUSH CX
              PUSH DX
              PUSH SI
              LEA SI,ARRAY
              MOV CX,COUNT
              XOR AX,AX
              MOV DX,AX
   AGAIN:ADD AX,[SI]                ;累加 N 个元素的低位字
              JNC NEXT
              INC DX                    ;若有进位,则和的高位字加 1
   NEXT: INC SI
              INC SI
              LOOP AGAIN
              MOV SUM,AX
              MOV SUM+2,DX
              POP SI
              POP DX
              POP CX
              POP AX
              RET
   PADD    ENDP
   CODE    ENDS
              END START
```

(3) 堆栈传递参数方式

堆栈传递参数方式是指子程序的入口参数和出口参数通过堆栈传递。主程序在调用子程序之前应将需传送给子程序的参数压入堆栈,子程序则从堆栈中取出参数,经过运算后,将运算结果也压入堆栈。返回后,主程序再从堆栈中取出结果。当然,主程序压入参数的顺序以及子程序传递结果的方式必须事先约定。

【例 4-14】编写一程序,完成将一组 BCD 数转换成 16 位二进制数。假设一组 BCD 数以分离 BCD 数的方式存于内存的某个区,并且 BCD 数据的高位存于高地址端,低位存于低地址端。

主程序和子过程如下:

```
STACK       SEGMENT STACK
```

```
                  DB 256 DUP(?)
                  TOP LABEL WORD
      STACK       ENDS
      DATA        SEGMENT
                  BCD DB 5 DUP(?)
                  LENG DW ?
                  RESULT DW ?
      DATA        ENDS
      CODE1       SEGMENT
      MAIN        PROC FAR
                  ASSUME CS：CODE1,DS：DATA,SS：STACK,ES：DATA
      START：      PUSH DS
                  SUB AX,AX
                  PUSH AX
                  MOV AX,DATA
                  MOV ES,AX
                  MOV DS,AX
                  MOV AX,STACK
                  MOV SS,AX
                  LEA SP,TOP
                  PUSH DS              ;将参数3送入堆栈
                  LEA AX,BCD
                  PUSH AX              ;将参数2送入堆栈
                  MOV CX,LENG
                  PUSH CX              ;将参数1送入堆栈
                  CALL FAR PTR BCD—16B
                  POP AX               ;从堆栈顶取结果
                  MOV RESULT,AX        ;将结果送入 RESULT 单元
                  RET
      MAIN        ENDP
      CODE1       ENDS
      CODE2       SEGMENT
                  ASSUME CS：CODES
      BCD—16B     PROC FAR
                  PUSH BP
                  MOV BP,SP
                  PUSH ES
                  PUSH SI
                  PUSH CX
                  PUSH BX
                  PUSH AX
                  MOV CX,[BP+6]        ;从堆栈取第1个参数
```

```
                MOV SI,[BP+8]          ；从堆栈取第 2 个参数
                MOV ES,[BP+0AH]        ；从堆栈取第 3 个参数
                ADD SI,CX
                DEC SI
                MOV DX,0
BCDL:           PUSH CX
                MOV AL,ES：[SI]
                DEC SI
                AND AL,0FH
                CBW
                MOV BX,AX
                MOV AX,DX
                MOV CX,10
                MUL CX
                MOV DX,AX
                ADD DX,BX
                POP CX
                LOOP BCDL
                MOV [BP+0AH],DX        ；将结果送入堆栈
                POP AX
                POP BX
                POP CX
                POP SI
                POP ES
                POP BP
                RET 4
BCD—16B  ENDP
CODE2    ENDS
                END START
```

该程序堆栈中参数的位置关系如图 4-14 所示。

子程序采用的基本算法是：

a)DX＝0；

b)取要转换的一组 BCD 数中的高位→(AX)；

c)(DX)＝(DX)＊10＋(AX)

d)重复 b)、c)两步，直到 BCD 码的所有位都转换为止，结果在 DX 中。

3. 子程序的嵌套

子程序嵌套是指子程序本身再次调用子程序，如图 4-15 所示，主程序调用子程序 SUB1，SUB1 又调用子程序 SUB2，SUB2 又可以调用子程序 SUB3。在返

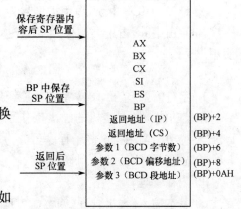

图 4-14　堆栈指针 SP 的指向

回时,也必须是按层返回,SUB3 子程序返回时将返回到 CALL SUB3 指令的下一条指令处;同样,SUB2 子程序将返回到 SUB1 的调用指令的下一条指令处;最后 SUB1 子程序返回到主程序。嵌套调用过程中的逐层调用及按层返回是由堆栈保证的。图 4-15 中的三次调用指令的返回地址若分别为 ADR1、ADR2、ADR3,那么,在三次调用后堆栈中的内容将如图 4-15 所示,SP 指向最后一个返回地址。

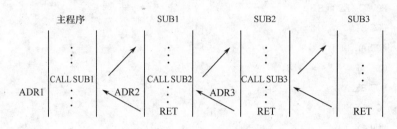

图 4-15 子程序嵌套

当子程序嵌套时,若某子程序要调用的子程序就是该子程序本身时,称为子程序的递归调用。能够进行递归调用的子程序称为递归子程序,或称递归过程。

4.4.5 DOS 系统功能调用

微型计算机系统为汇编用户提供了两个程序接口,一个是 DOS 系统功能调用,另一个是 ROM 中的 BIOS(Basic Input/Output System)。系统功能调用和 BIOS 由一系列的服务子程序构成,但调用与返回不是使用子程序调用指令 CALL 和返回指令 RET,而是通过软中断指令 INT n 和中断返回指令 IRET 调用和返回的。

DOS 系统功能调用和 BIOS 的服务子程序,使得程序设计人员不必涉及硬件就可以使用系统的硬件,尤其是 I/O 的使用与管理。系统所提供的处理输入、输出的子程序是以中断处理程序的方式编写的。

IBM PC 的软件中断可分为三部分:

① DOS 中断,占用类型号为 20H~3FH。目前使用的有 20H~27H 和 2FH,其余类型号保留。

② ROM BIOS 中断,占用类型号为 10H~1FH。

③ 自由中断,占用类型号为 40H~0FFH,可供系统或应用程序设置开发的中断处理程序使用。

1. 字符输入/输出 DOS 系统功能调用

系统功能调用是微机的磁盘操作系统 DOS 为用户提供的一组例行子程序,因而又称为 DOS 系统功能调用。这些子程序可分为以下 4 个主要方面:

① 磁盘的读/写及控制管理;

② 内存管理;

③ 基本输入/输出管理(如键盘、打印机、显示器等);

④ 其他管理(如时间、日期等)。

为了使用方便,系统已将所有子程序按顺序编号,称为调用号。其调用号为 0~75H。

对于所有的功能调用,使用时一般需要经过以下三个步骤:

① 子程序的入口参数送相应的寄存器;

② 子程序编号送 AH;

③ 发出中断请求:INT 21H(系统功能调用指令)。

基本输入/输出管理中部分键盘和显示器 DOS 功能调用如下:

(1) DOS 的 1 号功能调用——单个字符输入

调用格式:

```
MOV AH,01H
INT 21H
```

系统执行该功能时将扫描键盘,等待键入。一旦有键按下,就将键值(相应字符的 ASCII 码值)读入,先检查是否是 Ctrl - Break。若是,则退出命令执行;否则将键值送入 AL 寄存器,同时将这个字符显示在屏幕上。

(2) DOS 的 2 号功能调用——显示单个字符

调用格式:

```
MOV DL,待显示字符的 ASCII 码
MOV AH,02H
INT 21H
```

本调用执行后,显示器显示其 ASCII 码值放入 DL 中的字符。

(3) DOS 的 3 号功能调用——异步通信输入

调用格式:

```
IN AL,PORT      ;PORT 为串行通信端口地址
MOV AH,03H
INT 21H
```

等待从串行通信接口输入一个字符(一个字节的数据),并将该字符送入寄存器 AL。

(4)DOS 的 4 号功能调用——异步通信输出

调用格式:

```
OUT PORT,DL
MOV AH,04H
INT 21H
```

把寄存器 DL 中的一个字符送到串行通信接口输出。

(5) DOS 的 5 号功能调用——打印机输出

调用格式:

```
OUT PORT,DL ;PORT 为打印机端口地址
MOV AH,05H
INT 21H
```

把寄存器 DL 中的字符送入标准打印机接口。

(6) DOS 的 9 号功能调用——字符串显示

调用格式:

```
MOV DX,待显示字符串首字符的偏移地址
MOV AH,09H
INT 21H
```

本调用执行后,显示器显示待显示的字符串。调用时,要求 DS:DX 必须指向内存中一个以"$"作为结束标志的字符串。

(7) DOS 的 10 号功能调用——字符串输入

调用格式:

```
MOV DX,数据区的首偏移地址
MOV AH,0AH
INT 21H
```

该功能调用将从键盘接收的字符串送到内存数据区。要求事先定义一个数据区,数据区内第一个字节指出数据区能容纳的字符个数,不能为零;第二个字节保留,以用做填写实际输入的字符个数;从第三个字节开始存放从键盘上接收的字符串。实际输入的字符数少于定义的字节数,数据区内其余字节填零;若多于定义的字节数,则后来输入的字符丢掉。调用时,要求 DS:DX 指向数据区首地址。

DOS 系统默认的标准设备为:标准输入设备为键盘,标准输出设备为显示器,标准辅助设备是第一个 RS-232C 串行异步通信接口,标准打印输出设备是用于连接打印机的第一个并行接口。

2. DOS 系统基本功能调用举例

【例 4-15】利用 DOS 系统功能调用实现人机对话。

下述程序可以在屏幕上显示一行提示信息,然后接收用户从键盘输入的信息并将其存入内存数据区。源程序如下:

```
DATA    SEGMENT
        STRING DB 100           ;定义输入缓冲区
               DB ?
               DB 100 DUP(?)
        MESSAGE1 DB 'DO YOU WANT TO INPUT STRING? (Y/N):',0DH,0AH,'$'
        MESSAGE2 DB 'PLEASE INPUT STRING.',0DH,0AH,'$'
DATA    ENDS
STACK   SEGMENT
        DB 256 DUP(?)
        TOP LABLE WORD
STACK   ENDS
CODE    SEGMENT
MAIN    PROC FAR
        ASSUME CS:CODE,DS:DATA,SS:STACK
START:  PUSH DS
        SUB AX,AX
        PUSH AX
        MOV AX,DATA
        MOV DS,AX
        MOV AX,STACK
        MOV SS,AX
```

```
        LEA SP,TOP
        LEA DX,MESSAGE1
        MOV AH,09H              ;利用 9 号功能调用显示提示
        INT 21H
        MOV AH,01H
        INT 21H
        CMP AL,'Y'
        JE INPUT
        CMP AL,'y'
        JNE DONE
INPUT:  LEA DX,MESSAGE2
        MOV AH,09H
        INT 21H
        LEA DX,STRING
        MOV AH,0AH              ;利用 10 号功能调用接收键盘输入
        INT 21H
DONE:   RET
MAIN    ENDP
CODE    ENDS
        END START
```

3. BIOS 中断调用

BIOS 是固化在 ROM 中的一组 I/O 驱动程序,它为系统各主要部件提供设备级控制,还为汇编语言程序设计者提供了字符 I/O 操作。与 DOS 功能调用相比,BIOS 有如下特点:

① 调用 BIOS 中断程序虽然比调用 DOS 中断程序要复杂一些,但运行速度快,功能更强;
② DOS 的中断功能只是在 DOS 环境下适用,而 BIOS 功能调用不受任何操作系统的约束;
③ 某些功能只有 BIOS 具有。

4.4.6 字符串处理程序

字符串处理是指对一系列的字母或数字的代码进行处理。计算机中字符代码一般都采用 ASCII 码,每个字符的代码占一个字节,一个字符串存放在一个连续的存储区中。字符串处理通常包括求字符串的长度、字符串的移动、字符串的查找(搜索)、字符串的删除和插入等功能。这些功能在文本编辑程序中是不可缺少的。

【4-16】将偏移地址为 STRING1、长度为 COUNT 的字符串,传送到偏移地址为 STRING2 的内存区中。

```
DATA    SEGMENT
        STRING1 DB 100 DUP(?)
        COUNT DW 100
        STRING2 DB 100 DUP(?)
DATA    ENDS
CODE    SEGMENT
```

```
        MAIN    PROC FAR
                ASSUME CS：CODE,DS：DATA
        START：PUSH DS
                SUB AX,AX
                PUSH AX
                MOV AX,DATA
                MOV DS,AX
                MOV ES,AX
                MOV CX,COUNT
                LEA SI,STRING1
                LEA DI,STRING2
                CLD
                REP MOVSB
                RET
        MAIN    ENDP
        CODE    ENDS
                END START
```

【4-17】将 ARRAY 内存区的带符号字节型数据按正数和负数分别存入 BUFF1 和 BUFF2 中。

```
        DATA    SEGMENT
                ARRAY DB 100 DUP(?)
                BUFF1 DB 100 DUP(?)
                BUFF2 DB 100 DUP(?)
        DATA    ENDS
        CODE    SEGMENT
        MAIN    PROC FAR
                ASSUME CS：CODE,DS：DATA
        START：PUSH DS
                SUB AX,AX
                PUSH AX
                MOV AX,DATA
                MOV DS,AX
                MOV ES,AX
                LEA SI,ARRAY
                LEA DI,BUFF1            ;正数区
                LEA BX,BUFF2            ;负数区
                MOV CX,LENGTH ARRAY
                CLD
        AGAIN：LODSB                   ;(AL)←((DS：SI))
                AND AL,AL              ;(AL)<0?
                JS PRC                 ;为负数,转 PRC
                STOSB                  ;否则,存入正数区 BUFF1 中
```

```
        JMP NEXT
PRC:    MOV [BX],AL
        INC BX
NEXT:   LOOP AGAIN
        RET
MAIN    ENDP
CODE    ENDS
        END START
```

【例 4-18】要求在内存某缓冲区 BUFFER 中搜索一个指定的字符串,若在 BUFFER 中不存在该字符串,则返回标志位 ZF＝0;若存在则 ZF＝1,且将该字符串的第 1 个字母在缓冲区中的地址送入 ES：DI。

我们以过程的形式给出该程序,调用该过程的入口参数为:DS 中为要搜索的字符串的段地址;BX 中为该字符串的偏移地址;DX 中为该串的长度。源程序如下:

```
DATA1   SEGMENT
        BUFFER DB 50H DUP(?)
        BUFEND LABEL BYTE
DATA1   ENDS
DATA2   SEGMENT
        STRING DB 10H DUP(?)
DATA2   ENDS
CODES   SEGMENT
MAIN    PROC FAR
        ASSUME CS：CODES,DS：DATA2,ES：DATA1
START:  PUSH DS
        SUB AX,AX
        PUSH AX
        MOV AX,DATA2
        MOV DS,AX
        MOV AX,DATA1
        MOV ES,AX
        LEA DI,BUFFER      ;取缓冲区首地址
        LEA AX,BUFEND      ;取缓冲区末地址
        LEA BX,STRING
        MOV DX,LENGTH STRING
        SUB AX,DX
        CLD
SRCH:   CMP DI,AX          ;DI 所指位置到缓冲区末尾还有一个串的长度吗?
        JA NOT-FOUND       ;没有则结束(且没找到)
        MOV SI,BX          ;有则继续搜索
        MOV CX,DX
        PUSH DI
```

```
          REPE CMPS STRING,BUFFER
          POP DI
          JE FND
          INC DI
          JMP SHORT SRCH
NOT-FOUND: MOV AL,0FFH
FND:      RET
MAIN      ENDP
CODE      ENDS
          END START
```

4.5　宏定义与宏调用

宏指令是利用 CPU 指令系统中已有指令按照一定的规则定义的新的指令。宏指令的功能是根据用户需要自己确定的。宏指令一旦定义,在源程序中就可以像其他指令一样使用,宏指令的引用称为宏调用。不过,CPU 指令系统中所提供的指令在汇编时,一条指令只对应一条机器指令码,而一条宏指令在汇编后往往对应几条甚至几十条机器指令码,正是这样,有了宏指令后,可以对源程序的编写带来方便。

4.5.1　宏定义

宏指令的定义是利用伪指令来实现的。

定义格式为:

```
宏指令名 MACRO 〈形式参数〉
       …     (宏体)
       ENDM
```

宏指令名是为所定义的宏指令起的名称,构成规则与其他语句的名称一样,它是提供程序调用时用的,不能省略。

MACRO 和 ENDM 均为伪指令,它们必须成对出现在源程序中,且必须以 MACRO 作为宏定义的开头,而以 ENDM 作为宏定义的结尾。MACRO 和 ENDM 之间为宏体,是实现宏指令功能的实体,它是由汇编语言基本语句所组成的一段程序。

形式参数或称虚拟参数是为了使宏指令的功能更加灵活而设置的,它不是每条宏指令所必需的。当有多个形式参数时,参数之间必须用逗号分隔,参数个数可以不限,但总的字符数不得超过 132 个。在调用时,形式参数将被实际参数所代替。

例如,定义一条宏指令,实现对某寄存器左移 4 次,也可以实现右移 4 次。

```
SHIFT MACRO N,REG,CC
      MOV CL,N
      S&CC REG,CL
      ENDM
```

宏指令 SHIFT 有 3 个形式参数,N 表示移位的次数,REG 表示要移位的寄存器,CC 则指出移位方向。

再如,当程序中多次用到显示一个字符的程序时,可以定义一条 CDISP 的宏指令:

```
CDISP MACRO
        MOV AH,02H
        INT 21H
        ENDM
```

当程序中多次用到显示一个字符串的程序时,可以定义一条 SDISP 的宏指令:

```
SDISP MACRO MESSAGE
        LEA DX,MESSAGE
        MOV AH,09H
        INT 21H
        ENDM
```

MESSAGE 为形式参数,该宏指令是显示 MESSAGE 所指明的缓冲区的内容。

4.5.2　宏调用与宏展开

1. 宏调用

宏调用格式:

宏指令名〈实际参数〉

宏指令名是程序中已定义的宏指令的名称。实际参数应与宏定义中的形式参数相对应。当有多个形式参数时,提供的实际参数的顺序必须与形式参数的顺序一致。当提供的实际参数多于形式参数时,多余部分被忽略;当少于形式参数时,多余的形式参数变为空。

例如,当有了上面的宏指令 SHIFT 和 SDISP 的定义后,程序中可以有下面的宏调用语句:

```
SHIFT 4,AX,HR
SDISP STRING1
```

2. 宏展开

宏展开是指在汇编过程中,当汇编到宏调用语句时,它将用宏体中的一段程序来代替这条宏调用语句,并且语句中的形式参数被实际参数取代。

例如根据上面的宏指令 SHIFT 和 CDISP 的定义后,若需编一段程序,将已定义变量 BCD1 中的组合 BCD 码通过移位变换为分离 BCD 码,再将其转换为 ASCII 码,并显示的程序中可以有宏调用语句:

```
MOV AL,BCD1         ;由已定义变量 BCD1 中取出一个字节的组合 BCD 码
MOV DL,AL
SHIFT 4,DL,HR       ;将 DL 的内容右移 4 次
ADD DL,30H
CDISP               ;显示高位 BCD 码
AND AL,0FH
ADD AL,30H
MOV DL,AL
CDISP               ; 显示低位 BCD 码
```

宏展开:

```
    MOV AL,BCD1

    MOV DL,AL

    SHIFT 4,DL,HR

   +MOV CL,4

   +SHR DL,CL

    ADD DL 30H

    CDISP

   +MOV AH,02H

   +INT 21H

    AND AL,0FH

    ADD AL,30H

    MOV DL,AL

    CDISP

   +MOV AH,02H

   +INT 21H
```

宏展开后,在每条宏调用语句后面是宏指令中宏体所包含的语句,在这些语句前通常有标志,如例中冠有加号"+",也有些汇编程序汇编后在宏展开语句前冠以"1"。

3. 宏定义中的标号与变量

当宏定义中出现了标号或变量的定义时,若该宏指令被程序多次调用,那么在宏展开后程序中会出现多个相同的标号(或变量),这在汇编过程中会给出重复定义的错误。为解决这类问题,宏定义中应采用局部标号或变量。局部标号或变量由 LOCAL 伪指令定义。

定义格式:

LOCAL 参数表

格式中的参数表就是宏体中将要用到的标号或变量。伪指令 LOCAL 应是宏体中的第一条语句。汇编时,当汇编到这些标号(或变量)时,汇编程序将用?? 0000,?? 0001,?? 0002 等依次代替程序中出现的各个标号。

【例 4-19】延时宏指令的宏定义如下:

```
    DELAY MACRO VALUE1,VALUE2

    LOCAL   AGAIN1,AGAIN2

    PUSH AX

    PUSH CX

    MOV CX,VALUE1

AGAIN1: MOV  AX,VALUE2

AGAIN2: DEC  AX

    JNZ   AGAIN2

    LOOP AGAIN1

    POP  CX

    POP  AX

    ENDM
```

宏体中的标号 AGAIN1 及 AGAIN2 被定义为局部标号,因而若某一程序多次调用

DELAY宏指令,如

DELAY 6789H,0FFFFH

······

DELAY 0FFF0H,8000H

则宏展开后有如下程序段:

DELAY 6789H,0FFFFH

＋　PUSH AX

＋　PUSH CX

＋　MOV CX,6789H

＋?? 0000：MOV AX,0FFFFH

＋?? 0001：DEC AX

＋　　　JNZ ?? 0001

＋　　　LOOP ?? 0000

＋　　　POP CX

＋　　　POP AX

······

DELAY 0FFF0H,8000H

＋PUSH AX

＋PUSH CX

＋MOV CX,0FFF0H

＋?? 0002：MOV AX,8000H

＋?? 0003：DEC AX

＋　　　JNZ ?? 0003

＋　　　LOOP ?? 0002

＋　　　POP CX

＋　　　POP AX

4. 重复宏

重复宏告诉汇编程序需要重复地进行某组语句的汇编。重复宏不一定在宏指令内,若重复宏出现的宏指令内,那么,必须首先结束重复宏,然后再结束宏指令的定义。

(1) REPT

格式:REPT〈表达式〉

　　···

　　ENDM

功能:重复地执行宏体中的语句,重复次数由表达式的值决定。

例如:

　　X＝0

　　REPT 10

　　X＝X＋2

　　DBX

　　ENDM

该重复宏告诉汇编程序,将 2 4 6 8 10,…,20 共 10 个偶数分配给连续的内存单元。

(2) IRP

格式:IRP 形式参数,〈实参数表〉

     …

    ENDM

功能:重复地将实际参数表中的参数依次送给形式参数,重复的次数由实参数的个数决定。实参数的尖括号是语法符号。

例如:

    IRPX 〈2,4,6,8,10,12,14,16,18,20〉

    DBX

    ENDM

该重复宏汇编后的结果与上例中的相同。

(3) IRPC

格式:IRPC 形式参数,字符串

     …

    ENDM

功能:重复地汇编宏体中的语句,并将字符串中的字符代替形式参数,重复的次数决定于字符串中字符的个数。

例如:

    IRPC CC,AAB

    ADD AX,CC&X

    ENDM

宏体中的 & 仅表示连接作用。汇编后为:

    ＋ADD AX,AX

    ＋ADD AX,AX

    ＋ADD AX,BX

4.5.3　宏指令与子程序的区别

宏指令是用一条指令来代替一段程序以简化源程序的设计,子程序(过程)也有类似的功能。宏指令与子程序的区别主要表现在以下几方面:

(1) 宏指令由宏汇编程序 MASM 在汇编过程中进行处理,在每个宏调用处,将相应的宏体插入;而子程序调用指令 CALL 和返回指令 RET 则是 CPU 指令,执行 CALL 指令时,CPU 使程序的控制转移到子程序的入口地址。

(2) 宏指令简化了源程序,但不能简化目标程序。汇编以后,在宏定义处不产生机器代码,但在每个宏调用处,通过宏扩展,宏体中指令的机器代码被插入到宏调用处,因此不节省内存单元;对于子程序来说,在目标程序中定义子程序的地方将产生相应的机器代码,但每次调用时,只需用 CALL 指令,不再重复出现子程序的机器代码,一般来说可以节省内存单元。

(3) 从执行时间来看,调用子程序和从子程序返回需要保护断点、恢复断点等,这些都将额外占用 CPU 的时间,而宏指令则不需要,因此相对来说,它的执行速度较快。

此外,宏指令更加接近高级语言,而且传送参数更加方便。

4.6 汇编语言程序的上机过程

4.6.1 编辑、汇编与连接

在计算机上运行汇编语言程序的步骤是：

① 用编辑程序（EDIT）建立 ASM 源程序文件；

② 用汇编程序（MASM 或 ASM）把 ASM 文件汇编成 OBJ 文件；

③ 用连接程序（LINK）把 OBJ 文件转换成 EXE 文件；

④ 在 DOS 命令状态下直接输入文件名就可执行该文件。

汇编语言源程序的汇编、连接和装入运行流程，如图 4-16 所示。

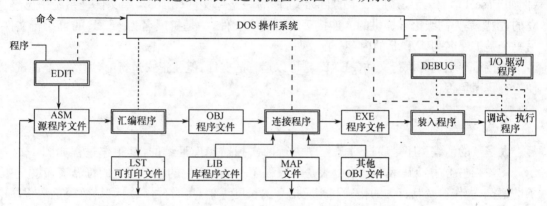

图 4-16 汇编语言源程序的汇编、连接和装入运行

1. 编辑源程序

利用编辑程序将编写好的源程序通过输入设备（通常采用键盘）送入计算机并以 ASCII 码的形式存入内存缓冲区。编辑过程中可以利用编辑命令进行修改，最后将修改好的源程序在磁盘上建立源程序文件。源程序文件名的格式为：

文件名.ASM

编辑程序是操作系统 DOS 支持的系统软件，它可以是行编辑程序 EDLIN 或全屏幕编辑程序 EDIT 等。

2. 源程序的汇编

汇编源程序是利用汇编程序对已编辑好的源程序文件进行汇编，将源程序文件中以 ASCII 码表示的助记符指令逐条翻译成机器码指令，并完成源程序中的伪指令所指出的各种操作。最后可在盘上建立三个文件：

① 一个是扩展名为.OBJ 的目标文件；

② 一个是扩展名为.LST 的列表文件；

③ 一个是扩展名为.CRF 的交叉索引文件。

通常，目标文件是必须建立的，它包含了程序中所有的机器码指令和伪指令指出的各种有关信息，但该文件中的操作数地址还不是内存的绝对地址，只是一个可浮动的相对地址。列表文件中包含了源程序的全部信息（包括注释）和汇编后的目标程序，列表文件可以打印输出，可供调试检查用。交叉索引文件是用来了解源程序中各符号的定义和引用情况的。后面两个文件不是必须建立的,可以通过汇编时的命令加以选择。编写好的源程序可以放在一起汇编,形成一个目标模块,也可以分别汇编形成多个目标模块。

汇编程序也是系统提供的用于汇编的系统软件,它有宏汇编程序 MASM 和基本汇编程序 ASM 两种。

3. 目标程序的连接

汇编后产生的目标程序还不能直接运行,它必须通过连接程序(LINK)连接成一个可执行程序后才能运行。连接程序进行连接时,其输入有两个部分:一是目标文件(.OBJ),目标文件可以是一个也可以是多个,可以是汇编语言经汇编后产生的目标文件,也可以是高级语言(例如 Pascal 语言)经编译后产生的目标文件;另一是库文件(.LIB),库文件是系统中已经建立的,主要是为高级语言提供的。连接后输出两个文件,一是扩展名为 .EXE 的可执行文件,另一个是扩展名为 .MAP 的内存分配文件。

连接后产生的可执行文件(.EXE)是可以运行的文件,但在正式运行前,通常需经调试,以便检查程序是否正确。

4.6.2 汇编过程

大多数的汇编程序是通过对源程序进行两次扫描实现汇编的,其工作过程如图 4-17 所示。图 4-17 中的指令码表和伪指令表是汇编程序中预先提供的两张固定的符号表,其中包含了助记符、操作符及其有关的格式和相应指令的长度等信息。符号(或标识符)表是源程序中所用到的用户定义的标识符(包括变量名、标号和段名等各种名称)及其有关信息的表,这是在汇编过程中建立的。

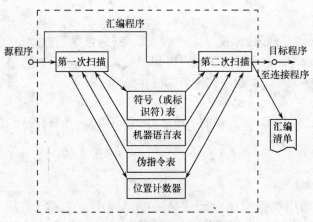

图 4-17　两次扫描的汇编程序

第一遍扫描的主要工作是在逐条扫描源程序语句的过程中确定各标识符的位置,建立符号表;第二遍扫描的工作是根据上述三张表产生机器指令码。为了确定各标识符的位置,汇编程序中采用了一个位置计数器。位置计数器的初值为 0,在逐条扫描源程序语句过程中,位置计数器将增量计数,增加的值等于语句所需的字节数,它由指令码表和伪指令表提供。源程序中换段时,位置计数器清零。例如有下面的程序段,扫描过程中位置计数器内容的变化情况如下:

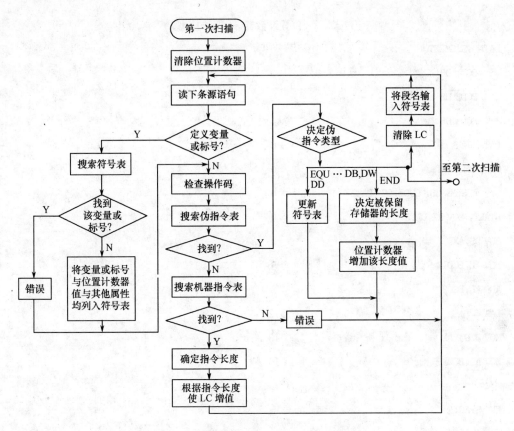

图 4-18   汇编程序第一次扫描的逻辑功能

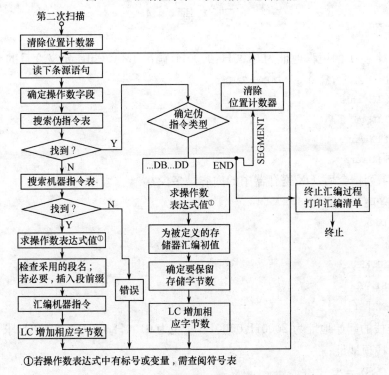

①若操作数表达式中有标号或变量,需查阅符号表

图 4-19   汇编程序第二次扫描的逻辑功能

	位置计数器	语句长度
DATA　SEGMENT	0	0
BCD1 DB ?,?	0	2
BCD2 DB ?,?	2	2
BCD3 DB ?,?	4	2
DATA ENDS	6	0
CODE SEGMENT	0	0
ASSUME CS：CODE,DS：DATA	0	0
START：MOV AX,DATA	0	3
MOV DS,AX	3	2
MOV AL,BCD1	5	3
ADD AL,BCD2	8	4
DAA	12	1
MOV BCD3,AL	13	3
MOV AL,BCD1+1	16	3
⋮	19	
END START		

习　题　4

1. 设变量 var1 的逻辑地址为 0100H:0000H,画出下列语句所定义变量的存储分配图:

    var1 DB 12,−12,20/6,2 DUP(0,34H)

    var2 DB 'this'

    var3 DW 'AB'

    var4 DW var2

    var5 DD var2

2. 执行下列指令后,DX 寄存器中的内容是多少?

    ARRAY DW 25,−8,−13,0FA56H

    PYL DW 5

    ……

    LEA SI,ARRAY

    ADD SI,PYL

    MOV DX,[SI]

3. 若堆栈的起始地址为 2000H:0000H,栈底为 0100H,(SP)＝00E6H,求

    (1)栈顶地址;

    (2)(SS)＝?

    (3)存入数据 1234H,5678H 后,(SP)＝?

4. 分析下列子程序 FUNC,并回答相应问题。

```
FUNC PROC NEAR
    XOR CX,CX
    MOV DX,01
    MOV CL,X
    JCXZ A20
    ADD DX,02
    DEC CX
    JCXZ A20
A10:MOV AX,02
    SHL AX,CL
    ADD DX,AX
    LOOP A10
A20:MOV Y,DX
    RET
FUNC ENDP
```

若该子程序入口参数为字节变量 $X(0 \leqslant X \leqslant 10)$,其输出参数为字变量 Y,则:

(1)该子程序的功能是 $Y = f(X)$_____;

(2)若 $X = 0$,则 $Y = $_____;

若 $X = 3$,则 $Y = $_____;

若 $X = 5$,则 $Y = $_____。

5. 分析下列程序的功能:

```
DATA SEGMENT
    BCD   DB ?
    VALUE   DB ?
DATA ENDS
CODE SEGMENT
    ASSUME CS:CODE,DS:DATA
MAIN PROC FAR
START:PUSH DS
    SUB AX,AX
    PUSH AX
    MOV AX,DATA
    MOV DS,AX
    MOV AL,BCD
    MOV BL,AL
    AND BL,0FH
    AND AL,0F0H
    MOV CL,04
    SHR AL,CL
    MOV BH,0AH
```

```
        MUL BH
        ADD AL,BL
        MOV VALUE,AL
        RET
MAIN ENDP
CODE ENDS
        END START
```

6. 在字变量 ARRAY 单元中存放有 100 个数据,编写程序,要求将数组中的每个数据加 1。

7. 编写一程序,要求统计 AX 寄存器中"1"的个数。

8. 有两个无符号字节型数组,设数组元素个数相等,编写程序将数组中的对应元素相加,结果存入另一内存区。

9. 编写一程序,要求将寄存器 DL 中的高 4 位与低 4 位交换。

10. 字节变量 ARRAY 中存有 N 个带符号数,要求编写一程序从 ARRAY 中找出最小值。

11. 字节变量 ARRAY 中存有 N 个数,要求编写一程序统计 ARRAY 中偶数的个数,并将结果在屏幕上显示。

12. 编写一程序,要求根据寄存器 DL 中的 D_3 位,完成两个组合 BCD 数 X 和 Y 的加减运算。$D_3=0$,做加法;到 $D_3=1$,做减法。

13. 在字符串 STRING 中存放着 N 个字节的字符串,编写程序扫描 STRING 中有无空格,如有,则将第一个空格符的地址传送到 SI。

14. 设在数据段的变量 OLDS 和 NEWS 中保存有 5 个字节的字符串,如果 OLDS 字符串不同于 NEWS 字符串,则执行 NEW_LESS,否则顺序执行程序。

第 5 章   PC 系 统 总 线

总线是一组信号线的集合,它是系统与系统之间或系统内部各电气部件之间,进行通信传输所必需的所有信号线的总和。它是 PC 芯片之间、各电气部件之间和 I/O 设备之间进行信息和数据交换的标准通道。PC 的各种操作,就是计算机内部定向的信息流和数据流在总线中流动的结果。

5.1   系统总线

5.1.1   概述

为使微机系统便于扩展和维护,通过总线连接的各种 CPU 模块、存储器模块、I/O 模块能相互替代与组合,就必须使微机系统中的总线按照一定规范形成一种标准,称为总线规范。目前在个人计算机中,使用最广的总线有 ISA、EISA、VL-BUS、PCI 等。在工业控制微机系统中,使用最广的总线有 STD、ISA 及 PC-104 等。此外,与磁盘等高速外设连接的总线多采用 SCSI 总线接口。

每种总线标准都有详细的规范说明,通常都有几十万字的文档,主要包括下列内容:

① 机械结构规范规定模板尺寸以及总线插头,边沿连接器等规格及位置;

② 功能规范规定每个引脚信号的名称与功能,并对各引脚信号间相互的作用及定时关系作出说明;

③ 电气规范规定总线工作时信号的高低电平,动态转换时间、负载能力及最大额定值。

在不同的总线标准中,信号线的数量和名称虽有差异,但总体上大约包括下列几类:

① 数据传输信号线,包括地址线、数据线及读/写控制信号线等;

② 中断控制信号线,包括中断请求线、中断响应线等;

③ 总线仲裁信号线,包括总线请求线、总线许可线等;

④ 其他信号线,包括系统时钟线、复位线、电源线、地线等。

5.1.2   总线的分类

总线有多种分类方法。

1. 按总线所在位置分类

按总线所在位置,把在计算机中使用的总线按从里向外的层次,可分为四大类:

① CPU 内部总线。就是连接 CPU 内部各功能单元的信息通路。

② 部件内总线。用于插件板内各芯片之间互连的总线,又称为片级总线。一般是 CPU 芯片引脚的延伸,往往需要增加锁存、驱动等电路,以提高 CPU 引脚的驱动能力。如 CPU 芯片引脚形成的微处理器级总线实现了 CPU 与主存储器、Cache、控制芯片组,以及多个 CPU

之间的连接,并提供了与系统总线的接口。

③ 系统总线或 PC 总线。用于 PC 各模块之间的通信,是 PC 的重要组成部分。如 ISA、EISA 和 PCI 等。

④ 外部总线。又称通信总线,它是 PC 与 PC、PC 与其他设备之间的连线。外部总线可采用并行方式或串行方式来实现,其数据传输率通常低于内部总线。如 USB 等。

2. 按信息传送形式分类

按信息传送形式,总线可以分为并行总线和串行总线。

① 并行总线。计算机中的信息一般都是由多位二进制数码表示,在传输这些信息时,用多根线同时传送所有二进制位。并行总线内各根连线之间实行有序排列,并实行统一编号。这样对于一个多个部件的总线来说,可以起到防止差错的作用。

并行总线的特点在于利用更多的空间实现全部信息一次传输,虽然系统的结构比较复杂,但换来了信息的快速传输。所以,并行总线被大量地用于计算机内部各部件的连接中。

② 串行总线。串行总线是一种与并行总线不同的总线类型,它是以多位二进制信息共用一根线进行信息传输的方式工作,其工作原理是让信息位按一定的顺序排队,按时间先后顺序通过总线。很显然,如果所传送的信息有 m 位,串行方式传送所需要的时间是并行传送时间的 m 倍。串行总线的特点是结构简单,与并行总线相比更适合于远距离传送信息。

3. 按总线连接方式分类

由于 I/O 设备种类繁多,速度各异,不可能简单地把 I/O 设备连接到 CPU 上,因此,I/O 设备需通过适配器实现高速 CPU 与低速 I/O 设备之间在工作速度上的匹配和同步,并完成计算机与 I/O 设备之间的所有数据传输和控制。适配器通常称为接口。

大多数总线都是以相同的方式构成的,其不同之处在于总线中数据线和地址线的数目,以及控制总线的多少及其功能。然而,总线的排列位置与其他各类部件的连接方式对计算机系统的性能来说,将起着十分重要的作用。根据连接方式的不同,单机系统采用的总线结构有三种基本类型:单总线结构、双总线结构和三总线结构。

(1)单总线结构

最简单的总线结构就是单总线结构,如图 5-1 所示。各大部件都连接在单一的一组总线上,故将这个单总线称为系统总线。CPU 与存储器、CPU 与外部设备之间可以直接进行信息交换,存储器与外部设备、外部设备与外部设备之间也可以直接进行信息交换,而无须经过 CPU 的干预。

单总线结构提高了 CPU 的工作效率,而且外设连接灵活,易于扩充。但由于所有的部件都挂接在同一组总线上,而总线又只能分时地工作,故同一时刻只允许一对设备(或部件)之间传送信息。

单总线结构容易扩展成为多 CPU 系统,只要在系统总线上挂接多个 CPU 即可。

(2)双总线结构

单总线系统中,由于所有逻辑部件都挂在同一个总线上,因此,总线只能分时工作,这就使信息传送的吞吐量受到限制。为此出现了如图 5-2 所示的双总线结构。这种结构保持了单总线结构简单、易于扩充的优点,同时又在 CPU 和存储器之间专门设置了一组高速存储总线,使存储器可通过系统总线与 I/O 设备之间实现 DMA 操作,而不必经过 CPU。当然这种双总线结构是以增加硬件为代价的。

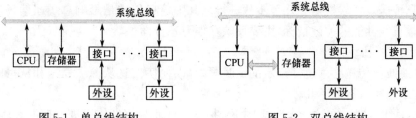

图 5-1　单总线结构　　　　　　　图 5-2　双总线结构

（3）三总线结构

图 5-3 所示为三总线结构，它是在双总线结构的基础上增加 I/O 总线形成的。其中，系统总线是 CPU、存储器和通道处理器（I/O Processor）之间进行数据传送的公共通道，而 I/O 总线是多个 I/O 设备与通道之间进行数据传送的公共通路。

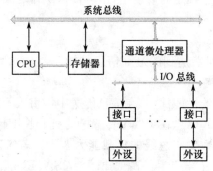

图 5-3　三总线结构

采用通道处理器方式进一步提高了 CPU 的效率，分担了一部分 CPU 的功能，以实现对 I/O 设备的统一管理及 I/O 设备与存储器之间的数据传送。该结构使整个系统的效率大大提高，这是以增加更多的硬件为代价换来的。

4. 按总线功能或信号类型分类

（1）地址总线（Address Bus）

由单方向的多根信号线组成，用于 CPU 向存储器、外设传输地址信息，线宽决定了系统的寻址能力。

（2）数据总线（Data Bus）

由双方向的多根信号线组成，用于 CPU 从存储器、外设读入数据，也可以由 CPU 向存储器、外设发送数据，线宽表示总线数据传送能力。

（3）控制总线（Control Bus）

由双方向的多根信号线组成，用于 CPU 向存储器、外设发送控制命令和从存储器、外设读入反馈信息，其决定了总线功能的强弱和适应能力。

5.1.3　总线性能指标及总线接口电路

1. 总线性能指标

总线的主要功能是实现模块之间的通信。通常，某一时刻会有一个以上模块同时请求总线进行信息传输。因而,实现一个总线信息的传送过程可分解为请求总线、总线裁决、寻找目的地址、信息传送及错误检测等几个步骤进行。其中信息传送是影响总线通信畅通的关键因素,也是衡量总线性能的关键指标,主要反映在如下几方面。

(1) 总线定时协议

信息在总线上传送必须遵守一定的定时规则,以便使信息从源端发送和从目的端接收能同步。通常定时协议有如下几种:

① 同步总线定时。在这种定时规则下,由公共时钟对信息传送进行控制。因而,公共时钟连接到所有模块,使所有信息发送操作都在公共时钟控制的固定时间发生,而不依赖于信息发送的源端和信息接收的目的端。

② 异步总线定时。在这种定时规则下,每一个信息传送操作都由信息发送源(或信息接收的目的端)的特定跳变确定。

③ 半同步总线定时。在这种定时规则下,信息传送操作之间的时间间隔可以以公共时钟周期的整数倍来变化,如 ISA 总线。

(2) 总线频宽

总线频宽是指总线本身所能达到的最高信息传输率,以 MB/s(兆字节每秒)为单位来表示。总线频宽受下列因素影响:

① 总线驱动器及接收器的性能优劣,在信息传送中将引入不同的时滞。

② 总线布线的长度将引起信息在总线上传输的时延。长度越长,时延也越大。

③ 连接在总线上的模块数要与总线的负载能力匹配。若不匹配,便会引起信号畸变,连接在总线上的模块数越多,信号产生的畸变越大。ISA、EISA 总线标准规定的总线时钟(BCLK)频率为 6~8.33MHz,但它们的最大频宽分别为 16.66MB/s 和 33.32 MB/s。

(3) 总线传输率

总线传输率是指系统在一定工作方式下总线所能达到的传输率。例如,若 EISA 总线时钟为 8.33MHz,当它进行 8 位存储器存取时,一个存储器存取周期最快为 3 个 BCLK(总线时钟),则其总线传输率为 2.78MB/s。当 EISA 总线进行 32 位突发(Burst)存取时,每一个存取周期只需要一个 BCLK,则其总线传输率为 33MB/s(这也是 EISA 总线的最大传输率)。

2. 总线接口电路

总线接口电路用来实现信号间的组合及驱动,以满足总线信号线的功能及定时要求。总线传送数据信息时,如果每次传送都从发送地址信号开始,则传送一个数据信息的周期就需几个总线周期方能完成。因而这种情况下,总线传输率较低。如果总线以突发方式传送数据信息,只有第一次传送时需要发送地址信息,以后的地址信号是自动线性增量的,即数据是成块连续传送,每传送一个数据仅要一个总线时钟。只有在这种情况下,总线才能达到最大传输率。然而,在组成系统时,不是每种 CPU、每个模块都能工作在突发方式下,如果互相传送信息的两个模块中只有一个模块有突发传送信息功能,则总线不能实现突发传送方式。只有两个模块同时具有突发传送功能时,总线才能实现突发传送方式。

5.1.4　总线通信控制

PC 内部各个模块之间以及 PC 与 I/O 设备之间通过总线进行信息交换时,必然存在着时间上的配合和动作的协调问题,否则系统的工作将出现混乱。总线的通信控制方式一般分为同步方式和异步方式。

1. 同步方式

同步方式是指系统采用一个统一的时钟信号来协调发送和接收双方的传送定时关系。时钟产生相等的时间间隔,每个时间间隔构成一个总线周期。在一个总线周期中,发送和接收双方可以进行一次数据传送。由于是在规定的时间段内进行操作,所以,发送方不必等待接收方有什么响应,当这个时间段结束后,就自动进行下一个操作。

PC 中的 PCI 总线就是同步方式总线。同步方式的优点在于电路设计比较简单,全部系统模块由单一时钟信号控制,完成一次传输的时间很短,适合于高速设备的数据传输。

同步方式的缺点在于不能满足高速设备和低速设备在同一系统中使用,其系统传输速度由最慢设备来决定总线周期和时钟频率,使整个系统性能下降。

2. 异步方式

异步方式也称为应答方式。在这种方式下,没有公用的时钟,也没有固定的时间间隔,完全依靠传送双方相互制约的"握手"信号来实现定时控制。

通常,把交换信息的两个部件分为主设备和从设备,主设备提出交换信息的"请求"信号,经接口传送到从设备;从设备接到主设备的申请后,通过接口向主设备发出"回答"信号,整个"握手"过程就是一问一答地进行的。必须指出,从"请求"到"回答"的时间是有操作的实际时间决定的,而不是由时钟周期硬性规定的,所以具有很强的灵活性,而且对提高整个计算机系统的工作效率是有很大的好处。

异步控制能保证两个工作速度相差很大的部件或设备间可靠地进行信息的交换,自动完成时间的配合,但是控制较同步方式复杂,时间较同步方式要长,成本也会高一些。

5.1.5 总线管理

总线是由多个部件和设备所共享的,为了正确地实现它们之间的通信,必须有一个总线控制机构,对总线的使用进行合理的分配和管理。

1. 总线判优和仲裁

由于总线是公共的,为了保证同一时刻只有一个申请者使用总线,总线控制机构中设置有总线判优和仲裁控制逻辑,即按照一定的优先次序来决定哪个部件或设备首先使用总线,只有获得总线使用权的部件或设备,才能开始数据传送。

总线判优按其仲裁控制机构的设置可分为集中式控制和分布式控制两种。总线控制逻辑集中在一处(如在 CPU 中)的,称为集中式控制;而总线控制逻辑分散在连接于总线上的各个部件或设备中的,称为分布式控制。PC 为集中式控制。

2. 总线控制权

总线在任一时刻只为某两个部件或设备所占用。获得总线控制权的部件或设备称为主设备,主设备一旦获得总线控制权后,就立即开始向另一个部件或设备进行一次信息传送。这后一个部件或设备称为从设备,它是与主设备进行信息交换的对象。这种以主设备为参考点,向从设备发送信息或接收从设备送来信息的工作关系,称为主从关系。

主设备负责控制和支配总线,向从设备发出命令来指定数据传送方式与数据传送地址信息。各设备之间的主从关系不是固定不变的,只有获得总线控制权的设备才是主设备,在 PC 中如CPU 或 DMA 控制器等。但内存总是从设备,因为它不会主动提出要与谁交换信息的要求。

通常,总线控制权的转让发生在总线进行一次数据传送的结束时刻。在一个总线周期开始时,对控制台或 I/O 设备的请求进行取样,并在这个总线周期进行数据传送的同时进行判优,选择下一个总线周期谁能获得总线控制权,然后在本周期结束时实现总线控制权的转移,开始新的总线周期。

5.2 8086 系统总线结构和时序

8086 是 16 位 CPU。它采用高性能的 N 沟道、耗尽型负载的硅栅工艺(HMOS)制造。由于受当时制造工艺的限制,部分管脚采用了分时复用的方式,构成了 40 条引脚的双列直插式封装,如图 5-4 所示。

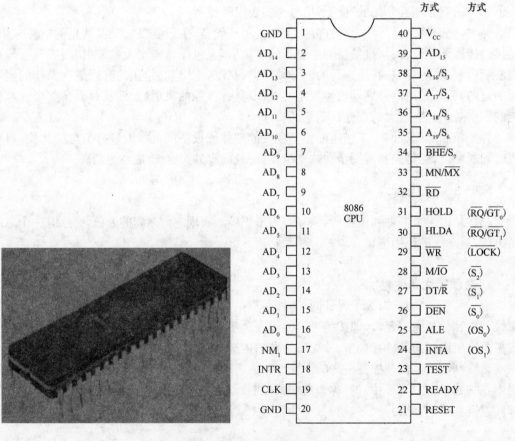

图 5-4   8086 CPU 引脚图

8086 CPU 为减少引脚,采用分时复用的地址/数据总线,因而部分引脚具有两种功能。8086 微处理器有两种工作方式:

- 最小方式。用于由单微处理器组成的小系统,在这种方式中,由 8086 CPU 直接产生小系统所需要的全部控制信号。

- 最大方式。用于实现多处理器系统,在这种方式中,8086 CPU 不直接提供用于存储器或 I/O 的读/写命令等控制信号,而是将当前要执行的传送操作类型编码为三个状态位输出,由总线控制器 8288 对状态信息进行译码产生相应控制信号。其余控制引脚提供最大方式系统所需的其他信息。

这样,两种方式下部分控制引脚的功能是不同的。CPU 和总线控制逻辑中信号的时序是由系统时钟信号控制的。8086 CPU 通过总线对存储器或 I/O 接口进行一次访问所需的时间称为一个总线周期,基本的总线周期包括 4 个时钟周期。

5.2.1 两种工作方式公用引脚定义

在 8086 CPU 的 40 条引脚中,引脚 1 和引脚 20(GND)为接地端;引脚 40(V_{CC})为电源输入端,采用的电源电压为+5V±10%;引脚 19(CLK)为时钟信号输入端。时钟信号占空比为 33%时是最佳状态。最高频率对 8086 为 5MHz,对 8086-2 为 8MHz,对 8086-1 为 10MHz。其余 36 个引脚按其功能来分,属地址/数据总线的有 20 条引脚,属控制总线的有 16 条引脚。具体定义分述如下。

1. 地址/数据总线

8086 CPU 有 20 条地址总线,16 条数据总线。为减少引脚,采用分时复用方式,共占 20 条引脚。

(1) $AD_{15} \sim AD_0$(输入/输出,三态)为分时复用地址/数据总线。当执行对存储器读/写或在 I/O 端口输入/输出操作的总线周期的 T_1 状态时,作为地址总线输出 $A_{15} \sim A_0$ 16 位地址,而在其他 T 状态时,作为双向数据总线输入或输出 $D_{15} \sim D_0$ 16 位数据。

(2) A_{19}/S_6,A_{18}/S_5,A_{17}/S_4 和 A_{16}/S_3(输出,三态)为分时复用的地址/状态信号线。对 I/O 输入/输出操作时,这 4 条线不用,全为低电平。在总线周期的其他 T 状态,这 4 条线用来输出状态信息。S_6 始终为低电平;S_5 是标志寄存器(即 PSW)的中断允许标志位 IF 的当前状态;S_4 和 S_3 用来指示当前正在使用的段寄存器,如表 5.1 所示。其中 $S_4 S_3 = 10$ 表示对存储器访问时段寄存器为 CS,或者表示对 I/O 端口进行访问以及在中断响应的总线周期中读取中断类型号(这两种情况不用段寄存器)。

表 5.1 S_4 和 S_3 的功能

S_4	S_3	当前正在使用的段寄存器
0	0	ES
0	1	SS
1	0	CS(或 I/O,中断响应)
1	1	DS

从上面讨论可知,这 20 条引脚在总线周期的 T_1 状态输出地址。为了使地址信息在总线周期的其他 T 状态仍保持有效,总线控制逻辑必须有一个地址锁存器,把 T_1 状态输出的 20 位地址进行锁存。

2. 控制总线

控制总线有 16 条引脚。其中引脚 24～31 这 8 条引脚在两种工作方式下定义的功能有所

不同,这将在后面结合工作方式进行讨论。两种工作方式下公用的 8 条控制引脚有:

① MN/$\overline{\text{MX}}$(输入)。工作方式控制线。接 +5V 时,CPU 处于最小工作方式;接地时,CPU 处于最大工作方式。

② $\overline{\text{RD}}$(输出,三态)。读信号,低电平有效。$\overline{\text{RD}}$信号有效时表示 CPU 正在执行从存储器或 I/O 端口输入的操作。

③ NMI(输入)。非可屏蔽中断请求输入信号,上升沿有效。当该引脚输入一个由低变高的信号时,CPU 在执行完现行指令后,立即进行中断处理。CPU 对该中断请求信号的响应不受标志寄存器中断允许标志位 IF 状态的影响。

④ INTR(输入)。可屏蔽中断请求输入信号,高电平有效。当 INTR 为高电平时,表示外部有中断请求。CPU 在每条指令的最后一个时钟周期对 INTR 进行测试,以便决定现行指令执行完后是否响应中断。CPU 对可屏蔽中断的响应受中断允许标志位 IF 状态的影响。

⑤ RESET(输入)。系统复位信号,高电平有效(至少保持 4 个时钟周期)。RESET 信号有效时,CPU 清除 IP、DS、ES、SS、标志寄存器和指令队列为 0 及置 CS 为 0FFFFH。该信号结束后,CPU 从存储器的 0FFFF0H 地址开始读取和执行指令。系统加电或操作员在键盘上进行"RESET"操作时产生 RESET 信号。

⑥ READY(输入)。准备好信号,来自存储器或 I/O 接口的应答信号,高电平有效。CPU 在 T_3 状态的开始检查 READY 信号,当 READY 信号有效时,表示存储器或 I/O 端口准备就绪,将在下一个时钟周期内将数据置入到数据总线上(输入时)或从数据总线上取走数据(输出时),无论是读(输入)还是写(输出),CPU 及其总线控制逻辑可以在下一个时钟周期后完成总线周期。

若 READY 信号为低电平,则表示存储器或 I/O 端口没有准备就绪,CPU 可自动插入一个或几个等待周期(在每个等待周期的开始,同样对 READY 信号进行检查),直到 READY 信号有效为止。显而易见,等待周期的插入意味着总线周期的延长,这是为了保证 CPU 和慢速的存储器或 I/O 端口之间传送数据所必需的。该信号由存储器或 I/O 端口根据其速度用硬件电路产生。

⑦ $\overline{\text{TEST}}$(输入)。测试信号,低电平有效。当 CPU 执行 WAIT 指令的操作时,每隔 5 个时钟周期对$\overline{\text{TEST}}$输入端进行一次测试,若为高电平,则 CPU 继续处于等待状态。直到$\overline{\text{TEST}}$出现低电平时,CPU 才开始执行下一条指令。

⑧ $\overline{\text{BHE}}$/S_7(输出,三态)。它也是一个分时复用引脚。在总线周期的 T_1 状态输出$\overline{\text{BHE}}$,在总线周期的其他 T 状态输出 S_7。S_7指示状态,目前还没有定义。$\overline{\text{BHE}}$信号低电平有效表示使用高 8 位数据线 $AD_{15} \sim AD_8$;否则只使用低 8 位数据线 $AD_7 \sim AD_0$。$\overline{\text{BHE}}$和地址总线的 A_0 状态组合在一起表示的功能如表 5.2 所示。同地址信号一样,$\overline{\text{BHE}}$信号也需要进行锁存。

表 5.2 $\overline{\text{BHE}}$和 A_0 的不同组合状态

操作	$\overline{\text{BHE}}$	A_0	使用的数据引脚
读或写偶地址的一个字	0	0	$AD_{15} \sim AD_0$
读或写偶地址的一个字节	1	0	$AD_7 \sim AD_0$
读或写奇地址的一个字节	0	1	$AD_{15} \sim AD_8$
读或写奇地址的一个字	0	1	$AD_{15} \sim AD_8$(第 1 个总线周期放数据低字节)
	1	0	$AD_7 \sim AD_0$(第 2 个总线周期放数据高字节)

5.2.2 最小方式下引脚定义和系统总线结构

1. 最小方式下引脚定义

当 MN/$\overline{\text{MX}}$引脚接＋5V 时，CPU 处于最小工作方式，引脚 24～31 这 8 条控制引脚的功能定义如下：

① $\overline{\text{INTA}}$（输出）。是处理器发向中断控制器的中断响应信号。在相邻的两个总线周期中输出两个负脉冲。

② ALE（输出）。地址锁存允许信号，高电平有效，当 ALE 信号有效时，表示地址线上的地址信息有效。利用它的下降沿把地址信号和$\overline{\text{BHE}}$信号锁存在 8282 地址锁存器中。

③ $\overline{\text{DEN}}$（输出，三态）。数据允许信号，低电平有效。当$\overline{\text{DEN}}$信号有效时，表示 CPU 准备好接收和发送数据。如果系统中数据线接有双向收发器 8286，该信号作为 8286 的选通信号。

④ DT/$\overline{\text{R}}$（输出，三态）。数据收/发信号，表示 CPU 是接收数据（低电平），还是发送数据（高电平），用于控制双向收发器 8286 的传送方向。

⑤ M/$\overline{\text{IO}}$（输出，三态）。该信号用于区分是访问存储器（高电平），还是访问 I/O 端口（低电平）。

⑥ $\overline{\text{WR}}$（输出，三态）。写信号，低电平有效，表示 CPU 正在执行向存储器或 I/O 端口的输出操作。

⑦ HOLD（输入）

HOLD 是系统中其他总线主控设备向 CPU 请求总线使用权的总线申请信号，高电平有效。CPU 让出总线控制权直到这个信号撤销后才恢复对总线的控制权。

⑧ HLDA（输出）.

HLDA 是 CPU 对系统中其他总线主控设备请求总线使用权的应答信号，高电平有效。当 CPU 让出总线使用权时，就发出这个信号，并使微处理器所有具有三态的引脚处于高阻状态，与外部隔离。

在 8086 最小方式下，M/$\overline{\text{IO}}$、$\overline{\text{RD}}$和$\overline{\text{WR}}$的组合根据表 5.3 决定传送类型。

表 5.3 M/$\overline{\text{IO}}$、$\overline{\text{RD}}$和$\overline{\text{WR}}$的组合决定传送类型

M/$\overline{\text{IO}}$	$\overline{\text{RD}}$	$\overline{\text{WR}}$	传送类型
0	0	1	读 I/O 端口
0	1	0	写 I/O 端口
1	0	1	读存储器
1	1	0	写存储器

2. 最小方式总线结构

图 5-5 给出了一个典型的 8086 最小方式系统的系统总线结构。图中地址的锁存是通过三态输出的 8 位数据锁存器 Intel 8282 完成的。8282 锁存器有 8 个数据输入端和 8 个数据输出端。控制信号有两个：选通信号 STB 和输出允许信号$\overline{\text{OE}}$。选通信号 STB 为有效的高电平时，允许加在数据线 DI_0～DI_7 上的数据通过锁存电路，在 STB 的下降沿实现数据锁存。输出允许信号$\overline{\text{OE}}$为有效的低电平时，允许锁存器从 DO_0～DO_7 上输出；$\overline{\text{OE}}$为高电平时，锁存器输出为高阻状态。需要锁存的数据包括 20 位地址和 1 位$\overline{\text{BHE}}$信号，共需三片

8282。图 5-5 中三片 8282 的数据输入端分别和 8086 的 $AD_0 \sim AD_{15}$，$A_{16}/S_3 \sim A_{19}/S_6$，$\overline{BHE}/S_7$ 相连，输出为 $A_0 \sim A_{19}$ 20 条地址线和 $\overline{BHE}$ 控制线。三片 8282 的 STB 端与 8086 的地址锁存允许信号 ALE 相连。在不用 DMA 控制器的 8086 单处理器系统中，8282 的 $\overline{OE}$ 引脚接地。8282 锁存器输出的地址总线 $A_0 \sim A_{19}$ 称为系统地址总线，如图 5-6 所示。74LS373 8 位锁存器也可实现 8282 的上述功能。

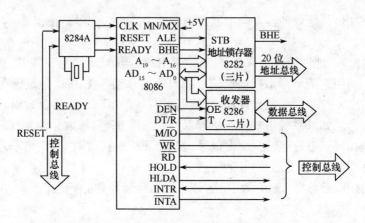

图 5-5　8086 最小方式系统总线结构

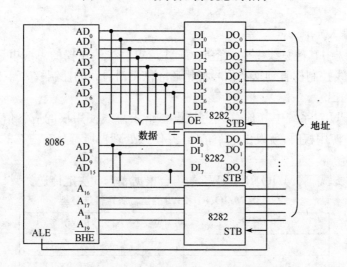

图 5-6　8282 地址锁存器与 8086 CPU 连接

　　图 5-5 中的收发器方框中所用的集成电路是 Intel 8286 收发器。8286 有 8 路双向缓冲电路，两组数据引脚是对称的，如图 5-7 所示。其 $\overline{OE}$ 和 T 信号的控制作用见表 5.4。

表 5.4　$\overline{OE}$ 和 T 信号的控制作用

$\overline{OE}$	T	传送方向
0	1	A→B（正向）
0	0	A←B（反向）
1	×	高阻

　　图 5-5 中，8284A 实际上不只是时钟电路，它除了提供频率恒定的时钟信号外，还具有复位信号发生电路和准备好信号控制电路。复位信号发生电路产生系统复位信号 RESET，准备

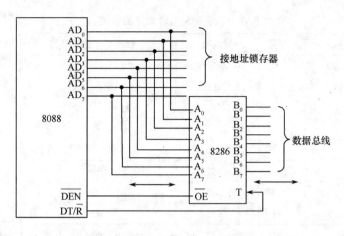

图 5-7   8286 数据收发器与 8088 CPU 连接

好信号控制电路用于对存储器或 I/O 接口产生的准备好信号 READY 进行同步。

5.2.3   最大方式下引脚定义和系统总线结构

1. 最大方式下引脚定义

当 MN/$\overline{\text{MX}}$引脚接低电平时,CPU 处于最大工作方式。8086 的最大工作方式就是专门为实现多处理器系统而设计的。多处理器系统可以有效地提高整个系统的性能。IBM PC 系列机系统中的微处理器工作于最大工作方式,系统中配置了一个作为协处理器的数字数据处理器 8087,以提高系统数据处理的能力。

在最大方式中,8086 CPU 不直接提供用于存储器或 I/O 的读/写命令等控制信号,而是将当前要执行的传送操作类型编码为 3 个状态位输出,由总线控制器 8288 对状态信息进行译码产生相应控制信号。其余控制引脚提供最大方式系统所需的其他信息。CPU 有 8 个控制引脚各自有独立的意义,经过分组译码后产生具体控制信号。CPU 的 8 个控制引脚 24~31 的功能定义如下:

① QS$_1$、QS$_0$(输出)。指令队列状态输出线。它们用来提供 8086 内部指令队列的状态。8086 内部在执行当前指令的同时,从存储器预先取出后面的指令,并将其放在指令队列中。QS$_1$、QS$_0$便提供指令队列的状态信息,以便提供外部逻辑跟踪 8086/8088 内部指令序列。QS$_1$ 和 QS$_0$ 表示的状态情况如表 5.5 所示。

表 5.5   指令队列状态位的编码

QS$_1$	QS$_0$	指令队列状态
0	0	无操作,队列中指令未被取出
0	1	从队列中取出当前指令的第一个字节
1	0	队列空
1	1	从队列中取出当前指令的后续字节

② $\overline{\text{S}_2}$、$\overline{\text{S}_1}$ 和 $\overline{\text{S}_0}$(输出,三态)。状态信号输出线,这 3 位状态的组合表示 CPU 当前总线周期的操作类型。8288 总线控制器接收这 3 位状态信息,产生访问存储器和 I/O 端口的控制信号和对 8282、8286 的控制信号。表 5.6 给出了这 3 位状态信号的编码及由 8288 产生的对应信号。

表 5.6　$\overline{S_2}$、$\overline{S_1}$ 和 $\overline{S_0}$ 组合规定的状态

$\overline{S_2}$	$\overline{S_1}$	$\overline{S_0}$	操作状态	8288 产生的信号
0	0	0	中断响应	$\overline{\text{INTA}}$
0	0	1	读 I/O 端口	$\overline{\text{IORC}}$
0	1	0	写 I/O 端口	$\overline{\text{IOWC}}$、$\overline{\text{AIOWC}}$
0	1	1	暂停	无
1	0	0	取指令	$\overline{\text{MRDC}}$
1	0	1	读存储器	$\overline{\text{MRDC}}$
1	1	0	写存储器	$\overline{\text{MWTC}}$、$\overline{\text{AMWTC}}$
1	1	1	保留	无

③ $\overline{\text{LOCK}}$（输出，三态）。总线锁定信号，低电平有效。CPU 输出此信号表示不允许总线上的主控设备占用总线。该信号由指令前缀 LOCK 使其有效，并维持到下一条指令执行完毕为止。

④ $\overline{\text{RQ}}/\overline{\text{GT}_1}$ 和 $\overline{\text{RQ}}/\overline{\text{GT}_0}$（输入/输出）。这两条引脚都是双向的，低电平有效，用于输入总线请求信号和输出总线授权信号。$\overline{\text{RQ}}/\overline{\text{GT}_0}$ 优先级高于 $\overline{\text{RQ}}/\overline{\text{GT}_1}$。这两根引脚主要用于不同处理器之间连接控制用。

2. 最大方式总线结构

图 5-8 给出了一种典型的 8086 最大方式系统中系统总线结构。最大方式系统和最小方式系统之间的主要区别是增加了一个控制信号转换电路——Intel 8288 总线控制器。8288 根据 $\overline{S_2}$、$\overline{S_1}$ 和 $\overline{S_0}$ 状态组合产生相应的存储器或 I/O 读/写命令和总线控制信号，用于控制数据传送以及控制 8282 锁存器和 8286 收发器。

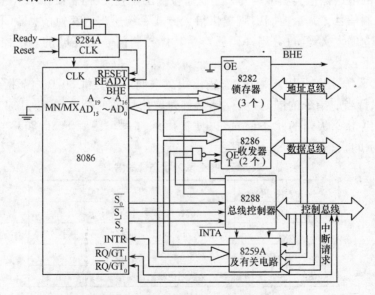

图 5-8　8086 最大方式系统总线结构

图 5-9 给出了 8288 的结构框图。8288 的输入引脚 $\overline{S_2}$、$\overline{S_1}$ 和 $\overline{S_0}$ 分别与 CPU 的 $\overline{S_2}$、$\overline{S_1}$ 和 $\overline{S_0}$ 相连接。控制信号有 CLK、$\overline{\text{AEN}}$、CEN 和 IOB。CLK 为时钟信号输入端，和 8086 使用同一时钟

信号。CEN 是系统中使用两个以上 8288 时采用的信号,高电平有效。当 CEN 为高电平时,允许 8288 输出全部信号;当 CEN 为低电平时,所有的总线命令信号和总线控制信号中的 DEN、PDEN 被强制为无效信号。在使用两个以上 8288 时,只有正在控制存取的那个 8288 的 CEN 为高电平。$\overline{AEN}$ 是支持多总线结构的控制端。

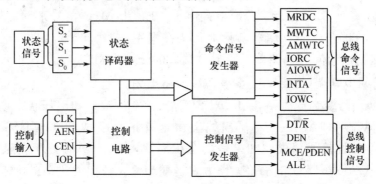

图 5-9　Intel 8288 结构图

当 8288 输出的总线命令信号用于多总线结构时,该引脚要与总线仲裁器 8289 的输出端相连接,以满足多总线的同步条件。通常情况下将 IOB 引脚置于低电平,这时 8288 产生访问存储器和 I/O 端口的全部命令信号,以实现对存储器和 I/O 端口的控制。如果 IOB 接高电平,8288 只用作对 I/O 端口的控制,即只在访问 I/O 端口时使 $\overline{IORC}$、$\overline{IOWC}$、$\overline{AIOWC}$ 或 $\overline{INTA}$ 有效,在存储器读/写时不产生任何操作。另外,IOB 端接高电平时,MCE/$\overline{PDEN}$ 端输出 $\overline{PDEN}$ 信号,该信号与 DEN 信号时序相同,而极性相反,此时,不必考虑 $\overline{AEN}$ 端信号的状态。如果 IOB 端接低电平时,MCE/$\overline{PDEN}$ 端输出 MCE 信号。MCE 信号是在 $\overline{INTA}$ 周期的 T_1 状态期间有效的信号,可作为主中断控制器 8259A 的级联地址输出到地址总线时的同步信号使用。在单处理器系统中,$\overline{AEN}$ 和 IOB 一般接地,CEN 接高电平。

5.2.4　8086 系统总线时序

微处理器是在统一的时钟信号 CLK 控制下,按节拍进行工作的。8086 的时钟频率为 5MHz,故时钟周期为 200ns。CPU 每执行一条指令,至少要通过总线对存储器访问一次(取指令)。8086CPU 通过总线对外部(存储器或 I/O 接口)进行一次访问所需的时间称为一个总线周期。一个总线周期至少包括 4 个时钟周期,即 T_1,T_2,T_3 和 T_4,处在这些基本时钟周期中的总线状态称为 T 状态。

8086 CPU 采用分时复用的地址/数据总线,在一个总线周期内,首先利用总线传送地址,然后再利用同一总线传送数据。具体来说,在 T_1 状态,BIU 把要访问的存储单元或 I/O 端口的地址输出到总线上。若为读周期,则在 T_2 中使总线处于浮动的(高阻)缓冲状态,以使 CPU 有足够的时间从输出地址方式转变为输入(读)数据方式。然后在 T_4 状态的开始,CPU 从总线上读入数据。若为写周期,由于输出地址和输出数据都是写总线过程,CPU 不必转变读/写工作方式,因而不需要缓冲区,CPU 在 $T_2 \sim T_4$ 中把数据输出到总线上。考虑到 CPU 和慢速的存储器或 I/O 接口之间传送的实际情况,8086 具有在总线周期的 T_3 和 T_4 之间插入若干个附加时钟周期的功能。这种附加周期称为等待周期 T_W。

特别需要指出,仅当 BIU 需要填补指令队列的空缺,或者当 EU 在执行指令过程中需要申请一个总线周期时,BIU 才会进入执行总线周期的工作状态。

1. 最小方式系统总线周期时序

（1）读总线周期

图 5-10(a)为 8086 最小方式时读总线周期时序图。当 CPU 准备开始一个总线周期时，在 T_1 状态开始使 ALE 信号变为有效高电平，并输出 M/$\overline{\text{IO}}$ 信号来确定是访问存储器还是访问 I/O 端口，若访问存储器，则 M/$\overline{\text{IO}}$ 为高电平；若访问 I/O 端口，则 M/$\overline{\text{IO}}$ 为低电平。与此同时，把欲访问的存储单元或 I/O 端口的 20 位地址从 $A_{19}/S_6 \sim A_{16}/S_3$，$AD_{15} \sim AD_0$ 输出（若访问 I/O 端口，则 $A_{19}/S_6 \sim A_{16}/S_3$ 输出为低电平），$\overline{\text{BHE}}$ 的状态输出。在 T_1 状态后期，ALE 信号变为低电平，利用 ALE 后沿将 20 位地址和 $\overline{\text{BHE}}$ 状态锁存在 8282 锁存器中。在 T_2 状态中，$A_{19}/S_6 \sim A_{16}/S_3$ 线上由地址信息变成状态信息 $S_6 \sim S_3$。同时，$AD_{15} \sim AD_0$ 线上地址信号消失。如果是读总线周期，$AD_{15} \sim AD_0$ 处于高阻状态，使 CPU 有足够时间能从 $AD_{15} \sim AD_0$ 上输出地址方式转变为输入数据方式。$\overline{\text{RD}}$ 信号在 T_2 状态变成有效低电平（此时 $\overline{\text{WR}}$ 信号为无效），以控制数据传送的方向。若在系统中应用了收发器 8286，则要利用控制信号 DT/$\overline{\text{R}}$ 和 $\overline{\text{DEN}}$。DT/$\overline{\text{R}}$ 为低电平，$\overline{\text{DEN}}$ 信号也在 T_2 状态有效，8286 处于反向传送。如果存储器或 I/O 接口可以立即完成数据准备而不需要等待状态，则 T_3 状态期间将数据放到系统数据总线上。CPU 在 T_3 状态结束时从 $AD_{15} \sim AD_0$ 上读取数据后，在 T_4 状态前期使 $\overline{\text{RD}}$ 变为无效。存储器或 I/O 接口检测到这个跳变后，便认为这次传送结束，撤去数据，完成读操作。

图 5-10(b)中在读总线周期时，若所使用的存储器或外设的工作速度较慢，不能满足上述的基本时序的要求，则可利用 READY 信号产生电路产生 READY 信号并经 8284 同步后加到 CPU 的 READY 线上，使 CPU 在 T_3 和 T_4 之间插入一个或几个 T_W 状态，来解决 CPU 与存储器或外设之间的时间配合。8086 在 T_3 状态的开始测试 READY 线，若发现 READY 信号为有效高电平，则 T_3 状态之后即进入 T_4 状态；若发现 READY 信号为低电平，则在 T_3 状态结束后，不进入 T_4 状态，而插入一个 T_W 状态。以后在每一个 T_W 状态的开始，都测试 READY 线，只有发现它为有效高电平时，才在这个 T_W 状态结束后进入 T_4 状态。

（2）写总线周期

图 5-11 8086 最小方式系统写总线周期时序图。对于写总线周期，必须给出写信号，因此，$\overline{\text{WR}}$ 信号在 T_2 状态变成有效低电平，并在撤销地址后，立即把数据送上 $AD_{15} \sim AD_0$。由于是写操作，DT/$\overline{\text{R}}$ 应为高电平，$\overline{\text{DEN}}$ 为低电平，8286 处于正向传送如果存储器或 I/O 接口可以完成数据写入而不需等待状态，CPU 在 T_4 状态前期使 $\overline{\text{WR}}$ 变为无效并撤销输出的数据信号，从而关闭收发器 8286。

（3）中断响应周期

当外部中断源，通过 INTR 引线向 CPU 发出中断请求信号后，如果标志寄存器的中断允许标志位 IF＝1（即 CPU 处于开中断）时，CPU 才会响应外部中断请求。CPU 在当前指令执行完以后，响应中断。中断响应周期时序如图 5-12 所示。

在中断响应周期的两个总线周期中各从 $\overline{\text{INTA}}$ 端输出一个负脉冲，每个脉冲从 T_2 持续到 T_4 状态。在收到第二个脉冲后，接受中断响应的接口把中断类型码放到 $AD_7 \sim AD_0$ 上，而在这两个总线周期的其余时间里，$AD_7 \sim AD_0$ 处于浮空。CPU 读入中断类型码后，则可以在中断向量表中找到该外设的服务程序入口地址，转入中断服务。

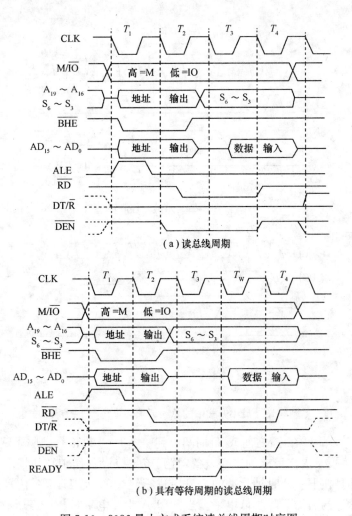

（a）读总线周期

（b）具有等待周期的读总线周期

图 5-10　8086 最小方式系统读总线周期时序图

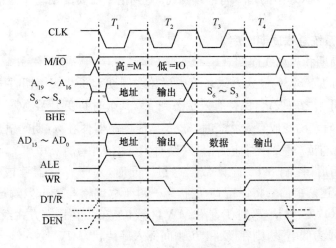

图 5-11　8086 最小方式系统写总线周期时序图

（4）总线请求和总线授予时序

图 5-13 给出了最小方式中的总线请求和总线授予时序。CPU 在每个时钟脉冲的前沿测

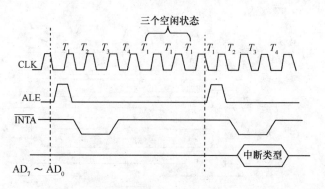

图 5-12　中断响应周期时序

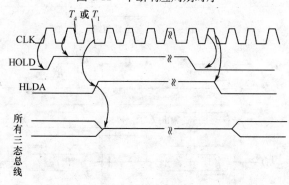

图 5-13　最小方式中的总线请求和总线授予时序

试 HOLD 引脚。如 CPU 在 T_4 之前或 T_1 期间收到一个 HOLD 信号,则 CPU 发 HLDA 信号。后续的总线周期将授予提出请求的主控设备,直到该主控设备撤销总线请求为止。总线请求信号 HOLD 变低是在下一个时钟脉冲的上升沿进行测试的,而 HLDA 信号则在该时钟脉冲后 1~2 个时钟脉冲的后沿下降为低电平。当 HLDA 为高电平时,CPU 所有三态输出都进入高阻状态。已在指令队列中的指令将继续执行,直到指令需要使用总线为止。

2. 最大方式系统总线周期时序

(1) 读总线周期和写总线周期

图 5-14 所示的是 8086 最大方式系统中读总线周期和写总线周期时序图。状态位 $\overline{S_2}$、$\overline{S_1}$ 和 $\overline{S_0}$ 在总线周期开始之前设定,保持有效状态到 T_3,其余时间变为无效(全 1)状态。

在检测到 $\overline{S_2}$、$\overline{S_1}$ 和 $\overline{S_0}$ 变成有效状态时,8288 总线控制器便在 T_1 期间输出 ALE 信号,并在 DT/$\overline{R}$ 引脚上输出与读/写操作对应的信号(读时为低电平,写时高电平)。T_2 期间使 DEN 变为高电平,经反相后,控制 8286 允许数据通过。同时,对于存储器读或 I/O 读操作,产生 $\overline{MRDC}$ 或 $\overline{IORDC}$,这两个信号将保持到 T_4 状态。对于存储器写或 I/O 写操作,则从 T_2 到 T_4 输出 $\overline{AMWC}$ 或 $\overline{AIOWC}$,并从 T_3 到 T_4 输出 $\overline{MWTC}$ 或 $\overline{IOWC}$。在最大方式系统中,若 T_3 状态的开始 READY 信号为低电平,则在 T_3 和 T_4 中间插入等待状态 T_W。

(2) 中断响应周期

在最大方式系统中,$\overline{INTA}$ 由 8288 输出。在中断响应周期中,除了从第一个总线周期的 T_2 到第二个总线周期的 T_2 在 $\overline{LOCK}$ 引脚上输出低电平信号外,其他均与最小方式系统中的中断响应时序相同。

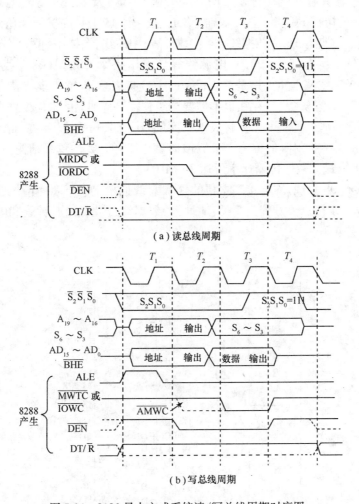

图 5-14   8086 最大方式系统读/写总线周期时序图

（3）总线请求和总线授予时序

在最大方式下，$\overline{RQ}/\overline{GT_1}$ 和 $\overline{RQ}/\overline{GT_0}$ 都是总线使用权的请求/授予信号，且均为双向和低电平有效。$\overline{RQ}/\overline{GT_1}$ 除优先级高于 $\overline{RQ}/\overline{GT_0}$ 外，其他两者相同。在当前总线周期开始之前到达的负脉冲就构成总线请求信号。

请求、授予和释放的过程由 3 个脉冲组成的脉冲串完成。CPU 在每个时钟脉冲的上升沿检测 $\overline{RQ}/\overline{GT_0}$ 引脚，如检测到总线请求信号且满足上述讨论的必要条件，就立即在其后的 T_4 或 T_1 期间在 $\overline{RQ}/\overline{GT_1}$ 引脚上输出总线授予信号。当提出请求的主控设备收到这个脉冲时，便获得了总线控制权。而主控设备可以控制总线达一个或几个总线周期。

5.3   ISA 和 EISA 总线

5.3.1   ISA 总线

ISA(Industry Standard Architecture)总线又称 PC－AT 总线，是在 IBM PC/XT 总线基础上发展起来的。IBM PC/XT 总线是一个 8 位的开放结构总线，是 8088 微机总线的综合和凝聚体,总线连接器具有 62 个引脚。为了与 80286、80386 及 80486 高性能 16/32 位 CPU 兼容,1984 年 IBM 公司在 PC/XT 总线基础上增加了一个 36 引脚的扩展插座形成 PC—AT 总线,即 ISA 总线。它具有 16 位数据线、24 位地址线、中断线、支持 16 位 DMA 通道的信号线、等待状态发生信号线及 ±5V、±12V 电源线等。工作频率为 8 MHz,总线传输率最高为 8 MB/s。由于 ISA 总线从本质上讲是单板机上的 I/O 扩展总线,它不能支持多 CPU 的并行处理,不存在多 CPU 共享资源,不存在也不需要总线仲裁。同时,由于 ISA 总线传输率较低,大大限制了高速 CPU 的处理速度。为解决这一问题,IBM 公司 1987 年在推出它的第一台 386 微机系统时,使用了一种封闭的称为 MCA(微通道总线)的 32 位总线结构。微通道总线采用 10 MHz 总线时钟,最大数据传输速率可达 20 MB/s。

　　ISA 总线共有 98 根线,均连接到主板的 ISA 总线插槽上。ISA 插槽长度为 138.5mm 的黑色插槽。ISA 总线接口信号分为 5 类:地址线、数据线、控制线、时钟线和电源线,总线结构如图 5-15 所示。

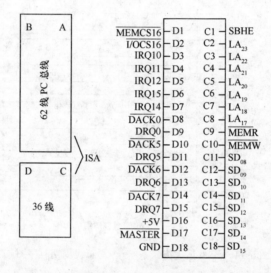

图 5-15　ISA 总线结构图

1. 地址线

$SA_0 \sim SA_{19}$ 和 $LA_{17} \sim LA_{23}$。$SA_0 \sim SA_{19}$ 是可锁存的地址信号,$LA_{17} \sim LA_{23}$ 为非锁存地址信号,由于没有锁存延时,因而给外设插板提供了一条快捷途径。$SA_0 \sim SA_{19}$ 加上 $LA_{17} \sim LA_{23}$ 可实现 16MB 空间寻址(其中 $SA_{17} \sim SA_{19}$ 和 $LA_{17} \sim LA_{19}$ 是重复的)。

2. 数据线

$SD_0 \sim SD_{15}$ 为 16 位数据线,其中 $SD_0 \sim SD_7$ 为低 8 位数据线,$SD_8 \sim SD_{15}$ 为高 8 位数据线。

3. 控制线

- AEN:地址允许信号,输出线,高电平有效。
- BALE:允许地址锁存,输出线,这一信号由总线控制器 8288 提供,作为 CPU 地址的有效标志。

- $\overline{IOR}$：I/O 读命令，输出线，低电平有效，用来把选中的 I/O 设备的数据读到数据总线上。
- $\overline{IOW}$：I/O 写命令，输出线，低电平有效，用来把数据总线上的数据写入被选中的 I/O 端口。
- $\overline{SMEMR}$ 和 $\overline{SMEMW}$：存储器读/写命令，低电平有效，用于对 $A_0 \sim A_{19}$ 这 20 位地址寻址的 1MB 内存的读/写操作。
- $\overline{MEMR}$ 和 $\overline{MEMW}$：低电平有效，存储器读/写命令，用于对 24 位地址线全部存储空间的读/写操作。
- $\overline{MEMCS10}$ 和 $\overline{I/OCS16}$：它们是存储器 16 位片选信号和 I/O 16 位片选信号，分别指明当前数据传送是 16 位存储器周期和 I/O 周期。
- SBHE：总线高字节允许信号，该信号有效时，表示数据总线上传送的是高位字节数据。
- $IRQ_3 \sim IRQ_7$ 和 $IRQ_{10} \sim IRQ_{15}$：用于作为来自外部设备的中断请求输入线，分别连到主片 8259A 和从片 8259A 中断控制器的输入端。
- $DRQ_0 \sim DRQ_3$ 和 $DRQ_5 \sim DRQ_7$：来自外部设备的 DMA 请求输入线，高电平有效，分别连到主片 8237A 和从片 8237A DMA 控制器输入端。
- $\overline{DACK_0} \sim \overline{DACK_3}$ 和 $\overline{DACK_5} \sim \overline{DACK_7}$：DMA 应答信号，低电平有效。
- T/C：DMA 终止/计数结束，输出线。
- $\overline{MASTER}$：输入信号，低电平有效。
- RESET：系统复位信号，输出线，高电平有效。
- $\overline{I/OCHCK}$：I/O 通道检测，输出线，低电平有效。
- I/O CHRDY：通道就绪，输入线，高电平表示"就绪"。该信号线可供低速 I/O 设备或存储器请求延长总线周期之用。
- $\overline{OWS}$：零等待状态信号，输入线。

5.3.2 EISA 总线

1989 年，COMPAQ、AST、HP 等 9 家大公司联合推出另一个 32 位总线标准——EISA (Extended Industry Standard Architecture)。EISA 是一种开放的总线标准，它比 MCA(Micro Channel Architecture)的进步在于可以与 ISA 兼容。

EISA 的总线支持 32 位地址，可寻址 4GB，具有 32 位数据总线，时钟频率为 8.33 MHz，最大传输率可达 33 MB/s。EISA 总线采用开放式结构，与 ISA 兼容。现有的 ISA 总线扩展卡可以直接用于 EISA 总线。

MCA 和 EISA 总线都是一种具有主从特点的多处理器总线，并支持高速缓存技术。虽然 MCA 及 EISA 不具有多主 CPU 的并行处理能力，但可在一个主 CPU 控制下，实现多从处理器协调并行处理的功能，因而，它们都具有总线仲裁功能。EISA 是一种智能化总线，它支持突发方式传输，对多达 6 个的总线主控设备实行智能管理，有自动配置功能，无需 DIP 开关。EISA 作为是对 ISA 总线性能的加强，当性能更为出众的 PCI 出现时，EISA 总线的使命也就完成了。

5.3.3 使用 EISA 总线的 PC

采用 EISA 总线所构成的 386 PC 系统框图，如图 5-16 所示。

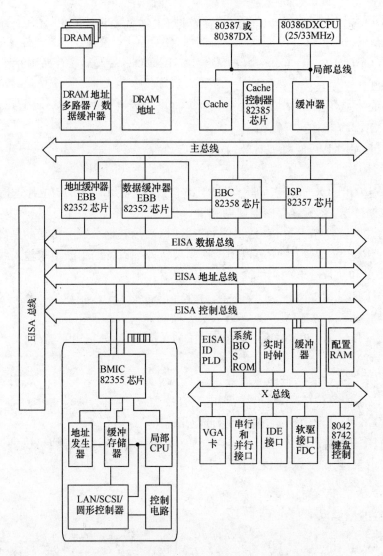

图 5-16　使用 82350 芯片组构成的 386 系统框图

5.4　PCI 总线

1991 年下半年，Intel 公司首先提出了 PCI 概念，并联合 IBM、Compaq、AST、HP 和 DEC 等 100 多家公司成立了 PCI 集团，其全称为 Peripheral Component Interconnect Special Interest Group（外围部件互联专业组），简称 PCISIGO。PCI 是一种先进的局部总线，已成为局部总线的新标准。

5.4.1　PCI 总线特点与结构

1. PCI 总线特点

（1）高性能。PCI 总线的时钟与 CPU 时钟无关，频率为 33MHz。总线宽度为 32 位，可扩展到 64 位，故其带宽为 132～264MB/s。PCI 总线优点在于：

① PCI 总线支持无限读/写突发方式。在 486 CPU 系统中仅支持 16 个字节的读突发方式。

② PCI 总线支持并发工作,使其总线上的外设可与 CPU 并发工作。通常,PCI 控制器(或称 PCI 桥路)有多级缓冲,CPU 访问总线上的外设时,把一批数据写入缓冲器中,当这些数据逐个写入 PCI 设备时,CPU 可以执行其他操作。显然并发工作方式提高了微机系统的整体性能。

(2) 兼容性及扩展性好。PCI 总线可以与 ISA、EISA 等总线兼容,其性能指标与 CPU 及时钟无关。因而,PCI 插卡是通用的,可插到任何一个有 PCI 总线的系统中。然而,由于实际上插卡上 BIOS 与 CPU 及操作系统有关,不一定能完全通用。但至少对同一类型 CPU 的系统能够通用。例如,对 80x86 体系结构的微机系统来说,不管是 486 CPU 还是 Pentium CPU,也不管是 25MHz 还是 33MHz、50MHz,等等,PCI 插卡均可通用。PCI 总线扩展性好,若需将许多设备接到 PCI 总线上,可采用多 PCI 总线加以方便地扩展。

(3) 主控设备控制数据交换。在 PCI 总线标准中,任何一次数据交换都由主控设备发起。通常,总线控制器就是主控设备。同时,总线上的插卡和其他设备也可作为主控设备。这与 ISA 总线是不同的,ISA 总线通过 DMA 方式控制总线上数据交换,而 PCI 总线标准中没有 DMA 方式。

(4) 自动配置。ISA 总线的插卡插入系统时需要设置开关和跳线槽。PCI 总线的插卡可以自动配置。一旦插卡插入系统,BIOS 将根据读到的关于该扩展卡的信息,结合系统实际情况,为插卡分配存储地址、端口地址、中断和某些定时信息,免除了人工操作,做到了"plug and play"(简称 pnp,"插入就能工作")。随着 Windows 95、OS/2、Warp 等操作系统对即插即用的支持,PCI 总线是多媒体个人计算机的优选总线标准。

(5) 严格的规范。PCI 总线标准对协议、时序、负载、电性能和机械性能指标等均有严格规定。这方面它优于 ISA、EISA 等总线,因而它的可靠性、兼容性均较好。

(6) 低价格。PCI 总线接插件尺寸及插卡和主板尺寸均较小,因而价格低。

(7) 具有良好的发展前途。PCI 总线标准在制定时就考虑到长期应用的问题。例如,为达到节能,把支持 3.3V 的工作电压放入规范中,且允许在过渡期使用一种通用卡,既可插到工作在 5V 的主板上,也可插到工作在 3.3V 的主板上。此外,通用卡既可在 32 位系统工作,也可在 64 位系统工作。显然,这些特点是 PCI 区别于其他总线的独到之处。

2. PCI 总线结构

PCI 总线的体系结构和总线信号及实例,如图 5-17、图 5-18、图 5-19 所示。

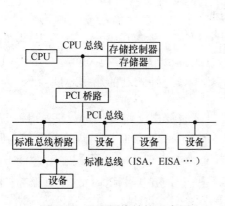

图 5-17　PCI 系统结构示意图

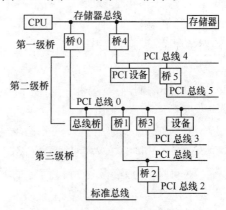

图 5-18　多 PCI 总线结构

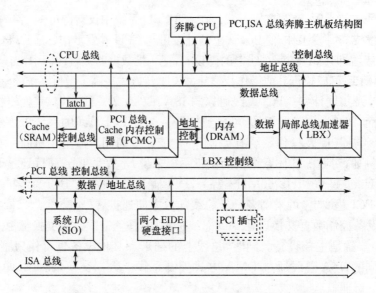

图 5-19　PC CHIPS M520(VX)主板的原理框图

5.4.2　PCI 信号定义

PCI 总线支持 32 位和 64 位接口卡,64 位卡有 94 个接插点,32 位卡仅有接插点 1～62,如图 5-20 所示。而微机系统采用 98+22 边缘接插件。

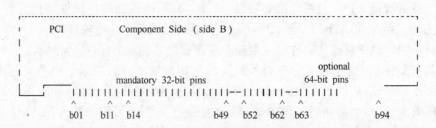

图 5-20　PCI 总线接插点示意图

PCI 信号分为必备和可选两大类。如是主设备,则必备信号线为 49 根;若是从设备,则必备信号线是 47 根。可选信号线 51 根,主要用于 64 位扩展、中断请求和高速缓存支持等,利用这些信号线可以传输数据、地址、控制、仲裁及系统功能。

下面对信号类型、所用符号进行说明:

IN:单向标准输入。

OUT:单向标准输出。

T/S:双向三态输入/输出。

S/T/S:持续的、且低电平有效的三态输入/输出。该信号在任何时刻都只能属于一个主设备并被其驱动。当它从有效变为浮空(高阻)之前必须至少有一个时钟周期的高电平。另一个主设备要驱动该信号,必须等待该信号的原驱动者变为浮空至少一个周期之后才能开始。如果信号处于持续的浮空而无其他主设备驱动,则需要一个上拉电阻来保持这个状态,这个上拉电阻是作为中央资源提供的。

O/D:表示漏极开路。允许多个设备以线或形式共享该信号。

1. 系统信号

CLK,IN:系统时钟信号。为所有处理提供定时,在时钟的上升沿采样总线上各信号线的信号。CLK 的频率称为 PCI 总线的工作频率,为 33MHz。

$\overline{\text{RET}}$,IN:复位信号。用来使 PCI 所有的特殊寄存器、定序器和信号恢复初始状态。

2. 地址与数据信号

AD[31:0],T/S:地址和数据多路复用的 PCI 引脚。一个 PCI 总线传输事务包含了一个地址信号期和接着的一个(或多个)数据期。PCI 总线支持猝发读/写功能。

- 在$\overline{\text{FRAME}}$有效的第 1 个时钟,AD[31:0]上传送的是 32 位地址,称为地址期。
- 在$\overline{\text{IRDY}}$和$\overline{\text{TRDY}}$同时有效时,AD[31:0]上传送的为 32 位数据,称为数据期。

C/$\overline{\text{BE}}$[3:0],T/S:总线命令和字节使能信号。在地址期,[3:0]定义总线命令;在数据期,C/$\overline{\text{BE}}$[3:0]用作字节使能。

PAR,T/S:奇偶校验信号。它通过 AD[31:0]和 C/$\overline{\text{BE}}$[3:0]进行奇偶校验。

3. 接口控制信号

$\overline{\text{FRAME}}$,S/T/S:当一个主控设备请求总线时,采样$\overline{\text{FRAME}}$、$\overline{\text{IRDY}}$,若均为无效电平,并且同一时钟的上升沿$\overline{\text{GNT}}$为有效电平,就认定以获得总线控制权。在主控设备发起传输时,将$\overline{\text{FRAME}}$驱动为有效电平,并一直保持,直到开始传输最后一个数据时将$\overline{\text{FRAME}}$驱动为无效电平。

$\overline{\text{IRDY}}$,S/T/S:主设备准备好信号。当与$\overline{\text{IRDY}}$同时有效时,数据能完整传输。在写周期,$\overline{\text{IRDY}}$指出数据已在 AD[31:0]上;在读周期,$\overline{\text{IRDY}}$指示主控器准备接收数据。

$\overline{\text{TRDY}}$,S/T/S:从设备准备好信号。预示从设备准备完成当前的数据传输。在读周期,$\overline{\text{TRDY}}$指示数据变量已在 AD[31:0]中;在写周期,指示从设备准备好接收数据。

$\overline{\text{STOP}}$,S/T/S:从设备要求主设备停止当前数据传送。

$\overline{\text{LOCK}}$,S/T/S:锁定信号。用于锁定目标存储器地址。

IDSEL,IN:初始化设备选择。在参数配置读/写传输期间,用作设备配置寄存器的片选信号。

$\overline{\text{DEVSEL}}$,S/T/S:设备选择信号。该信号有效时,表明总线上某设备被选中。

4. 仲裁接口信号

$\overline{\text{REQ}}$,T/S:总线占用请求信号。任何主控器都有它自己的$\overline{\text{REQ}}$信号。

$\overline{\text{GNT}}$,T/S:总线占用允许信号,指明总线占用请求已被响应。任何主设备都有自己的$\overline{\text{GNT}}$。

5. 错误报告接口信号

$\overline{\text{PERR}}$,S/T/S:数据奇偶校验错误报告信号。一个设备只有在响应设备选择信号$\overline{\text{DEVSEL}}$和完成数据期之后,才能报告$\overline{\text{PERR}}$。

$\overline{\text{SERR}}$,O/D:系统错误报告信号。该信号的作用是报告地址奇偶错、特殊命令序列中的数据奇偶错,以及其他可能引起灾难性后果的系统错误。

6. 中断接口信号

PCI 有 4 条中断线,分别是 $\overline{INTA}$、$\overline{INTB}$、$\overline{INTC}$、$\overline{INTD}$,电平触发,多功能设备可以任意选择一个或多个中断线,单功能设备只能用 $\overline{INTA}$。

7. 64 位总线扩展信号

AD[63:32],T/S:扩展的 32 位地址和数据多路复用线。在地址期,这 32 根线含有 64 位地址的高 32 位;在数据期,这 32 根线含有 64 位数据的高 32 位。

C/$\overline{BE}$[7:4],T/S:总线命令和字节使能多路复用扩展信号线。

$\overline{REQ}_{64}$,S/T/S,64 位传输请求信号。该信号由当前主设备驱动,表示本设备要求采用 64 位通道传输数据,与 $\overline{FRAME}$ 时序相同。

$\overline{ACK}_{64}$,S/T/S:64 位传输允许信号。表明从设备将启用 64 位通道传输数据,由从设备驱动,与 $\overline{DEVSEL}$ 时序相同。

PAR$_{64}$,T/S:奇偶双字节校验。为 AD[63:32] 和 C/$\overline{BE}$[7:4] 的校验位。

5.4.3 PCI 插槽和总线命令

1. PCI 插槽

PCI 插槽有两种:32 位和 64 位。而每种插槽又分为 5V 和 3.3V 两种,如图 5-21 所示。

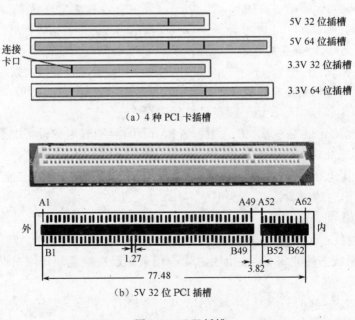

图 5-21　PCI 插槽

2. PCI 总线命令

PCI 总线命令出现在地址期的 C/$\overline{BE}$[3:0] 线上,总线命令的编码及其含义见表 5.7。

表 5.7　PCI 总线命令的编码及其含义

C/$\overline{BE}$[3:0]	命令类型说明	C/$\overline{BE}$[3:0]	命令类型说明
0000	中断响应	1000	保留
0001	特殊周期	1001	保留
0010	I/O 读(从 I/O 端口地址中读数据)	1010	配置读
0011	I/O 写(向 I/O 端口地址中写数据)	1011	配置写
0100	保留	1100	存储器多行读
0101	保留	1101	双地址周期
0110	存储器读(从内存空间映像中读数据)	1110	存储器行读
0111	存储器写(向内存空间映像中写数据)	1111	存储器写并无效

5.4.4　PCI 总线数据传输过程

数据传输由启动方(主控)和目标方(从控)共同完成所有事件在时钟下降沿同步,在时钟上升沿对信号线采样。一个突发成组由一个地址期和一个或多个数据期组成。典型的读操作过程如下,如图 5-22 所示。

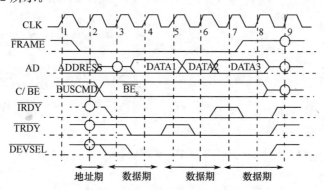

图 5-22　PCI 总线一个典型的读操作时序

(1) 总线主控设备获得总线控制权后,将$\overline{FRAME}$驱动至有效电平,开始此次传输,同时启动方将目标设备的地址放在 AD 总线上,命令放在 C/$\overline{BE}$线上;

(2) 目标设备从地址总线上识别出;

(3) 启动方停止启动 AD 总线,同时改变 C/$\overline{BE}$线上的信号,并驱动$\overline{IRDY}$至有效电平,表示已做好接收数据的准备;

(4) 目标设备将$\overline{DEVSEL}$驱动至有效电平,将被请求的数据放在 AD 总线上,并将$\overline{TRDY}$至有效电平,表示总线上的数据有效;

(5) 启动方读数据;

(6) 目标设备未准备好传送第二个数据块,因此将$\overline{TRDY}$驱动至无效电平;

(7) 第 6 个时钟,目标方已将第三个数据块放到数据总线上,但启动方未准备好,故因此将$\overline{IRDY}$驱动至无效电平;

(8) 启动方知道第三个数据块是要传输的最后一个,将$\overline{FRAME}$驱动至无效电平,停止目标方,同时将$\overline{IRDY}$驱动至有效电平,完成接收;

(9) 启动方将$\overline{IRDY}$驱动至无效电平,总线回到空闲状态。

图 5-23 为 PCI 总线一个典型的写操作时序,与读操作类似。

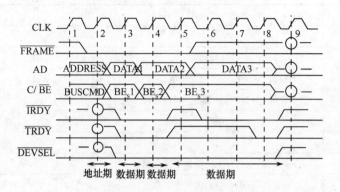

图 5-23　PCI 总线一个典型的写操作时序

5.4.5　PCI 总线仲裁

PCI 总线采用集中式的同步仲裁方法,它的每个主设备有独立的请求$\overline{REQ}$和允许$\overline{GNT}$信号,这些信号连到中央仲裁器上,如图 5-24 所示。它用简单的请求－允许信号对总线访问。主设备用它的$\overline{REQ}$信号来请求占用总线,如仲裁器同意请求,则用$\overline{GNT}$信号有效作为应答。

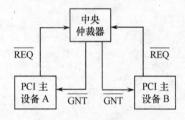

图 5-24　PCI 总线仲裁

由于 PCI 总线规范没有规定具体的仲裁算法,但是要求中央仲裁器实现公平算法。因此,系统设计者可以灵活选用。

5.4.6　PCI 总线配置

1. PCI 设备的配置空间

在系统启动的时候由 BIOS 代码执行设备配置。一旦即插即用 OS(如 Windows 2000)启动后,控制就传递给 OS,OS 接管设备管理。

定义一个 PCI 总线配置空间的目的在于提供一套适当的配置措施,使之实现完全的设备再定位而无需用户干预安装、配置和引导,并由与设备无关的软件进行系统地址映射。所有 PCI 设备都必须实现 PCI 协议规定必需的配置寄存器,以便系统加电时利用这些寄存器的信息来进行系统配置。对 PCI 的配置访问实际上就是访问设备的配置寄存器。

2. 配置空间头区域及功能

PCI 总线配置空间头区域及功能如图 5-25 所示。

(1) 设备识别。头区域有 7 个寄存器(字段)用于设备的识别。

(2) 设备控制。表现在命令寄存器为发出和响应 PCI 总线命令提供了对设备粗略的控制。

(3) 设备状态。状态寄存器用于记录 PCI 总线有关操作的状态信息。注意:该寄存器的有些位是只可清不可置,对这些位的写,被解释为对该位清零。例如,为了清位 14 而不影响其他位,应向该寄存器写 0100 0000 0000 0000B。

(4) 基址寄存器。PCI 设备的配置空间可以在微处理器决定的地址空间中浮动,以便简

		31	16	15	0	
设备标志			厂商标志			00H
状态			命令			04H
分类代码				版本标志		08H
内含自测	头区域类型		延时计时		Cache 大小	0CH
基地址寄存器 0						10H
基地址寄存器 1						14H
基地址寄存器 2						18H
基地址寄存器 3						1CH
基地址寄存器 4						20H
基地址寄存器 5						24H
卡总线 CIS 指针						28H
子系统标志			子系统厂商标志			2CH
扩展 ROM 基地址寄存器						30H
保留			性能指针			34H
保留						38H
Max_lat	Min_Gnt		中断引脚		中断线	3CH

图 5-25　PCI 总线配置空间头区域及功能

化设备的配置过程。系统初始化代码在引导操作系统之前,必须建立一个统一的地址映射关系,以确定系统中有多少存储器和 I/O 控制器,它们需要占用多少地址空间。当确定这些信息之后,系统初始化代码便可以把 I/O 控制器映射到合理的地址空间并引导系统。

为了使这种映射能够做到与相应的设备无关,在配置空间的头区域中安排了一组供映射时使用的基址寄存器,如图 5-26 所示。

具体实现的过程中,除了低 4 位满足上述要求外,高位部分实际设置位数要视映射多大地址控件范围而定,根据地址范围,决定高多少位需要设置,这些位被设置成可写,高位部分的其他位用硬件使其为 0,并只可读。基地址设置过程,如图 5-27 所示。

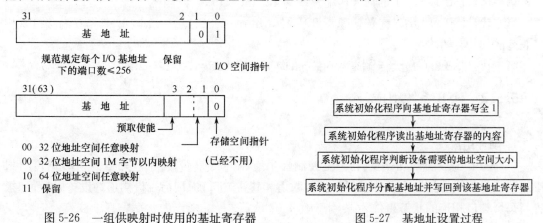

图 5-26　一组供映射时使用的基址寄存器　　　　图 5-27　基地址设置过程

如设备需要使用 1MB 的存储空间,硬件实现基地址寄存器时应该使位 0、位 4～位 19 由硬件使其保持为 0。

5.5 USB 总线

USB(通用串行总线,Universal Serial BUS)是一种新的外部串行总线标准。是在 1994 年底由 Intel、Compaq、IBM 和 Microsoft 等多家公司联合提出的。从 1994 年 11 月 11 日发表了 USB V0.7 版本以后,USB 版本经历了多年的发展,到现在已经发展为 2.0 和 3.0 版本,成为目前 PC 的标准扩展接口。

5.5.1 概述

USB 是一个外部总线标准,用于规范 PC 与外部设备的连接和通信。USB 接口支持设备的即插即用和热插拔功能。USB 用一个 4 针插头作为标准插头,采用菊花链形式可以把所有的外设连接起来,最多可以连接 127 个外部设备,并且不会损失带宽,菊花链的连接方式示于图 5-28 中,其特点是简单。多个设备共享总线请求/给予线,因而需要的控制线数目与主设备数目无关。控制线较少,并且在系统中增加新设备很容易,可加入到菊花链中的任意位置。菊花链连接方式的缺点是,各主设备的优先权由它离中央仲裁器的位置决定,公平性差。

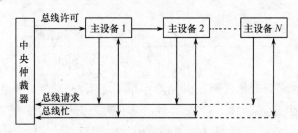

图 5-28 菊花链连接方式

USB 自从 1996 年推出后,已成功替代串口和并口,并成为当今 PC 和大量智能设备的必配的接口之一。

USB 的版本:

第一代:USB 1.0/1.1 的最大传输速率为 12Mbps,1996 年推出。

第二代:USB 2.0 的最大传输速率高达 480Mbps。USB 1.0/1.1 与 USB 2.0 的接口是相互兼容的。

第三代:USB 3.0 最大传输速率 5Gbps,向下兼容 USB 1.0/1.1/2.0。

5.5.2 USB 系统组成

1. 硬件组成

(1) USB 主控制器/根集线器。主控制器负责将并行数据转换成串行,并将数据传给根集线器。根集线器控制 USB 端口的电源,激活和禁止端口,识别与端口相连的设备,设置和报告与每个端口相连的状态事件。

(2) USB 集线器(USB Hub)。完成 USB 设备的添加(扩展)、删除和电源管理等。

(3) USB 设备。Hub 设备和功能设备(外设),外设含一定数量独立的寄存器端口(端点)。外设有一个唯一的地址。通过这个地址和端点号,主机软件可以和每个端点通信。数据的传送是在主机软件和 USB 设备的端点之间进行的。

2. 软件组成

（1）USB 设备驱动程序。在 USB 外设中，通过 I/O 请求包将请求发送给 USB 设备中的 USB（从）控制器。

（2）USB 驱动程序。在主机中，当设置 USB 设备时读取描述器以获取 USB 设备的特征，并根据这些特征，在发生请求时组织数据传输。USB 驱动程序可以是捆绑在操作系统中，也可以是以可装载的驱动程序形式加入到操作系统中。

（3）USB 主控制器驱动程序。完成对 USB 事务交换的调度，并通过根 Hub 或其他的 Hub 完成对交换的初始化。

3. USB 拓扑结构

USB 拓扑结构如图 5-29 所示。

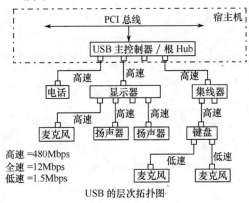

图 5-29　USB 拓扑结构

5.5.3　USB 系统的接口信号和电气特性

1. USB 接口信号

USB 接口信号线及常用信号的电平分别示于图 5-30 和表 5.8 中。

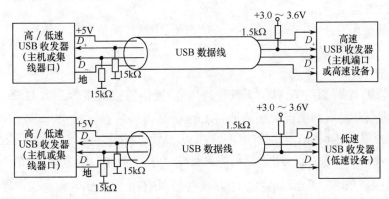

图 5-30　USB 接口信号线

表 5.8　USB 常用信号电平(高速设备,低速设备电平相反)

总线状态	信号电平	
	发送端	接收器端
差分"1"	$D_+>2.8V$,并且 $D_-<0.3V$	$(D_+)-(D_-)>200mV$,并且 $D_+>2.0V$
差分"0"	$D_->2.8V$,并且 $D_+<0.3V$	$(D_-)-(D_+)>200mV$,并且 $D_->2.0V$
单端点 0(SE0)	D_+ 和 $D_-<0.3V$	D_+ 和 $D_-<0.8V$
数据 J 状态	差分"1"(不是逻辑 1)	差分"1"
数据 K 状态	差分"0"(不是逻辑 0)	差分"0"
恢复状态	数据 K 状态	数据 K 状态
闲置状态	N. A.	$D_+>2.7V$,并且 $D_-<0.8V$

2. 电气特性

对地电源电压为 $4.75\sim5.25V$,设备吸入的最大电流值为 500mA。第一次被主机检测到时,设备吸入的电流<100mA。

USB 设备有两种供电方式,自给方式(设备自带电源)和总线供给方式。USB Hub 采用自给方式。

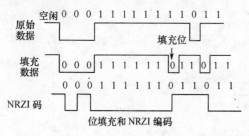

图 5-31　位填充和 NRZI 编码

3. NRZI 编码

NRZI 的编码方法不需独立的时钟信号和数据一起发送,电平跳变代表"0",没有电平跳变代表"1"。在数据被编码前,在数据流中每 6 个连续的"1"后插入 1 个"0",从而强迫 NRZI 码发生变化,也顺便让收发双发对准一次时钟,接收端必须去掉这个插入的"0",如图 5-31 所示。

5.5.4　USB 数据流类型和传输类型

1. USB 数据流类型

USB 数据流类型有 4 种:控制信号流、块数据流、中断数据流和实时数据流。

2. 传输类型

(1) 控制传输:双向,用于配置设备或特殊用途,发生错误需重传。当 USB 主机检测时,设备必须要用端点 0 完成和主机交换信息的控制传送。

(2) 批传输:单/双向,用于大批数据传输,要求准确,出错重传。时间性不强。

(3) 中断传输:单向入主机,用于随机少量传送。采用查询中断方式,出错下一查询周期重新传。

(4) 等时传输:单/双向,用于连续实时的数据传输,时间性强,但出错无需重传。传输速率固定。

3. USB 交换的包格式

USB 交换的包格式如图 5-32 所示。每次交换均由主机发起,对中断传输,亦由主机发送查询包取得中断信息。交换完毕,进入帧结束间隔区发送方把 D_+ 和 D_- 上的电压降低到 0.8V 以下,并保持两个位的传输时间,然后维持一个位传输时间的 J 状态表示包结束,之后进入闲置状态。

包的一般格式,如图 5-33 所示。所有数据位发送都时从低位开始向高位发送。

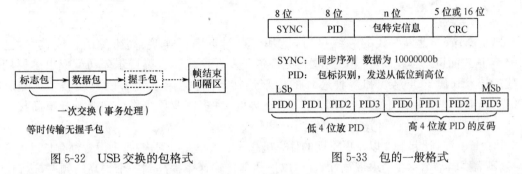

图 5-32　USB 交换的包格式　　　　图 5-33　包的一般格式

5.5.5　USB2.0 的补充——OTG 技术

USB On-The-Go(OTG)是对 USB 2.0 规范的有益扩充。这类设备既可以作为 USB 设备与 PC 相连,又可以作为 USB 主机连接其他 USB 设备。因此,这类设备可以抛弃 PC,直接进行设备与设备之间的点对点(pear to pear)通信。

USB On-The-Go 在 USB 规范基础上增加了以下几点:

① 双重功能。设备既可用作主机也可用作外设;

② 主机交流协议 HNP 用于转换 USB 主机和外设功能;

③ 对话请求协议;

④ 除小功率和大功率之外增加了微功率选择;

⑤ 超小连接器。

USB On-The-Go 设备定义了一个新的称为 mini-AB 的袖珍插孔,它能接入 mini-A 和 mini-B 插头。连接器的不同定义设备的初始功能,如图 5-34 所示。

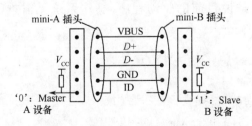

图 5-34　连接器的不同定义设备接口

两个 OTG RTR(主/从双角色)设备相连,可以用主机交流协议(HNP)随时切换主机角色。步骤如下:

① A 设备发出 SET_FEATURE 命令后,B 设备可请求总线控制权。

② A 设备挂起总线,通知 B 设备可占用总线。

③ B 设备发送信号,断开 A 设备连接。

④ A 设备启动 D_+ 线本方的上拉电阻,将 D_+ 置高。此时 A 设备成为外设,B 设备成为主机。

⑤ B 设备完成对总线控制后,启动 D_+ 线本方的上拉电阻,放弃对总线的控制。

⑥ 在以上电平变换的同时,通过软件实现真正的对总线的控制权变化。

5.6 PCI Express 总线

5.6.1 概述

PCI Express 是新一代的总线接口,是基于点对点串行连接、高带宽的总线技术,已在 2004 年正式面世。早在 2001 年的春季"英特尔开发者论坛"上,英特尔公司就提出了要用新一代的技术取代 PCI 总线和多种芯片的内部连接,并称为第三代 I/O 总线技术。随后在 2001 年年底,包括 Intel、AMD、DELL、IBM 在内的 20 多家业界主导公司开始起草新技术的规范,并在 2002 年完成,对其正式命名为 PCI Express。

PCI Express 比起 PCI 以及更早期的计算机总线的共享并行架构,每个设备都有自己的专用连接,不需要向整个总线请求带宽,而且可以把数据传输速率提高到一个很高的频率,达到 PCI 所不能提供的高带宽。相对于传统 PCI 总线在单一时间周期内只能实现单向传输,PCI Express 的双单工连接能提供更高的传输速率和质量,它们之间的差异跟半双工和全双工类似。

PCI Express 采用 4 根信号线,两根差分信号线用于接收,另外两根差分信号线用于发送,信号频率 2.5GHz,采用 8/10 编码。其接口根据总线位宽不同而有所差异,包括×1 (250MB/s)、×4、×8、×16 和×32 通道规格。较短的 PCI Express 卡可以插入较长的 PCI Express 插槽中使用。PCI Express 接口能够支持热拔插。PCI Express 卡支持的三种电压分别为+3.3V、3.3V$_{aux}$以及+12V。用于取代 AGP 接口的 PCI Express 接口位宽为 X16,将能够提供 5GB/s 的带宽,即便有编码上的损耗但仍能够提 4GB/s 左右的实际带宽,远远超过 AGP 8X 的 2.1GB/s 的带宽。

PCI Express 规格从 1 条通道连接到 32 条通道连接,有非常强的伸缩性,以满足不同系统设备对数据传输带宽不同的需求。另外,PCI Express 也支持高阶电源管理,支持热插拔,支持数据同步传输,为优先传输数据进行带宽优化。

在兼容性方面,PCI Express 在软件层面上兼容目前的 PCI 技术和设备,支持 PCI 设备和内存模组的初始化,也就是说目前的驱动程序、操作系统无需推倒重来,就可以支持 PCI Express设备。

5.6.2 PCI Express 总线技术特点

1. PCI Express 总线技术特点

- 在两个设备之间点对点串行互联
- 双通道,高带宽,传输速度快
- 灵活扩展性
- 低电源消耗,并有电源管理功能
- 支持设备热插拔和热交换
- 在软件层保持与 PCI 以及 PCI-X 总线兼容

- 使用小型连接,节约空间,减少串扰
- 采用类似于网络通信中的 OSI 分层模式,具有数据包和层协议架构

2. PCI Express 总线拓扑结构

PCI Express 总线拓扑结构如图 5-35 所示。

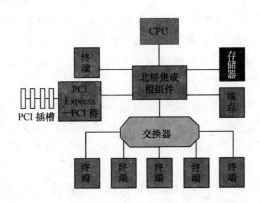

图 5-35　PCI Express 总线拓扑结构

5.6.3　PCI Express 总线的数据传输

PCI Express 的连接是建立在一个双向的序列的(1bit)点对点连接基础之上,这称为"传输通道"。PCI Express 是一个多层协议,包括三个协议层:交换层、数据链路层和物理层,当数据在设备之间传输时,每个设备都会被看成一个协议。

1. 物理层

物理层负责组装和分解交换层数据,同时掌握连接结构及信号的控制,保证数据能实现点对点的通信,使合法的数据从数据发生端传输到整个 PCI Express 架构,顺利到达接收端。

PCI Express 能在同一数据传输通道内传输包括中断在内的全部控制信息,这需要非常复杂的硬件支持连续数据的同步存取,也对链接的数据吞吐量要求极高。与其他高速数据传输协议一样,时钟信息必须嵌入信号中。因此,在物理层上,PCI·Express 使用两个单向的低压差分信号(LVDS)合计达到 2.5Gbps,采用常见的 8B/10B 代码方式来确保连续的 1 和 0 字符串长度符合标准,这样保证接收端不会误读。编码方案用 10 位编码比特代替 8 个未编码比特来传输数据,占用 20％的总带宽。

2. 数据链接层

数据链接层采用按序的交换层信息包(Transaction Layer Packets,TLPs),是由交换层生成,按 32 位循环冗余校验码(CRC)进行数据保护,采用著名的协议(Ack and Nak signaling)的信息包。TLPs 能通过 CRC 校验和连续性校验的称为 Ack(命令正确应答);没有通过校验的称为 Nak(没有应答)。没有应答的 TLPs 或者等待超时的 TLPs 会被重新传输。这些内容存储在数据链接层的缓存内。这样可以确保 TLPs 的传输不受电子噪声干扰。

Ack 和 Nak 信号由低层的信息包传送,这些包被称为数据链接层信息包(Data Link Layer Packet，DLLP）。DLLP 也用来传送两个互连设备的交换层之间的流控制信息和实现电源管理功能。

3. 交换层

PCI Express 采用分离交换（数据提交和应答在时间上分离），可保证传输通道在目标端设备等待发送回应信息传送其他数据信息。它采用了可信性流控制算法。这一模式下，一个设备广播它可接收缓存的初始可信信号量。链接另一方的设备会在发送数据时统计每一发送的 TLP 所占用的可信信号量，直至达到接收端初始可信信号最高值。接收端在处理完毕缓存中的 TLP 后，它会回送发送端一个比初始值更大的可信信号量。可信信号统计是定制的标准计数器，这是该算法的优势。

第一代 PCI Express 标称可支持每传输通道单向 250MB/s 的数据传输速率。这一数字是根据物理信号率 2.5Gb/s 除以编码率（10b/B）计算而得。这意味着一个 16 通道（×16）的 PCI Express 理论上可以达到单向 250×16＝4GB/s(3.7GB/s)。实际的传输速率要根据数据有效载荷率，即依赖于数据的本身特性，这是由更高层（软件）应用程序和中间协议层决定。PCI Express 与其他高速序列连接系统相似，它依赖于传输的鲁棒性（CRC 校验和 Ack 算法）。长时间连续的单向数据传输（如高速存储设备）会造成＞95％的 PCI Express 通道数据占用率。这样的传输受益于增加的传输通道，但大多数应用程序如 USB 或以太网络控制器会把传输内容拆成小的数据包，同时还会强制加上确认信号。这类数据传输由于增加了数据包的解析和强制中断，降低了传输通道的效率。

习 题 5

1. 简述 PC 采用总线结构的优点。

2. 总线有哪些主要性能参数？

3. PC 的总线可分为哪几级？简述各类总线特点和应用场合。

4. 8086 工作在最小模式和最大模式系统中的主要区别是什么？各有什么主要特点？

5. 8086 系统中为什么一定要有地址锁存器？需要锁存哪些信息？

6. 8086 CPU 读/写总线周期在什么情况下需要插入等待周期 T_W？插入多少个 T_W 取决于什么因素？

7. PC 在执行指令 MOV [DI]，AL 时，将送出的有效信号有_____。

A. RESET   B. 高电平的 M/$\overline{IO}$信号   C. $\overline{WR}$ D. $\overline{RD}$

8. 简述 8086 最大方式系统总线结构中的总线控制器输出信号$\overline{AIOWC}$和$\overline{AMWC}$的作用。

9. 简述 ISA 总线、EISA 总线和 PCI 总线各自特点。

10. 简述 USB 总线和 PCI Express 总线各自特点。

第6章 存储器系统与结构

存储器(Memory)是计算机的重要组成部件,是计算机实现记忆功能的部件,是指许多存储单元的集合,用以存放程序指令、处理数据和运算结果及各种需要计算机保存的信息。自从冯·诺依曼提出存储程序计算机概念后,存储器的性能一直是计算机性能的主要指标之一。存储器根据其在计算机系统中的地位和位置可分为主存储器(内存)和辅助存储器(外存)。

本章重点讨论主存储器的工作原理、组成方式,以及运用半导体存储芯片组成主存储器的一般原则和方法,此外还介绍高速缓冲存储器的基本原理。

6.1 存储系统的组成

6.1.1 存储器分类

存储器是计算机用来存储信息的部件。按存取速度和用途可把存储器分为两大类:主存储器和辅助存储器。把通过系统总线直接与 CPU 相连、具有一定容量、存取速度快的存储器称为主存储器,简称内存。内存是计算机的重要组成部分,CPU 可直接对它进行访问,计算机要执行的程序和要处理的数据等都必须事先调入内存后方可被 CPU 读取并执行。把通过接口电路与系统相连、存储容量大而速度较慢的存储器称为辅助存储器,简称外存,如硬盘、软盘和光盘等。外存用来存放当前暂不被 CPU 处理的程序或数据,以及一些需要永久性保存的信息。

随着计算机系统结构和存储技术的发展,存储器的种类日益繁多,根据不同的特征可对存储器进行分类。

1. 按存储介质分类

按存储器所采用的存储介质分,主要有半导体存储器、磁表面存储器(包括磁带、磁鼓、硬磁盘、软磁盘等)和光存储器等。从原理上讲,只要具有两个明显稳定的物理状态的器件和介质都能用来存储二进制信息。

(1)半导体存储器

早期的内存使用磁芯。随着大规模集成电路的发展,半导体存储器集成度大大提高,成本迅速下降,存取速度大大加快,所以在计算机中,目前,所有计算机内存都使用半导体存储器。

根据半导体器件制造工艺的不同,半导体存储器主要有双极型和 MOS 型两类。双极型存储器具有存取速度快、集成度较低、功耗较大、成本较高等特点,适用于对速度要求较高的高速缓冲存储器;MOS 型存储器具有集成度高、功耗低、价格便宜等特点,适用于主存储器,目前已成为半导体存储器的主流制造工艺。图 6-1 和表 6.1 分别表示半导体存储器分类及不同类型存储器的特性。

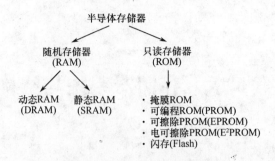

图 6-1　半导体存储器分类

表 6.1　各种存储设备的性能概况

	存储器类型				
	DRAM	SRAM	EPROM	E²PROM	Falsh
数据易失性	是	是	否	否	否
数据刷新	需要	不需要	不需要	不需要	不需要
单元结构	1T-1C	6T	1T	2T	1T
单元密度	高	低	高	低	高
功率损耗	高	高/低	低	低	低
读取速度	~50ns	~10/70ns	~50ns	~50ns	~50ns
写入速度	~40ns	~5/40ns	~10μs	~5ms	~(100ns~1ms)
使用寿命	长	长	短	长	长
成本	低	高	低	高	低
在系统可写性	有	有	无	有	有
电源	单电源	单电源	单电源	多电源	单电源
应用实例	内存	缓存/PDA	游戏机	ID卡	存储卡、固态硬盘

（2）磁表面存储器

在金属或塑料基体上，涂复一层磁性材料，用磁层存储信息，常见的有磁盘、磁带等。由于它的容量大、价格低、存取速度慢，故多用作辅助存储器。

（3）光存储器

采用激光技术控制访问的存储器，一般分为只读式、一次写入式、可改写式三种，它们的存储容量都很大，是目前使用非常广泛的辅助存储器。

2. 按存取方式分类

（1）随机存取存储器（Random Access Memory，RAM）

随机存取存储器（Random Access Memory）又称读/写存储器，一般是指机器运行期间可读也可写的存储器。CPU 可以对 RAM 的内容随机地读/写访问，RAM 中的信息断电后即丢失。RAM 读/写方便，使用灵活，在 PC 中主要用作主存，也可用作高速缓冲存储器。

RAM 按信息存储方式可分为静态 RAM（Static RAM，简称 SRAM）和动态 RAM（Dynamic RAM，简称 DRAM）。

（2）只读存储器（Read Only Memory，ROM）

ROM 的内容只能随机读出而不能写入，断电后信息不会丢失，常用来存放不需要改变的信息(如某些系统程序),信息一旦写入就固定不变了。是非易失性的。因此,通常用 ROM 存放引导装入程序,系统每次加电后,立即进入 ROM 区的程序,在执行引导装入程序时把存在磁盘或其他辅助存储器上的程序和数据装入内存并启动其他程序运行。ROM 还可以存放一些不需改变的其他程序和数据。

只读存储器按功能可分为掩模式 ROM(简称 ROM)、可编程序只读存储器 PROM(Programmable ROM)和可改写的只读存储器 EPROM(Erasable Programmable ROM) 3 种。

(3) 串行访问存储器(Serial Access Storage,SAS)

串行访问指对存储器的信息进行读/写时,需要顺序地访问。访问指定信息所花费的时间与信息所在地的地址或位置有关。

串行存储器又可分为顺序存取存储器(Direct Access Memory,SAM)和直接存取存储器(Direct Access Memory,DAM)。SAM 的存取方式与 RAM 和 ROM 完全不同。SAM 的内容只能按某种顺序存取,存取时间的长短与信息在存储体上的物理位置有关,所以 SAM 只能用平均存取时间作为衡量存取速度的指标,如磁带等。DAM 既不像 RAM 那样能随机地访问任一个存储单元,也不像 SAM 那样完全按顺序存取,而是介于两者之间。当要存取所需信息时,第一步直接指向整个存储器中的某个小区域(如磁盘上的磁道);第二步在小区域内顺序检索或等待,直至找到目的地后再进行读/写操作。DAM 存取时间的长短与信息在存储体上的物理位置有关,但比 SAM 的存取时间要短。磁盘机就属于这类存储器。

3. 按信息可保存性分类

断电后,存储信息即消失的存储器,称为易失性存储器,如 RAM。断电后,存储信息仍然保存的存储器,称为非易失性存储器,如 ROM、磁表面存储器和光存储器。

从原理上讲,只要具有两种明显稳定的物理状态的器件和介质都能用来存储二进制信息,但真正能用来做存储器的器件和介质还需要满足各类存储器技术指标的要求。

4. 按在计算机中的作用分类

按存储器在计算机中的作用,存储器可分为主存储器、辅助存储器和高速缓冲存储器等,如图 6-2 所示。

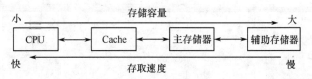

图 6-2　各种存储器在计算机中的位置

(1) 主存储器

主存储器用来存放计算机运行期间所需要的程序和数据,CPU 可直接随机地进行读/写访问。主存储器具有一定容量,存取速度高。由于 CPU 要频繁地访问主存储器,所以主存储器的性能在很大程度上影响了整个计算机系统的性能。

(2) 辅助存储器

辅助存储器是 CPU 通过 I/O 接口电路才能访问的存储器,其特点是存储容量大、速度较低,又称海量存储器或二级存储器。辅助存储器用来存放当前暂时不用的程序和数据。CPU 不能直接用指令对辅助存储器进行读/写操作,如要执行辅助存储器存放的程序,必须先将该程序由辅助存储器调入主存储器。在微机中常用硬磁盘、光盘和磁带作为辅助存储器,寻址时间为若干毫秒。

（3）高速缓冲存储器

高速缓冲存储器（Cache）位于主存储器和 CPU 之间,用来存放正在执行的程序段和数据,以便 CPU 能高速地使用它们。Cache 的存取速度可以与 CPU 的速度相匹配,但存储容量较小,价格较高。目前,通常将 Cache 制作在 PC 机主板和 CPU 芯片中来提高其性能。

6.1.2　存储系统层次结构

为了解决存储容量、存取速度和价格之间的矛盾,通常把各种不同存储容量、不同存取速度的存储器,按一定的体系结构组织起来,形成一个统一整体的存储系统。计算机多层存储结构如图 6-3 所示。

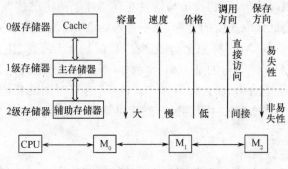

图 6-3　计算机多层存储结构

由高速缓冲存储器（Cache）、主存储器和辅助存储器构成的三级存储系统可分为两个层次：Cache 和主存之间称为 Cache-主存存储层次（Cache 存储系统）,如图 6-4(a)所示；主存和辅助存储器之间称为主存-辅存存储层次（虚拟存储系统）,如图 6-4(b)所示。

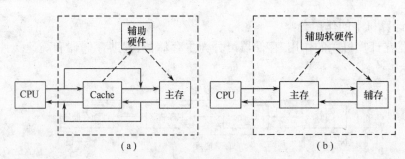

图 6-4　两种存储层次

Cache 存储系统是为解决主存速度不足而提出来的。在 Cache 和主存之间,增加辅助硬件,让它们构成一个整体。从 CPU 看,速度接近 Cache 的速度,容量是主存的容量,每数据位价格接近于主存的价格。因此解决了速度与成本之间的矛盾。由于 Cache 存储系统全部用硬件来调度,故它对系统程序员和应用程序员都是透明的。

虚拟存储系统是为了解决主存容量不足而提出来的。在主存和辅存之间,增加辅助的软硬件,让它们构成一个整体。从 CPU 看,速度接近主存的速度,容量是辅存的容量,每数据位价格接近于辅存的价格,同样也可解决了速度与成本之间的矛盾。由于虚拟存储系统需要通过操作系统来调度,因此它对系统程序员是不透明的,但对应用程序员是透明的。

6.2 主存储器的组织

主存储器是整个存储系统的核心,它用来存放计算机运行期间所需要的程序和数据,CPU 可直接随机地对它进行访问。

6.2.1 主存储器的基本结构

主存储器通常由存储体、地址接口电路、数据接口电路和读/写控制电路组成,其组成框图如图 6-5 所示。

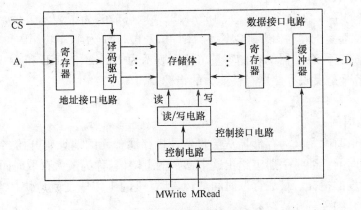

图 6-5 主存组成框图

存储体是主存储器的核心,程序和数据都存放在存储体中。

地址接口电路实际上主要由地址译码器和驱动电路两部分组成。译码器将地址总线输入的地址码转换成与之对应的译码器输出线上的有效电平,以表示选中某一存储单元,然后由驱动电路提供驱动电流去驱动相应的读/写电路,完成对被选中存储单元的读/写操作。

数据接口电路和读/写控制电路包括寄存缓冲器、读出放大器、写入电路和控制电路,用以完成被选中存储单元中各数据位的读出和写入操作。

主存的读/写操作是在控制器的控制下进行的,只有接收到来自控制器的读/写命令或写允许信号后,才能实现真正的读/写操作。

6.2.2 主存储器的单元

位是二进制的最基本单位,也是存储器存储信息的最小单位。一个二进制数由若干位组成,当这个二进制数作为一个整体存入或取出时,这个数称为存储字。存放存储字或存储字节的主存空间称为存储单元或主存单元,大量存储单元的集合构成一个存储体,为了区别存储体中各个存储单元,必须对其逐一编号。存储单元的编号称为地址,地址和存储单元之间存在着一一对应的关系。

一个存储单元可能存放一个字,也可能存放一个字节,这是由计算机的结构所确定的。对于字节编址的计算机,最小寻址单位是一个字节,相邻的存储单元地址指向相邻的存储字节;对于字编址的计算机,最小寻址单位是一个字,相邻的存储单元地址指向相邻的存储字。所以,存储单元是 CPU 对主存可访问操作的最小存储单位。

6.2.3　主存储器的主要技术指标

1. 存储容量

存储容量是存储器的一个重要指标。存储容量是指存储器可以存储的二进制信息量,它一般是以能存储的字数乘以字长表示的。即

$$存储容量＝字数×字长$$

如一个存储器能存 4096 个字,字长 16 位,则存储容量可用 4096×16 表示。

PC 中的存储器是以字节(8 位)进行编址的,一个字节是"基本"的字长,所以常常只用可能存储的字节数来表示存储容量。

存储器存储的字节数常常很大,如 16384、32768、65536,为了表示方便,常常以 1024 为 1K,以 KB 为存储容量的单位;以 1024K 为 1M 和 1024M 为 1G,以 MB 和 GB 为存储容量的单位。这样上述三种存储器的存储容量可分别表示为 16 KB、32 KB 和 64 KB。

显然,存储容量是反映存储器存储能力的指标。

2. 最大存取时间

存储器的存取时间定义为存储器从接收到寻找存储单元的地址码开始,到它取出或存入数据为止所需的时间。通常手册上给出这个参数的上限值,称为最大存取时间。显然,它是说明存储器工作速度的指标。最大存取时间愈短,计算机的工作速度就愈快。半导体存储器的最大存取时间为几纳秒到几百纳秒。

3. 可靠性

可靠性是指存储器对电磁场及温度等变化的抗干扰性,半导体存储器由于采用大规模集成电路结构,可靠性高,现在平均无故障时间为 1 万小时以上。

4. 其他指标

体积小、重量轻、价格便宜、使用灵活是微型计算机的主要特点及优点,所以存储器的体积大小、功耗、工作温度范围、成本高低等也成为人们关心的指标。

上述指标,有些是互相矛盾的。这就需要在设计和选用存储器时,根据实际需要,尽可能满足主要要求且兼顾其他。

6.3　随机存储器(RAM)

由于 MOS 集成电路工艺简单、功耗低、集成度高、价格便宜,所以广泛地用来制作半导体存储器。下面介绍 MOS 器件的读/写存储器(RAM),按其信息存储方式可分为静态 RAM(SRAM)和动态 RAM(DRAM)两大类。

6.3.1　静态 RAM

1. 基本存储电路

基本存储电路用来存储 1 位二进制信息(0 或 1),它是组成存储器的基础。图 6-6 给出了静态 MOS 6 管基本存储电路。VT_1,VT_2 及 VT_3,VT_4 两个 NMOS 反相器交叉耦合组成双稳

态触发器电路。其中 VT_2，VT_4 为负载管，VT_1，VT_3 为反相管，VT_5，VT_6 为选通管。VT_1 和 VT_3 的状态决定了存储的 1 位二进制信息。

这对交叉耦合晶体管的工作状态是，当一个晶体管导通时，另一个就截止；反之亦然。假设 VT_1 导通，VT_3 截止时的状态代表 1；相反的状态即 VT_3 导通，VT_1 截止时的状态代表 0，即 Q 点的电平高低分别代表 1 或 0。

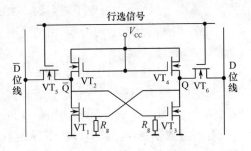

图 6-6　静态 MOS 6 管基本存储电路

当行线 X 和列线 Y 都为高电平时，便可以对它进行读操作或写操作。

读操作：当读控制信号为高电平而写控制信号为低电平时，相当于 Q 点和 $\overline{Q}$ 点分别于位线 D 和 $\overline{D}$ 相连，于是触发器的状态（Q 点的电平）便通过 VT_6 读出至数据线上，且触发器的状态不因读出操作而改变。

写操作：当写控制信号为高电平而读控制信号为低电平时，相当于 Q 点和 $\overline{Q}$ 点分别于位线 D 和 $\overline{D}$ 相连，可进行写操作。若位线 D 为高电平，则高电平通过 VT_6 加至 VT_1 的栅极，而位线 $\overline{D}$ 为低电平通过 VT_5 加至 VT_3 的栅极。不管 VT_1，VT_3 原来状态如何，迫使 VT_1 导通、VT_3 截止，使触发器置成 1 状态。若位线 D 为低电平时，则与上述情况相反，迫使 VT_1 截止，VT_3 导通，使触发器置成 0 状态。

2. RAM 原理

利用基本存储电路排成阵列，再加上地址译码电路和读/写控制电路就可以构成读/写存储器。下面以 4 行 4 列的 16 个基本存储电路构成 16×1 静态 RAM 为例来说明 RAM 原理，如图 6-7 所示。这是一个 16×1 的存储器（即共 16 个字，而每个字仅为 1 位），它由以下几部分组成：

- 16 个基本存储电路组成的 4×4 存储矩阵；
- 两套（行与列）地址译码电路；
- 一套读/写控制电路。

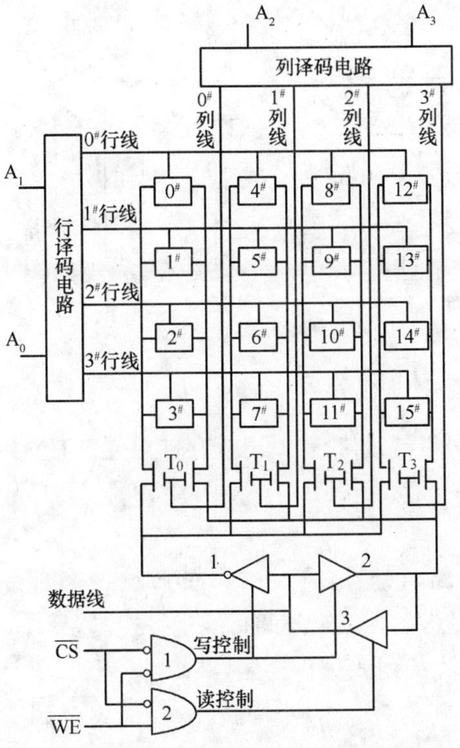

该存储器的控制信号有两个，一个为片选信号 $\overline{CS}$（Chip Select），低电平有效，用来选择应访问的芯片。$\overline{CS}$ 有效时，该芯片被选中，才能进行读/写操作。另一个是写允许信号 $\overline{WE}$（Write Enable）或读/写控制信号 $R/\overline{W}$（Read/Write），规定低电平时存储器进行写操作；高电平时存储器进行读操作。数据线为一条，双向，三态。

当给定地址码以后，例如 $A_3 A_2 A_1 A_0 = 1101$，则 $A_1 A_0$ 经行地址译码电路使 $1^\#$ 行线为高电平，$A_3 A_2$ 经列地址译码电路使 $3^\#$ 列线为高电平，于是 $13^\#$ 基本存储电路被选中。这时若 $\overline{CS}$ 为高电平，不管 $\overline{WE}$ 为什么状态，读控制、写控制均为低电平，三态门 1、2、3 均断开，该片不工作；若 $\overline{CS}$ 为低电平且 $\overline{WE}$ 为低电平时，写控制为高电平，可进行写操作；

图 6-7　16×1 SRAM 原理图

若$\overline{CS}$为低电平且$\overline{WE}$为高电平时,读控制为高电平,可进行读操作。

同理,当地址码$A_3A_2A_1A_0=0100$时,4$^{\#}$基本存储电路被选中;当$A_3A_2A_1A_0=0111$时,7$^{\#}$基本存储电路被选中。

总之给定一个地址码,就唯一地选中一个基本存储电路。由上可知,地址码的位数n与存储器的字数W的关系为:$W=2^n$。若地址码位数n为4,则存储器字数$W=16$;当地址线为16条时,寻址范围为$0\sim65535$(0000H~FFFFH)。

有一组数据线,有的芯片输入/输出数据线是共用的(双向、三态),有的芯片输入数据线和输出数据线是分开的(单向、三态)。共用数据线或者输入(或输出)数据线的条数决定每个存储单元的位数。芯片的控制信号线通常有片选信号$\overline{CS}$或片允许信号$\overline{CE}$(Chip Enable);输出允许信号$\overline{OE}$(Output Enable);读/写控制信号$R/\overline{W}$或写允许信号$\overline{WE}$。当存储器模块由多个RAM芯片组成时,$\overline{CS}$(或$\overline{WE}$)用来选择应访问的存储器芯片;$\overline{OE}$用来控存储器芯片的输出三态缓冲器,从而使微处理器(作为存储器的控制部件)能直接管理存储器是否输出,避免争夺总线。$R/\overline{W}$(或$\overline{WE}$)用来控制被$\overline{CS}$(或$\overline{CE}$)信号选中的存储器芯片是进行读操作还是写操作。

3. Intel 2114 NMOS SRAM

Intel 2114为$1K\times4$ SRAM,单一的$+5$ V电源,所有的输入端和输出端都与TTL电路兼容。它的结构框图、引脚排列和逻辑符号如图6-8所示。

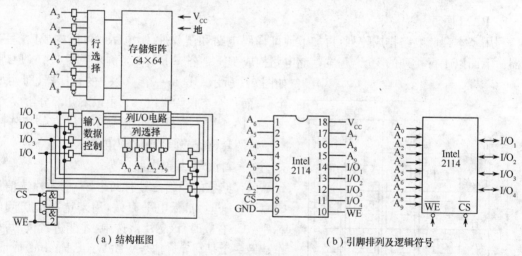

(a)结构框图　　　　　　　　(b)引脚排列及逻辑符号

图6-8　Intel 2114为1K×4SRAM

2114 SRAM芯片的地址输入端$A_0\sim A_9$,在片内可以寻址$2^{10}=1$ K个存储单元。4位共用的数据输入/输出端$I/O_1\sim I/O_4$采用三态控制,即每个存储单元可存储4位二进制信息,故2114芯片的容量为1K×4。

芯片中共有4096个6管NMOS静态基本存储电路,它们排成64×64矩阵。10条地址线中的$A_3\sim A_8$通过行地址译码电路产生64条行选择线,对存储矩阵的行线进行控制;另外4条地址线$A_0\sim A_2$和A_9通过列地址译码电路对存储矩阵的列线进行控制(共16条列线,但每条列线同时接至4位,所以实际为64列)。

该芯片只有一个片选端$\overline{CS}$和一个写允许控制端$\overline{WE}$。存储器芯片内部数据线通过I/O电路以及输入、输出三态门与外部数据总线相连,并受片选信号$\overline{CS}$和写允许信号$\overline{WE}$的控制。当$\overline{CS}$和$\overline{WE}$为低电平时,输入三态门导通,信息由外部数据总线写入存储器;当$\overline{CS}$为低电平,而$\overline{WE}$为高电平时,则输出三态门打开,从存储器读出的信息送至外部数据总线。而当$\overline{CS}$为高电平时,不管$\overline{WE}$为何种状态,该存储器芯片不读出也不写入,而是处于静止状态并与外部总线完全隔断。

4. 存储器访问周期时序

存储器芯片最重要的参数之一是存取时间。其芯片对输入信号的时序要求却是很严格的,而且各种存储器芯片的时序要求也不相同。为确保正常工作,存储器板上的控制逻辑提供的地址输入和控制信号必须满足该器件制造厂家所规定的时序参数。

图 6-9(a)为典型的读周期时序,读周期表示对该芯片进行两次连续读操作的最小间隔时间。在此期间,地址输入信息保持不变,$\overline{CS}$在地址有效之后变为有效,使芯片被选中,最后在数据线得到读出的数据。

图 6-9(b)为典型的写周期时序,它与读周期时间相似,但除要有地址和$\overline{CS}$外,还要$\overline{WE}$有一个低电平有效的写入脉冲,并提供要写入的数据。数据输入的时序要求不太严格,只要在整个写周期中保持稳定即可。

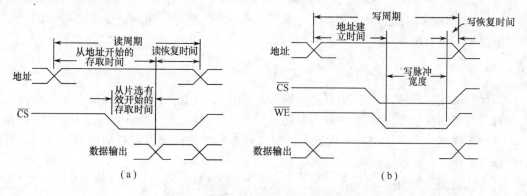

图 6-9   典型 SRAM 的读/写周期时序

6.3.2   动态 RAM

动态存储器(DRAM)和静态存储器不同,动态 RAM 的基本存储电路利用电容存储电荷的原理来保存信息。当电容充有电荷时,称存储的信息为 1;电容上没有电荷时,称存储的信息为 0。由于电容上存储的电荷不能长时间保存,总会泄漏,因此必须定时地给电容补充电荷,这称为"刷新"或"再生"。

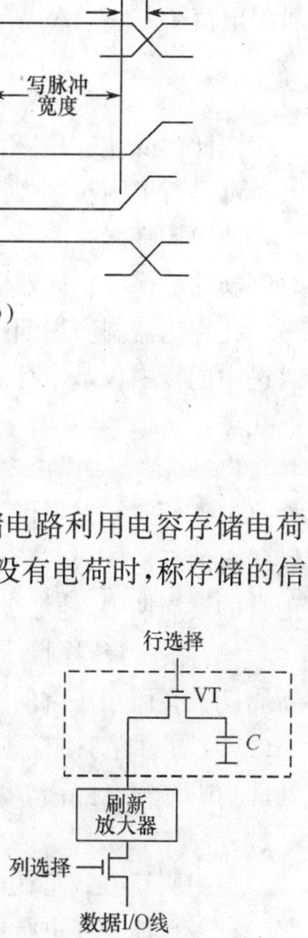

1. DRAM 的基本存储电路

常用的动态基本存储电路有 4 管型和单管型两种,其中单管型由于集成度高而愈来愈被广泛采用。这里以单管基本存储电路为例说明。

单管动态 RAM 基本存储电路只有一个电容和一个 MOS 管,是最简单的存储元件结构,如图 6-10 所示。在这样一个基本存储电路中,存放的信息到底是"1"还是"0",取决于电容中有没有电

图 6-10   单管 DRAM
基本存储电路

荷。在保持状态下，行选择线为低电平，VT 截止，使电容 C 基本没有放电回路（当然还有一定的泄漏），其上的电荷可暂存数毫秒或者维持无电荷的"0"状态。

对由这样的基本存储电路组成的存储矩阵进行读操作时，若某一行选择线为高电平，则位于同一行的所有基本存储电路中的 VT 都导通，于是刷新放大器读取对应电容 C 上的电压值，但只有列选择信号有效的基本存储电路才受到驱动，从而可以输出信息。刷新放大器的灵敏度很高，放大倍数很大，并且能将读得的电容上的电压值转换为逻辑"0"或者逻辑"1"。在读出过程中，选中行上所有基本存储电路中的电容都受到了影响，为了在读出信息之后仍能保持原有的信息，刷新放大器在读取这些电容上的电压值之后又立即进行重写。

在写操作时，行选择信号使 VT 处于导通状态，如果列选择信号也为"1"，则此基本存储电路被选中，于是由数据输入/输出线送来的信息通过刷新放大器和 VT 送到电容 C。

2. DRAM 的刷新

在图 6-10 中，行选择线为低电平时，VT 截止，电容 C 上的电荷无放电回路而保存下来。然而，虽然 MOS 管入端阻抗很高，但总有一定的泄漏电流，这样引起电容放电。为此必须定时重复地对动态 RAM 的基本存储电路存储的信息进行读出和恢复，这个过程叫存储器刷新。器件工作温度增高会使放电速度变快。刷新时间间隔一般要求在 $1 \sim 100 \text{ms}$ 内，工作温度为 $70 ℃$ 时，典型的刷新时间间隔为 2ms。一般 $C = 0.2 \text{pF}$，若允许 C 两端电压变化差为 $\Delta V = 1 \text{V}$，泄漏电流 $I = 10^{-10} \text{A}$，则

$$\Delta T = \frac{C \cdot \Delta V}{I} = \frac{0.2 \times 10^{-12} \times 1}{10^{-10}} = 2 \quad (\text{ms})$$

因此，2ms 以内必须对存储信息进行刷新。尽管一行中的各个基本存储电路在读出或写入时都进行了刷新，但对存储器中各行的访问具有随机性，无法保证一个存储器模块中的每一个存储单元都能在 2ms 内进行一次刷新。只有通过专门的存储器刷新周期对存储器进行定时刷新才能保证存储器刷新的系统性。

在存储器刷新周期中，将一个行地址发送给存储器器件，然后执行一次读操作，便可完成对选中的行中各基本存储电路的刷新。刷新周期和正常的存储器读周期的不同之处主要有以下几点：

（1）在刷新周期中输入至存储器器件的地址一般并不来自地址总线，而是由一个以计数方式工作的寄存器提供。每经过一次（即一行）存储器刷新，该计数器加 1，所以它可以顺序提供所有的行地址，每一行中各个基本存储电路的刷新是同时进行的，所以不需要列地址。而在正常的读周期中，地址来自地址总线，既有行地址，又有列地址。

（2）在存储器刷新周期中，存储器模块中每块芯片的刷新是同时进行的，这样可以减少刷新周期数。而在正常的读周期中，只能选中一行存储器芯片。

（3）在存储器刷新周期中，存储器模块中各芯片的数据输出呈高阻状态，即片内数据线与外部数据线完全隔离。从用于刷新的时间来说，刷新可采用"集中"或"分散"两种方式的任何一种。

集中刷新方式是在信息保存允许的时间范围（2ms）内，集中一段时间对所有基本存储电路一行一行地顺序进行刷新，刷新结束后再开始工作周期。散刷新方式是把各行的刷新分散在 2ms 的期间内完成。

动态 RAM 的缺点是需要刷新逻辑，而且刷新周期存储器模块不能进行正常读/写操作。

但由于动态 RAM 集成度高、功耗低和价格便宜，所以在大容量的存储器中普遍采用。

3. Intel 2164A DRAM

Intel 2164A 芯片的存储容量为 64K×1 位，采用单管动态基本存储电路，每个单元只有 1 位数据，其内部结构如图 6-11 所示。2164A 芯片的存储体本应构成一个 256×256 的存储矩阵，为提高工作速度（需减少行列线上的分布电容），将存储矩阵分为 4 个 128×128 矩阵，每个 128×128 矩阵配有 128 个读出放大器，各有一套 I/O 控制（读/写控制）电路。

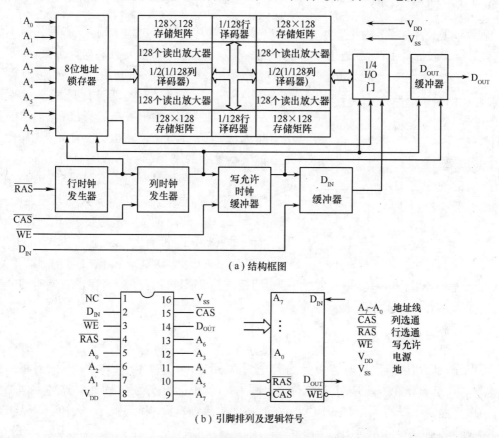

（a）结构框图

（b）引脚排列及逻辑符号

图 6-11　Intel 2164 为 64K×1 SRAM

64K 容量本需 16 位地址，但芯片引脚（图 6-11）只有 8 根地址线，$A_0 \sim A_7$ 需分时复用。在行地址选通信号 $\overline{RAS}$ 控制下先将 8 位行地址送入行地址锁存器，锁存器提供 8 位行地址 $RA_7 \sim RA_0$，译码后产生两组行选择线，每组 128 根。然后在列地址选通信号 $\overline{CAS}$ 控制下将 8 位列地址送入列地址锁存器，锁存器提供 8 位列地址 $CA_7 \sim CA_0$，译码后产生两组列选择线，每组 128 根。行地址 RA_7 与列地址 CA_7 选择 4 个 128×128 矩阵之一。因此，16 位地址是分成两次送入芯片的，对于某一地址码，只有一个 128×128 矩阵和它的 I/O 控制电路被选中。$A_0 \sim A_7$ 这 8 根地址线还用于在刷新时提供行地址，因为刷新是一行一行进行的。

2164A 的读/写操作由 $\overline{WE}$ 信号来控制，读操作时，$\overline{WE}$ 为高电平，选中单元的内容经三态输出缓冲器从 D_{OUT} 引脚输出；写操作时，$\overline{WE}$ 为低电平，D_{IN} 引脚上的信息经数据输入缓冲器写入选中单元。2164A 没有片选信号，实际上用行地址和列地址选通信号 $\overline{RAS}$ 和 $\overline{CAS}$ 作为片选信号，可见，片选信号已分解为行选信号与列选信号两部分。

6.4 只读存储器(ROM)

ROM 的特点是非易失性,即使电源断电,ROM 中存储的信息也不会丢失。由于它的结构比较简单,所以位密度高。PC 一般在 ROM 中存放诸如引导装入程序和不变的数据表之类的信息。

6.4.1 掩模 ROM

掩模 ROM 的内容是由生产厂家按用户要求在芯片的生产过程中写入的,写入后不能修改。其适合于大批量生产,不适用于科学研究。有双极型、MOS 型等几种电路形式。

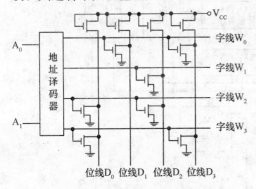

图 6-12　4×4 位 MOS 管 ROM

图 6-12 是一个简单的 4×4 位 MOS 管 ROM,采用单译码结构,两位地址线 A_1、A_0 译码后可有四种状态,输出 4 条选择线,分别选中 4 个单元,每个单元有 4 位输出。在此矩阵中,行和列的交点处有的连 MOS 管,表示存储"0"信息;有的则没有,表示存储"1"信息。若地址线 $A_1A_0=00$,字线 W_0 为高电平,若有 MOS 管与其相连(如位线 D_1 和 D_3),其相应的 MOS 管导通,位线输出为 0,而位线 D_0 和 D_2 没有 MOS 管与字线 W_0 相连,则输出为 1。因此,$D_3D_2D_1D_0$ 输出为 0101。

由于这种 ROM 中字线和位线之间是否跨接 MOS 管是根据存储内容在制造时的"掩模"工艺过程来决定的,所以称为掩模 ROM。

6.4.2 可编程存储器(PROM)

可编程只读存储器出厂时各单元内容全为 0,用户可用专门的 PROM 写入器将信息写入,这种写入是破坏性的,即某个存储位一旦写入 1,就不能再变为 0,因此对这种存储器只能进行一次编程。根据写入原理 PROM 可分为两类:结破坏型和熔丝型。图 6-13 是熔丝型 PROM 的基本存储单元示意图。

基本存储电路由一个三极管和一根熔丝组成,可存储一位信息。出厂时,每一根熔丝都与位线相连,存储的都是"1"信息。如果用户在使用前根据程序的需要,利用编程写入器对选中的基本存储电路通以 20～50 mA 的电流,将熔丝烧断,则该存储元将存储信息"0"。由于熔丝烧断后无法再接通,因而 PROM 只能一次编程。编程后不能再修改。

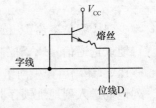

图 6-13　熔丝型 PROM 的基本存储单元

写入时,按给定地址译码后,选通字线,根据要写入信息的不同,在位线上加不同的电位,若要写"1",则向对应位线 D_i 置高电平,此时管子截止,熔丝被保留;若要写"0",则向对应位线 D_i 置低电平,此时管子导通,控制电流使熔丝烧断。

在正常只读状态工作时,按给定地址译码后,选通字线,若某一位晶体管熔丝未断,则位线被拉到 V_{CC} 高电平,读出信息为"1";若某一位晶体管熔丝被烧断,则读出信息为"0"。由于只读状态工作电流将很小,不会造成熔丝烧断,即不会破坏原存信息。

6.4.3 可擦除、可再编程存储器(EPROM)

1. EPROM 和 E^2PROM

PROM 虽然可供用户进行一次编程,但仍有局限性。为了便于研究工作和各种应用,可擦除、可再编程 ROM 在实际中得到了广泛使用。这种存储器利用编程器写入信息,此后便可作为只读存储器来使用。

目前,根据擦除芯片内已有信息的方法不同,可擦除、可再编程 ROM 可分为两种类型:紫外线擦除 PROM(简称 EPROM 或 UVEPROM)和电擦除 PROM(简称 EEPROM 或 E^2PROM)。

EPROM 的基本存储电路由叠栅注入 MOS(SIMOS)作为存储器件。SIMOS 管结构如图 6-14(a)所示。它属于 NMOS,与普通 NMOS 不同的是有两个栅极,一个是控制栅 CG,另一个是浮栅 FG。FG 在 CG 的下面,被 SiO_2 所包围,与四周绝缘。单个 SIMOS 管构成一个 EPROM 存储元件,如图 6-14(b)所示。

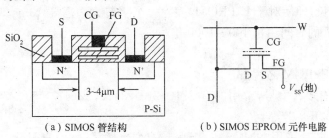

（a）SIMOS 管结构　　　　（b）SIMOS EPROM 元件电路

图 6-14　SIMOS 型 EPROM

与 CG 连接的线 W 称为字线,读出和编程时作选址用。漏极与位线 D 相连接,读出或编程时输出、输入信息。源极接 V_{ss}(接地)。当 FG 上没有电子驻留时,CG 开启电压为正常值 V_{cc},若 W 线上加高电平,源、漏间也加高电平,SIMOS 形成沟道并导通。当 FG 上有电子驻留,CG 开启电压升高超过 V_{cc},这时若 W 线加高电平,源、漏间仍加高电平,SIMOS 不导通。人们就是利用 SIMOS 管 FG 上有无电子驻留来存储信息的。因 FG 上电子被绝缘材料包围,不获得足够能量很难跑掉,所以可以长期保存信息,即使断电也不丢失。

SIMOS EPROM 芯片出厂时 FG 上是没有电子的,即都是"1"信息。对它编程,就是在 CG 和漏极都加高电压,向某些元件的 FG 注入一定数量的电子,把它们写为"0"。EPROM 封装方法与一般集成电路不同,需要有一个能通过紫外线的石英窗口。擦除时,将芯片放入擦除器的小盒中,用紫外灯照射约 20min,若读出各单元内容均为 FFH,说明原信息已被全部擦除,恢复到出厂状态。写好信息的 EPROM 为了防止因光线长期照射而引起的信息破坏,常用遮光胶纸贴于石英窗口上。

EPROM 的擦除是对整个芯片进行的,不能只擦除个别单元或个别位,擦除时间较长,且擦写均需离线操作,使用起来不方便,因此,能够在线擦写的 E^2PROM 芯片近年来得到广泛应用。

E^2PROM 也是采用浮栅技术生产的可编程存储器,构成存储单元的 MOS 管的结构如图 6-15所示。它与叠栅 MOS 管的不同之处在于浮栅延长区与漏区之间的交叠处有一个厚度约为 80Å 的薄绝缘层,当漏极接地,控制栅加上足够高的电压时,交叠区将产生一个很强的电

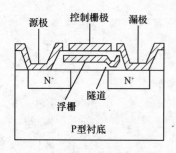

图 6-15 隧道 MOS 管
剖面结构示意图

场,在强电场的作用下,电子通过绝缘层到达浮栅,使浮栅带负电荷。这一现象称为"隧道效应",因此,该 MOS 管也称为隧道 MOS 管。相反,当控制栅接地漏极加一正电压,则产生与上述相反的过程,即浮栅放电。与 SIMOS 管相比,隧道 MOS 管也是利用浮栅是否积累有负电荷来存储二值数据的。若浮栅有负电荷存在,MOS 管为开路,存储单元为信息"1";反之则接通,即浮栅放电,存储单元为信息"0"。不同的是隧道 MOS 管是利用电擦除的,并且擦除的速度要快得多。

E²PROM 电擦除的过程就是改写过程,它是以字为单位进行的。E²PROM 具有 ROM 的非易失性,又具备类似 RAM 的功能,可以随时改写(可重复擦写 1 万次以上)。目前,大多数 E²PROM 芯片内部都备有升压电路。因此,只需提供单电源供电,便可进行读、擦除/写操作,为数字系统的设计和在线调试提供了极大的方便。

E²PROM 虽然既可读,又可写,但它却不能取代 RAM。原因有:

一是 E²PROM 的编程次数(使用寿命)是有限的;

二是写入时间长,即使对于 E²PROM,擦除一个字节大约需要 10ms,写入一个字节大约需要 10μs,比 RAM 的时间约长 100～1000 倍。

2. Intel 2716 EPROM 芯片

EPROM 芯片有多种型号,常用的有 2716(2K×8)、2732(4K×8)、2764(8K×8)、27128(16K×8)、27256(32K×8)等。

2716 EPROM 芯片采用 NMOS 工艺制造,双列直插式 24 引脚封装。其引脚、逻辑符号及内部结构如图 6-16 所示。

- A_0～A_{10}:11 条地址输入线。其中 7 条用于行译码,4 条用于列译码。
- O_0～O_7:8 位数据线。编程写入时是输入线,正常读出时是输出线。
- $\overline{CS}$:片选信号。当 $\overline{CS}$=0 时,允许 2716 读出。
- PD/PGM:待机/编程控制信号,输入。
- V_{PP}:编程电源。在编程写入时,V_{PP}=+25V;正常读出时,V_{PP}=+5V。
- V_{CC}:工作电源,为+5V。

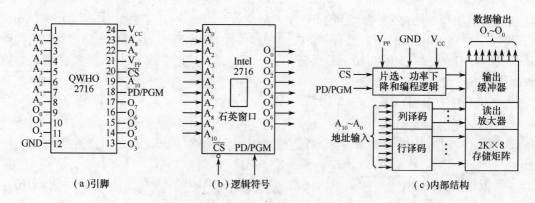

（a）引脚　　　　　　　（b）逻辑符号　　　　　　　（c）内部结构

图 6-16　Intel 2716 的引脚、逻辑符号及内部结构

6.4.4　Flash 存储器

近年来,发展很快的新型半导体存储器是闪速存储器(Flash Memory)。它的主要特点是在不加电的情况下能长期保持存储的信息。就其本质而言,Flash Memory 属于 E^2 PROM(电擦除可编程只读存储器)类型,它是将整个浮栅与通道间的 SiO_2 做得更薄,使得写入的时间可达 $10\mu s$ 以下,清除的次数则可高达十万次以上。它既有 ROM 的特点,又有很高的存取速度,而且易于擦除和重写,功耗很小等特点。

闪存单元由一个带浮栅的场效应管构成,该场效应管的阈值电源可通过在其栅极上施加电场而被反复改变(编程)。对应于浮栅中电荷(电子)的存在,存储单元(场效应管)会有两个阈值电压(两种状态)。当浮栅中的电子聚集时,存储单元的阈值电压就会升高,一般认为此时存储单元为"1"状态。这是因为加到控制栅极的读信号电压和位线预充电电平保持不变,存储单元并不导通。存储单元的阈值电压可以通过从浮栅中移走电子的方法来降低,此时存储单元被认为处在"0"状态。在这种情况下,所用信号电压和位线与地相连进行放电,存储单元的场效应管导通。所以,通过沟道电子注入或 Fowler-Nordheim 隧穿机理向场效应管的浮栅存储或释放电子,这样就可以对闪存单元进行编程。

图 6-17 为两种闪存单元编程概念的剖面示意图。当高电平加到控制栅极,且源极到漏极两端电压也是高电平时,电子就被横向电场加热。在漏极附件发生雪崩击穿,并且由于碰撞电离而产生电子—空穴对。控制栅极上的高电压通过氧化层吸引电子注入浮栅,而空穴在衬底电流作用下流到衬底。浮栅是利用大于 $10MV/cm$ 的强电场使氧化层形成隧穿电流,而不是用热电子的方法来对浮栅进行编程或擦除。当给控制栅极加 $0V$ 电压,给源极加高电平时,浮栅中的电子会因隧穿效应而注入源极。

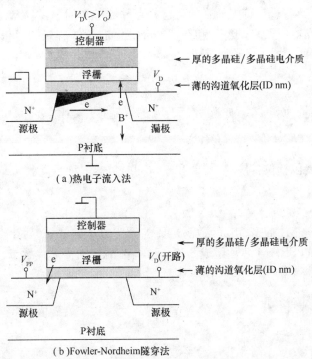

(a)热电子流入法

(b)Fowler-Nordheim隧穿法

图 6-17　闪存单元的编程和擦除方法

由于闪存储器中存储单元 MOS 管的源极是连接在一起的,所以不像 E^2 PROM 那样按字擦除,而是类似 EPROM 那样整片擦除或分块擦除。而闪存储器中数据的擦除和写入是分开进行的,数据写入方式与 EPROM 相同,需输入一个较高的电压,因此要为芯片提供两组电源。

闪存一般有 NOR 型和 NAND 型两类:一般小容量的用 NOR 因为其读取速度快,多用来存储操作系统等重要信息;大容量的用 NAND。与场效应管一样,闪存也是一种电压控制型器件。NAND 型闪存的擦和写均是基于隧道效应,电流穿过浮置栅极与硅基层之间的绝缘层,对浮置栅极进行充电(写数据)或放电(擦除数据)。而 NOR 型闪存擦除数据仍是基于隧道效应(电流从浮置栅极到硅基层),但在写入数据时则是采用热电子注入方式(电流从浮置栅极到源极)。

由于 Flash Memory 的独特优点,如在一些较新的主板上采用 Flash ROM BIOS,会使得BIOS 升级非常方便。Flash Memory 可用作固态大容量存储器。目前,普遍使用的大容量存储器仍为硬盘。硬盘虽有容量大和价格低的优点,但它是机电设备,有机械磨损,可靠性及耐用性相对较差,抗冲击、抗振动能力弱,功耗大。因此,人们一直希望找到取代硬盘的手段。由于 Flash Memory 集成度不断提高,价格降低,使其在便携机上取代小容量硬盘已成为可能。

6.5 存储器接口技术

在组成 PC 系统的存储器模块时,需要位数少、容量小的存储器芯片来组成存储器模块。

6.5.1 存储器芯片的扩展

要组成一个存储器系统,首先面临的是选择存储器芯片问题,然后就是如何把芯片连接起来的问题。根据存储器所要求的容量和选定的存储器芯片的容量,就可以计算出所需总的芯片数,即

$$总片数 = \frac{总容量}{容量/片}$$

例如,存储器容量为 8K×8,如选用 1K×4 的存储芯片,则需要

$$\frac{8K \times 8}{1K \times 4} = 8 \times 2 = 16 \quad (片)$$

存储芯片的扩展包括位扩展、字扩展和字位同时扩展三种情况。

1. 位扩展

位扩展是指存储芯片的字(单元)数满足要求而位数不够,需对每个存储单元的位数进行扩展。如用 8K×1 的 SRAM 芯片组成 8 K×8 的存储器,所需芯片数为

$$\frac{8K \times 8}{8K \times 1} = 8 \quad (片)$$

图 6-18 给出了使用 8 片 8 K×1 的 RAM 芯片通过位扩展构成 8K×8 的存储器系统的连线图。

由于存储器的字数与存储器芯片的字数一致,$2^{13} = 8$ K,故只需 13 根地址线($A_{12} \sim A_0$)对各芯片内的存储单元寻址,每一芯片只有一条数据线,所以需要 8 片这样的芯片,将它们的数据线分别接到数据总线($D_7 \sim D_0$)的相应位。在此连接方法中,每一条地址线有 8 个负载,每

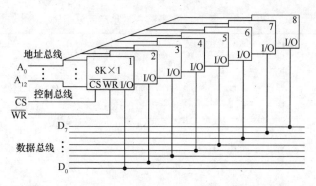

图 6-18　用 8K×1 位芯片组成 8K×8 位的存储器

一条数据线有一个负载。位扩展法中,所有芯片都应同时被选中,各芯片 $\overline{CS}$ 端可直接接地,也可并联在一起,根据地址范围的要求,与高位地址线译码产生的片选信号相连。对于此例,若地址线 $A_0 \sim A_{12}$ 上的信号为全 0,即选中了存储器 0 号单元,则该单元的 8 位信息是由各芯片 0 号单元的 1 位信息共同构成的。

可以看出,位扩展的连接方式是将各芯片的地址线、片选 $\overline{CS}$、读/写控制线相应并联,而数据线要分别引出。

2. 字扩展

字扩展用于存储芯片的位数满足要求而字数不够的情况,是对存储单元数量的扩展。如用 16K×8 的 SRAM 芯片组成 64K×8 的存储器,所需芯片数为

$$\frac{64K \times 8}{16K \times 8} = 4 \text{ 片}$$

图 6-19 给出了用 4 个 16 K×8 芯片经字扩展构成一个 64K×8 存储器系统的连接方法。

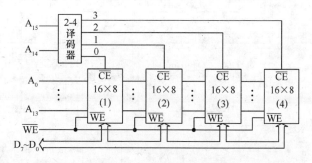

图 6-19　4 片 16K×8 位芯片组成 64K×8 位的存储器

图 6-19 中 4 个芯片的数据端与数据总线 $D_7 \sim D_0$ 相连;地址总线低位地址 $A_{13} \sim A_0$ 与各芯片的 14 位地址线连接,用于进行片内寻址;为了区分 4 个芯片的地址范围,还需要两根高位地址线 A_{14}、A_{15} 经 2－4 译码器译出 4 根片选信号线,分别和 4 个芯片的片选端相连。各芯片的地址范围见表 6.2。

可以看出,字扩展的连接方式是将各芯片的地址线、数据线、读/写控制线并联,而由片选信号来区分各片地址。也就是将低位地址线直接与各芯片地址线相连,以选择片内的某个单元;用高位地址线经译码器产生若干不同片选信号,连接到各芯片的片选端,以确定各芯片在整个存储空间中所属的地址范围。

表6.2　图7-19中各芯片地址空间分配表

地址 片号	$A_{15}A_{14}$	$A_{13}A_{12}A_{11}\cdots A_1A_0$	说　明
1	00	000$\cdots$00	最低地址(0000H)
	00	111$\cdots$11	最高地址(3FFFH)
2	01	000$\cdots$00	最低地址(4000H)
	01	111$\cdots$11	最高地址(7FFFH)
3	10	000$\cdots$00	最低地址(8000H)
	10	111$\cdots$11	最高地址(BFFFH)
4	11	000$\cdots$00	最低地址(C000H)
	11	111$\cdots$11	最高地址(FFFFH)

3. 字和位同时扩展

由于一片存储器芯片的容量是有限的,因此要组成一个大容量的存储器模块,通常需要几片或几十片存储器芯片,这往往会需要字数和位数都扩展的情况。

若使用 $l\times b$ 位存储器芯片构成一个容量为 $M\times N$ 位($M>l$,$N>b$)的存储器,那么这个存储器共需要$(M/l)\times(N/b)$个存储器芯片。连接时可将这些芯片分成(M/l)个组,每组有(N/b)个芯片,组内采用位扩展法,组间采用字扩展法。

如用 Intel 2114(1K$\times$4)SRAM 芯片组成 4K$\times$8 的存储器,所需芯片数为

$$\frac{4K\times8}{1K\times4}=4\times2=8\ 片$$

图 6-20 给出了用 2114(1K$\times$4)RAM 芯片构成 4K$\times$8 存储器的连接方法。

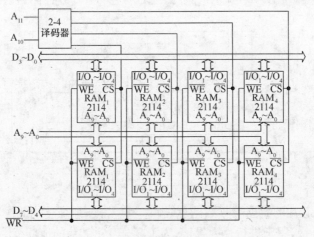

图 6-20　2114(1K$\times$4)RAM 芯片构成 4K$\times$8 存储器连接图

图 6-20 中将 8 片 2114 芯片分成了 4 组(RAM$_1$、RAM$_2$、RAM$_3$ 和 RAM$_4$),每组两片。组内用位扩展法构成 1K$\times$8 的存储模块,4 个这样的存储模块用字扩展法连接便构成了 4K$\times$8 的存储器。用 A$_9$~A$_0$这 10 根地址线对每组芯片进行片内寻址,同组芯片应被同时选中,故同组芯片的片选端应并联在一起。本例用 2－4 译码器对两根高位地址线 A$_{10}$、A$_{11}$译码,产生 4 根片选信号线,分别与各组芯片的片选端相连。各芯片的基本地址范围见表 6.3。

表 6.3　图 6-20 中各芯片基本地址空间分配表

组号 \ 地址	A_{11}	A_{10}	$A_9 \sim A_0$	地址范围
RAM$_1$	0	0	00$\cdots$0 $\vdots$ 11$\cdots$1	0000H$\sim$03FFH
RAM$_2$	0	1	00$\cdots$0 $\vdots$ 11$\cdots$1	0400H$\sim$07FFH
RAM$_3$	1	0	00$\cdots$0 $\vdots$ 11$\cdots$1	0800H$\sim$0BFFH
RAM$_4$	1	1	00$\cdots$0 $\vdots$ 11$\cdots$1	0C00H$\sim$0FFFH

令未用到的高位地址全为 0，这样确定的存储器地址称为基本地址。

6.5.2　存储芯片的地址和片选

CPU 与存储器连接时，特别是在扩展存储容量的场合下，存储器的地址分配是重要的问题。确定地址分配后，又有一个存储芯片的片选信号的产生问题。

CPU 要实现对存储单元的访问，首先要选择存储芯片，即片选；然后再从选中的芯片中依地址码选择出相应的存储单元，以进行数据的存取，这称为字选。片内的字选是由 CPU 送出的 n 条低地址线完成的，地址线直接接到所有存储芯片的地址输入端（n 由片内存储容量 2^n 确定）。而存储芯片的片选信号则大多是通过高位地址译码或直接连接产生的。

片选信号的产生可分为线选法、全地址译码法和部分地址译码法。

1. 线选法

线选法就是用除了片内寻址外的高位地址线直接（或经反相器）接至各个存储芯片的片选端，当某条地址线信息为"0"时，就选中与之对应的存储芯片。如图 6-21 为线选法构成的 $8K \times 8$ 存储器的连接图。各芯片的基本地址范围见表 6.4。

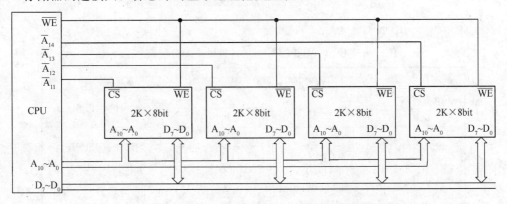

图 6-21　线选法构成的 $8K \times 8$ 存储器的连接图

表 6.4　图 6-21 中各芯片基本地址空间分配表

芯　片	$A_{19} \sim A_{15}$	$A_{14} \sim A_{11}$	$A_{10} \sim A_0$	地址范围(空间)
1#	00000	1110	0000…0	07000H～077FFH
			1111…1	
2#	00000	1101	0000…0	06800H～06FFFH
			1111…1	
3#	00000	1011	0000…0	05800H～05FFFH
			1111…1	
4#	00000	0111	0000…0	03800H～03FFFH
			1111…1	

　　线选法的优点是不需要地址译码器,线路简单,选择芯片无须外加逻辑电路,但仅适用于连接存储芯片较少的场合。同时,线选法不能充分利用系统的存储空间,且把地址空间分成了相互隔离的区域,给编程带来了一定的困难。

2. 全地址译码法

　　全译码法是用除了片内寻址外的全部高位地址线作为地址译码器的输入,把经过译码器译码后的输出作为各芯片的片选信号,将它们分别接到存储芯片的片选端,以实现对存储芯片的选择。如图 6-22 为全译码法构成的 32K×8 存储器的连接图。

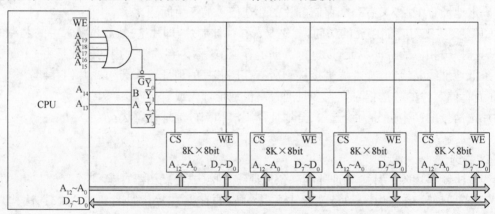

图 6-22　全译码法构成的 32K×8 存储器的连接图

各芯片的地址范围见表 6.5。

表 6.5　图 6-22 中各芯片地址空间分配表

芯　片	$A_{19} \sim A_{15}$	A_{14} A_{13}	$A_{12} \sim A_0$	地址范围(空间)
1#	00000	0 0	0000…0	00000H～01FFFH
			1111…1	
2#	00000	0 1	0000…0	02000H～03FFFH
			1111…1	
3#	00000	1 0	0000…0	04000H～05FFFH
			1111…1	
4#	00000	1 1	0000…0	06000H～07FFFH
			1111…1	

全译码法的优点是每片（或组）芯片的地址范围是唯一确定的,而且是连续的,也便于扩展,不会产生地址重叠的存储区,但其对译码电路要求较高,线路较复杂。

3. 部分地址译码法

在系统中如果不要求提供 CPU 可直接寻址的全部存储单元,则可采用线选法和全译码法相结合的方法,这就是部分译码法。所谓的部分译码,是用除了片内寻址外的高位地址的一部分来译码产生片选信号。如用 4 片 2K×8 的存储芯片组成 8K×8 存储器,需要 4 个片选信号,因此只需要用两位地址线来译码产生。各芯片的基本地址范围见表 6.6。

表 6.6　各芯片基本地址空间分配表

芯片	$A_{19} \sim A_{13}$	$A_{12} A_{11}$		$A_{10} \sim A_{0}$	地址范围
1#	××…×	0	0	00…0 ⋮ 11…1	00000H～007FFH
2#	××…×	0	1	00…0 ⋮ 11…1	00800H～00FFFH
3#	××…×	1	0	00…0 ⋮ 11…1	01000H～017FFH
4#	××…×	1	1	00…0 ⋮ 11…1	01800H～01FFFH

注:×为任意值

从地址分步来看,这 8K×8 存储器实际上占用了存储系统全部的空间(1MB)。每片 2K×8 的存储芯片有 1/4M＝256K 的地址重叠区,如图 6-23 所示。

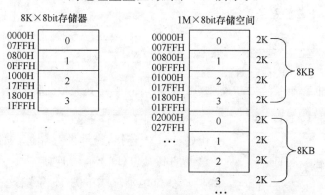

图 6-23　地址重叠区示意图

本例中 8K×8 存储器的基本地址为 00000H～01FFFH。部分地址译码法的优点是较全地址译码法简单,但存在地址重叠区。

6.5.3　PC 系列机的存储器接口

CPU 对存储器进行访问时,首先要在地址总线上发地址信号,选择要访问的存储单元,还要向存储器发出读/写控制信号,最后在数据总线上进行信息交换。因此,存储器与 CPU 的连接实际上就是存储器与三总线中相关信号线的连接。

8088、80286、80386 和 Pentium CPU 的外部数据总线分别为 8 位、16 位、32 位和 64 位,下面介绍它们与主存储器的接口。

1. 8 位存储器接口

数据总线为 8 位,而主存按字节编址,则匹配关系比较简单。对于 8 位(或准 16 位)微处理器,典型的时序安排是占用 4 个 CPU 时钟周期,称为 $T_1 \sim T_4$,构成一个总线周期,一个总线周期中读/写一个 8 位数据。

8 位 CPU 提供读选通、写选通和 IO 等控制信号去控制存储器系统的读/写操作。其地址总线为 16 位,它的 64K 存储空间同属一个单一的存储体,即存储体为 64K×8 位。图 6-24 给出了 8 位微机系统中存储器组成原理图(图中省略了控制信号)。

2. 16 位存储器接口

8086 CPU 的地址总线有 20 条,它的存储器是以字节为存储单元组成的,每个字节对应一个唯一的地址码,所以具有 1MB 的寻址能力。

8086 CPU 数据总线 16 位,与 8086 CPU 对应的 1 MB 存储空间可分为两个 512 KB 的存储体。其中一个存储体由奇地址的存储单元(高字节)组成,另一个存储体由偶地址的存储单元(低字节)组成。前者称为奇地址的存储体,后者称为偶地址的存储体,如图 6-25 所示(图中省略了读/写控制信号)。

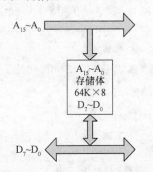

图 6-24 8 位微机系统中存储器组成原理图　　图 6-25 16 位微机系统中存储器组成原理图

表 6.7 存储体选择

$\overline{BHE}$	A_0	操　作
0	0	奇偶两个字节同时传送
0	1	从奇地址传送一个字节
1	0	从偶地址传送一个字节
1	1	无操作

偶地址存储体的数据线与 16 位数据总线的低 8 位($D_7 \sim D_0$)连接,奇地址存储体的数据线与 16 位数据总线的高 8 位($D_{15} \sim D_8$)连接。

20 位地址总线中的 19 条线($A_{19} \sim A_1$)同时对这两个存储体寻址,地址总线中的另一条线 A_0 只与偶地址存储体相连接,用于对偶地址存储体的选择。当 A_0 为 0 时,选中偶地址存储体,当 A_0 为 1 时,不能选中偶地址存储体。奇地址存储体的选择信号为 $\overline{BHE}$。表 6.7 为 A_0 和 $\overline{BHE}$ 组合状态所对应的传送类型。

从表 6.7 可以看出,A_0 和 $\overline{BHE}$ 两个信号相互配合,可同时对两个存储体进行读/写操作,也可对其中一个存储体单独进行读/写操作。当进行 16 位数据(字)操作时,若这个数据的低 8 位存放在偶地址存储体中,而高 8 位存放在奇地址存储体中,则可同时访问奇偶地址两个存储体,在一个总线周期内可完成 16 位数据的存取操作。

若 16 位数据在存储器中的存放格式与上述格式相反,即低 8 位存放在奇地址存储体中,而高 8 位存放在偶地址存储体中,则需两个总线周期才能完成此 16 位数据的存取操作;第一个总线周期完成奇地址存储体中低 8 位字节的数据传送,然后地址自动加 1;在第二个总线周期中完成偶地址存储体中高 8 位字节的数据传送。

上述从奇地址开始的 16 位(字)数据的两步操作是由 CPU 自动完成的。除增加一个总线周期外,其他与从偶地址开始的 16 位数据操作完全相同。若传送的是 8 位数据(字节),则每个总线周期可在奇地址或偶地址存储体中完成一个数据的传送操作,如图 6-26 所示。

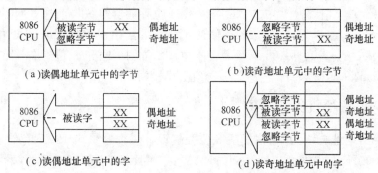

（a）读偶地址单元中的字节　　　　（b）读奇地址单元中的字节

（c）读偶地址单元中的字　　　　（d）读奇地址单元中的字

图 6-26　从 8086 存储器的偶数和奇数地址读字节和字

根据 8086 CPU 系统中存储器组成原理,ROM 模块和 RAM 模块都要由奇偶两个地址存储体来组织。8086 CPU 加电复位后启动地址为 0FFFF0H,8086 的中断向量表放在存储器地址的最低端 00000H 到 003FFH 之间,占有 1K 字节的存储空间。因此 8086 系统中 ROM 模块地址分配在存储器地址空间高端。RAM 模块地址分配在存储器地址空间的低端。

3. 32 位存储器接口

由于 80386/80486 CPU 要保持与 8086 等 CPU 兼容,这就要求在进行存储器系统设计时必须满足单字节、双字节和 4 字节等不同访问。为了实现 8 位、16 位和 32 位数据的访问,80386/80486 CPU 设有 4 个引脚 $\overline{BE_3} \sim \overline{BE_0}$,以控制不同数据的访问。$\overline{BE_3} \sim \overline{BE_0}$ 由 CPU 根据指令的类型产生。

在 8 位和 16 位数据传送中,当 CPU 写入高字节或高 16 位数据时,该数据将在低字节或低 16 位数据线上重复输出。其目的是为了加快数据传送的速度,但是是否能够写入低字节或低 16 位单元,则由相应的 $\overline{BE_i}$ 决定。

如图 6-27 所示。80386/80486 CPU 有 32 位地址线,但是直接输入 $A_{31} \sim A_2$,低两位 A_1、A_0 由内部编码产生 $\overline{BE_3} \sim \overline{BE_0}$,以选择不同字节。32 位微处理器的存储器系统由 4 个存储体组成,存储体选择通过选择信号实现。如果要传送一个 32 位数,那么 4 个存储体都被选中;若要传送一个 16 位数,则有两个存储体被选中;若传送的是 8 位数,则只有一个存储体被选中。

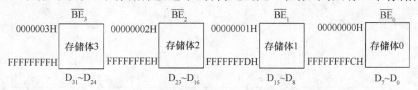

图 6-27　32 位微处理器的存储器组织

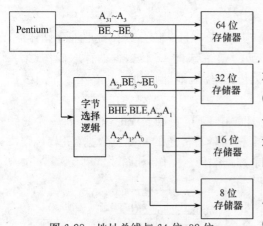

图 6-28 地址总线与 64 位、32 位、
16 位和 8 位存储器接口

4. 64 位存储器接口

64 位 CPU 的存储系统由 8 个存储体组成，存储体选择通过选择信号实现。如果要传送一个 64 位数，那么 8 个存储体都被选中；如果要传送一个 32 位数，那么有 4 个存储体被选中；若要传送一个 16 位数，则有两个存储体被选中；若传送的是 8 位数，则只有一个存储体被选中。

64 位存储器组织与前述 32 位存储器组织相似。图 6-28 给出了 Pentium CPU 的地址总线与 64 位、32 位、16 位和 8 位存储器的接口信号示意图。

6.5.4 存储器接口设计举例

【例 6-1】要给地址总线为 16 位的某 8 位微机设计一个容量为 12KB 存储器，要求 ROM 区为 8KB，从 0000H 开始，采用 2716 芯片；RAM 区为 4KB，从 2000H 开始，采用 2114 芯片。试画出设计的存储器系统的连线图。

解: (1) 计算芯片数

ROM 区:2716(2K×8)　$\dfrac{8K \times 8}{2K \times 8} = 4$ 片　4 片 2716

RAM 区:2114(1K×8)　$\dfrac{4K \times 8}{1K \times 4} = 4 \times 2 = 8$ 片　8 片 2114

(2) 地址分配与片选逻辑

ROM 区(2716 芯片)地址分配与片选逻辑见表 6.8，RAM 区(2114 芯片)地址分配与片选逻辑见表 6.9。

表 6.8　ROM 区(2716 芯片)地址分配与片选逻辑

A_{15}	A_{14}	A_{13}	A_{12}	A_{11}	$A_{10} \sim A_0$	地址范围
0	0	0	0	0	00…0 ⋮ 11…1	0000H～07FFH
0	0	0	0	1	00…0 ⋮ 11…1	0800H～0FFFH
0	0	0	1	0	00…0 ⋮ 11…1	1000H～17FFH
0	0	0	1	1	00…0 ⋮ 11…1	1800H～1FFFH

表 6.9　RAM 区(2114 芯片)地址分配与片选逻辑

A_{15}	A_{14}	A_{13}	A_{12}	A_{11}	A_{10}	$A_9 \sim A_0$	地址范围
0	0	1	0	0	0	0…0 ⋮ 1…1	2000H~23FFH
0	0	1	0	0	1	0…0 ⋮ 1…1	2400H~27FFH
0	0	1	0	1	0	0…0 ⋮ 1…1	2800H~2BFFH
0	0	1	0	1	1	0…0 ⋮ 1…1	2C00H~2FFFH

(3)连接逻辑图

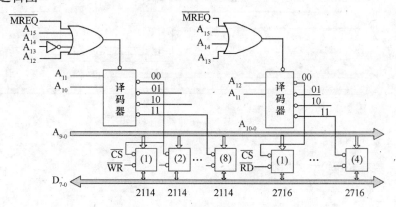

图 6-29　例 7-1 存储器连接逻辑图

【例 6-2】以 8086 最小方式设计一个容量为 16KB 的 RAM 存储器区,要求从 1C000H 开始的连续存储区,采用 6264 SRAM 芯片。试画出设计的存储器系统的连线图。

解:(1)计算芯片数

$$\text{RAM 区:6264(8K} \times 8) \quad \frac{16\text{K} \times 8}{8\text{K} \times 8} = 2 \text{片} \quad 2 \text{片 6264 SRAM 芯片}$$

$$16\text{KB} = 16\text{K} \times 8 = 8\text{K} \times 8 \times 2 = 8\text{K} \times 16$$

用 A_0 和 $\overline{\text{BHE}}$ 作为偶存储体和奇存储体的选择信号,低电平有效。地址范围为 1C000H~1FFFFH。

(2)地址分配与片选逻辑

RAM 区(6264 芯片)地址分配与片选逻辑见表 6.10。

表 6.10　RAM 区(6264 芯片)地址分配与片选逻辑

芯片	A_{19} A_{18} A_{17}	A_{16} A_{15} A_{14}	$A_{13} \sim A_1$	地址范围	说　　明
1#	0　0　0	1　1　1	00…0 ⋮ 11…1	1C000H~1DFFFH	A_0 有效,偶存储体,数据线 $D_7 \sim D_0$
2#	0　0　0	1　1　1	00…0 ⋮ 11…1	1E000H~1FFFFH	$\overline{\text{BHE}}$ 有效,奇存储体,数据线 $D_{15} \sim D_8$

（3）连接逻辑图

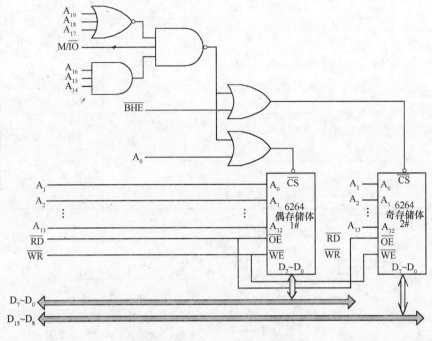

图 6-30　例 6-2 存储器连接逻辑图

6.6　高速缓冲存储器

6.6.1　概述

由于 DRAM 集成度高且价格低，因此微机系统中主存储器均采用 DRAM 构成。近几年来推出的高档 CPU 的速度越来越快，而一般的低价 DRAM 速度很难满足 CPU 对速度的要求。SRAM 虽速度高，但价格也高，用它构成大容量主存储器是根本不可能的。

高速缓冲存储器(Cache Memory，以下简称高速缓存)由小容量的高速 SRAM 和高速缓存控制器组成。它的功能是把 CPU 将要使用的指令和数据从 DRAM 主存储器中复制到高速缓存 SRAM 中，而由高速缓存 SRAM 向 CPU 直接提供它所需要的大多数的指令和数据，实现零等待状态。

DRAM 构成的主存储器和高速缓存一起构成了动态存储器系统。这种动态存储器系统可以构成模拟大量高速缓存的方式，使得整个系统以近乎 DRAM 的价格，提供近乎大容量 SRAM 的性能。命中率高的高速缓冲存储器系统的存取速度接近于 SRAM 存储器系统。

在高速缓冲存储器系统中，所有信息都存储于主存储器内，而其中一部分则拷贝一份存储在高速缓存内。每当 CPU 要存取存储器时，都先检查高速缓存。若所要的指令或数据在高速缓存内，则 CPU 直接存取高速缓存。这种情况称为高速命中。反之，若 CPU 所要的指令或数据不在高速缓存内，则需存取较慢速的主存储器，这种情况称为高速未命中。在高速未命中，CPU 在等待存取主存储器时，高速缓存控制器就将这些数据由主存储器取入高速缓存内。

由于使用高速缓存的主要目的在于提高访问存储器的速度，因而高速命中率愈高，高速缓冲存储器系统的性能愈好。理想的情况是如果能完全预测 CPU 未来要存取的存储位置,而预先将这些存储位置的内容送入高速缓存内,则高速缓存的命中率可达百分之百。不过,这是不可能的。但是,绝大多数计算机程序都有一个基本特性,即程序紧接着需存取的存储位置通常都位于目前其所存取的存储位置附近。这一原则即称为程序局部性(program locality)或存取局部性(locality of reference)原理。

程序局部性是明显的。例如,一般程序的执行都是顺序地——执行相邻的指令,因而彼此都很靠近。还有循环的执行亦是 CPU 在一段期间内均一直重复执行同一组在一起的指令。此外,如数据变量的存取亦经常是连续存取几次。堆栈只能由栈顶一端存取,故一串的压栈与弹出操作均存取距离目前栈顶不远的存储位置。字符串或数组的存取亦经常是循序地——经过每一元素。

因此,根据局部性原理,在预测程序的存取类型不可能的情况下,提高高速命中率最可靠的方法即以高速缓存存取 CPU 在最近的过去一直在使用的指令与数据。因为,根据局部性原理,这些指令与数据,亦是在最近的未来 CPU 所最可能用到的。在 CPU 第 1 次存取到某些位置时,我们即将这些位置以及附近位置的内容送入高速缓存内,若无意外,则这些新送入的存储内容应当是 CPU 稍后就会再存取到的。

每次在 CPU 存取到不在高速缓存里面的新存储区时,我们都这样做。而在高速缓存已经存满时,我们即把现有高速缓存内很久没用到的部分删除,让高速缓存永远保存着最新的最常用的数据内容。

高速缓存控制器将主存储器分成若干个块,每一块为 2、4、8、16 或 32 个字节,并在需要时,每次取入一个块,而不是一个字节。这样的块可以包含处在所需字节前后的数据。块的大小要适宜,否则影响系统的性能。

高速 SRAM 均含有两部分。其中,数据部分即含由主存储器取入的存储内容。另外,标志部分则含这些已取入的存储内容在主存储器中的地址。常所指的高速缓存大小,即指其存储数据那一部分的大小,而忽略标志部分。高速缓存的大小也影响系统的性能。

另外,在 CPU 更新了高速缓存中某一存储位置的内容后,若对应的主存储器相应位置的内容未立即更新,则稍后新取入高速缓存的数据很可能正好存入刚被 CPU 更新过的高速缓存位置。

这种情况称为高速缓存更新内容丢失。为防止此种现象发生,可采用通写(write-through)与回写(write back)两种方式处理。

对于通写方式,每当 CPU 对高速缓存某一位置进行写操作时,高速缓存控制器会立即将这项新内容写入主存储器所对应的位置内。

对于回写方式,高速缓存的每一存储块的标志字段上都附有一更新位。若高速缓存某一存储块所含的数据曾被 CPU 更新过,但未同时更新主存储器的对应位置内容时,则该块的更新位的值置为 1。

每当要将新的内容写入高速缓存任一存储块时,高速缓存控制器即检查该块的更新位。若为 0,则直接写入;否则,先将该存储块现有内容写回主存储器对应位置后,再将新内容写入该存储块。

高速缓存有三种类型,即全相关式高速缓存、直接映像式高速缓存和多路成组相关式高速缓存。后面我们将介绍直接映像式和多路成组相关式高速缓存的组成和原理。

6.6.2 内部高速缓存

80486 CPU 设置了 8KB 的内部高速缓存，用于存储指令和数据。CPU 访问内部高速缓存比访问主存储器要大大节省时间，减少了对外部总线的使用，因而提高了系统的性能。Pentium 片内设置了两个 8KB 内部高速缓存，一个作为指令高速缓存，另一个作为数据高速缓存。指令和数据分别使用不同的高速缓存，使 Pentium 的性能大大超过 80486。下面简要介绍 80486 内部高速缓存的结构及操作。

1. 内部高速缓存的结构

80486 CPU 内部高速缓存采用 4 路成组相关式结构。存放指令数据的 8KB 高速 SRAM 分成 4 组，每组 2KB。

每组分成 128 行，行位置号为 0～127，每行存储 16 字节。与每组相对应的存放标志部分的 SRAM 为 128×22 位，每行对应 22 位，其中 1 位为有效位(V)，指示该行存储的指令数据是否有效。另外 21 位为地址标志，用于存放该行存储的指令数据在主存储器中的物理地址的高 21 位(D_{31}～D_{11})。而物理地址的 D_{10}～D_4 共 7 指明该地址标志所在的行位置号，共指示 128 行。图 6-31 给出了内部高速缓存的结构示意图。

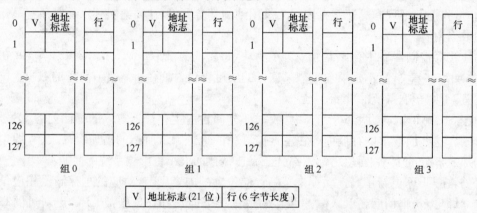

图 6-31　内部高速缓存的结构示意图

2. 内部高速缓存的操作

开机时高速缓存中无任何内容，当 CPU 执行程序发出地址去读主存储器时，读取的内容一方面供 CPU 去译码分析和执行，同时还要将其内容按块(16 字节)"拷贝"到高速缓存的某行中，行号由该内容在主存储器中物理地址的 D_{10}～D_4 决定。

与此同时，还要将该内容在主存储器中物理地址的高 21 位登记在该行对应的地址标志中。此后，CPU 每次读取主存储器时，首先去高速缓存中查找，如果存于高速缓存中，则可快速从高速缓存中读取指令数据。否则，须到主存储器中去读取所需的内容。

80486 CPU 访问内部高速缓存的命中率很高。如图 6-32 所示，CPU 访问主存储器时首先必须计算出 32 位的物理地址，然后按图示顺序进行操作。其操作过程为：

①根据物理地址的 D_{10}～D_4 的值确定 4 个组中对应的行号；

②将物理地址的高 21 位(D_{31}～D_{11})分别与 4 个组中对应行的地址标志的内容进行比较；

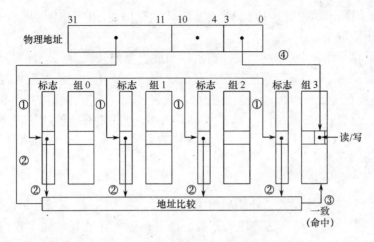

图 6-32 访问内部高速缓存的操作

③如某组(如组 3)对应行的地址标志的内容与物理地址的高 21 位相一致,则高速命中,组 3 的该行被选中;

④按物理地址低 4 位($D_3 \sim D_0$)确定对组 3 选中行的 16 个字节中规定字节进行读/写操作。

若组 0～组 3 对应行的地址标志内容都与物理地址高 21 位不一致,则未高速命中,此时需访问 CPU 外的主存储器,且同时还要将包含访问内容的数据块从主存储器中送入内部高速缓存中,以提高后续访问的高速命中率。在 READ 未命中周期中,CPU 从主存储器读取数据,其数据也被写入高速缓存的行组部分,其行号由数据的物理地址 $D_{10} \sim D_4$ 决定。数据的物理地址的高 21 位被登记在所选择行组的地址标志部分。数据拷贝到哪个组中,应首先选中 V 位为 0(无效)的组。

经常采用最近最少用(LRU)算法保留最近使用的指令和数据,替代今后使用可能性小的组。

图 6-33 表示将外部的主存储器 22334450H～233445FH 的 16 字节数据应该拷贝到所选中组的第 69 行中。当 CPU 访问存储器时,如图 7-33 所示,按照先选行后选组的顺序访问高速缓存,即首先根据将要访问数据的物理地址 $D_{10} \sim D_4$ 选中对应的行(如 69 行),然后将物理地址的高 21 位与对应行中地址标志内容进行比较,如果有一个地址标志内容与该地址一致,则命中,CPU 访问高速缓存而不访问主存储器;相反,如果 4 个组中没有一个地址标志内容与该地址一致,称为未命中,CPU 必须访问外部的主存储器。

在 WRITE 周期命中时,数据一经写入高速缓存并将修改后的这个行也写到主存储器中。这种把数据写入高速缓存和主存储器因而修改主存储器内容的方法称为通写方式。80486 CPU 采用通写方式。

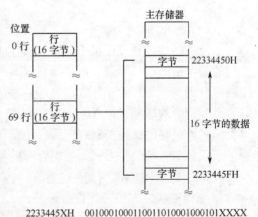

2233445XH 0010001000110011010001000101XXXX
物理地址

图 6-33 主存储器与行组对应位置

在 WRITE 周期未命中时,CPU 只把数据写入主存储器。在 READ 周期命中时,CPU 只从高速缓存中读取数据。

内部高速缓存采用指令和数据混合放置,称为联合型高速缓存,其目的是发展多用途,如只执行无数据存取指令时,全部高速缓存就可全部为指令所用;相反,在简单循环中处理大量数据时,在高速缓存中就可以大部分放置数据。通过使高速缓存中所有行组的有效位(V)变为失效的操作,可以清除高速缓存。对于 80486 CPU,通过外部硬件或执行特殊指令均可清除高速缓存。

6.6.3　外部高速缓存

在 80386 CPU 系统中设置了外部高速缓存,而 80486 CPU 也支持外部高速缓存,其引脚信号 PWT 和 PCD 支持外部高速缓存的实施。外部高速缓存的容量通常比内部高速缓存的容量大得多,一般为 32～256KB。在 80486 系统中,当内部高速缓存没有命中时,则在外部高速缓存中大多能命中,只有当外部高速缓存也没有命中时,才去访问速度较低的主存储器。这样,使 CPU 访问存储器的平均等待时间几乎趋于零。

外部高速缓存在存储器系统中的位置如图 6-34 所示。外部高速缓存由高速缓存 SRAM 和高速缓存控制器两部分组成。高速缓存控制器含有控制逻辑和标志存储器。高速缓存采用直接映像方式或 2 路成组相关方式。

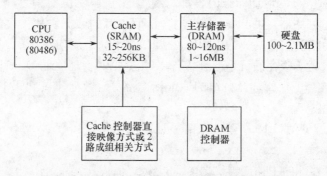

图 6-34　外部高速缓存在存储器系统中的位置

系统程序和各种应用程序以及数据存放在硬盘中,系统中需要常驻内存的程序以及当前执行的程序由操作系统调入主存储器(DRAM)中,CPU 经常要使用的主存储器中的指令和数据被拷贝到高速缓存中。外部高速缓存位于 CPU 和主存储器(DRAM)之间,它一般由几片高速小容量的静态随机存取存储器 SRAM 组成,读/写周期一般为 15～35ns。高速缓存控制器根据高速缓存的结构控制高速缓存的操作。

下面介绍直接映像方式高速缓存和两路成组相关方式高速缓存的结构及工作原理。

1. 直接映像方式高速缓存

假定有一容量为 64KB 的直接映像方式高速缓存,其主存储器 DRAM 为 16MB。32 位物理地址被分成 3 个字段,最高 8 位为选择字段,通过片内选择逻辑决定访问高速缓存还是访问主存储器 DRAM。地址的 $A_{23}\sim A_{16}$ 共 8 位为标志字段,低 16 位地址为变址字段。标志字段再加变址字段共 24 位用来决定 16MB 主存储器地址,它可以遍访 16MB 的 DRAM。由于 16 位变址字段用来对 SRAM 寻址,所以 16 位变址可遍访 64KB 高速缓存 SRAM。64K×8

SRAM 对 32 位数据总线来说,可以构成 16K×32 位 SRAM。在 16M×8 的 DRAM 中,能有 256 个 16K×32 位这样大的"存储页",每一页的大小正好等于高速缓存的实际大小。每一高速缓存的地址均与 256 个不同主存储器地址相对应。页的编号为 0~255,正是地址标志字段的值。

存放数据的 64KB SRAM 按照 16K×32 位结构,分成 16384 行,行位置号为 0~16383,每行存储 4 个字节(32 位)。存放地址标志的 SRAM 为 16K×8 位,用于存放对应行中存储的数据在主存储器中物理地址的标志字段。物理地址的 A_{15}~A_2 共 14 位指明该地址标志所在的行位置号,共 16384 行。图 6-35 给出了直接映像方式高速缓存结构示意图。

将主存储器分成 4 个字节为一块(块的起始地址为被 4 整除的地址),该主存储器内容按块拷贝到高速 SRAM 某行中,行号由该内容在主存储器中物理地址 A_{15}~A_2 决定。与此同时,还将该地址的高 8 位(A_{23}~A_{16})登记在该行对应的地址标志中。

当 CPU 需要读数据时,发出一个 24 位地址信号,高速缓存控制器将用变址字段的 A_{15}~A_2 找到与之对应的高速 SRAM 的行位置号。还要将地址的标志字段(A_{23}~A_{16})与该行对应的地址标志 SRAM 中内容比较,若一致,则为高速命中,由 $\overline{BE_3}$~$\overline{BE_0}$ 来决定读出该行中 4 个字节中哪个字节。若比较结果不一致,则未命中,CPU 执行访问主存储器 DRAM,使 CPU 获得所需数据,不仅将该数据送入 CPU,而且还要存入 SRAM 中。

图 6-35　直接映像方式高速缓存结构示意图

这种直接映像方式高速缓存,其主存储器的每一个物理地址仅与高速缓存的一行地址相关,而标志字段的 8 位值可以区分可能被存在同一行中的主存储器中的不同存储页,因此只需要比较一次。其缺点是,主存储器 DRAM 页间进行频繁调用时,高速缓存控制器必须进行频繁的切换工作。

2. 两路成组相关方式高速缓存

多路成组相关方式高速缓存通常均含两组或四组直接映像方式机构,分别称为两路成组相关方式高速缓存和四路成组相关方式高速缓存。前面已介绍了四路成组相关方式高速缓存。两路成组相关方式高速缓存将 64 K×8 SRAM 分成两组,每组为 32 K×8 位。其结构如图 6-36 所示。

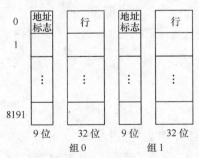

图 6-36　两路成组相关方式高速缓存结构示意图

32 位物理地址的最高 8 位同样为选择字段,标志字段为 A_{23}~A_{15} 共 9 位,变址字段为低 15 位地址。16MB 主存储器分成 512 个存储页,每页 32K×8 位,每个数据块为 4 字节。与直接映像方式相比,这里的每一组高速 SRAM 的容量减半,但相对而言,每一主存储器的数据块(4 字节)则变成有两组数据行与之对应。

要判定是否命中,需比较两次,它好像是两个直接映像方式高速缓存。对任一给定的变址值,两组中对应行皆响应。可以看出,虽然提高了高速命中率,比直接映像式高速缓存更有效,但比较复杂。

6.7　提高主存储器读/写的技术

近几年来 PC 主存储器技术一直在不断地发展,从最早使用的 DRAM 到后来的 FPM DRAM、EDO DRAM、SDRAM、DDR SDRAM、DDR2 SDRAM 和 DDR3 SDRAM,出现了各种主存储器控制与访问技术,它们的共同特点是使主存储器的读/写速度有了很大的提高。

6.7.1　SDRAM

DRAM、FPM DRAM 和 EDO DRAM 都属于"非同步存取的存储器",即它们的工作速度并没有和系统时钟同步,在存取数据时,系统须等待若干时钟周期才能接收和发送数据。如 EDO DRAM 须等待两个时钟周期,FPM DRAM 则须等待三个时钟周期,这样等待制约了系统的数据传送速率。通常,FPM DRAM 和 DEO DRAM 的速度不超过 66MHz。

同步动态存储器 SDRAM(Synchronous DRAM,SDRAM)是一种与主存储器总线运行同步的 DRAM。SDRAM 在同步脉冲的控制下工作,取消了主存储器等待时间,减少了数据的延迟时间,因而加快了系统速度。SDRAM 仍然是一种 DRAM。起始延迟仍然不变,但总周期时间比 FPM DRAM 和 DEO DRAM 快得多。SDRAM 的突发模式可达到 5-1-1-1,即进行 4 个主存储器传输,仅需 8 个周期,比 EDO DRAM 快将近 20%。

SDRAM 的基本原理是将 CPU 和 DRAM 通过一个相同的时钟锁在一起,使得 DRAM 和 CPU 能够共享一个时钟周期,以相同的速度同步工作。就是说,SDRAM 在开始时要多花一些时间,但在以后,每 1 个时钟可以读/写 1 个数据,做到了所有的输入/输出信号与系统时钟同步。这已经接近主板上的同步 Cache 的 3-1-1-1 水准。一般来说,在系统时钟为 66MHz 时,SDRAM 与 EDO DRAM 相比,优势并不明显,但当系统时钟增加到 100MHz 以上,SDRAM 的优势便十分明显。

SDRAM 基于双存储体结构,内含两个交错的存储阵列,当 CPU 从一个存储体或阵列访问数据的同时,另一个已准备好读/写数据。通过两个存储阵列的紧密切换,读取效率得到成倍提高。理论上速度可与 CPU 频率同步,与 CPU 共享一个时钟周期。

SDRAM 普遍采用 168 线的 DIMM 封装,速度通常以 MHz 来标定,一般使用 3.3V 电压。SDRAM 支持 PC 66/100/133/150 等不同技术规范。SDRAM 不仅可以用做主存,在显示卡专用内存方面也有广泛应用。对显示卡来说,数据带宽越宽,同时处理的数据就越多,显示的信息就越多,显示质量也就越高。SDRAM 也将应用于一种集成主存和显示内存的结构——共享内存结构(UMA)当中。许多高性能显示卡价格昂贵,就是因为其专用显示内存成本极高,UMA 技术利用主存作显示内存,不再需要增加专门的显示内存,因此这种结构在很大程度上降低了系统成本。

6.7.2　DDR SDRAM

双倍数据传输率 SDRAM(Double Data Rate SDRAM,DDR SDRAM)也可以说是 SDRAM 的升级版。DDR SDRAM 在原有的 SDRAM 的基础上改进而来。也正因为如此,DDR 成为当今的主流。DDR 运用了更先进的同步电路,它与 SDRAM 的主要区别是:DDR SDRAM 不仅能在时钟脉冲的上升沿读出数据,而且还能在时钟下降沿读出数据,不需要提高时钟频率就能加倍提高 SDRAM 的速度。和 SDRAM 相比,DDR 运用了更先进的同步电路,使指定地址、数据的输送和输出主要步骤既独立执行,又保持和 CPU 完全同步;DDR 使用了 DLL(Delay Locked Loop,延时锁定回路提供一个数据滤波信号)技术,当数据有效时,存储控制器可使用这个数据滤波信号来精确定位数据,每 16 次输出一次,并重新同步来自不同存储器模块的数据。

SDRAM 在一个时钟周期内只传输一次数据,其等效频率和工作频率是一致,它是在时钟的上升沿进行数据传输;而 DDR 内存则是一个时钟周期内传输两次数据。DDR SDRAM 的频率可以用工作频率和等效传输频率两种方式表示,工作频率是内存颗粒实际的工作频率(又称核心频率),但是由于 DDR 可以再时钟脉冲的上升和下降沿都传输数据,因此传输数据的等效传输频率是工作频率的两倍。由于外部数据总线的宽度为 64 位,所以数据传输率(带宽)=等效传输频率×数据总线位数/8。

DDR 内存后面的数字表示 DDR 内存的等效频率,如 DDR 200 表示该内存的等效频率为 200MHz,工作频率为 100MHz。如外部数据总线的宽度为 64 位,其数据传输率(带宽)= 200×64/8=1600MB/s。

从外形体积上 DDR 和 SDRAM 相比差别并不大,它们具有同样的尺寸和同样的针脚距离。但 DDR 为 184 引脚,比 SDRAM 多出了 16 个引脚,主要包含了新的控制、时钟、电源和接地等信号。DDR 内存采用的是支持 2.5V 电压的 SSTL2 标准,而不是 SDRAM 使用的 3.3V 电压的 LVTTL 标准。

PC1600 如果按照传统习惯传输标准的命名,PC1600(DDR200)应该是 PC200。在当时 DDR 内存正在和 RDRAM 内存进行下一代内存标准之争,此时的 RDRAM 按照频率命名应该叫 PC600 和 PC800。这样对于不是非常了解的人来说,自然会认为 PC200 远远落后于 PC600,而 JEDEC(Joint Electron Device Engineering Council,联合电子设备工程委员会)基于市场竞争的考虑,将 DDR 内存的命名规范进行了调整。传统习惯是按照内存工作频率来命名,而 DDR 内存则以内存传输速率命名。因此才有了今天的 PC1600、PC2100、PC2700、PC3200、PC3500 等。

PC1600 的实际工作频率是 100 MHz,而等效传输频率是 200 MHz,那么他的数据传输速率为 200MHz×64bit/8=1600MB/s,从而命名为 PC1600。

6.7.3　DDR2 SDRAM 和 DDR3 SDRAM

DDR2(Double Data Rate2,DDR2)SDRAM 能看作是 DDR 技术标准的一种升级和扩展。DDR 的工作频率(核心频率)和时钟频率相等,但数据频率(等效传输频率)为时钟频率的两倍,也就是说在一个时钟周期内必须传输两次数据。而 DDR2 采用"4 bit Prefetch(4 位预取)"机制,工作频率仅为时钟频率的一半、时钟频率再为数据频率的一半,这样即使核心频率还在 200MHz,DDR2 内存的数据频率也能达到 800MHz,也就是所谓的 DDR2 800。

DDR2 SDRAM 则在 DDR SDRAM 的基础上再次进行了改进,它同样可在时钟脉冲的上升和下降沿同时传输信号,但采用了 4bit 数据预读取方式,使得数据传输速率在 DDR SDRAM 的基础上翻番。例如,同为 133MHz 工作频率,DDR SDRAM 可实现 2.1GB/s 数据带宽,而 DDR2 SDRAM 则达到 4.2GB/s,也被称为 DDR2 533 或 PC2 4300 内存。

目前,已有的标准 DDR2 内存分为 DDR2 400 和 DDR2 533,DDR2 667 和 DDR2 800,其核心频率分别为 100MHz、133MHz、166MHz 和 200MHz,其总线频率(时钟频率)分别为 200MHz、266MHz、333MHz 和 400MHz,等效的数据传输频率分别为 400MHz、533MHz、

667MHz 和 800MHz,其对应的内存传输带宽分别为 3.2GB/sec、4.3GB/sec、5.3GB/sec 和 6.4GB/sec,按照其内存传输带宽分别标注为 PC2 3200、PC2 4300、PC2 5300 和 PC2 6400。

DDR3（Double Data Rate3,DDR3）SDRAM 与 DDR2 内存的基本结构原理都是相同的。DDR3 更进一步把数据预取 Prefetch 技术提升至 8bit,内存颗粒内的 Memory Cell Array 每周期会内部传送 8bit 的数据给 I/O Buffer 单元,而 I/O Buffer 进一步以 4 倍于 DRAM 核心频率工作,因此在相同的 DRAM 核心频率下,DDR3 相比 DDR2 数据总线速度因此而增加两倍。假设内存颗粒的 Core Frequency 核心频率同样为 100MHz,在 DDR3 的内存模组上则可实现 800Mbps 的数据总线速度。

DDR3 内存主要技术更新简介：

（1）功耗进一步减少。DDR2 内存的默认电压为 1.8V,而 DDR3 内存的默认电压只有 1.5V,因此内存的功耗更小,发热量也相应地会减少。值得一提的是,DDR3 内存还新增了温度监控,采用了 ASR（Automaticself-refresh）设计,通过监控内存颗粒的温度,尽量减少刷新频率降低温度与功耗。DDR3 800、DDR3 1066 与 DDR3 1333 相比起 DDR2 800 规格的模组,平均功耗可分别下降 25%、29% 以及 40% 左右。

（2）逻辑 Bank 数量增加。为了进一步加快系统速度,DDR3 采用了 8 个内部 Banks,而 DDR2 采用的为 4 或 8 个内部 Banks,使得大容量高速度的模组能够得到更快的普及。

（3）点对点的传输模式。在更高的运行频率下,DDR3 内存在模组的信号完整性上要求更加严格。在极端频率下,信号的路径不能保证一直平稳,但又不得不调整以配合每一个 DRAM。fly-by 拓扑结构采用点对点的传输模式,地址线与控制线单一的路径取代 DDR2 的 T 型 Conventional T 分支拓扑结构,从内存控制器直接连接到每个 DRAM 上。

（4）ZQ 校准功能。此外,在 DDR3 的内存在还新增一个定义为 ZQ 的引脚,在这个引脚上接有一个 240Ω 的低公差参考电阻。这个引脚通过一个命令集,通过芯片上的 ODCE 校准引擎来自动校验数据输出驱动器导通电阻与 ODT 的终结电阻值。当系统发出这一指令之后,将用相应的时钟周期（在加电与初始化之后用 512 个时钟周期,在退出自刷新操作后用 256 时钟周期、在其他情况下用 64 个时钟周期）对导通电阻和 ODT 电阻进行重新校准。

（5）重置 Reset 功能。重置 Reset 功能也是 DDR3 中的一个新增重要元素,在内存中同样具备一个独立的引脚。DRAM 业界已经很早以前就要求增这一功能,如今终于在 DDR3 身上实现。这一引脚将使 DDR3 的初始化处理变得简单。当 Reset 命令有效时,DDR3 内存将停止所有的操作,并切换至最少量活动的状态,以节约电力。而在 Reset 期间,DDR3 内存将关闭内在的大部分功能,所以有数据接收与发送器都将关闭。所有内部的程序装置将复位,DLL 延迟锁相环路与时钟电路将停止工作,而且不理睬数据总线上的任何动静。这样一来,将使 DDR3 达到最节省电力的目的。

为了保证计算机内存的兼容性与扩展性,内存的结构与生产细节均会由行业组织认可的 JEDEC 控制。或许是为了保证内存模组的稳定性,JEDEC 在两代的 DDR 产品中也并没有拟定出核心频率高于 200MHz 的规格,即 DDR 的最高行业规格为 DDR 400、DDR2 的最高行业规格为 DDR2 800,即使在后期部分厂商推出了 DDR 500、DDR2 1066 的产品,但该规格也并没有通过 JEDEC 规格认可。而 DDR3 同样如此,从 DDR3 800 起步,最高也是止步于 DDR3 1600,最高的核心频率同样为 200MHz。

习 题 6

1. 按存储器在计算机中的作用,存储器可分成哪几类? 简述各部分的特点。

2. RAM 和 ROM 各自的特点是什么?

3. 存储器的主要功能是什么? 存储器系统主要有哪些层次? 各自的特点是什么?

4. DRAM 为什么要刷新? 刷新与正常的读/写操作有什么不同?

5. 在 8086 系统中,若用 1K×4 位的 SRAM 芯片组成 8K×8 的存储器,需要多少片芯片? 在 CPU 的地址线中有多少位参与片内寻址? 多少位用作芯片组片选信号?

6. 一台 8 位 PC 机系统的地址总线为 16 位,其存储器中的 RAM 容量为 16KB,首地址为 2000H,且地址是连续的。问可用的最高地址是多少?

7. 某 PC 系统中内存的首地址为 8000H,末地址为 BFFFH,求其内存容量。

8. 图 6-37 为 8086 CPU 与存储器(SRAM 芯片)的连线图,但图中有错误,要求:

(1)找出错误并直接在图中改正错误;

(2)问该存储器的容量是_____,基本地址是_____。

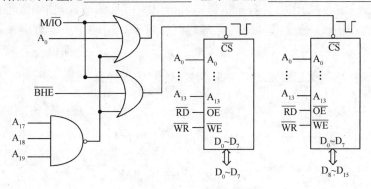

图 6-37 习题 8 的附图

9. 某台 8 位微机,地址总线为 16 位,其存储器中具有用 8 片 2114 构成的 4KB RAM,连线图如图 6-38所示。问片选控制采用什么译码方法? 若以每 1KB 作为一组,则此 4 组 RAM 的基本地址是什么? 地址有无重叠区,每一组的地址范围为多少?

10. 要给地址总线为 16 位的某 8 位微机设计一个容量为 12KB 存储器,要求 ROM 区为 8KB,从 0000H 开始,采用 2716 芯片;RAM 区为 4KB,从 2000H 开始,采用 2114 芯片。试画出设计的存储器系统的连线图。

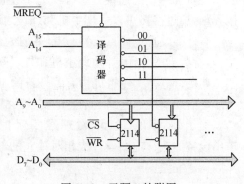

图 6-38 习题 9 的附图

11. 在 8086 系统中,由 2764(8K×8)EPROM 芯片和 6264(8K×8)SRAM 芯片以及译码器,构成一个从 C0000H 开始的 16KB ROM 区和从 40000H 开始的 16KB RAM 区,设 8086 工作于最小方式。要求写出 ROM 区和 RAM 区的地址范围,并画出存储器连接图。

第 7 章 输入/输出系统

计算机的输入/输出系统是整个计算机系统中最具有多样性和复杂性的部分,本章首先介绍输入/输出的一般原理,重点介绍程序查询方式、程序中断方式和 DMA 方式,最后介绍中断控制器 8259 芯片和 DMA 控制器 8237 芯片。

7.1 I/O 接口技术概述

7.1.1 I/O 接口

主机与外界交换信息称为输入/输出(I/O)。主机与外界的信息交换是通过输入/输出设备进行的。一般的输入/输出设备都是机械的或机电相结合的产物,比如常规的外设有键盘、显示器、打印机、扫描仪、磁盘机、鼠标器等,它们相对于高速的中央处理器来说,速度要慢得多。此外,不同外设的信号形式、数据格式也各不相同。因此,外部设备不能与 CPU 直接相

图 7-1 主机与外设的连接

连,需要通过相应的电路来完成它们之间的速度匹配、信号转换,并完成某些控制功能。通常把介于主机和外设之间的一种缓冲电路称为 I/O 接口电路,简称 I/O 接口(Interface),如图 7-1 所示。对于主机,I/O 接口提供了外部设备的工作状态及数据;对于外部设备,I/O 接口记忆了主机送给外设的一切命令和数据,从而使主机与外设之间协调一致地工作。

主机和外设的连接方式有辐射型连接、总线型连接等。I/O 接口是主机与外设之间的交接界面,通过接口可以实现主机和外设之间的信息交换。因此,I/O 接口的作用在于:

● 外部设备不能直接和 CPU 数据总线相连,要借助于接口电路使外设与总线隔离,起缓冲、暂存数据的作用,并协调主机和外设间数据传送速度不配的矛盾;

● 接口电路为主机提供有关外设的工作状态信息及传送主机送给外设的控制命令;

● 借助于接口电路对信息的传输形式进行变换。

对于 PC 来说,设计微处理器 CPU 时,并不设计它与外设之间的接口部分,而是将输入/输出设备的接口电路设计成相对独立的部件,通过它们将各种类型的外设与 CPU 连接起来,从而构成完整的微型计算机硬件系统。

因此,一台 PC 的输入/输出系统应该包括 I/O 接口、I/O 设备及相关的控制软件。一个微机系统的综合处理能力,系统的可靠性、兼容性、性价比,甚至在某个场合能否使用都和 I/O 系统有着密切的关系。输入/输出系统是计算机系统的重要组成部分之一,任何一台高性能计算机,如果没有高质量的输入/输出系统与之配合工作,计算机的高性能便无法发挥出来。

7.1.2 CPU 与外设交换的信息

PC 与 I/O 设备之间交换的信息可分为数据信息、状态信息和控制信息三类。

1. 数据信息

数据信息可以通过输入设备送到计算机的输入数据，也可以是经过计算机运算处理和加工后，送到输出设备的结果数据。传送可以是并行的，也可以是串行的。

2. 状态信息

状态信息作为 CPU 与外设之间交换数据时的联络信息，反映了当前外设所处的工作状态，是外设通过接口送往 CPU 的。CPU 通过对外设状态信号的读取，可得知输入设备的数据是否准备好、输出设备是否空闲等情况。对于输入设备，一般用准备好（READY）信号的高低来表明待输入的数据是否准备就绪；对于输出设备，则用忙（BUSY）信号的高低表示输出设备是否处于空闲状态，如为空闲状态，则可接收 CPU 输出的信息，否则 CPU 要暂停送数。因此，状态信息能够保障 CPU 与外设正确地进行数据交换。

3. 控制信息

控制信息是 CPU 通过接口传送给外设的，CPU 通过发送控制信息设置外设（包括接口）的工作模式、控制外设的工作。如外设的启动信号和停止信号就是常见的控制信息。实际上，控制信息往往随着外设的具体工作原理不同而含义不同。

虽然数据信息、状态信息和控制信息含义各不相同，但在微型计算机系统中，CPU 通过接口和外设交换信息时，只能用输入指令（IN）和输出指令（OUT）传送数据，所以状态信息、控制信息也是被作为数据信息来传送的，即把状态信息作为一种输入数据，而把控制信息作为一种输出数据，这样，状态信息和控制信息也通过数据总线来传送。但在接口中，这三种信息是在不同的寄存器中分别存放的。

7.1.3 I/O 接口的功能和基本结构

1. 接口的功能

（1）实现主机和外设的通信联络控制。接口中的同步控制电路用来解决主机与外设的时间配合问题。

（2）进行地址译码和设备选择。当 CPU 送来选择外设的地址码后，接口必须对地址进行译码以产生设备选择信号。

（3）实现数据缓冲。数据缓冲寄存器用于数据的暂存，以避免丢失数据。在数据传送过程中，先将数据送入数据缓冲寄存器中，然后再送到输出设备或主机中。

（4）数据格式的变换。为了满足主机或外设的各自要求，接口电路中必须具有各类数据相互转换的功能。例如：并—串转换、串—并转换、模—数转换、数—模转换等。

（5）传递控制命令和状态信息：当 CPU 要启动某一外设时，通过接口中的控制寄存器向外设发出启动命令；当外设准备就绪时，则有"准备好"状态信息送回接口中的状态寄存器，为 CPU 提供外设已经具备与主机交换数据条件的反馈信息。

2. 接口的基本结构

I/O 接口的基本结构如图 7-2 所示。每个接口电路中都包含一组寄存器,CPU 与外设进行信息交换时,各类信息在接口中存入不同的寄存器,一般称这些寄存器为 I/O 端口(Port)。用来保存 CPU 和外设之间传送的数据(如数字、字符及某种特定的编码等)、对输入/输出数据起缓冲作用的数据寄存器称为数据端口;用来存放外设或者接口部件本身状态的状态寄存器称为状态端口;用来存放 CPU 发往外设的控制命令的控制寄存器称为控制端口。

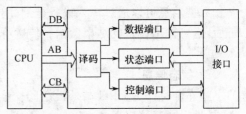

图 7-2　一个典型的 I/O 接口

正如每个存储单元都有一个物理地址一样,每个端口也有一个地址与之相对应,该地址称为端口地址。有了端口地址,CPU 对外设的输入/输出操作实际上就是对 I/O 接口中各端口的读/写操作。数据端口一般是双向的,数据是输入还是输出,取决于对该端口地址进行操作时 CPU 发往接口电路的读/写控制信号。由于状态端口只做输入操作,控制端口只做输出操作,因此,有时为了节省系统地址空间,在设计接口时往往将这两个端口共用一个端口地址,再用读/写信号来分别选择访问。

应该指出,输入/输出操作所用到的地址总是对端口而言,而不是对接口而言的。接口和端口是两个不同的概念,若干个端口加上相应的控制电路才构成接口。

3. 接口的类型

(1) 按数据传送方式分类

按数据传送方式接口的类型有并行接口和串行接口。这里所指的数据传送方式是指外设和 I/O 接口一侧的数据传送方式,而在主机和接口一侧,数据总是并行传送的。

● 并行接口:外设和 I/O 接口间的传送宽度是一个字节(或字)的所有位,具有一次传输信息量大,数据线数目随传送数据宽度增加而增加的特点。

● 串行接口:外设和 I/O 接口间的传送数据是一位一位串行传输的,具有一次传输信息量小,数据线只需一条的特点。

(2) 按主机访问 I/O 设备的控制方式分类

接口类型可分为程序查询式接口、程序中断接口和 DMA 接口等。

(3) 按功能选择的灵活性分类

有可编程接口和不可编程接口。可编程接口的功能及操作方式是由程序来改变或选择的,用编程的手段可使一块接口芯片执行多种不同的功能。不可编程接口则不能由编程来改变其功能,只能用硬连线逻辑来实现不同的功能。

(4) 按通用性分类

有通用接口和专用接口。通用接口是可供多种外设使用的标准接口,通用性强。专用接口是为某类外设或某种用途专门设计的。

(5) 按输入/输出的信号分类

有数字接口和模拟接口。数字接口输入/输出全为数字信号。而模数转换器和数模转换器属于模拟接口。

（6）按应用分类

● 运行辅助接口。该接口是计算机日常工作所必需的接口器件，包括：数据总线、地址总线和控制总线的驱动器和接收器、时钟电路、磁盘接口和磁带接口。

● 用户交互接口。这类接口包括：计算机终端接口、键盘接口、图形显示器接口及语音识别与合成接口等。

● 传感接口。如温度传感接口、压力传感接口和流量传感接口等。

● 控制接口。这类接口用于计算机控制系统。

7.1.4　I/O 端口的编址

I/O 端口实际上指那些在接口电路中完成信息的传送，并可由编程人员寻址进行读/写的寄存器。若干个口加上相应的控制电路而构成接口。所以，一个接口往往含有几个端口。CPU 可通过输入/输出指令向这些端口取或存信息。

PC 系统中 I/O 端口编址方式有两种：I/O 端口与内存单元统一编址和 I/O 端口与内存单元独立编址。

1. I/O 端口与内存单元统一编址

这种编址方式是对 I/O 端口和存储单元按照存储单元的编址方法统一编排地址号，由 I/O 端口地址和存储单元地址共同构成一个统一的地址空间。例如，对于一个有 16 根地址线的微机系统，若采用统一编址方式，其地址空间的结构如图 7-3 所示。

采用统一编址方式后，CPU 对 I/O 端口的输入/输出操作如同对存储单元的读/写操作一样，所有访问内存的指令同样都可用于访问 I/O 端口，因此无需专门的 I/O 指令，从而简化了指令系统的设计；同时，对存储器的各种寻址方式也同样适用于对 I/O 端口的访问，给使用者提供了很大的方便。统一编址的不足之处在于 I/O 端口地址占用了一部分存储器空间，另外访问指令长度一般比专用的 I/O 指令长，从而取指周期较长，又多占了指令字节。

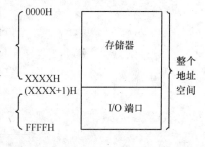

图 7-3　I/O 端口与内存单元统一编址

2. I/O 端口与内存单元独立编址

在这种编址方式中，建立了两个地址空间，一个为内存地址空间，一个为 I/O 地址空间。内存地址空间和 I/O 地址空间是相对独立的，通过控制总线来确定 CPU 到底要访问内存还是 I/O 端口，如图 7-4 所示。为确保控制总线发出正确的信号，除了要有访问内存的指令之外，系统还要提供用于 CPU 与 I/O 端口之间进行数据传输的输入/输出指令。

采用独立编址方式后，存储器地址空间不受 I/O 端口地址空间的影响，专用的输入/输出指令与访问存储器指令有明显区别，便于理解和检查。但是，专用 I/O 指令增加了指令系统复杂性，且 I/O 指令类型少，程序设计灵活性较差；此外，还要求 CPU 提供专门的控制信号以区分对存储器和 I/O 端口的操作，增加了控制逻辑的复杂性。

图 7-4　I/O 端口与内存单元独立编址

3. I/O 端口的地址译码

PC 系统常用的 I/O 接口电路一般都被设计成通用的 I/O 接口芯片,一个接口芯片内部可以有若干可寻址的端口。因此,所有接口芯片都有片选信号线和用于片内端口寻址的地址线。例如,某接口芯片内有 4 个端口地址,则该芯片外就会有两根地址线。

各种 I/O 功能接口卡中大部分都采用固定地址译码。当接口芯片仅有一个端口地址时,则可采用门电路组成地址译码电路。当接口芯片中有多个端口,通常各端口的地址是连续排列的,则采用译码器译码比较方便。

I/O 端口地址译码的方法有多种,一般的原则是把 CPU 用于 I/O 端口寻址的地址线分为高位地址线和低位地址线两部分,将低位地址线直接连到 I/O 接口芯片的相应地址引脚,实现片内寻址,即选中片内的端口;将高位地址线与 CPU 的控制信号组合,经地址译码电路产生 I/O接口芯片的片选信号。译码器的型号很多,最常用的有 3-8 译码器 74LS138、8205;4-16 译码器74LS154;双 2-4 译码器 74LS139 和 74LS155 等。用户可根据需要选用合适的译码器。

大多数 8 位接口电路芯片中都有几个端口,通常各端口的地址是连续排列的,则其中有奇地址也有偶地址。8 位接口与 16 位数据总线 $D_0 \sim D_7$ 的连接方法,如图 7-5 所示。当 8 位接口芯片与 8086 CPU 16 位数据总线相连时,原则上讲,它既可以和数据总线的低 8 位相连,也可以和数据总线的高 8 位相连。但应注意低 8 位数据总线只能传送 I/O 为偶地址的端口数据,而高 8 位数据总线只能传送 I/O 为奇地址的端口数据。8 位接口与 16 位数据总线的连接方法,如图 7-6 所示。

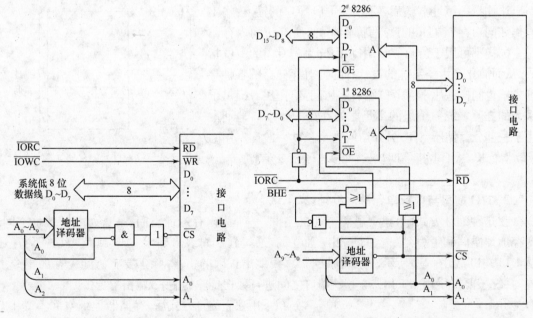

图 7-5 8 位接口与 16 位数据总线　　　　图 7-6 8 位接口与 16 位数据总线的连接方法
　　　　　$D_0 \sim D_7$ 的连接方法

7.1.5 I/O 端口读/写技术

IBM PC/XT I/O 地址线有 16 条,对应的 I/O 端口地址空间为 64KB。但由于 IBM 公司当初设计 PC 主板及规划接口卡时,其端口地址译码采用的是部分译码方式,即只考虑了低 10

位地址线 $A_0 \sim A_9$。而没有考虑高 6 位地址线 $A_{10} \sim A_{15}$，故其 I/O 端口地址范围是 0000H ～ 03FFH，总共只有 1024 个端口，并且把前 512 个端口（$A_9 = 0$）分配给了系统板，后 512 个端口（$A_9 = 1$）分配给了扩展槽上的常规 I/O 设备，即 0200H～03FFH 地址范围作为扩展插槽用的端口地址，用户接口一般在此范围进行地址译码。

1. IBM PC/XT 机的系统总线

为任何外部设备开发接口，都必须依据系统总线提供的信号。系统总线的全部信号都接在扩充插槽的接点上。

系统级总线经历了发展的过程。最早是 IMB PC/XT 系统总线。由于 PC/XT 的微处理器是 8088，所以总线的地址为 20 位，数据线为 8 位，称其为 8 位总线。在 80286 微处理器组成的 IBM PC/AT 系统级总线出现以后，直至目前，用得最多的称为 ISA（Industry Standard Architecture）总线，又称 PC/AT 总线。它是在 8 位的 PC/XT 总线基础上扩展成为 16 位总线。

（1）地址总线：$A_0 \sim A_{19}$，方向为输出，是系统存储器和 I/O 端口公用的地址总线。在存储器地址选择时，20 位地址总线全部采用，但 I/O 端口地址译码只用其中的 $A_0 \sim A_9$ 共 10 条线。

（2）数据总线：$D_0 \sim D_7$，数据总线，双向。

（3）控制总线：对控制总线，按功能还可以分成以下几组：

① 扩充板上存储器操作需要的控制信号线

$\overline{\text{MEMR}}$，方向为输出，存储器读控制信号，低电平有效。扩充板上的存储器在这个信号控制下，把选定单元的数据置入数据总线。

$\overline{\text{MEMW}}$，方向为输出，存储器写控制信号，低电平有效。扩充板上的存储器在这个信号控制下，把数据总线上的数据写入选定的存储单元。

② I/O 读/写操作需要的控制信号线

$\overline{\text{IOR}}$，方向为输出，I/O 端口读操作控制信号，低电平有效。在执行 IN 指令时，CPU 发出这个信号；在 DMA 传送时，由 DMA 控制器发出这个信号。I/O 接口设计时可以利用这个信号控制把外设的数据置入 $D_0 \sim D_7$ 数据线。

$\overline{\text{IOW}}$，方向为输出，I/O 端口写操作控制信号，低电平有效。在执行 OUT 指令时由 CPU 发出；在 DMA 传送是由 DMA 控制器发出。可以利用这个信号控制外设接收数据总线上的数据。

AEN，方向为输出，控制信号。在 DMA 操作时为高；执行 IN 和 OUT 指令时为低。当用户自己开发 I/O 接口时，这个信号不可忽视，后面还将说明。I/O 端口地址译码时，它要经过反相加入译码器的输入端。

$\overline{\text{I/OCHCK}}$，外部输入信号，低电平有效。在扩充板上的存储器或 I/O 端口上，如果有奇偶校验逻辑，其输出信号可以加在 $\overline{\text{I/OCHCK}}$ 上。如果校验有错产生低电平加入，将引起 NMI 中断。

③ 存储器读/写和 I/O 读/写需要的信号线

ALE，输出的"地址锁存"控制信号。它总是伴随着地址总线上的地址信号的出现而出现。所以，可以利用它的下降边把地址线上的信号锁存于锁存器中，以便地址线上的信号消失时使用。

I/OCHRDY，外部输入信号。它向 CPU 提供是否"准备好"信息。如果扩充板上的存储器或 I/O 接口的工作速度较低，在正常的机器周期内不能完成规定的操作，可产生一个低电平信号加在 I/OCHRDY。I/OCHRDY 低电平可以使机器周期延长数个时钟周期,从而实现 CPU 操作与低速外设操作在时间上的同步。

④ 中断请求信号线

IRQ$_2$～IRQ$_7$,2～7 级的中断请求信号输入端。允许有 6 个外部的中断信号源。这 6 级中,级 2 优先级最高,级 7 优先级最低。级 0 和级 1 被主机板上定时中断和键盘中断占用。系统板上的中断控制器 8259 在程序初始化阶段已经设定,在 IRQ$_2$～IRQ$_7$ 上的有效信号形式是从低电平向高电平的上跳变。

⑤ DMA 操作请求和响应信号线

DRQ$_1$～DRQ$_3$,方向为输入,三个通道的 DMA 传送请求信号端。DRQ$_1$ 的级别最高,DRQ$_3$ 的级别最低。DRQ$_0$ 在主机板内部,用于控制动态存储器的刷新。高电平信号有效。

$\overline{DACK_0}$～$\overline{DACK_3}$,方向为输出,是 CPU 对 DMA 请求的回答(允许)信号,它们分别对应 DRQ$_0$、DRQ$_1$～DRQ$_3$,低电平有效。

T/C,方向为输出,来自于 DMA 控制器,当某个通道计数到终值(0)时,该端输出高电平信号。

(4) 其他信号线

OSC,输出信号,输出 14.318MHz 的方波。

CLK,输出信号,是 OSC 信号经过三分频形成的 4.77MHz 基本时钟脉冲。

RESETDRV,输出信号,在系统加电或复位时产生,在时间上与时钟信号的下降边同步,高电平有效,用于对接口或外设的初始化。

此外,电源输出为+5V、−5V、+12V、−12V 和 GND。

2. I/O 指令需要的接口逻辑

输入指令(IN)的源操作数地址是一个 I/O 端口地址,目的为 AL 或 AX 寄存器。输出指令(OUT)的源操作数在 AL 或 AX 寄存器中,目的为一个 I/O 端口地址。所以,I/O 指令执行时,都必须有 I/O 端口地址的选择。

端口地址的选择与访问存储器时对存储单元的地址选择很相似,也是用译码器逻辑对系统总线中的地址总线进行译码实现的。只不过这里不是利用 20 条地址线而是只用 A$_0$～A$_9$ 共 10 条地址线。在开发一个 I/O 端口时,必须先为它指定一个端口地址,并要设计一个地址译码器。在输入端的地址状态与指定的端口地址一致时,译码器恰好输出有效信号,作为端口选择信号。

图 7-7 是端口部分译码地址电路的一个例子,只形成两个端口选择信号,一个用于输出指令读,另一个用于输出指令写,但都对应一个端口地址 0D0H～0D7H。

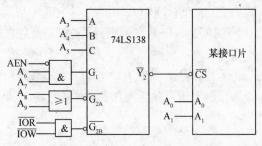

图 7-7 单端口部分地址译码电路

应该特别注意的是,系统总线中的 AEN 信号必须(经过反相)参加译码。这是因为 AEN 在 DMA 传输时为高电平,此时按 DMA 操作规则,A$_0$～A$_{19}$ 的地址总线上将有存储器地址选择码,它的低 10 位,即 A$_0$～A$_9$ 有可能与你指定的 I/O 端口地址相符。DMA 操作地址和 I/O 端口地址有可能相冲突。AEN 经过反相参加译码后,在 DMA 操作周期 AEN 信号为高电平,封锁了 74LS138 的译码输出,这样不管地址信号是否有效,74LS138 的输出无效。在非 DMA 周期,AEN 为低电平,经过反相参加译码后,74LS138 允许根据其他条件译码输出。

7.2 CPU 与外设之间数据传送的方式

在微机系统中,微机与外设之间的信息传送,实际上是 CPU 与接口之间的信息传送。传送的方法,一般可分为三种方式:

① 程序控制的输入/输出方式;
② 程序中断的输入/输出方式;
③ 直接存储器存取(DMA)方式。

传送的方式不同,CPU 对外设的控制方式也不同,从而使接口电路的结构及功能也不同,CPU 与外设接口的连接方法也不同。在微机与外设之间的信息传送是接口设计中极为重要的问题。

7.2.1 程序传送方式

程序控制的输入/输出方式是指在程序的编制中利用 I/O 指令来完成 CPU 与接口间交换信息的一种方式。何时进行这种信息传送是事先知道的,所以能把 I/O 指令插入到程序中所需要的位置。根据外设性质的不同,这种传送方式又可分为无条件传送及有条件传送两种。

1. 无条件传送方式

微机系统中的一些简单的外设,如开关、继电器、数码管、发光二极管等,在它们工作时,可以认为输入设备已随时准备好向 CPU 提供数据,而输出设备也随时准备好接收 CPU 送来的数据,这样,在 CPU 需要同外设交换信息时,就能够用 IN 或 OUT 指令直接对这些外设进行输入/输出操作。由于在这种方式下 CPU 对外设进行输入/输出操作时无需考虑外设的状态,故称为无条件传送方式,如图 7-8 所示。

图 7-8　无条件
数据传送

对于简单外设,若采用无条件传送方式,其接口电路也很简单,如图 7-9所示。

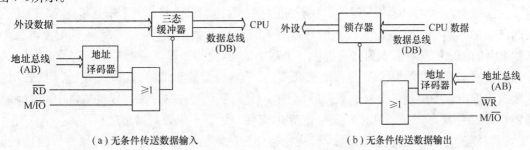

（a）无条件传送数据输入　　　　　　（b）无条件传送数据输出

图 7-9　无条件传送方式

无条件传送方式下,程序设计和接口电路都很简单,但是为了保证每一次数据传送时外设都能处于就绪状态,传送不能太频繁。对少量的数据传送来说,无条件传送方式是最经济实用的一种传送方法。

2. 程序直接控制传送方式(查询传送方式)

查询传送也称为条件传送,是指在执行输入指令(IN)或输出指令(OUT)前,要先查询相应设备的状态,当输入设备处于准备好状态,输出设备处于空闲状态时,CPU 才执行输入/输出指令与外设交换信息。为此,接口电路中既要有数据端口,还要有状态端口。

查询传送方式的流程图如图 7-10 所示。从图中可以看出,采用查询方式完成一次数据传送要经历如下过程:

① CPU 从接口中读取状态字。

② CPU 检测相应的状态位是否满足"就绪"条件。

③ 如果不满足,则重复①、②两步;若外设已处于"就绪"状态,则传送数据。

图 7-11 给出的是采用查询传送方式进行输入操作的接口电路。输入设备在数据准备好之后向接口发选通信号,此信号有两个作用:一方面将外设中的数据送到接口的锁存器中;另一方面使接口中的一个 D 触发器输出"1",从而使三态缓冲器的 READY 位置"1"。CPU 输入数据前先用输入指令读取状态字,测试 READY 位,若 READY 位为"1",说明数据已准备就绪,再执行输入指令读入数据。由于在读入数据时信号已将状态位 READY 清 0,于是可以开始下一个数据输入过程。

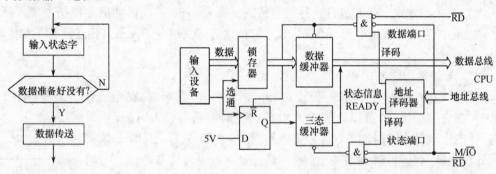

图 7-10　有条件数据传送　　　　　图 7-11　查询式输入的接口电路

图 7-12 给出的是采用查询传送方式进行输出操作的接口电路。CPU 输出数据时,先用输入指令读取接口中的状态字,测试 BUSY 位,若 BUSY 位为 0,表明外设空闲,此时 CPU 才执行输出指令,否则 CPU 必须等待。执行输出指令时由端口选择信号、M/$\overline{\text{IO}}$信号和 WR 信号共同产生的选通信号将数据总线上的数据打入接口中的数据锁存器,同时将 D 触发器置 1。D 触发器的输出信号一方面为外设提供一个联络信号,通知外设将锁存器锁存的数据取走;另一方面使状态寄存器的 BUSY 位置 1,告诉 CPU 当前外设处于忙状态,从而阻止 CPU 输出新的数据。输出设备从接口中取走数据后,会送一个回答信号$\overline{\text{ACK}}$,该信号使接口中的 D 触发器置 0,从而使状态寄存器中的 BUSY 位清 0,以便开始下一个数据输出过程。

查询传送方式的主要优点是能保证主机与外设之间协调同步地工作,且硬件线路比较简单,程序也容易实现。但是,在这种方式下,CPU 花费了很多时间查询外设是否准备就绪,在这些时间里 CPU 不能进行其他的操作;此外,在实时控制系统中,若采用查询传送方式,由于一个外设的输入/输出操作未处理完毕就不能处理下一个外设的输入/输出,故不能达到实时处理的要求。因此,查询传送方式有两个突出的缺点:浪费 CPU 时间,实时性差。所以,查询传送方式适用于数据输入/输出不太频繁且外设较少、对实时性要求不高的情况。

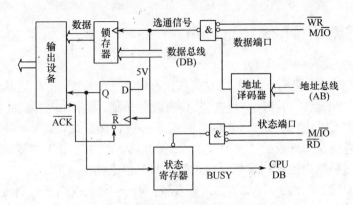

图 7-12　查询式输出的接口电路

不论是无条件传送方式还是查询传送方式,都不能发现和处理预先无法估计的错误和异常情况。为了提高 CPU 的效率、增强系统的实时性,并且能对随机出现的各种异常情况做出及时反应,通常采用中断传送方式。

【例 7-1】如一输出设备接口的状态端口(8 位)地址为 PS,状态端口的 D_3 位为 1 表明准备好。数据端口(8 位)的地址为 PD,采用查询传送方式传送 1 字节数据(数据在 BL 中)的程序如下:

```
        MOV    DX,PS        ;状态端口地址传送给 DX
LP: IN      AL,DX        ;读状态端口
        TEST AL,08H       ;测试状态端口的 D₃位是否为 1
        JZ      LP           ;不为 1(未准备好),则重复读取状态
        MOV    AL,BL        ;为 1(准备好),则进行数据输出
        MOV    DX,PD
        OUT    DX,AL
```

7.2.2　程序中断控制方式

中断(Interrupt)传送方式是指当外设需要与 CPU 进行信息交换时,由外设向 CPU 发出请求信号,使 CPU 暂停正在执行的程序,转去执行数据的输入/输出操作,数据传送结束后,CPU 再继续执行被暂停的程序。

查询传送方式是由 CPU 来查询外设的状态,CPU 处于主动地位,而外设处于被动地位。中断传送方式则是由外设主动向 CPU 发出请求,等候 CPU 处理,在没有发出请求时,CPU 和外设都可以独立进行各自的工作。

中断传送方式的优点是:CPU 不必查询等待,工作效率高,CPU 与外设可以并行工作;实时性比程序控制的输入/输出要好得多。但它仍有缺点,主要是:

其一,为了能接受中断的请求信号,CPU 内部要有一些线路来控制;

其二,利用中断输入/输出,每传送一次数据就要中断一次 CPU。CPU 响应中断后,每次都要执行"中断处理程序",而且在其中都要保护现场、恢复现场,这相当麻烦,浪费了很多不必要的 CPU 时间。故此种传送方式一般较适合于传送少量的输入/输出数据。对于大量的输入/输出数据可采用高速的直接存储器存取方式 DMA。

目前的微处理器都具有中断功能,而且已经不仅仅局限于数据的输入/输出,而是在更多的方面有重要的应用。例如实时控制、故障处理以及 BIOS 和 DOS 功能调用等。

7.2.3 存储器直接存取方式(DMA)

1. DMA 传送方式

DMA(Direct Memory Access)传送方式是在存储器和外设之间、存储器和存储器之间直接进行数据传送(如磁盘与内存间交换数据、高速数据采集、内存和内存间的高速数据块传送等),传送过程无需 CPU 介入,这样,在传送时就不必进行保护现场等一系列额外操作,传输速度基本取决于存储器和外设的速度。DMA 传送方式需要一个专用接口芯片 DMA 控制器(DMAC)对传送过程加以控制和管理。在进行 DMA 传送期间,CPU 放弃总线控制权,将系统总线交由 DMAC 控制,由 DMAC 发出地址及读/写信号来实现高速数据传输。传送结束后DMAC 再将总线控制权交还给 CPU。一般微处理器都设有用于 DMA 传送的联络线。系统结构框图,如图 7-13 DMA 所示。

2. DMA 控制器的工作方式

(1) 单字节传输方式

在单字节传输方式下,DMAC 每次控制总线后只传输一个字节,传输完后即释放总线控制权。这样 CPU 至少可以得到一个总线周期,并进行有关操作。

(2) 成组传输方式(块传输方式)

采用这种方式,DMAC 每次控制总线后都连续传送一组数据,待所有数据全部传送完后再释放总线控制权。显然,成组传输方式的数据传输率要比单字节传输方式高。但是,成组传输期间 CPU 无法进行任何需要使用系统总线的操作。

(3) 请求传输方式

在请求传输方式下,每传输完一个字节,DMAC 都要检测 I/O 接口发来的 DMA 请求信号是否有效。若有效,则继续进行 DMA 传输;否则就暂停传输,将总线控制权交还给 CPU,直至 DMA 请求信号再次变为有效,再从刚才暂停的那一点继续传输。

3. DMA 操作的基本操作

实现 DMA 传送的基本操作如下:

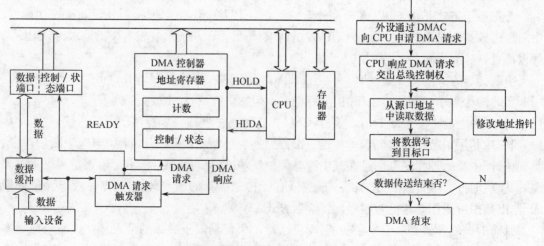

图 7-13　DMA 系统结构框图　　　　图 7-14　DMA 传送流程图

① 外设可通过 DMA 控制器向 CPU 发出 DMA 请求；

② CPU 响应 DMA 请求，把总线控制权交给 DMA 控制器，使系统转变为 DMA 工作方式；

③ 由 DMA 控制器发出 I/O 数据的存储地址，并决定传送数据块的长度；

④ 执行 DMA 传送；

⑤ DMA 操作结束，并将控制权交还给 CPU。

7.3 中断系统

中断是现代计算机有效合理地发挥效能和提高效率的一个十分重要的功能。CPU 中通常设有处理中断的机构——中断系统，以解决各种中断的共性问题。本节主要分析中断系统的功能，并介绍 IBM PC 的外中断和中断控制器 8259，最后讨论中断功能的应用。

7.3.1 中断的基本概念

1. 中断的定义

在 CPU 执行程序的过程中，出现了某种紧急或异常的事件（中断请求），CPU 需暂停正在执行的程序，转去处理该事件（执行中断服务程序），并在处理完毕后返回断点处继续执行被暂停的程序，这一过程称为中断。断点处是指返回主程序时执行的第一条指令的地址。中断过程如图 7-15 所示。为实现中断功能而设置的硬件电路和与之相应的软件，称为中断系统。

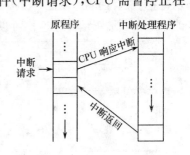

图 7-15 中断过程

2. 中断源

任何能够引发中断的事件都称为中断源，可分为硬件中断源和软件中断源两类。硬件中断源主要包括外设（如键盘、打印机等）、数据通道（如磁盘机、磁带机等）、时钟电路（如定时计数器 8253）和故障源（如电源掉电）等；软件中断源主要包括为调试程序设置的中断（如断点、单步执行等）、中断指令（如 INT 21H 等）以及指令执行过程出错（如除法运算时除数为零）等。

3. 中断处理过程

对于一个中断源的中断处理过程应包括以下几个步骤，即中断请求、中断响应、保护断点、中断处理和中断返回。

（1）中断请求

中断请求是中断源向 CPU 发出的请求中断的要求。软件中断源是在 CPU 内部由中断指令或程序出错直接引发中断；而硬件中断源必须通过专门的电路将中断请求信号传送给 CPU，CPU 也有专门的引脚接收中断请求信号。例如，8086/8088 CPU 用 INTR 引脚（可屏蔽中断请求）和 NMI 引脚（非屏蔽中断请求）接收硬件中断请求信号。一般外设发出的都是可屏蔽中断请求。

图 7-16 中，当外设准备好一个数据时，便发出选通信号，该信号一方面把数据存入接口的

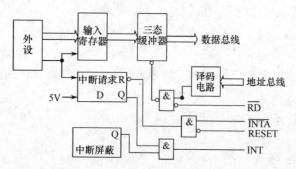

图 7-16　中断请求与可屏蔽接口电路

寄存器中,另一方面使中断请求触发器置 1。此时,如果中断屏蔽触发器 Q 端的状态为 1,则产生了一个发往 CPU 的中断请求信号 INT。中断屏蔽触发器的状态决定了系统是否允许该接口发出中断请求。可见,要想产生一个中断请求信号,需满足两个条件:一是要由外设将接口中的中断请求触发器置 1,二是要由 CPU 将接口中的中断屏蔽触发器 Q 端置 1。

（2）中断响应

CPU 在每条指令执行的最后一个时钟周期检测其中断请求输入端,判断有无中断请求,若 CPU 接收到了中断请求信号,且此时 CPU 内部的中断允许触发器的状态为 1,则 CPU 在现行指令执行完后,发出 $\overline{\text{INTA}}$ 信号响应中断。从图 8-16 中可以看到,一旦进入中断处理,立即清除中断请求信号。这样可以避免一个中断请求被 CPU 多次响应。

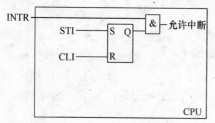

图 7-17　CPU 内部设置
中断允许触发器

图 7-17 给出了 CPU 内部产生中断响应信号的逻辑电路。对于 8086/8088 CPU 可以用开中断(STI)或关中断(CLI)指令来改变中断允许触发器(即 IF 标志位)的状态。

（3）保护断点

CPU 一旦响应中断,需要对其正在执行程序的断点信息进行保护,以便在中断处理结束后仍能回到该断点处继续执行。对于 8086/8088 CPU,保护断点的过程由硬件自动完成,主要工作是关中断、将标志寄存器内容入栈保存以及将 CS 和 IP 内容入栈保存。

（4）中断处理

中断处理的过程实际就是 CPU 执行中断服务程序的过程。用户编写的用于 CPU 为中断源进行中断处理的程序称为中断服务程序。由于不同中断源在系统中的作用不同,所要完成的功能不同,因此,不同中断源的中断服务程序内容也各不相同。例如,对于图 7-16 所示的外设,其中断服务程序的主要任务是用输入指令(IN)从接口中的数据端口向 CPU 输入数据。

另外,主程序中有些寄存器的内容在中断前后需保持一致,不能因中断而发生变化,但在中断服务程序中又用到了这些寄存器,为了保证在返回主程序后仍能从断点处继续正确执行,还需要在中断服务程序的开头对这些寄存器内容进行保护(即保护现场),在中断服务程序的末尾恢复这些寄存器的内容(即恢复现场)。保护现场和恢复现场一般用 PUSH 和 POP 指令实现,所以要特别注意寄存器内容入栈和出栈的次序。

（5）中断返回

执行完中断服务程序,返回到原先被中断的程序,此过程称为中断返回。为了能正确返回到原来程序的断点处,在中断服务程序的最后应专门放置一条中断返回指令(如 8086/8088 的

IRET 指令)。中断返回指令的作用实际上是恢复断点,也就是保护断点的逆过程。

7.3.2 中断优先级和中断的嵌套

1. 中断优先级

中断请求是随机发生的,当系统具有多个中断源时,有时会同时出现多个中断请求,CPU只能按一定的次序予以响应和处理,这个响应的次序称为中断优先级。对于不同级别的中断请求,一般的处理原则如下:

(1) 不同优先级的多个中断源同时发出中断请求,按优先级由高到低依次处理。

(2) 低优先级中断正在处理,出现高优先级请求,应转去处理高优先级请求,服务结束后再返回原优先级较低的中断服务程序继续执行。

(3) 高优先级中断正在处理,出现低优先级请求,可暂不响应。

(4) 中断处理时,出现同级别请求,应在当前中断处理结束以后再处理新的请求。

2. 中断嵌套

CPU 在执行低级别中断服务程序时,又收到较高级别的中断请求,CPU 暂停执行低级别中断服务程序,转去处理这个高级别的中断,处理完后再返回低级别中断服务程序,这个过程称为中断嵌套。可屏蔽中断嵌套示意图,如图 7-18 所示。

一般 CPU 响应中断请求后,在进入中断服务程序前,硬件会自动实现关中断,这样,CPU 在执行中断服务程序时将不能再响应其他中断请求。为了实现中断嵌套,应在低级别中断服务程序的开始处加一条开中断指令 STI。能够实现中断嵌套的中断系统,其软、硬件设计都较复杂。

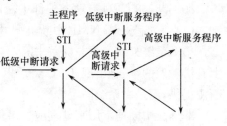

图 7-18 中断嵌套示意图

3. 中断控制方式的优点

使用中断控制方式有以下几个主要优点:

① 分时操作。在中断方式下,CPU 和外设可并行工作。

② 实时处理。在实时控制系统中,现场随机产生的各种参数、信息需要 CPU 及时处理时,可以利用中断方式向 CPU 发出中断请求,CPU 可立即响应(在中断标志为开放的情况下),进行相应的处理。

③ 故障处理。在计算机运行过程中,如果出现事先预料不到的情况,或出现一些故障,则可利用中断系统运行相应的服务程序自行处理,而不必停机或报告工作人员。

7.4 8086/8088 中断系统

7.4.1 中断类型

8086/8088 CPU 可以处理 256 种不同类型的中断,每一种中断都给定一个编号(0~255),称为中断类型号,CPU 根据中断类型号来识别不同的中断源。8086/8088 的中断源如图 7-19 所示。从图中可以看出 8086/8088 的中断源可分为两大类:一类来自 CPU 的外部,由外设的请求引起,称为硬件中断(又称外部中断);另一类来自 CPU 的内部,由执行指令时引起,称为软件中断(又称内部中断)。

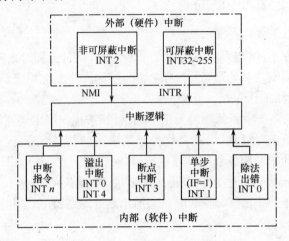

图 7-19　8086/8088 中断源

1. 硬件中断(外部中断)

8086/8088 CPU 有两条外部中断请求线 NMI(非屏蔽中断)和 INTR(可屏蔽中断)。

(1) 非屏蔽中断 NMI(中断类型号为 2)

整个系统只有一个非屏蔽中断,它不受 IF 标志位的屏蔽。出现在 NMI 上的请求信号是上升沿触发的,一旦出现,CPU 将予以响应。非屏蔽中断被响应时,其中断矢量号不由外部中断源提供,而是由系统固定分配。

非屏蔽中断通常用来处理应急事件,如总线奇偶错、电源故障或电源掉电等。

(2) 可屏蔽中断 INTR

可屏蔽中断请求信号从 INTR 引脚送往 CPU,高电平有效。它受中断允许标志位 IF 的影响和控制。当 IF 置 1(STI 指令)时,表明可屏蔽中断被允许,CPU 响应可屏蔽中断。当 IF 置 0(CLI 指令)时,表明可屏蔽中断被禁止,CPU 不响应可屏蔽中断,并将该中断信号挂起,直到 IF 被置位或外部事件撤销中断请求为止。

当外设的中断请求未被屏蔽,且 IF=1,则 CPU 在当前指令周期的最后一个 T 状态去采样 INTR 引脚,若有效,CPU 予以响应。CPU 将执行两个连续的中断响应周期,送出两个总线周期的响应信号$\overline{\text{INTA}}$。第一个总线周期,CPU 将地址及数据总线置高阻;在第二个总线周期,外设向数据总线输送一个字节的中断类型号,CPU 读入后,就可在中断向量表中找到该类型号的中断服务程序的入口地址,转入中断处理。

值得注意的是,对于非屏蔽中断和软件中断,其中断类型号由 CPU 内部自动提供,不需去执行中断响应周期读取中断类型号。

2. 软件中断(内部中断)

8086/8088 的软件中断主要有五种,分为三类。

(1) 处理运算过程中某些错误的中断

执行程序时,为及时处理运算中的某些错误,CPU 以中断方式中止正在运行的程序,提醒程序员改错。

① 除法错中断(中断类型号为0)。在8086/8088 CPU执行除法指令(DIV/IDIV)时,若发现除数为0,或所得的商超过了CPU中有关寄存器所能表示的最大值,则立即产生一个类型号为0的内部中断,CPU转去执行除法错中断处理程序。

② 溢出中断INTO(中断类型号为4)。CPU进行带符号数的算术运算时,若发生了溢出,则标志位OF=1,若此时执行INTO指令,会产生溢出中断,打印出一个错误信息,结束时不返回,而把控制权交给操作系统。若OF=0,则INTO不产生中断,CPU继续执行下一条指令。INTO指令通常安排在算术指令之后,以便在溢出时能及时处理。

(2) 为调试程序设置的中断

① 单步中断(中断类型号为1)。当TF=1时,每执行一条指令,CPU会自动产生一个单步中断。单步中断可一条一条指令地跟踪程序流程,观察各个寄存器及存储单元内容的变化,帮助分析错误原因。单步中断又称为陷阱中断,主要用于程序调试。

② 断点中断(中断类型号为3)。调试程序时可以在一些关键性的地方设置断点,它相当于把一条INT 3指令插入到程序中,CPU每执行到断点处,INT 3指令便产生一个中断,使CPU转向相应的中断服务程序。

(3) 中断指令INT n引起的中断(中断类型号为n)

程序设计时,可以用INT n指令来产生软件中断,中断指令的操作数n给出了中断类型号,CPU执行INT n指令后,会立即产生一个类型号为n的中断,转入相应的中断处理程序来完成中断功能。

3. 8086/8088中断源的优先级

8086/8088中断源的优先级顺序由高到低依次为:除数为0中断、INT n和INTO指令的优先级最高,NMI次之,INTR再次,单步中断优先级最低。

在PC系统中,外设的可屏蔽中断请求通过中断控制器8259A连接到CPU的INTR引脚,外设可屏蔽中断源的优先级别由8259A进行管理。

7.4.2 中断向量表

中断向量表是存放中断向量的一个特定的内存区域。所谓中断向量,就是中断服务程序的入口地址。对于8086/8088系统,所有中断服务程序的入口地址都存放在中断向量表中。

8086/8088可以处理256种中断,每种中断对应一个中断类型号,每个中断类型号与一个中断服务程序的入口地址相对应。每个中断服务程序的入口地址占4个存储单元,其中低地址的两个单元存放中断服务程序入口地址的偏移量(IP);高地址的两个单元存放中断服务程序入口地址的段地址(CS)。256个中断向量要占$256 \times 4 = 1024$个单元,即中断向量表长度为1K个单元。8086/8088系统的中断向量表位于内存的前1K字节,地址范围为00000H～003FFH。8086/8088的中断向量表如图7-20所示。

图7-20所示的中断向量表中有5个专用中断(类型0～类型4),它们已经有固定用途;27个系统保留的中断(类型5～类型31)供系统使用,不允许用户自行定义;224个用户自定义中断(类型32～类型255),这些中断类型号可供软中断INTn或可屏蔽中断INTR使用,使用时,要由用户自行填入相应的中断服务程序入口地址。(其中有些中断类型已经有了固定用途,例如,类型21H的中断已用做DOS的系统功能调用。)

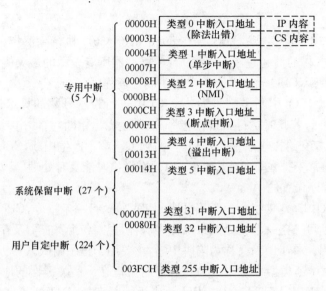

图 7-20　8086/8088 的中断向量表

　　由于中断服务程序入口地址在中断向量表中是按中断类型号顺序存放的,因此每个中断服务程序入口地址在中断向量表中的位置可由"中断类型号×4"计算出来。CPU 响应中断时,把中断类型号 n 乘以 4,得到对应地址 $4n$(该中断服务程序入口地址所占 4 个单元的第一个单元的地址),然后把由此地址开始的两个低字节单元($4n,4n+1$)的内容装入 IP 寄存器,再把两个高字节单元($4n+2,4n+3$)的内容装入 CS 寄存器,于是 CPU 转入中断类型号为 n 的中断服务程序。

　　这种采用向量中断的方法,CPU 可直接通过向量表转向相应的处理程序,而不需要去逐个检测和确定中断源,因而可以大大加快中断响应的速度。

7.4.3　8086/8088 中断处理过程

中断响应的操作过程,对于可屏蔽中断、非可屏蔽中断和内部中断,是不尽相同的。

1. 可屏蔽中断的响应和处理过程

可屏蔽中断响应和处理过程,如图 7-21 所示。

　　(1) CPU 要响应可屏蔽中断请求,必须满足一定的条件,即中断允许标志置 1(IF=1),无内部中断,没有非可屏蔽中断(NMI=0),没有总线请求。

　　(2) 当某一外部设备通过其接口电路中断控制器 8259A 发出中断请求信号时,经 8259A 处理后,得到相应的中断向量号,并同时向 CPU 申请中断 INT=1。

　　(3) CPU 执行完当前指令后便向 8259A 发出中断响应信号$\overline{\text{INTA}}$,表明 CPU 响应该可屏蔽中断请求。

　　(4) 8259A 连续两次(2 个总线周期)接收到$\overline{\text{INTA}}$的中断响应信号后,便通过总线将中断向量号送 CPU。

　　(5) 保护断点。将标志寄存器内容、当前 CS 内容及当前 IP 内容压入堆栈。

　　(6) 清除 IF 及 TF(IF←0,TF←0),以便禁止其他可屏蔽中断或单步中断发生。

　　(7) 根据 8259A 向 CPU 送的中断向量号 n 求得中断向量,从中断向量表中得到相应中断

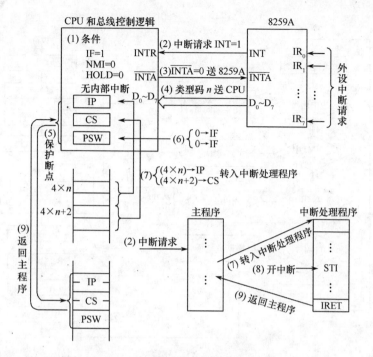

图 7-21　可屏蔽中断的响应和处理过程

处理程序首地址（段内偏移地址和段地址），并将其分别置入 IP 及 CS 中。

（8）中断处理程序包括保护现场、中断服务、恢复现场等部分。

（9）中断处理程序执行完毕，最后执行一条中断返回指令 IRET，将原压入堆栈的标志寄存器内容及程序断点地址重又弹出至原处。

2. 非可屏蔽中断的响应和处理过程

非可屏蔽的中断请求在 NMI 端加入。CPU 对它的响应不受 IF 位的控制（但可以在外部逻辑中对加入 NMI 端的信号进行控制）。

与可屏蔽中断一样，非可屏蔽中断也要等待当前指令执行结束。如果同时出现了非可屏蔽中断请求和可屏蔽中断请求，CPU 将优先响应非可屏蔽中断请求。因为非可屏蔽中断的中断类型号为 2，是微处理器硬件决定的，所以不需要从外部取回一个字节的中断类型号操作。非可屏蔽中断响应的其他操作和可屏蔽中断相同。

3. 内部中断的响应和处理过程

所有的内部中断，其中断响应操作有以下共同点：

（1）中断类型号要么是指令码给定的，要么是处理硬件决定的，都不需要从外部逻辑输入；

（2）没有包括 $\overline{INTA}$ 信号的响应周期；

（3）不受 IF 位的控制，但单步中断受 TF 位控制；

（4）内部中断响应也要执行可屏蔽中断响应的（5）～（9）项操作。

图 7-22 为 8086/8088 CPU 中断的响应和处理过程流程图，该图反映出了 8086/8088 系统中各中断源优先级的高低。

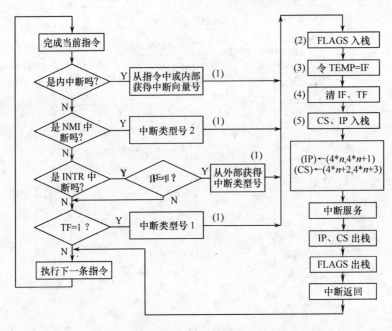

图 7-22 8086/8088 CPU 中断处理的基本过程

在图 7-22 流程中，(1)～(5)是 CPU 的内部处理，由硬件自动完成。所有内部中断(除法错、INT n、INTO、单步和断点中断)以及 NMI 中断不需要从数据总线上读取中断类型码，而 INTR 中断需由 CPU 读取中断类型码，其中断类型码由发出 INTR 信号的接口电路提供。

7.4.4 中断服务程序的设计

中断服务程序的一般结构如图 7-23 所示。如前所述，若该中断处理能被更高级别的中断源中断，则需加入开中断指令。在中断服务程序的最后，一定要有中断返回指令，以保证断点的恢复。

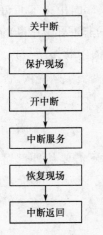

用户在设计中断服务程序时要预先确定一个中断类型号，不论是采用软件中断还是硬件中断，都只能在系统预留给用户的类型号中选择。

1. DOS 系统功能调用法

功能号：(AH)=25H。

入口参数：(AL)= 中断类型号
　　　　　(DS)= 中断服务程序入口地址的段地址
　　　　　(DX)= 中断服务程序入口地址的偏移地址

下面程序段完成中断类型号为 80H 的入口地址置入，设其中断服务程序为 NEWINT。

```
PUSH DS                        ;保护 DS
MOV DX,OFFSET NEWINT           ;取服务程序偏移地址
MOV AX,SEG NEWINT              ;取服务程序段地址
MOV DS,AX
```

图 7-23 中断服务
程序的一般结构

```
        MOV AH,25H                      ;送功能号
        MOV AL,80H                              ;送中断类型号
        INT    21H                             ;DOS 功能调用
        POP    DS                              ;恢复 DS
```

2. 直接装入法

用传送指令直接将中断服务程序首地址置入矢量表中。设中断类型号为 80H（此类型号对应的矢量表地址为从 00200H 开始的四个连续存储单元），其中断服务程序为 NEWINT。程序段如下：

```
        XOR AX,AX
        MOV DS,AX
        MOV AX,OFFSET NEWINT
        MOV DS：[0200H],AX              ;置服务程序偏移地址
        MOV AX,SEG NEWINT
        MOV DS：[0200H+ 2],AX          ;置服务程序所在代码段的段地址
```

3. 使用字符串指令装入法

```
        MOV AX,0
        MOV ES,AX
        MOV DI,n* 4
        MOV AX,OFFSET NEWINT
        CLD
        STOSW
        MOV AX,SEG NEWINT
        STOSW
```

其中：n 为中断类型号。

7.5 可编程中断控制器 Intel 8259A

7.5.1 8259A 的功能

8259A 是可编程中断控制器（Programmable Interrupt Controller）芯片，用于管理和控制 80x86 的外部中断请求，可实现中断优先级判定，提供中断类型号，屏蔽中断输入等功能。单片 8259A 可管理 8 级中断，若采用级联方式，最多可以用 9 片 8259A 构成两级中断机构，管理 64 级中断。8259A 是可编程器件，它所具有的多种中断优先级管理方式可以通过主程序在任何时候进行改变或重新组织。

1. 8259A 的内部结构

（1）中断请求寄存器 IRR（Interrupt Request Register）

8 位，接受并锁存来自 $IR_0 \sim IR_7$ 的中断请求信号，当 $IR_0 \sim IR_7$ 上出现某一中断请求信号时，IRR 对应位被置 1。

（2）中断屏蔽寄存器 IMR（Interrupt Mask Register）

8 位，若 IRR 中记录的各级中断中有任何一级需要屏蔽，只要将 IMR 的相应位置 1 即可，未被屏蔽的中断请求进入优先权判别器。

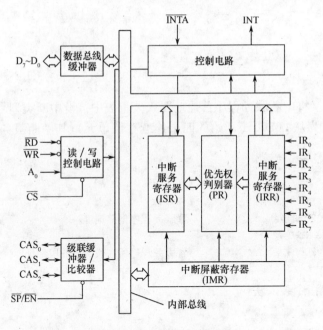

图 7-24　8259A 内部结构框图

（3）中断服务寄存器 ISR(In-Service Register)

8 位,保存当前正在处理的中断请求。

（4）优先权判别器 PR(Priority Resolver)

能够将各中断请求中优先级最高者选中,并将 ISR 中相应位置 1。若某中断请求正在被处理,8259A 外部又有新的中断请求,则由优先权判别器将新进入的中断请求和当前正在处理的中断进行比较,以决定哪一个优先级更高。若新的中断请求比正在处理的中断级别高,则正在处理的中断自动被禁止,先处理级别高的中断,由 PR 通过控制逻辑向 CPU 发出中断申请 INT。

CPU 收到中断请求后,若 IF＝1,则 CPU 完成当前指令后,响应中断,即执行两个中断响应总线周期,在$\overline{\text{INTA}}$引脚上发出两个负脉冲。8259A 收到第一个负脉冲后,使 IRR 锁存功能失效,不接受 $IR_0 \sim IR_7$ 上的中断请求信号;直到第二个负脉冲结束后,才又使 IRR 锁存功能有效,并清除 IRR 的相应位,使 ISR 的对应位置 1,以便为优先级裁决器以后的裁决提供依据。收到第二个负脉冲后,8259A 把当前中断的中断类型号送到 $D_0 \sim D_7$,CPU 根据此类型号进入相应的中断服务程序。在中断服务程序结束时向 8259A 发中断结束命令,该命令将 ISR 寄存器的相应位清 0,中断处理结束。

（5）数据总线缓冲器

数据总线缓冲器是 8259A 与系统之间传送信息的数据通道。

（6）读/写控制逻辑

读/写控制逻辑包含了初始化命令字寄存器和操作命令字寄存器。其功能是确定数据总线缓冲器中数据的传输方向,选择内部的各命令字寄存器。当 CPU 发读信号时将 8259A 的状态信息放到数据总线上;当 CPU 发写信号时,将 CPU 发来的命令字信息送入指定的命令字寄存器中。

（7）级联缓冲/比较器

用来存放和比较在系统中用到的所有 8259A 的级联地址。主控 8259A 通过 CAS_0、CAS_1 和 CAS_2 发送级联地址，选中从控 8259A。

2. 8259A 的外部引脚

8259A 采用 28 脚双列直插封装形式，如图 7-25 所示。

$\overline{CS}$：片选信号，输入，低电平有效，来自地址译码器的输出。只有该信号有效时，CPU 才能对 8259A 进行读/写操作。

$\overline{WR}$：写信号，输入，低电平有效，通知 8259A 接收 CPU 从数据总线上送来的命令字。

$\overline{RD}$：读信号，输入，低电平有效，用于读取 8259A 中某些寄存器的内容（如 IMR、ISR 或 IRR）。

$D_7 \sim D_0$：双向、三态数据线，连接系统数据总线的 $D_7 \sim D_0$，用来传送控制字、状态字和中断类型号等。

$IR_7 \sim IR_0$：中断请求信号，输入，从 I/O 接口或其他 8259A（从控制器）上接收中断请求信号。在边沿触发方式中，IR 输入应由低到高，此后保持为高，直到被响应。在电平触发方式中，IR 输入应保持高电平。

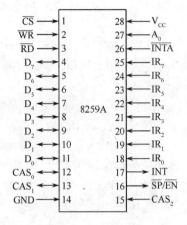

图 7-25　8259A 引脚

INT：8259A 向 CPU 发出的中断请求信号，高电平有效，该引脚接 CPU 的 INTR 引脚。

$\overline{INTA}$：中断响应信号，输入，接收 CPU 发来的中断响应脉冲以通知 8259A 中断请求已被响应，使其将中断类型号送到数据总线上。

$CAS_0 \sim CAS_2$：级联总线，输入或输出，用于区分特定的从控制器件。8259A 作为主控制器时，该总线为输出，作为从控制器时，为输入。

$\overline{SP}/\overline{EN}$：从片/允许缓冲信号，输入或输出，该引脚为双功能引脚。在缓冲方式中（即 8259A 通过一个数据总线收发器与系统总线相连），该引脚被用作输出线，控制收发器的接收或发送；在非缓冲方式中，该引脚作为输入线，确定该 8259A 是主控制器（$\overline{SP}/\overline{EN}=1$）还是从控制器（$\overline{SP}/\overline{EN}=0$）。

A_0 为地址输入信号，用于对 8259A 内部寄存器端口的寻址。每片 8259A 对应两个端口地址，一个为偶地址，一个为奇地址，且偶地址小于奇地址。在与 8088 系统相连时，可直接将该引脚与地址总线的 A_0 连接。

7.5.2　8259A 的编程

对 8259A 的编程分两步：第一步，在系统加电和复位后，用初始化命令字对 8259A 芯片进行初始化编程；第二步，在操作阶段，用操作命令字对 8259A 进行操作过程编程，即实现对 8259A 的状态、中断方式和中断响应次序等的管理。这时，一般不再发初始化命令字。

1. 初始化命令字

共有 4 个初始化命令字 $ICW_1 \sim ICW_4$。

(1) ICW_1 命令字。命令字格式如下:

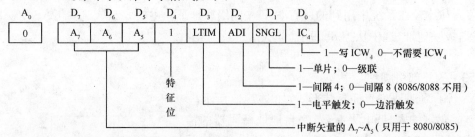

其中×表示无关位,其余各位意义是:

LTIM 用来设定中断请求信号的有效形式。LTIM=1 表示中断请求信号 $IR_0 \sim IR_7$ 高电平有效。

SNGL 用来表明 8259A 是单片工作方式(SNGL=1),还是级联工作方式(SNGL=0)。

IC_4 位为 1 表示后面还要设置初始化命令字 ICW_4;IC_4 为 0 表示不再设置 ICW_4。

命令字中 D_4 位为 1 表明该命令字是 ICW_1,是和其他命令字区别的标志。

ICW_1 命令字由 CPU 向 8259A 写入时,写入地址号是偶数,即 $A_0=0$。

(2) ICW_2 命令字。ICW_2 命令字用来设置中断类型号基值。所谓中断类型号基值是指 0 中断源 IR_0 所对应的中断类型号,它一定是个可被 8 整除的正整数,其格式如下:

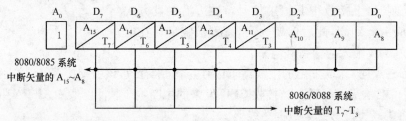

当 8259A 接收到 CPU 发回的中断响应信号 $\overline{INTA}$ 后,便通过数据总线向 CPU 送中断类型号字节。该字节的高 5 位即为 ICW_2 的高 5 位,低 3 位根据当前 CPU 响应的中断是 $IR_0 \sim IR_7$ 中的哪一个而定,分别对应 000~111。

ICW_2 命令字设置时采用 8259A 的奇数地址,即 $A_0=1$。

(3) ICW_3 命令字。ICW_3 命令字仅用于 8259A 级联方式时,指明主 8259A 的哪个中断源($IR_0 \sim IR_7$ 中的一个)与从 8259A 的 INT 引脚相连,也即指明从 8259A 的 INT 引脚和主 8259A 的哪一个中断源请求信号($IR_0 \sim IR_7$ 中的一个)相连。ICW_3 命令字设置时采用奇地址,其格式如下:

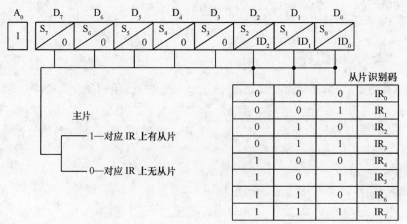

（4）ICW_4 命令字。

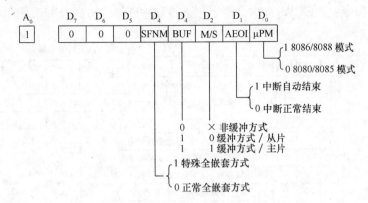

2. 初始化编程

8259A 初始化流程图，如图 7-26 所示。任何一种 8259A 的初始化都必须发送 ICW_1 和 ICW_2，只有在 ICW_1 中指明需要 ICW_3 和 ICW_4 以后，才发送 ICW_3 和 ICW_4。一旦初始化以后，若要改变某一个 ICW，则必须重新再进行初始化编程，不能只是写入单独的一个 ICW。

例如，两片 8259A 设置的初始化命令字如下：

主片：

 ICW_1 = 00010001，边沿触发，有 ICW_4，级联方式；

 ICW_2 = 00001000，中断类型号基值为 08H；

 ICW_3 = 00000100，在 IR_2 端接有从片；

 ICW_4 = 00000001，非数据总线缓冲方式，中断正常（非自动）结束，正常全嵌套方式。

从片：

 ICW_1 = 00010001，边沿触发，有 ICW_4，级联方式；

 ICW_2 = 01110000，中断类型号基值为 70H；

 ICW_3 = 00000010，该片的识别标志，对应主片的 IR_2；

 ICW_4 = 00000001，非数据总线缓冲方式，中断正常（非自动）结束，正常全嵌套方式。

图 7-26　8259A 初始化编程流程图

3. 操作命令字

系统初始化完成以后，可以在应用程序中随时向 8259A 送操作命令字，以改变 8259A 的工作方式，读出 8259A 内部寄存器的值等。

（1）OCW_1 操作命令字。该命令字用来设置中断源的屏蔽状态，其格式为：

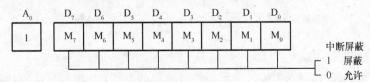

$M_i = 1$，表明相应中断源 IR_i 的中断请求被屏蔽，8259A 不会产生发向 CPU 的 INT 信号；$M_i = 0$，表明相应中断源 IR_i 的中断请求未受屏蔽，可以产生发向 CPU 的 INT 信号，请求 CPU 服务。设置 OCW_1 的 I/O 地址是 8259A 的奇地址，即 $A_0 = 1$。此外，对同一地址的输入指令将

把 OCW₁ 设置的屏蔽字读入 CPU。

（2）OCW₂ 命令字。OCW₂ 操作命令字用来控制中断结束方式及修改优先权管理方式，格式如下：

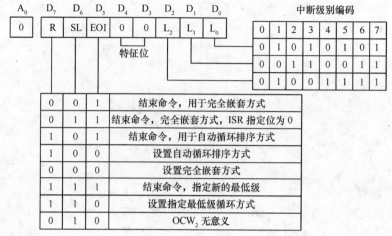

OCW₂ 的特征位是 $D_4D_3=00$。其余各位的意义说明如下：

R（Rotate）位为 1，表明中断级的优先顺序是自动循环方式；R 位为 0，表明中断级的优先顺序是固定的，0 级最高，7 级最低。

SL（Specific Level），该位指明是否要指定一个中断级。该位为 1，本控制字的 $L_2 \sim L_0$ 3 位组合将指明一个中断级。

EOI（End of Interrupt）位为 1，表明 OCW₂ 操作命令字的任务之一是用作结束中断命令；EOI 位为 0，则不执行结束中断操作。

D_2、D_1、D_0：$L_2 \sim L_0$ 位，只有 SL 位为 1 时，这三位才有意义。$L_2 \sim L_0$ 位有三个作用：一是当 OCW₂ 给出特殊中断结束命令时，L_2、L_1 和 L_0 三位的编码指出了要清除中断服务寄存器 ISR 中的哪一位；二是当 OCW₂ 给出结束中断且指定新的最低优先级命令时，将 ISR 中与 L_2、L_1 和 L_0 编码值对应的位清 0，并将当前系统最低优先级设为 L_2、L_1 和 L_0 指定的值；三是当 OCW₂ 给出优先级特殊循环命令时，由 L_2、L_1 和 L_0 的编码指定循环开始的最低优先级。

（3）操作命令字 OCW₃。OCW₃ 用来管理特殊的屏蔽方式和查询方式，并用来控制中断状态的读出，格式如下：

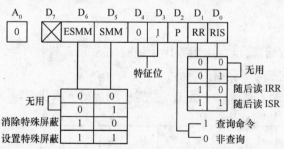

OCW₃ 的特征位为 $D_4D_3=01$，发送地址是 8259A 的偶地址，$A_0=0$。

SMM 即特殊屏蔽方式位。为 1，表示设置特殊屏蔽方式；为 0，表示清除特殊屏蔽方式。

P 位，为 1 时表示该 OCW₃ 用做查询命令；为 0 表示非查询方式。

RR 位和 RIS 位。这两位的组合用于指定对中断请求寄存器（IRR）和中断服务寄存器（ISR）内容的读出。$D_1D_0=10$ 时，表明紧接着要读出 IRR 的值；$D_1D_0=11$ 时，表明紧接着要读出 ISR 的值。

7.5.3　8259A 的工作方式

在按规定的顺序对 8259A 置入初始化命令字后,8259A 便处于准备就绪状态,等待中断源发来的中断请求信号,并处于完全嵌套中断方式。若想变更 8259A 的中断方式和中断响应次序,或想从 8259A 内读出某些寄存器内容,就应向 8259A 写入操作命令字。操作命令字可在主程序中写入,也可在中断服务程序中写入。

8259A 的中断方式。8259A 的中断方式有 5 种:完全嵌套方式、循环优先方式、特殊循环方式、特殊屏蔽方式和查询方式。

1. 中断优先级管理方式

(1) 全嵌套方式

全嵌套方式也称固定优先级方式。在这种方式下,由 IR 端引入的中断请求具有固定的优先级,IR_0 最高,IR_7 最低。PC 在对 8259A 初始化后若没有设置其他优先级方式,则默认为全嵌套方式。也可用发操作命令字 $OCW_2 = 00$ 将 8259 设置为这种排序方式。

当一个中断请求被响应时,ISR 中的对应位 ISR_i 被置 1,8259A 把中断类型号放到数据总线上,然后进入中断服务程序。一般情况下(除中断自动结束方式外),在 CPU 发出中断结束命令(EOI)前,此对应位一直保持为 1,以封锁同级或低级的中断请求,但并不禁止比本级优先级高的中断请求,以实现中断嵌套。

在完全嵌套方式下,应通过发非指定中断级的结束命令字,即 OCW_2 中的 R、SL、EOI 位组合为 001,使 ISR 寄存器中的对应位 $ISR_i = 0$,来实现中断结束操作。

(2) 自动循环方式

这实际上是等优先权方式。其特点是某一中断请求被响应后,该中断级便自动成为最低的中断级,其他中断源的优先级别也相应循环改变,以使各中断源被优先响应的机会相同,亦即优先等级是轮流的。例如 IR_4 请求的中断结束后,自动变为最低优先级,而相邻的 IR_5 请求的中断级变为最高级,IR_6 请求的中断变为次高级……

(3) 指定最低级的循环排序方式

指定最低级的循环排序方式也称特殊循环方式。在这种方式下,能在主程序或服务程序中通过指定某中断源的优先级为最低级,而其他中断源的优先级也随之改变的方法,来改变各中断源的优先等级。例如指定 IR_4 请求的中断级为最低级,则 IR_5 请求的中断便为最高级,IR_6 请求的中断为次高级……

(4) 查询法排序方式

查询法排序方式用查询的方法响应与 8259A 相连的 8 级中断请求。采用该方式时,8259A 的 INT 引脚不用,或 CPU 处于关中断状态,以便 CPU 不能响应 INT 线上来的中断请求。这时若要选择最高优先级,必须先用操作命令字发查询命令,然后再用输入指令识别当前有无中断请求及优先级最高的中断请求。

2. 中断屏蔽方式

(1) 普通屏蔽方式

通过对中断屏蔽寄存器(IMR)的设定,实现对中断请求的屏蔽。中断屏蔽寄存器的每一位对应了一个级别的中断请求,当某一位为 1 时,与之相应的某一级别的中断请求被屏蔽。CPU 在响应某一中断请求时,还可以在主程序或中断服务程序中对 IMR 的某些位置 1,以禁止高级别中断的进入。

（2）特殊屏蔽方式

特殊屏蔽方式与完全嵌套方式的排序方法不同,除了用操作命令字 OCW$_1$ 屏蔽掉的中断级和正在服务和中断级外,允许其他任何级的中断请求中断正在服务的中断。用这种方法可在程序的不同阶段改变中断级的优先次序。

3. 中断结束方式

这里中断结束(EOI)是指对 8259A 内部中断服务寄存器 ISR 的对应位复位的操作。这有两种方法:自动 EOI 方式和 EOI 命令方式。

（1）自动 EOI 方式

自动 EOI 方式是指在第二个 $\overline{INTA}$ 脉冲的后沿之后,由 8259A 自动清除 ISR 中已置位的那些位中优先级最高的位。这种自动结束中断方式只适用于非多重中断的情况。因为在中断响应周期中已将该级的 ISR 位清除,因而 8259A 无法区别正在处理的中断级等级,也就无法响应多重中断。

（2）一般中断结束方式

一般中断结束方式用于全嵌套方式下的中断结束。CPU 在中断服务程序结束时,向8259A 发常规中断结束命令,将 8259A 的中断服务寄存器中最高优先级的 ISR 位清 0。在全嵌套方式下,应通过发非指定中断级的结束命令字,即 OCW$_2$ 中的 R、SL、EOI 位组合为 001,来实现中断结束操作。这种命令字的设置,将把 ISR 寄存器内为 1 的所有位中优先级最高的位置 0,因为这一级一定是刚刚响应的中断级。

（3）特殊中断结束方式(SEOI)

在非全嵌套方式下,根据 ISR 的内容无法确定最后所响应和处理的是哪一级中断。这种情况下,就必须用特殊的中断结束方式,即在程序中要发一条特殊中断结束命令,该命令指出了要清除 ISR 中的哪一位。

另外,还要注意在级联方式下,一般不用中断自动结束方式,而是用一般结束方式或特殊结束方式。在中断处理程序结束时,必须发两次中断结束命令,一次是发往主片,另一次发往从片。

4. 完全嵌套方式响应过程举例

图 7-27 给出的例子,形象地展示了完全嵌套排序方式响应中断的过程。从图中可以归纳出这种方式有以下特点:

（1）中断请求可以出现在任何时刻,但只有 CPU 处于开中断状态时才能响应中断请求,如图中 IR$_1$ 服务程序正在执行期间对 IR$_0$ 的响应;

（2）同时有多级中断请求时,先响应中断优先级高的中断请求。如在"正执行的程序"期间,IR$_1$ 和 IR$_3$ 同时请求,则先响应 IR$_1$ 的请求,只有 IR$_1$ 服务完成,IR$_1$ 被清除,才响应 IR$_3$ 的请求。

（3）在执行某一级的中断服务程序期间,有较高级中断请求出现,则响应较高级的中断请求后,再继续本级的服务程序。如图 7-27 中执行 IR$_1$ 服务程序时转去响应 IR$_0$ 的服务,IR$_3$ 正在服务期间转去响应 IR$_2$ 的服务要求。

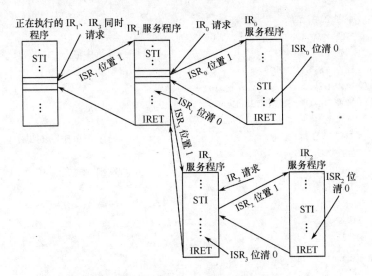

图 7-27　完全嵌套方式响应过程举例

7.5.4　8259A 应用举例

从图 7-28 中可以看出 8259A 的 IR_2 端是保留端,其余都已被占用。现假设某外设的中断请求信号由 IR_2 端引入,要求编程实现 CPU 每次响应该中断时屏幕显示字符串"WELCOME!"。

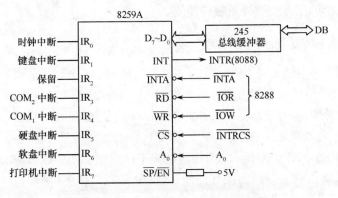

图 7-28　8259A 在 PC/XT 机中的连接

已知主机启动时 8259A 中断类型号的高 5 位已初始化为 00001,故 IR_2 的类型号为 0AH(00001010B);8259A 的中断结束方式初始化为非自动结束,即要在服务程序中发 EOI 命令;8259A 的端口地址为 20H 和 21H。程序段如下:

```
MESS DB 'WELCOME! ',0AH,0DH,'$ '
……
MOV AX,SEG INTPRM
MOV DS,AX
MOV DX,OFFSET INTPRM
MOV AX,250AH
INT 21H                          ;置中断向量表
IN AL,21H                        ;读中断屏蔽寄存器
AND AL,0FBH                      ;开放 IR₂ 中断
```

```
            OUT 21H,AL
            STI
LL:         JMP LL                            ;等待中断
INTPRM: MOV AX,SEG MESS                       ;中断服务程序
            MOV DS,AX
            MOV DX,OFFSET MESS
            MOV AH,09
            INT 21H                           ;显示每次中断的提示信息
            MOV AL,20H
            OUT 20H,AL                        ;发出 EOI 结束中断
            IN AL,21H
            OR AL,04H                         ;屏蔽 IR$_2$中断
            OUT 21H,AL
            STI
            IRET
            ......
```

7.6 DMA 传送和 DMA 控制器 8237

DMA 传送控制逻辑是微处理器 CPU 外围控制逻辑的重要部分。它一侧与微处理器相接,其中重要的两条信号线是 HOLD(总线控制权请求)和 HLDA(总线控制权应答)。它所形成的接受 DMA 请求信号线 DRQ 和 DMA 请求确认信号线 DACK 作为系统级总线的一部分,出现在扩充插槽的接点上供外设接口使用。

7.6.1 DMA 传送的基本原理

DMA 传送的基本特点是不经过 CPU,不破坏 CPU 内各寄存器的内容,直接实现存器与 I/O 设备之间的数据传送。在 IMB PC 系统中,DMA 方式传送一个字节的时间通常是一个总线周期,即 5 个时钟周期时间。CPU 内部的指令操作只是暂停这个总线周期,然后继续操作,指令的操作次序不会被破坏。所以 DMA 传送方式特别适合用于外部设备与存储器之间高速成批的数据传送。图 7-29 是实现 DMA 传送的基本原理图。图中以系统总线为界,左侧位于主机板内,其中有 DMA 控制器;右侧有存储器(部分存储器在主机板内)、外部设备和外设接口,它们通过 I/O 插槽与系统总线相接。

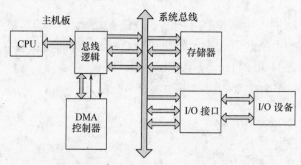

图 7-29　DMA 传送的基本原理图

DMA 传送可以分为三个阶段:第一阶段是准备阶段。这是一个程序工作阶段,包括对 DMA 控制器的初始化,工作方式基本参数的设置;对 I/O 设备及其接口的初始化,如寄存器

的清除、设备工作的启动等。这时 DMA 控制和 I/O 设备接口都被看作是有多个 I/O 端口的设备,CPU 对其相继执行若干条 OUT 指令。所以图 7-29 中 DMA 控制器、I/O 设备接口与系统总线之间都画有地址总线、数据总线和控制总线。

第二阶段是 DMA 传送操作阶段。在第一阶段 CPU 执行指令时,系统总线由 CPU 掌握和控制,对存储器的操作,无论取指令或存取操作数,所需要的地址信息和控制信号例如 $\overline{MEMR}$、$\overline{MEMW}$、$\overline{IOR}$ 和 $\overline{IOW}$ 等都是由 CPU 发出的。但是在 DMA 传送操作时,传送需要的地址信息和控制信号不再由 CPU 产生,而是由 DMA 控制器产生和发出。或者说,系统总线的控制权要由 CPU 移交给 DMA 控制器。DMA 传送操作过程如下:

(1) I/O 设备通过 I/O 接口向系统总线的某个 DRQ 端发出 DMA 传送请求,DMA 控制器接受请求,在自己的 HRQ 输出端有有效信号输出作为向 CPU 发出的 DMA 传送请求信号。在主机板内部 DMA 控制器的 HRQ 端与微处理器的 DMA 请求输入端 HOLD 相接,使 CPU 接受请求。

(2) CPU 结束当前的总线周期(不一定是一条指令的结束),即响应 DMA 传送请求,在自己的 HLDA 端输出响应信号,在主机板内加到 DMA 控制器的 HLDA 端,并把系统总线控制权交给 DMA 控制器,CPU 与系统总线中的地址总线、数据总线和某些控制线之间进入高阻状态。DMA 控制器把 CPU 的响应信号转加到系统总线的一个 DACK 端,进而加到提出请求的 I/O 设备接口。

(3) DMA 控制器向地址总线发出将要传送数据的存储器的地址信息,以备访问对应的存储单元。

(4) DMA 控制器向系统总线发出控制存储器和 I/O 设备操作需要的读、写信号,如 $\overline{MEMR}$ 和 $\overline{IOR}$ 或 $\overline{MEMW}$ 和 $\overline{IOW}$ 等,实现 I/O 设备和存储器之间的一个字节的传送。应该特别指出,传送数据字节的途径是 I/O 设备→I/O 设备接口→系统数据总线→存储器,不经过 DMA 控制器。DMA 控制器只起控制作用。

(5) 修改 DMA 控制器中提供存储器地址的地址寄存器,指向存储器下一单元;记录传送的字节数,为下一字节传送做好准备。

(6) 如果在第一阶段设置方式时设置的是单字节传送方式,这时 DMA 控制器就把总线控制权交回给 CPU,使 CPU 继续执行被中断的指令并随时准备响应新的 DMA 传送请求。如果设置的是多字节的数据块传送方式,将重复执行(3)至(5)操作。记录传送字节数的是一个减 1 计数器,在第一阶段把要传送的字节数预置于这个计数器,在执行传送阶段每传送一个字节计数器减 1,待到计数器减为 0 值时,要传送的字节数恰好传送完毕。计数器从 0 值向 0FFFFH 值变化时输出一个信号,这个信号作为传送结束的标志(TC)。

第三阶段是传送结束处理阶段。在这一阶段通常是引入一段程序(可由中断方法或基本 I/O 测试状态法引入),对传送的结果进行处理,或者同时完成下一次传送的第一阶段的任务,为下次 DMA 传送作准备。

归纳起来,DMA 数据传送与程序控制数据传送相比较,首先是传送途径不同:程序控制数据传送必须经过 CPU(其中某个寄存器),而 DMA 传送不经过 CPU。其次,程序控制数据传送涉及的源地址、目的地址是由 CPU 提供的,地址的修改和传送数据块长度的控制也由 CPU 完成,数据传送所需要的控制信号也由 CPU 发出,但 DMA 传送,这一切都由 DMA 控制器提供、发出和完成。

这就是说,本来该由程序完成的数据传送,在 DMA 传送时由硬件取代了。因而不仅减轻了 CPU 的负担,而且可以使数据传输速度大大提高。但是,DMA 传送必须由程序或中断方式提供协助,DMA 传送的初始化或结束处理是由程序或中断服务完成的。

7.6.2 DMA 控制器 8237 的结构和引脚

DMA 传送控制逻辑中的核心电路是 Intel 公司生产的 DMA 控制器芯片 8237。图 7-30 是 8237 的结构框图。图 7-31 是 8237 引脚图。

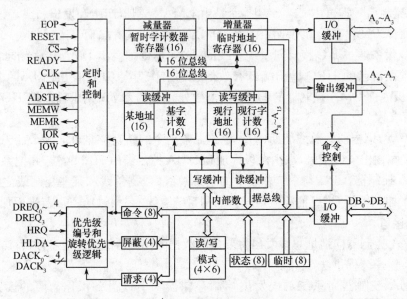

图 7-30　8237 的结构框图

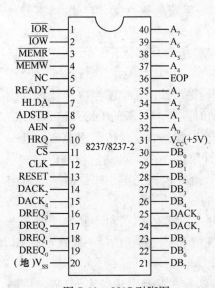

图 7-31　8237 引脚图

（1）地址线、数据线及有关控制线。DMA 控制器受指令控制时,CPU 地址线的高位译码产生 8237 需要的片选信号。地址线的低 4 位直接加到芯片的 $A_3 \sim A_0$ 端,选择芯片内寄存器。$DB_7 \sim DB_0$ 为 8 位数据线,传送写入或读出芯片内寄存器的信息。当 DMA 控制器从 CPU 那里获得了总线控制权进行 DMA 传送期间,要向存储器发出 16 位地址信息,在 IBM PC 系列机中,访问存储器需要的高位地址,由称作页面寄存器的辅助寄存器提供。这 16 位地址信息分先后两次发出。先发高 8 位,经数据线 $DB_7 \sim DB_0$ 送到一个外部锁存器锁存(在地址选通信号 ADSTB 控制下);然后经 $A_7 \sim A_0$ 发出地址信息的低 8 位。锁存器锁存的高 8 位加到地址线的 $A_{15} \sim A_8$,与 $A_7 \sim A_0$ 的低 8 位组成 16 位地址信息一起发向存储器地址系统。控制信号 AEN 一方面控制把锁存器锁存的地址信息发向地址线,另一方面去关闭 CPU 内部的地址锁存器。

（2）读、写操作控制端 $\overline{MEMR}$、$\overline{MEMW}$、$\overline{IOR}$ 和 $\overline{IOW}$。可以看出,$\overline{IOR}$ 和 $\overline{IOW}$ 是双向的。在 DMA 控制器受指令控制时,它们是输入端,接收 CPU 发来的控制信号。但在 DMA 传送期间,它们是控制的输出端,控制器借助这两端向进行 DMA 传送的 I/O 设备接口发 $\overline{IOR}$ 或

$\overline{IOW}$信号。$\overline{MEMR}$和$\overline{MEMW}$对于控制器来说是向外输出的。在DMA传送时,控制器通过它们向存储器接口发控制信号。

(3) 请求输入端$DREQ_0 \sim DREQ_3$和请求输出端HRQ。4个输入端为4个互相独立的通道接受I/O接口来的传送请求。在DMA控制器内有对4个输入请求的优先次序排队逻辑。输出端HRQ形成的DMA的请求信号不仅反映了$DREQ_0 \sim DREQ_3$端有无请求信号,还反映了控制器内对各通道是否进行了屏蔽管理。HRQ端接至CPU的HOLD端,或另一级8237的某个DRQ端。

(4) 响应接收端HLDA和响应输出端$DACK_0 \sim DACK_3$。CPU响应DMA请求时,发来响应回符号信号加到DMA控制器的响应接收端HLDA。由于控制器在接受请求时已经对请求的优先次序进行了排队和选择,所以这时将把响应信号转到相应的一个响应输出端($DACK_0 \sim DACK_3$中之一)输出,加到有请求的且优先级最高的外设接口,作为请求的回答信号。

(5) $\overline{EOP}$(End Of Process)。这个信号端可以双向应用:如果外加一个低电平信号,将强迫DMA传送结束。$\overline{EOP}$作为输出端时,它的状态可以作为传送结束的标志:4个通道中任何一个通道在传送字节数达到预置值时,即字节数计数器的值从0向0FFFFH变化时将产生一个脉冲,形成一个$\overline{EOP}$信号在$\overline{EOP}$端输出。无论是外加的还是内部产生的$\overline{EOP}$信号,都将停止DMA传送。在IBM PC系统总线中,这个信号标为T/C信号端。

(6) 其他信号:CLK时钟信号输出端,这个时钟信号在DMA控制器内形成需要的各种定时信号。RESET复位信号,外部加入,使DMA控制器内各寄存器复位。READY"准备好"信号端,用来控制是否需要进入等待状态以延长总线周期。此外还有电源输入端V_{CC}和接地端GND。

DMA控制器内的编址寄存器有三种情况:一种情况是有些寄存器是4个通道公用的,如控制(或命令)寄存器、状态寄存器和暂存寄存器。另一种情况是每一个通道内有一组寄存器,如方式寄存器、地址初值寄存器、地址计数器、字节数初值寄存器和字节数计数器。再一种情况是每个通道有1位,4个通道的4位组合成一个寄存器,为其分配一个I/O端口地址以便CPU访问。属于这种情况的有DMA请求寄存器和屏蔽寄存器。对4个通道都有控制作用的公用控制(即命令)寄存器和每个通道内都有的方式寄存器决定着DMA控制器总的工作方式和每个通道的具体工作方式,将在后面专门说明。

7.6.3 DMA 的工作方式和时序

1. 8237 DMA 的工作方式

8237有4种工作方式,分别介绍如下:

(1) 单字节传送方式。在这种方式下,每次仅传送一个字节数据。传送后,字节数寄存器减1,地址寄存器加1或减1(由初始化编程决定)。HRQ变为无效,8237释放系统总线,控制权返回给CPU。当前字节数寄存器从初始值减到0,还要再传输一个字节,又从0减到0FFFFH时,才发出有效$\overline{EOP}$信号,结束DMA传输过程。

通常,在DACK成为有效之前,DREQ必须保持有效。每次传送后,DMA控制器把总线让给CPU至少一个总线周期,且立即开始检测DREQ输入,一旦DREQ为有效,再进行下一个字节的传送。

(2) 数据块传送方式。在这种方式下,一旦8237控制总线就将始终占用总线,连续地传送字节数据直到字节数寄存器减到零再减至 0FFFFH 时产生$\overline{EOP}$信号为止。若需提前结束 DMA 传送也可由外部输入低电平有效的$\overline{EOP}$信号来强迫终止 DMA 传送,总线控制才交还给 CPU。这种方式最大能传送 64KB 的数据块,而且送 DREQ 只需维持到 DACK 有效,在传送期间就不再检测 DREQ 引脚信号。当数据块传送结束,则终止操作或者是重新初始化。

(3) 请求传送方式。这种传送方式类似于数据块传送方式,所不同之处在于每传送一个字节之后,8237 都将采样检测 DERQ 信号是否有效。若 DREQ 变为无效状态则放弃传输,一直到 DREQ 变为有效后又可开始从放弃的那一点开始 DMA 传输。当由于外设提供的

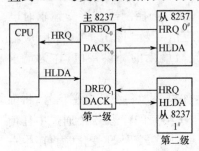

图 7-32　两级 DMA 的级联方式

DREQ 信号变为无效而放弃 DMA 传送时,8237 释放总线,CPU 可以接着操作。在此种方式下,因为 DMA 放弃传送时,8237 的工作现场的地址及字节数计数值会保存在当前地址寄存器及当前字节数寄存器中。这样,当进行 DMA 的外部设备新的数据块准备好后,可再次向 8237 发出 DREQ 有效信号,8237 接着原来的地址和字节计数值继续进行传输,直到字节数寄存器减到 0,又减至 0FFFFH 计数结束或外输入$\overline{EOP}$信号,才停止传送,退出 DMA。

(4) 级联方式,如图 7-32 所示。

2. 8237 读/写总线时序

8237 从工作状态看,有两种工作状态:主控状态和从属动态;从时间顺序来看,可看成两种操作周期:DMA 空闲周期(从属状态)和 DMA 有效周期(主控状态)。每个操作周期由一定数量的时钟状态组成。其读/写总线时序如图 7-33 所示。

(1) 空闲周期 S_I

8237 在上电之后未初始化之前,或已初始化但还没有外设(或软件)请求 DMA 传送时,进入空闲周期 S_I。此时,8237 处于从属状态。在空闲周期内连续执行 S_I 时钟状态,个数不限。此时,8237 在每个时钟周期进行两种检测:一是对$\overline{CS}$引脚端进行采样,以确认 CPU 是否要对 DMA 控制器进行初始化编程或从它读取信息;二是检测它的输入引脚 DREQ,确认是否有外设请求 DMA 服务。

当采样到$\overline{CS}$引脚为有效时,且无外设提出 DMA 请求(DREQ 为无效),则可认为是 CPU 对 8237 进行初始化编程,向 8237 的各寄存器写入各种命令、参数。此时,8237 作为 CPU 的一个外设。当 8237 检测到 DREQ 引脚信号有效时,就转入请求应答状态周期。

(2) 请求应答状态周期 S_0

8237 被初始化之后,若检测到 DREQ 请求有效后,则表示有外设要求 DMA 传送,此时,DMA 控制器就向 CPU 发出总线请求信号 HRQ。同时,DMA 控制器的时序从 S_I 状态进入 S_0 状态,并重复执行 S_0 状态,直到收到 CPU 的应答信号 HLDA 才结束 S_0 状态,进入 S_I 状态,开始 DMA 有效周期。此时,S_0 是 8237 送出 HRQ 信号到它收到 HLDA 信号之间的状态周期,这是 8237 从从属状态到主控状态的过渡阶段。

(3) DMA 有效周期

在收到 CPU 的应答信号 HLDA 后,8237 就成为系统的主控者,进入 DMA 传送有效周期,开始传送数据。一个完整的 DMA 传送周期包含 S_1、S_2、S_3 和 S_4 共 4 个状态。

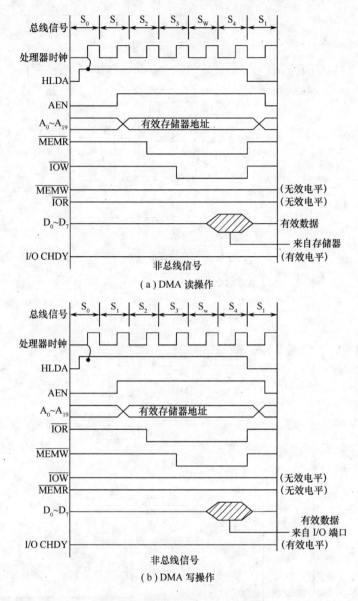

图 7-33　DMA 的读/写总线周期

8237A 状态变化流程图,如图 7-34 所示。

7.6.4　内部寄存器的功能及端口寻址

8237A 内部寄存器组分成两大类:一类是通道寄存器,即每个通道都有的当前地址寄存器、当前字节数寄存器和基地址及基字节数寄存器;另一类是控制和状态寄存器。这些寄存器的寻址是由最低 4 位地址 $A_3 \sim A_0$ 以及读/写命令来区分的。这两类寄存器共占用 16 个端口,记作 DMA+00H～DMA+0FH 地址,可供 CPU 访问。

8237 DMA 芯片有 16 个端口地址(以地址符 DMA+0,DMA+1,DMA+2,…,DMA+0AH,…,DMA+0FH 表示),代表了 8 种寄存器以可编程方法实现 4 个通道的 DMA 传输,其寄存器种类、功用及端口地址分别说明如下。

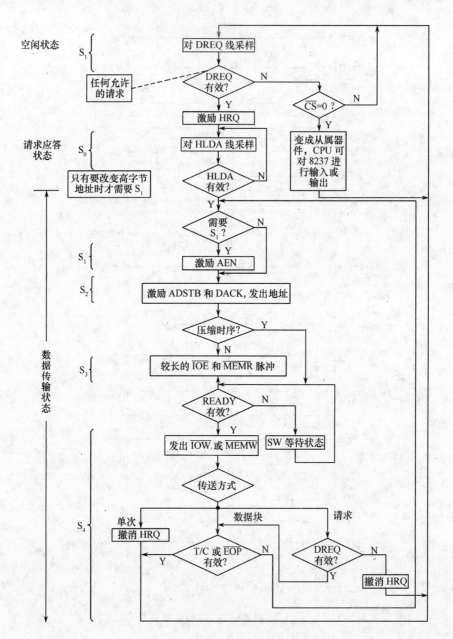

图 7-34　8237A 状态变化流程图

1. 8237 内部寄存器的功用

(1) 地址寄存器(DMA＋0、DMA＋2、DMA＋4、DMA＋6)。每个通道各有一对 16 位的基地址寄存器和当前地址寄存器。在对芯片初始化编程时,由 CPU 同时写入相同的 16 位地址。若地址任意(字节边界),则可寻址 64KB,否则以偶地址(字边界)可寻址 128KB。

基地址寄存器预置后不再改变,且不能被读出。

每个通道有一个 16 位的当前地址寄存器,它保存着在 DMA 传输地址值。每次传送后,地址自动加 1 或减 1(取决于方式字寄存器 D_5 位),且随时可被 CPU 读出。若通道选择为自动预置操作(取决于方式字寄存器 D_4 位),则在结束成批数据传输后产生有效 $\overline{EOP}$ 信号时,当前寄存器恢复到与基地址寄存器同值。CPU 预置 16 位地址值时,按 8 位分两次写入地址寄存器,先写低 8 位,再写高 8 位。读操作也是分两次进行。

(2) 字节寄存器(DMA＋1、DMA＋3、DMA＋5、DMA＋7)。每个通道各有一对 16 位基字节寄存器和当前字节寄存器。在芯片初始化时,由 CPU 同时写入相同的初始值,但此初始值应比实际传输的字节数少 1,最多传输 64KB;若某通道的地址寄存器以字边界编程,则字节寄存器也应用字节数预置初始值,此时最多可传输 64KB,即 128KB。故字节寄存器也称字计数寄存器。

基字节寄存器预置不再改变,且不能被读出。

当前字节计数器在每次 DMA 传输后,计数值自动减 1,当该寄存器值由 0 减到 FFFFH,产生有效的 $\overline{EOP}$ 信号,DMA 传输结束。若通道选择为自动预置操作,则在 $\overline{EOP}$ 有效的同时,当前字节寄存器恢复到与基字节寄存器预置的初始值。同样,CPU 按 8 位分两次读出或写入该寄存器。

(3) 方式字寄存器(DMA＋0BH)。

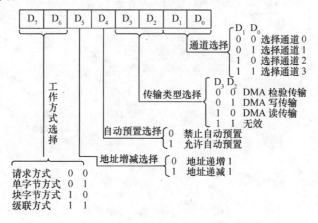

图 7-35　工作方式控制字格式

(4) 暂存寄存器(DMA＋0DH)。当芯片编程选择操作方式为存储器到存储器传输时,通道 0 和通道 1 交换的数据保存在暂存寄存器(8 位),待传输全部完成后,最后一个传输数据被 CPU 编程读出,在 DMA 复位时被清除。

(5) 命令寄存器(DMA＋8)。命令寄存器为 8 位,用于存放编程的命令字,以选择 8237 的操作方式。其各位的意义如图 7-36 所示。

$D_5＝1$ 是扩展写信号的时序,它使 $\overline{IOW}$ 和 $\overline{MEMW}$ 信号的负脉冲加宽,并使它们提前到来。这有利于慢速设备利用 $\overline{IOW}$ 或 $\overline{MEMW}$ 信号的下降沿产生 READY 响应,插入等待状态。

D_4 决定优先级方式。$D_4＝0$ 时固定优先级,通道 0 优先级最高,通道 3 优先级最低;$D_4＝1$ 为循环优先级方式,在这种方式下,刚服务过的通道的优先级变为最低的,如图 7-37 所示。

D_3 决定时序类型。$D_3＝0$ 为正常时序,每进行一次 DMA 传输,一般用 3 个状态:S_2、S_3 和 S_4;$D_3＝1$ 为压缩时序,在大多数情况下用 2 个状态:S_2 和 S_4,只有在修改 $A_{15} \sim A_8$ 时才需要 3 个状态。当系统各部分的速度较高时,可以采用压缩时序以提高 DMA 传输时的速率。

(6) 请求寄存器(DMA＋9)。

(7) 屏蔽寄存器(DMA＋0AH、＋0EH、＋0FH)。8237 有三个作用不同,且占有三个端口地址的屏蔽寄存器。

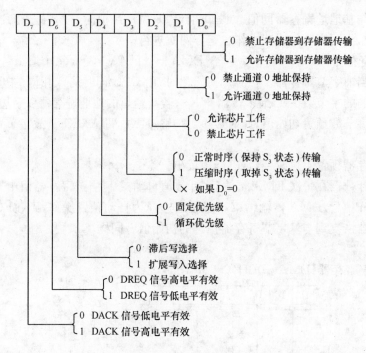

图 7-36　命令字格式

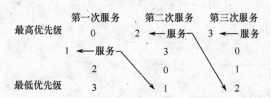

图 7-37　循环优先级示意图

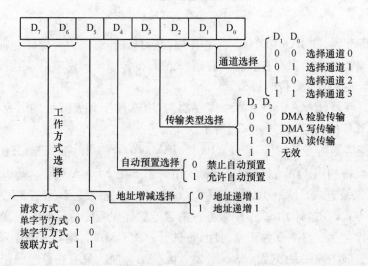

图 7-38　请求字格式

① 写单个通道屏蔽寄存器(DMA＋0AH)。芯片内有一个 4 位屏蔽寄存器,每一个对应一个通道的屏蔽位。当屏蔽位被置位时,该通道就禁止接受 DREQ 的 DMA 请求信号。反之,屏蔽位复位则允许 DREQ 的请求。

当某一通道进行 DMA 传输后,产生$\overline{EOP}$信号,则这一通道在禁止自动预置工作条件下的屏蔽位置"1"。必须再次编程,使该通道屏蔽位复位,才能进行下一次的 DMA 传输。

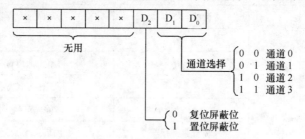

图 7-39 单个通道屏蔽字格式

② 清主屏蔽寄存器(DMA+0EH)。

③ 写主屏蔽寄存器(DMA+0FH)。主屏蔽寄存器若采用 DMA+0FH 端口地址号,可用写入一条主屏蔽命令分别对 4 个通道相应位进行复位(允许)及置位(禁止)DMA 请求。

应注意,当系统 RESET 复位或用软件置位(主清除命令 DMA+0DH)时,主屏蔽寄存器各位均被置位,即禁止所有通道接受 DMA 请求。如果采用上述三个端口(DMA+0AH、+0EH、+0FH)之一对某一通道复位屏蔽位后,即可响应 DMA 请求。然而,只要该通道不采用自动预置操作,那么当本次 DMA 传输结束,产生一个有效的 EOP 信号后,其通道屏蔽位又被自动置位。所以,若要进行下一次 DMA 传输,必须再次初始化编程,使通道屏蔽位复位,才能允许下一次 DMA 传输。

(8) 状态寄存器(DMA+8)。

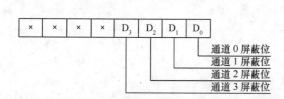

图 7-40 主屏蔽寄存器格式

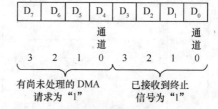

图 7-41 状态字格式

2. 端口地址

表 7.1 8237 端口地址、读/写操作区分表

端口地址	通道	读操作($\overline{IOR}$)	写操作($\overline{IOW}$)
DMA+0	0#	读当前地址寄存器	写基/当前地址寄存器
DMA+1		读当前字节寄存器	写基/当前字节寄存器
DMA+2	1#	读当前地址寄存器	写基/当前地址寄存器
DMA+3		读当前字节寄存器	写基/当前字节寄存器
DMA+4	2#	读当前地址寄存器	写基/当前地址寄存器
DMA+5		读当前字节寄存器	写基/当前字节寄存器
DMA+6	3#	读当前地址寄存器	写基/当前地址寄存器
DMA+7		读当前字节寄存器	写基/当前字节寄存器

端口地址	通道	读操作（IOR）	写操作（IOW）
DMA+8		读状态寄存器	写命令寄存器
DMA+9			写请求寄存器
DMA+10			写单个通道寄存器
DMA+11			写工作方式寄存器
DMA+12			清除先/后触发器
DMA+13		读暂存寄存器	主清除（芯片复位）
DMA+14			清除屏蔽寄存器
DMA+15			写全部屏蔽寄存器

表 7.2 通道寄存器寻址信号表

通道	寄存器	操作	信号						内部触发器	数据总线 $DB_0 \sim DB_7$
			$\overline{CS}$	$\overline{IOR}$	$\overline{IOW}$	A_3	A_2	A_1	A_0		
0#	基和当前地址	写	0	1	0	0	0	0	0	0	$A_0 \sim A_7$
			0	1	0	0	0	0	0	1	$A_8 \sim A_{15}$
	当前地址	读	0	0	1	0	0	0	0	0	$A_0 \sim A_7$
			0	0	1	0	0	0	0	1	$A_8 \sim A_{15}$
	基和当前字节数	写	0	1	0	0	0	0	1	0	$W_0 \sim W_7$
			0	1	0	0	0	0	1	1	$W_8 \sim W_{15}$
	当前字节数	读	0	0	1	0	0	0	1	0	$W_0 \sim W_7$
			0	0	1	0	0	0	1	1	$W_8 \sim W_{15}$
1#	基和当前地址	写	0	1	0	0	0	1	0	0	$A_0 \sim A_7$
			0	1	0	0	0	1	0	1	$A_8 \sim A_{15}$
	当前地址	读	0	0	1	0	0	1	0	0	$A_0 \sim A_7$
			0	0	1	0	0	1	0	1	$A_8 \sim A_{15}$
	基和当前字节数	写	0	1	0	0	0	1	1	0	$W_0 \sim W_7$
			0	1	0	0	0	1	1	1	$W_8 \sim W_{15}$
	当前字节数	读	0	0	1	0	0	1	1	0	$W_0 \sim W_7$
			0	0	1	0	0	1	1	1	$W_8 \sim W_{15}$
2#	基和当前地址	写	0	1	0	0	1	0	0	0	$A_0 \sim A_7$
			0	1	0	0	1	0	0	1	$A_8 \sim A_{15}$
	当前地址	读	0	0	1	0	1	0	0	0	$A_0 \sim A_7$
			0	0	1	0	1	0	0	1	$A_8 \sim A_{15}$
	基和当前字节数	写	0	1	0	0	1	0	1	0	$W_0 \sim W_7$
			0	1	0	0	1	0	1	1	$W_8 \sim W_{15}$
	当前字节数	读	0	0	1	0	1	0	1	0	$W_0 \sim W_7$
			0	0	1	0	1	0	1	1	$W_8 \sim W_{15}$

通道	寄存器	操作	$\overline{CS}$	$\overline{IOR}$	$\overline{IOW}$	A_3	A_2	A_1	A_0	内部触发器	数据总线 $DB_0 \sim DB_7$
3#	基和当前地址	写	0	1	0	0	1	1	0	0	$A_0 \sim A_7$
			0	1	0	0	1	1	0	1	$A_8 \sim A_{15}$
	当前地址	读	0	0	1	0	1	1	0	0	$A_0 \sim A_7$
			0	0	1	0	1	1	0	1	$A_8 \sim A_{15}$
	基和当前字节数	写	0	1	0	0	1	1	1	0	$W_0 \sim W_7$
			0	1	0	0	1	1	1	1	$W_8 \sim W_{15}$
	当前字节数	读	0	0	1	0	1	1	1	0	$W_0 \sim W_7$
			0	0	1	0	1	1	1	1	$W_8 \sim W_{15}$

3. 8237 的地址辅助逻辑——页面地址寄存器

8237 的地址初值寄存器和地址计数器只能提供 16 位的存储器地址信息。这就是，只依靠 8237 控制访问存储器只能访问 64K 字节单元。8086 微处理器可访问的物理存储器空间是 1M 字节，地址线 20 位。80286 物理存储器空间地址线为 24 位，16 M 字节。80386 和 80486 是 32 位微处理器，可访问的物理存储空间用 32 位地址。所以组成 DMA 控制逻辑时，除 8237 外，必须有辅助逻辑——页面地址寄存器。

页面地址寄存器的基本功能是在 DMA 传送时为访问存储器提供高于 16 位的地址。也就是说，在 DMA 传送访问内存时，8237 提供的地址加到地址总线的 $A_0 \sim A_{15}$，页面地址寄存器输出加到地址总线的 $A_{16} \sim A_{20}$ 或 $A_{16} \sim A_{23}$ 或 $A_{16} \sim A_{31}$ 上。

对于 IBM PC/XT 系统，由于微处理器是 8088，与 8237 相配合的页面地址寄存器采用专用芯片 74LS670，页面地址寄存器只是每个通道 4 位。在高档微机系统中，常常采用超大规模的集成外围芯片，例如 82C206、82380 等，DMA 控制只是其中的一个功能逻辑，页面地址寄存器（每个通道多于 4 位）也包含其中。这里把页面地址寄存器的操作功能综合如下：

（1）无论页面地址寄存器以什么形式集成，必须为 DMA 控制逻辑的每个通道配一独立的寄存器，控制逻辑要配有 7 个独立的页面地址寄存器。

（2）每个寄存器占用一个 I/O 端口地址，用 OUT 指令向其中置入代码。这就保证 DMA 传送访问内存之前可以把地址码的高位置入页面地址寄存器。由于 DMA 传送常常是数据块传送，涉及的内存地址是连续，所以不需要每传送一个字节都更新一次页面地址。

（3）页面地址寄存器输出端与地址总线的接通必须严格控制。首先，接通的时间必须是 DMA 访问内存时间，其他时间应该是断开的。其次，需要接通时只能有一个寄存器的输出端与地址总线接通，这个页面寄存器就是当前控制访问对应内存的通道所属的。这两个条件综合起来，就是把各通道对应的 $\overline{DACK}$ 信号组合（即译码）起来，形成选择信号，用以选择对应通道的页面地址寄存器并控制其输出端与地址总线高位接通。

7.6.5　8237 在系统中的应用

1. PC 中的 DMA 结构

IBM PC/AT DMA 系统逻辑结构示意图，如图 7-42 所示。

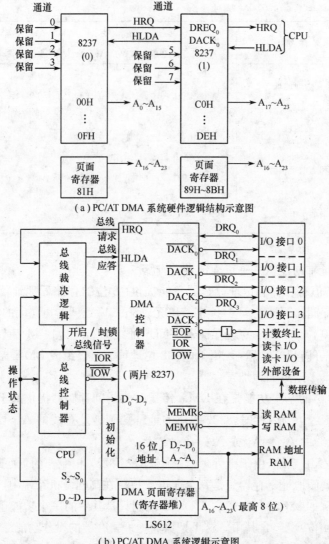

（a）PC/AT DMA 系统硬件逻辑结构示意图

（b）PC/AT DMA 系统逻辑示意图

图 7-42　PC/AT DMA 系统逻辑结构示意图

　　80286 及以后的微机主机板上,都有一个图 7-42 所示的或在逻辑上兼容的 DMA 控制逻辑。图 7-42 中,8237(0)汇集 4 个 DMA 传送请求输入端($DRQ_0 \sim DRQ_3$)的请求,在 HRQ 端输出加入 8237(1)的一个请求输入端 DRQ_4。8237(1)汇集 DRQ_4(代表 $DRQ_0 \sim DRQ_3$)和 $DRQ_5 \sim DRQ_7$ 的请求,在 HRQ 端输出加入 CPU 的 HOLD 引脚,从而构成两级级联的 DMA 请求信号通路。与请求信号通路相对应,CPU 发出的响应信号通路是 CPU 的 HLDA 与 8237(1)的 HLDA 相接,响应信号将在 $DACK_7 \sim DACK_4$ 之一输出(与请求信号相对应)。如果请求来自 8237(0)的请求输入端,响应信号必得从 $DACK_4$ 输出,进而加入 8237(0)的 HLDA,然后在 $DACK_3 \sim DACK_0$ 之一输出,与请求信号相对应。

　　一个完整的 DMA 传输过程必须经过 4 个阶段,PC/AT DMA 系统也是如此:

　　(1) DMA 请求。DMA 控制器(8237)接受由 I/O 接口发来的 DMA 请求信号 DREQ,并经判优后向总线裁决逻辑提出总线请求 HRQ 信号。

　　(2) DMA 响应。由总线裁决逻辑对总线请求进行裁决。如 CPU 不再对 DMA 初始编程,则当 CPU 完成当前总线周期后予以响应,允许进行 DMA 传输。CPU 放弃对总线的控制权,向 8237 DMA 控制器发出总线应答信号 HLDA。

(3) DMA 传输。由 DMA 控制器控制总线,发出相应的地址与控制信息,按要传输的字节数直接控制 I/O 接口与 RAM 的数据交换。

(4) DMA 传输结束。当 DMA 传输结束时,DMA 控制器产生计数终止信号 $\overline{EOP}$,并通过接口向 CPU 提出中断请求,以使 CPU 进行 DMA 传输正确性检查并重新获得对总线的控制权。在 PC/AT DMA 系统可支持 7 个通道 DMA 传输。除通道 2 为软盘驱动器的接口和通道 0 留作 SDLC 通信适配器应用外,其余通道 3、通道 5、通道 6、通道 7 均留作扩充使用。

表 7.3 PC/AT DMA 通道的使用

DMA 控制器 0# (从 DMA)	通道 0	保留
	通道 1	SDLC 通信适配器
	通道 2	软盘驱动器
	通道 3	保留
DMA 控制器 1# (主 DMA)	通道 0	从 DMA 控制器 0# 级联输入
	通道 1	保留
	通道 2	保留
	通道 3	保留

从 DMA 芯片的 4 个通道(0～3 通道)仍按 8 位数据最大传输 64 KB 设计外,主 DMA 芯片的 5、6、7 号通道都是按 16 位数据最大传输 64K 字(即 128KB)设计的。同时,两者都有寻址 16MB 空间的能力。

CPU 对 8237(0)从 DMA 芯片编程端口地址为 00H～0FH,即 DMA＋0H～DMA＋15 (设 DMA EQU$_0$)或 DMA＋0～0FH。对应通道 0、1、2、3 的页面寄存器端口地址分别为 87H、83H、81H、82H。

8237(1)主 DMA 芯片使用字边界,故 CPU 对此芯片编程端口也应使用字边界,其起始端口定义为 C0H。每个端口地址间隔为 2,故端口地址号为 DMA1＋2～DMA1＋30(设 DMA1 EQU C0H),或 DMA1＋0H～DMA1＋1EH。对应通道 5、6、7 页面寄存器端口地址分别为 8BH、89H、8AH。DMA 刷新页面寄存器端口地址为 8FH。

2. 8237A-5 的初始化编程

(1) 对通道方式字寄存器置入工作方式字;

(2) 将存储器中传输数据的起始地址分成两部为:先将低 16 位地址分低、高 8 位两次送入该通道的基地址/当前地址寄存器,再将高 4 位(A_{16}～A_{19})或高 8 位(A_{16}～A_{23})地址送入对应于该通道的页面寄存器中;

(3) 将本次 DMA 传送的字节数的值减 1,然后分低 8 位、高 8 位置入该通道的基字节/当前字节寄存器中;

(4) 开放该通道,由该通道的 DREQ 启动 DMA 传送过程。

3. 用于将数据从存储器传送到 I/O 接口的电路设计

为实现上述的 DMA 传输,相应 DMA 控制器的初始化编程如下:

```
MIODM: OUT DMA+ 0DH          ;送主清除命令,实现总清。
       MOV AL,40H            ;对通道 1 送基/当前地址寄存器初值低 8 位。
```

```
        OUT DMA+ 2,AL
        MOV AL,74H        ;接着送初值高 8 位。
        OUT DMA+ 2,AL
        MOV AL,80H        ;最高 8 位($A_{16} \sim A_{23}$)送页面寄存器。
        OUT PAG,AL
        MOV AL,64H        ;对通道 1 送基/当前字节寄存器初值低 8 位。
        OUT DMA+ 3,AL
        MOV AL,0          ;接着送初值高 8 位。
        OUT DMA+ 3,AL
        MOV AL,59H        ;对通道 1 送工作方式字:读操作,单字节传送、地址递增、自动预置。
        OUT DMA+ 11,AL
        MOV AL,0          ;送命令字,允许工作、固定优先级。
        OUT DMA+ 8,AL     ;DACK 低电平有效。
        OUT DMA+ 15,AL    ;写全部屏蔽寄存器,允许 4 个通道均可请求。
```

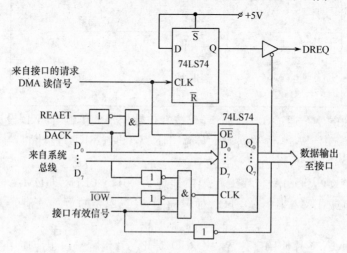

图 7-43 使用 DMA 通道实现内存到 I/O 接口的电路

习　题　7

1. 计算机的输入/输出系统的主要功能是什么?

2. I/O 接口有哪些特点和功能? 计算机对 I/O 端口编址时通常采用哪两种方法?

3. 并行接口和串行接口实质上的区别是什么? 各有什么特点?

4. 程序直接控制方式(查询方式)、中断方式和 DMA 方式各自有什么特点? 其各自适用什么范围?

5. IBM PC 系统中,如果 AEN 信号未参加 I/O 端口地址译码,将出现什么问题? 在没有 DMA 的某 PC 中,是否存在一样的问题?

6. 在 IBM PC 接口开发中用到某一大规模集成电路芯片,其内部占用 16 个 I/O 端口地址,分配占用 300～30FH,试设计一个片选信号$\overline{CS}$形成电路。

7. 设计一个 I/O 设备端口地址译码器,使 CPU 能寻址 4 个地址范围:

(1) 240～247H　　(2) 248～24FH　　(3) 250～257H　　(4) 258～25FH

8. 什么是中断? 外部设备如何才能产生中断?

9. 可屏蔽中断和非可屏蔽中断有什么区别？

10. 中断向量表的功能是什么？详述 CPU 利用中断向量表转入中断服务程序的过程。

11. 简述实模式下可屏蔽中断的中断响应过程。

12. 类型 16H 的中断向量（即中断服务程序 32 入口地址）存储在存储器的哪些单元里？

13. 设(SP)＝0100H,(SS)＝0200H,(PSW)＝0560H,存储单元的内容（00020H）＝0040H,(00022H)＝0100H,在段地址为 0900H,偏移地址为 00A0H 的单元中有一条中断指令 INT 8,试问执行 INT 8 指令后,SP、SS、IP 和 PSW 的内容是什么？栈顶的三个字是什么？

14. 8259A 初始化编程时如何开始的？顺序如何？

15. 完全嵌套优先级排序方式的规则是什么？用什么操作命令能保证这种优先级排序方式的实现和结束？

16. 假设有 A 和 B 两个设备,其优先级为设备 A 大于设备 B,PC 工作完全嵌套优先级排序方式下,若它们同时提出中断请求,试说明中断处理过程,画出其中断处理过程示意图,并标出断点。

17. 初始化时设置为非自动结束方式,那么在中断服务程序将结束时必须设置什么操作命令？如果不设置这种命令会产生什么问题？

18. 什么是中断嵌套？如何能实现中断嵌套？

19. 简述 DMA 传送的 4 种工作方式。

20. 实现 DMA 需要哪些硬件的支持？

21. 简述 8237 的优先级管理方式。

22. 对一个 DMA 控制器的初始化应包括哪些内容,具体步骤如何？

23. 编写程序,实现 8237(端口地址为 0000H～000FH)从外设到内存的数据传送,设外设端口地址为 F-POST 的 512 个数据传送到内存单元 RAM-DATA 中。

第8章 可编程接口芯片

可编程接口芯片是具有较好的硬件接口电路,同时也具有一定的可变性。用户可通过程序来改变其功能的电路芯片,而用程序改变芯片工作方式的过程称为芯片编程或芯片初始化。采用这种芯片可以大大提高计算机系统的灵活性,增强了计算机系统功能的发挥。本章将介绍可编程并行接口芯片 8255A、可编程定时器/计数器芯片 8253/54、可编程通信接口芯片 8251 和打印机及键盘接口。

8.1 可编程并行接口芯片 8255A

8255A 是 Intel 公司的通用可编程并行接口芯片。它不需要附加外部电路便可和微型计算机及许多外设直接连接,并且可通过软件编程的方法分别设置 I/O 端口的工作方式,给使用带来很大方便,所以,广泛应用于各种微型计算机系统中。

8.1.1 并行接口的基本概念

在数据并行传输过程中,并行接口是连接 CPU 与并行外设的通道。并行接口中的各位数据都是并行传送的,它以字节(或字)为单位与 I/O 设备或被控对象进行信息交换。

作为一个并行接口,应具备下列功能:

● 具有一个或多个数据 I/O 寄存器和缓冲器(I/O 端口);

● 每个端口具有与 CPU 和外设进行联络控制功能;

● CPU、端口和外设之间能以中断方式进行数据交换;

● 接口有多种工作方式,可由用户编程控制

并行接口与 CPU、外部设备之间的连接逻辑如图 8-1 所示。

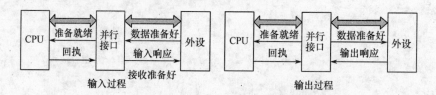

图 8-1 并行接口与 CPU、外部设备之间的连接逻辑

并行接口输入过程:

(1) 外部设备将原始数据放在数据总线上,并向并行接口发出"数据准备好"型号;

(2) 并行接口将数据锁存在寄存器中,并向外部设备发出"数据输入响应"信号,表示外部设备数据已输入到接口,但未送到 CPU,因此外部设备不能发来新的数据;同时向 CPU 发出"数据准备就绪"信号或者发出中断请求信号,表示端口寄存器已经准备好数据,CPU 可以读取数据;

(3) 外部设备收到"数据输入响应"信号后,撤销数据及"数据准备好"信号;

（4）CPU 从接口中读取数据，并给并行接口发出"回执"；并行接口撤销"数据准备好"信号，并向外部设备发出"接收准备好"信号；外部设备在"接收准备好"信号控制下，发送新的数据。

并行接口输出过程：

（1）并行接口向 CPU 发出"准备就绪"信号或者发出中断请求信号，表示端口寄存器已做好接收数据的准备；

（2）CPU 将数据写入端口寄存器，并发送"回执"信号；接口收到"回执"信号后，撤销"准备就绪"信号；

（3）并行接口向外部设备发出"数据准备好"信号；

（4）外部设备取走数据，并向接口发出"数据输入响应"信号，表示外部设备已取走数据；

（5）并行接口撤销"数据准备好"信号，同时再次向 CPU 发出"准备就绪"信号或者中断请求信号。

8.1.2　8255A 的引脚与结构

1. 8255A 的引脚

8255A 是可编程的并行输入/输出接口芯片，它具有三个 8 位并行端口（A 口、B 口和 C口），具有 40 个引脚，双列直插式封装，由＋5V 供电，其引脚与功能示意图如图 8-2 所示。

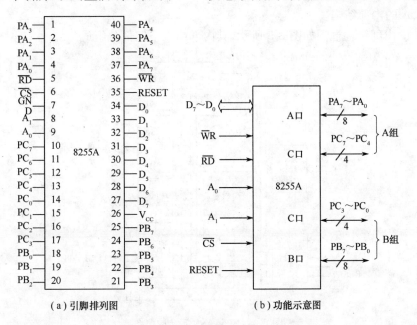

（a）引脚排列图　　　（b）功能示意图

图 8-2　8255A 引脚及功能示意图

A、B、C 三个端口各有 8 条端口 I/O 线：$PA_7 \sim PA_0$，$PB_7 \sim PB_0$ 和 $PC_7 \sim PC_0$，共 32 个引脚，用于 8255A 与外设之间的数据（或控制、状态信号）的传送。

$D_7 \sim D_0$：8 位三态数据线，接至系统数据总线。CPU 通过它实现与 8255A 之间数据的读出与写入，控制字的写入，以及状态字的读出等操作。

A_1、A_0：地址信号。A_1 和 A_0 经片内译码产生四个有效地址分别对应 A、B、C 三个独立的数据端口以及一个公共的控制端口。在实际使用中，A_1、A_0 端接到系统地址总线的 A_1、A_0。

$\overline{CS}$：片选信号，由系统地址译码器产生，低电平有效。

读/写控制信号$\overline{RD}$和$\overline{WR}$:低电平有效,用于决定 CPU 和 8255A 之间信息传送的方向:当$\overline{RD}$为低电平时,从 8255A 读至 CPU;当$\overline{WR}$为低电平时,由 CPU 写入 8255A。CPU 对 8255A 各端口进行读/写操作时的信号关系如表 8.1 所示。

表 8.1 8255A 各端口读/写操作时的信号关系

$\overline{CS}$	$\overline{RD}$	$\overline{WR}$	A_1	A_0	操作
0	1	0	0	0	写端口 A
0	1	0	0	1	写端口 B
0	1	0	1	0	写端口 C
0	1	0	1	1	写控制寄存器
0	0	1	0	0	读端口 A
0	0	1	0	1	读端口 B
0	0	1	1	0	读端口 C
0	0	1	1	1	无操作

RESET:复位信号,高电平有效。8255A 复位后,A、B、C 三个端口都置为输入方式。

2. 8255A 的内部结构

8255A 的内部结构框图如图 8-3 所示,其内部由以下四部分组成。

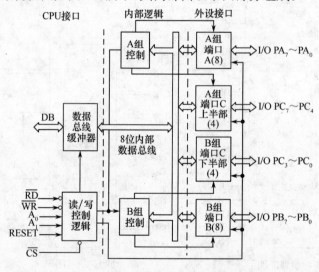

图 8-3　8255A 内部结构框图

(1) 端口 A、端口 B 和端口 C

端口 A、端口 B 和端口 C 都是 8 位端口,可以选择作为输入或输出。还可以将端口 C 的高 4 位和低 4 位分开使用,分别作为输入或输出。当端口 A 和端口 B 作为选通输入或输出的数据端口时,端口 C 的指定位与端口 A 和端口 B 配合使用,用作控制信号或状态信号。

(2) A 组和 B 组控制电路

这是两组根据 CPU 送来的工作方式控制字控制 8255 工作方式的电路。它们的控制寄存器接收 CPU 输出的方式控制字,由该控制字决定端口的工作方式,还可根据 CPU 的命令对端口 C 实现按位置位或复位操作。

（3）数据总线缓冲器

这是一个 8 位三态数据缓冲器，8255A 正是通过它与系统数据总线相连，实现 8255A 与 CPU 之间的数据传送。输入数据、输出数据、CPU 发给 8255A 的控制字等都是通过该部件传递的。

（4）读/写控制逻辑

读/写控制逻辑电路的功能是负责管理 8255A 与 CPU 之间的数据传送过程。它接收$\overline{CS}$及地址总线的信号 A_1、A_0 和控制总线的控制信号 RESET、$\overline{RD}$ 和 $\overline{WR}$，将它们组合后，得到对 A 组控制部件和 B 组控制部件的控制命令，并将命令送给这两个部件，再由它们控制完成对数据、状态信息和控制信息的传送。各端口读/写操作与对应的控制信号之间的关系见表 8.1。

8.1.3 8255A 的控制字

1. 8255A 的工作方式控制字

8255A 的工作方式可由 CPU 写一个工作方式选择控制字到 8255A 的控制寄存器来选择。其格式如图 8-4 所示，可以分别选择端口 A、端口 B 和端口 C 上下两部分的工作方式。端口 A 有方式 0、方式 1 和方式 2 三种工作方式，端口 B 只能工作于方式 0 和方式 1，而端口 C 仅工作于方式 0。注意 8255A 工作方式选择控制字的最高位 D_7（特征位）应为 1。

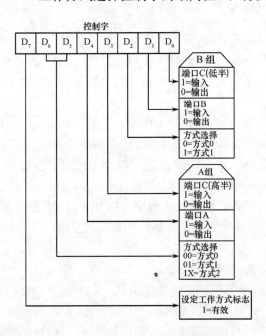

图 8-4   8255 的工作方式选择控制字

2. C 口按位置位/复位控制字

8255A 的 C 口具有位控功能，即端口 C 的 8 位中的任一位都可通过 CPU 向 8255A 的控制寄存器写入一个按位置位/复位控制字来置 1 或清 0，而 C 口中其他位的状态不变。

其格式如图 8-5 所示,注意 8255A 的 C 口按位置位/复位控制字的最高位 D_7 (特征位)应为 0。

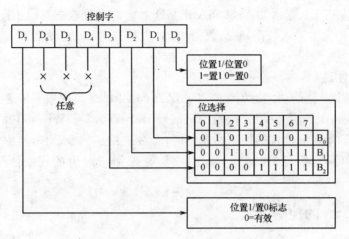

图 8-5　8255A 的 C 口按位置位/复位控制字

应注意的是,端口 C 的按位置位/复位控制字必须跟在方式选择控制字之后写入控制字寄存器,即使仅使用该功能,也应先选送一个方式控制字。方式选择控制字只需写入一次,之后就可多次使用端口 C 按位置位/复位控制字对端口 C 的某些位进行置 1 或清 0 操作。

8.1.4　8255A 工作方式

1. 方式 0——基本输入/输出方式

方式 0 无须联络就可以直接进行 8255A 与外设之间的数据输入或输出操作。它适用于无须应答(握手)信号的简单的无条件输入/输出数据的场合,即输入/输出设备始终处于准备好状态。

在此方式下,端口 A、端口 B 和端口 C 的高 4 位和低 4 位可以分别设置为输入或输出,即 8255A 的这四个部分都可以工作于方式 0。需要说明的是,这里所说的输入或输出是相对于 8255A 芯片而言的。当数据从外设送往 8255A 时为输入,反之,数据从 8255A 送往外设则为输出。

方式 0 也可以用于查询方式的输入或输出接口电路,此时端口 A 和端口 B 分别作为一个数据端口,而用端口 C 的某些位作为这两个数据端口的控制和状态信息。

2. 方式 1——选通输入/输出方式

方式 1 也称为选通型(应答式)输入/输出方式。和方式 0 相比,它最主要的特点是当端口 A、端口 B 工作于方式 1 时,要利用 A 组端口 C,B 组端口 C 的端线作为端口 A、端口 B 选通型工作时提供所需的选通信号或提供有关的状态信号之用。现分输入及输出两种情况说明。

（1）方式 1 输入

端口 A、端口 B 工作于方式 1 输入时,其方式控制字与端口数据线如图 8-6 所示。

端口 A 工作于方式 1 输入时,用 $PC_5 \sim PC_3$ 作联络线。端口 B 工作于方式 1 输入时,用 $PC_2 \sim PC_0$ 作联络线。端口 C 剩余的两个 I/O 线 PC_7 和 PC_6 工作于方式 0,它们用作输入还是输出,由工作方式控制字中的 D_3 位决定:$D_3=1$,输入;$D_3=0$,输出。

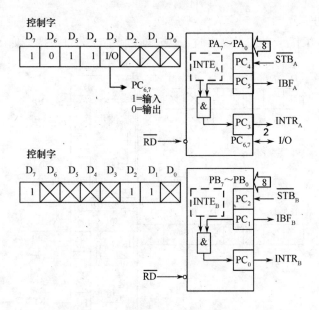

图 8-6　8255A 工作方式 1 输入

各联络信号线的功能解释如下：

$\overline{\text{STB}}$(Strobe)：选通信号，输入，低电平有效。当 $\overline{\text{STB}}$ 有效时，允许外设数据进入端口 A 或端口 B 的输入数据缓冲器。$\overline{\text{STB}}_A$ 接 PC_4，$\overline{\text{STB}}_B$ 接 PC_2。

IBF(Input Buffer Full)：输入缓冲器满信号，输出，高电平有效。当 IBF 有效时，表示当前已有一个新数据进入端口 A 或端口 B 缓冲器，尚未被 CPU 取走，外设不能送新的数据。一旦 CPU 完成数据读入操作后，IBF 便复位(变为低电平)。

INTR(Interrupt Request)：中断请求信号，输出，高电平有效。在中断允许信号 INTE=1 且 IBF=1 的条件下，由 $\overline{\text{STB}}$ 信号的后沿(上升沿)产生，该信号可接至中断管理器 8259A 作中断请求。它表明数据端口已输入一个新数据。若 CPU 响应此中断请求，则读入数据端口的数据，并由 $\overline{\text{RD}}$ 信号的下降沿使 INTR 复位(变为低电平)。

INTE(Interrupt Enable)：中断允许信号，高电平有效。它是 8255A 内部控制 8255A 是否发出中断请求信号(INTR)的控制信号。这是由软件通过对端口 C 的置位或复位来实现对中断请求的允许或禁止的。端口 A 的中断请求 $INTR_A$ 可通过对 PC_4 的置位或复位加以控制：PC_4 置 1，允许 $INTR_A$ 工作；PC_4 置 0，则屏蔽 $INTR_A$。端口 B 的中断请求 $INTR_B$ 可通过对 PC_2 的置位或复位加以控制。

8255A 端口 A、端口 B 工作于方式 1 输入，其时序如图 8-7 所示。

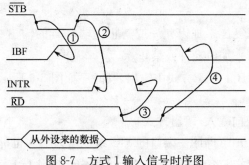

图 8-7　方式 1 输入信号时序图

（2）方式 1 输出

端口 A、端口 B 工作于方式 1 输出时，其方式控制字与端口数据线如图 8-8 所示。

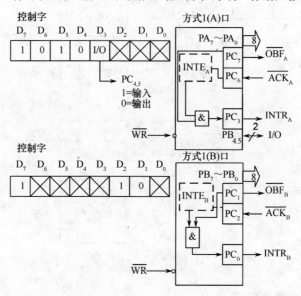

图 8-8　8255A 工作方式 1 输出

$\overline{OBF}$（Output Buffer Full）：输出缓冲器满信号，输出，低电平有效。当 CPU 把数据写入端口 A 或 B 的输出缓冲器时，写信号 $\overline{WR}$ 的上升沿把 $\overline{OBF}$ 置成低电平，通知外设到端口 A 或端口 B 来取走数据，当外设取走数据时向 8255A 发应答信号 $\overline{ACK}$，$\overline{ACK}$ 的下降沿使 $\overline{OBF}$ 恢复为高电平。

$\overline{ACK}$（Acknowledge）：外设应答信号，输入，低电平有效。当 $\overline{ACK}$ 有效时，表示 CPU 输出到 8255A 的数据已被外设取走。

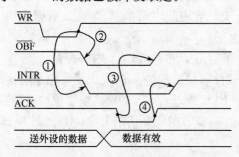

图 8-9　方式 1 输出信号时序图

INTR（Interrupt Request）：中断请求信号，输出，高电平有效。该信号由 $\overline{ACK}$ 的后沿（上升沿）在 INTE＝1 且 $\overline{OBF}$＝1 的条件下产生，该信号使 8255A 向 CPU 发出中断请求。若 CPU 响应此中断请求，则向数据口写入一新的数据，写信号 $\overline{WR}$ 上升沿（后沿）使 INTR 复位，变为低电平。

INTE（Interrupt Enable）：中断允许信号，与方式 1 输入类似，端口 A 的输出中断请求 $INTR_A$ 可以通过对 PC_6 的置位或复位来加以允许或禁止。端口 B 的输出中断请求信号 $INTR_B$ 可以通过对 PC_2 的置位或复位来加以允许或禁止。

8255A 端口 A、端口 B 工作于方式 1 输出，其时序如图 8-9 所示。

3. 方式 2——选通双向输入/输出方式

选通双向输入/输出方式，即同一端口的 I/O 线既可以输入也可以输出，只有端口 A 可工作于方式 2。此时端口 C 有 5 条线（$PC_7 \sim PC_3$）被规定为联络信号线。剩下的 3 条线（$PC_2 \sim$

PC_0)可以作为端口 B 工作于方式 1 时的联络线,也可以独立工作于方式 0。8255A 的端口 A 工作于方式 2 时 C 口各 I/O 线的功能如图 8-10 所示。

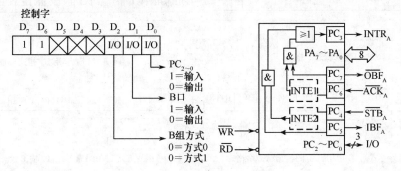

图 8-10　8255A 工作方式 2

8255A 工作于方式 2,其时序如图 8-11 所示。

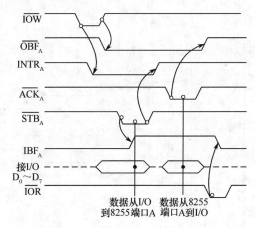

图 8-11　方式 2 输出信号时序图

4. 8255A 的状态字格式

8255A 的端口 A、端口 B 工作在方式 1 或端口 A 工作在方式 2 时,通过读端口 C 的状态,可以检测端口 A 和端口 B 的状态如图 8-12 所示。

8.1.5　8255A 应用

【例 8-1】 利用 8255A 作为输出设备打印机的接口。其连接方法如图 8-13(a)所示。当主机需要打印输出时,先测试打印机忙(Busy)信号。若打印机处于忙状态(如正在处理一个字符或正在打印一行字符),则 Busy 为高电平"1",反之,则 Busy 为低电平"0"。当 Busy=0 时,则 CPU 可通过 8255A 向打印机输出一个字符,此时还需经 PC_6 输出一个负脉冲选通信号,输出至打印机的 $\overline{STB}$ 端,用此负脉冲(宽度≥1 μs)将 $PA_0 \sim PA_7$ 上的字符信息输入锁存于打印机输入缓冲器中,由打印机进行处理。同时,打印机应送出 Busy=1 信号,表示打印机处于忙状态。一旦 Busy=0,则表示打印机处理完毕,又可以接收一个新的字符数据。

为此,8255A 端口 A 的 8 条并行数据线 $PA_0 \sim PA_7$ 作为数据传送通路,端口 A 应工作于方式 0 输出,端口 B 不用。端口 C 也工作于方式 0,PC_2 作为 Busy 信号输入端,所以以端口 C

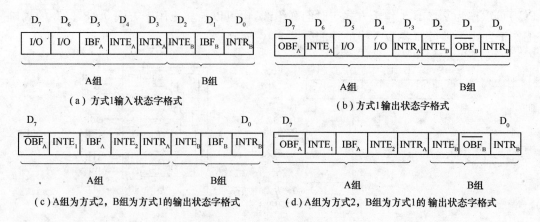

	D_7	D_6	D_5	D_4	D_3	D_2	D_1	D_0
	I/O	I/O	IBF_A	$INTE_A$	$INTR_A$	$INTE_B$	IBF_B	$INTR_B$

A组　　　　　　　　　B组

（a）方式1输入状态字格式

	D_7	D_6	D_5	D_4	D_3	D_2	D_1	D_0
	$\overline{OBF_A}$	$INTE_A$	I/O	I/O	$INTR_A$	$INTE_B$	$\overline{OBF_B}$	$INTR_B$

A组　　　　　　　　　B组

（b）方式1输出状态字格式

D_7							D_0
$\overline{OBF_A}$	$INTE_1$	IBF_A	$INTE_2$	$INTR_A$	$INTE_B$	IBF_B	$INTR_B$

A组　　　　　　　　　B组

（c）A组为方式2，B组为方式1的输出状态字格式

D_7							D_0
$\overline{OBF_A}$	$INTE_1$	IBF_A	$INTE_2$	$INTR_A$	$INTE_B$	$\overline{OBF_B}$	$INTR_B$

A组　　　　　　　　　B组

（d）A组为方式2，B组为方式1的输出状态字格式

图 8-12　几种状态字格式

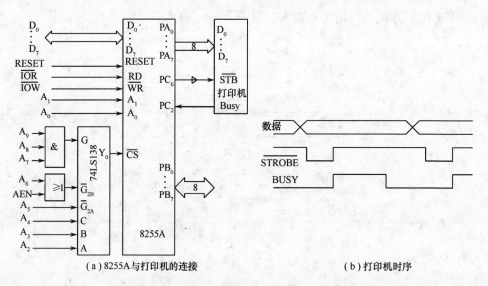

（a）8255A与打印机的连接　　　　　（b）打印机时序

图 8-13　8255A 用作打印机接口及打印机时序

$PC_3 \sim PC_0$ 应设定为输入方式；PC_6 作为 $\overline{STB}$ 选通信号输出端，故 $PC_7 \sim PC_4$ 应设定为输出方式。

现根据图 8-13 中 8255A 的寻址信号，8255A 的端口地址为：端口 A：0380H；端口 B：0381H；端口 C：0382H；控制寄存器端口：0383H。8255A 接口的初始化及控制程序编制如下：

```
DATA    DB   n DUP(?)
        ...
```

初始化程序如下：

```
INIT55: MOV DX,0383H
        MOV AL,10000011B
        OUT DX,AL
        MOV AL,00001101B
        OUT DX,AL
PRINT: MOV CX, LENGTH  DATA
       MOV SI, OFFSET  DATA
GOON: MOV DX, 0382H
```

```
PWAIT:IN AL,DX
       AND AL,04H
       JNZ PWAIT          ;等待不忙

       MOV AL,[SI]
       MOV DX,0380H
       OUT DX,AL          ;送数据

       MOV DX,0382H
       MOV AL,00H
       OUT DX,AL
       MOV BX,XXH         ;使STB宽度≥1μs,送延时程序
EDLAY:DEC BX
       JNZ DELAY
       MOV AL,40H
       OUT DX,AL          ;送STB脉冲
       INC SI
       LOOP GOON
       ...
```

8.2　可编程定时器/计数器芯片 8253/8254

可编程定时器/计数器芯片是为方便计算机系统的设计和应用而研制的,定时值及其范围可以很容易地由软件来控制和改变,能够满足各种不同的定时和计数要求,因此得到了广泛的应用。

8254 是 8253 的提高型(Super Set),它具备 8253 的全部功能。凡是用 8253 的地方都可用 8254 代替,包括对 8253 的编程都可用于 8254。PC/XT 机中用的是 8253,PC/AT 及以后系统中用的是 8254。

8.2.1　8253 的结构与功能

1. 8253 的引脚

8253 是 24 脚双列直插式芯片,用+5V 电源供电。芯片内有三个相互独立的 16 位定时器/计数器。8253 的引脚和功能框图如图 8-14 所示。

（1）数据引脚 $D_7 \sim D_0$:数据线,双向三态,与系统数据总线连接。

（2）片选信号$\overline{CS}$:输入信号,低电平时选中此片。由 CPU 输出的地址经地址译码器产生。

（3）地址线 A_0、A_1:这两根线接到系统地址总线的 A_0、A_1 上,当$\overline{CS}$为低电平,且 8253 被选中时,用它们来选择 8253 内部的 4 个寄存器。

（4）读信号$\overline{RD}$:输入信号,低电平有效。由 CPU 发出,用于控制对选中的 8253 内寄存器的读操作。

（5）写信号$\overline{WR}$:输入信号,低电平有效。由 CPU 发出,用于控制对选中的 8253 内部寄存

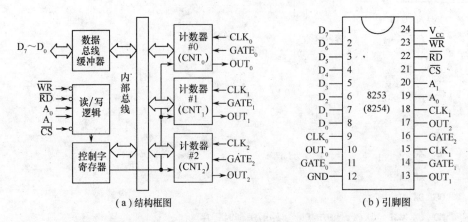

（a）结构框图 （b）引脚图

图 8-14 8253/8254 内部结构框图及引脚图

器的写操作。

（6）时钟脉冲信号 $CLK_0 \sim CLK_2$：计数器 0、计数器 1 和计数器 2 的时钟输入端。由 CLK 引脚输入的脉冲可以是系统时钟（或系统时钟的分频脉冲）或其他任何脉冲源所提供的脉冲。该脉冲可以是均匀的、连续的并具有精确周期的，也可以是不均匀的、断续的、周期不确定的脉冲。时钟脉冲信号的作用是在 8253 进行定时或计数时，每输入一个时钟信号，就使计数值减 1。若 CLK 是由精确的时钟脉冲提供，则 8253 作为定时器使用；若 CLK 是由外部事件输入的脉冲，则 8253 作为计数器使用。

（7）门控脉冲信号 $GATE_0 \sim GATE_2$：计数器 0、计数器 1 和计数器 2 的门控制脉冲输入端，是由外部送入的门控脉冲，该信号的作用是控制启动定时器/计数器工作。

（8）输出信号 $OUT_0 \sim OUT_2$：计数器 0、计数器 1 和计数器 2 的输出端。当计数器计数到 0 时，该端输出一标志信号，从而产生不同工作方式时的输出波形。

2. 8253 的内部结构

8253 内部结构框图如图 8-15 所示。它由数据总线缓冲器、读/写逻辑、控制字寄存器以及三个独立的 16 位计数器组成。

（1）三个独立的 16 位计数器

每个计数器具有相同的内部结构，其逻辑框图如图 8-15 所示。它包括一个 8 位的控制寄存器、一个 16 位的计数初值寄存器 CR、一个 16 位的减 1 计数器 CE 和一个 16 位的输出锁存寄存器 OL。16 位的计数初值寄存器 CR 和 16 位的输出锁存寄存器 OL 共同占用一个 I/O 端口地址，CPU 用输出指令向 CR 预置计数初值，用输入指令读回 OL 中的数值，这两个寄存器都没有计数功能，只起锁存作用。16 位的减 1 计数器 CE 执行计数操作，其操作方式受控制寄存器控制，最基本的操作是：接受计数初值寄存器的初值，对 CLK 信号进行减 1 计数，把计数结果送输出锁存寄存器中锁存。

（2）控制寄存器

控制寄存器用来保存来自 CPU 的控制字。每个计数器都有一个控制命令寄存器，用来保存该计数器的控制信息。控制字将决定计数器的工作方式、计数形式及输出方式，亦决定如何装入计数初值。8253 的 3 个控制寄存器只占用一个地址号，而靠控制字的最高两位来确定

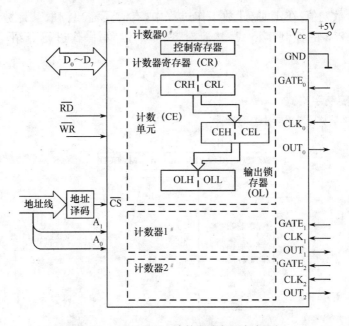

图 8-15   8253/8254 计数器内部逻辑框图

将控制信息送入哪个计数器的控制寄存器中保存。控制寄存器只能写入,不能读出。

(3) 数据缓冲器

数据缓冲器是三态、双向 8 位缓冲器。它用于 8253 和系统数据总线的连接。CPU 通过数据缓冲器将控制命令字和计数值写入 8253 计数器,或者从 8253 计数器中读取当前的计数值。

(4) 读/写逻辑

读/写逻辑的任务是接收来自 CPU 的控制信号,完成对 8253 内部操作的控制。这些控制信号包括读信号 $\overline{RD}$、写信号 $\overline{WR}$、片选信号 $\overline{CS}$ 以及用于片内寄存器寻址的地址信号 A_0 和 A_1。当片选信号有效,即 $\overline{CS}=0$ 时,读/写逻辑才能工作。该控制逻辑根据读/写命令及送来的地址信息,决定三个计数器和控制寄存器中的哪一个工作,并控制内部总线上数据传送的方向。

8253 共占用 4 个 I/O 地址。当 $A_1 A_0 = 00$ 时,为计数器 0 中的 CR 和 OL 寄存器的共用地址。同时,当 $A_1 A_0 = 01$ 和 10 时,分别为计数器 1 和 2 的 CR 和 OL 的共用地址。当 $A_1 A_0 = 11$ 时,是三个计数器内的三个控制寄存器的共用的地址号。但 CPU 给哪一个计数器送控制字,这由控制字格式中最高两位(计数器选择位)SC_1、SC_0 的编码来决定,如表 8.2 所示。计数工作单元 CE 不能用指令访问,它们不占用 I/O 地址。

表 8.2   8253 端口的地址分配

$\overline{CS}$	A_1	A_0	端口地址(符号)	功 能
0	0	0	COUNT0	选中计数器 0
0	0	1	COUNT1	选中计数器 1
0	1	0	COUNT2	选中计数器 2
0	1	1	COUNT3	选中控制寄存器
1	×	×		器件未选中

8.2.2   8253 的编程

8253 在工作之前,用户首先要为某一计数器(计数器 0~2)写入控制字以确定其工作方式;写入定时/计数初值;在定时/计数工作过程中,有时还需要读取某计数器当前的计数值。本节首先介绍 8253 的控制字格式,然后对 8253 的读/写操作进行介绍,并给出 8253 编程实例。

1. 8253 的控制字格式

8253 的控制字格式如图 8-16 所示。

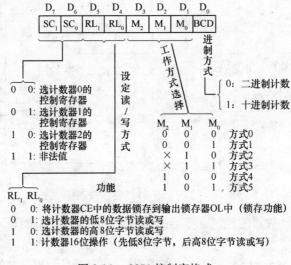

图 8-16   8253 控制字格式

2. 8253 的读/写操作

要对 8254 的三个控制寄存器设置控制字,需对相同地址 COUNT3 执行三条 OUT 指令才能完成。假设 INIC0、INIC1 和 INIC2 分别是要置入计数器 0、1 和 2 的控制字节,设置时要用下列指令:

```
MOV DX,COUNT3
MOV AL, INIC0
OUT DX, AL
MOV AL, INIC1
OUT DX, AL
MOV AL, INIC2
OUT DX, AL
```

RL_1 和 RL_0 指明对 CR 写和对 OL 读的规则:

RL_1、RL_0＝00 这个控制字节不再是置操作方式,而是一种命令,将 CE 的内容锁存于 OL(后面还将进一步讨论);

RL_1、RL_0＝01 只读(OL)、写(CR)的低位字节;

RL_1、RL_0＝10 只读(OL)、写(CR)的高位字节;

RL_1、RL_0＝11 先读(OL)、写(CR)的低位字节,后读、写高位字节。

例如,如果向计数器 0 置入的控制字节的高 4 位为 0011,那么以后向 CR 预置初值时,每次必须排两条输出指令,如下:

```
MOV DX, COUNT0
MOV AL, INIOL
OUT DX, AL
MOV AL, INIOH
OUT DX, AL
```

其中 INIOL 和 INIOH 分别是要置入计数器 0 中计数寄存器 CR 的低字节和高字节的初值。COUNT0 是计数器 0 的 CR 和 OL 地址。同样,从 OL 读数时,也必须相继排两条输入指令,如下:

```
MOV DX,COUNT0
IN AL,DX
MOV AH,AL
IN AL,DX
XCHG AH,AL
```

这样,AX 内容就是 16 位的 OL 值。

和这种约定相类似,如果控制字节的 RL_1 和 RL_0 两位设置只读/写低字节或只读/高字节,每次只需一条 OUT 指令或 IN 指令,写入或读出指定的一个字节的内容。

8.2.3　8253 的工作方式

8253 有 6 种不同的工作方式。在不同的工作方式下,计数过程的启动方式不同,OUT 端的输出波形不同,自动重复功能、GATE 的控制作用以及更新计数初值对计数过程的影响也不完全相同。同一芯片中的三个计数器,可以分别编程选择不同的工作方式。

1. 方式 0——计数结束产生中断

这是一种软件启动、不能自动重复的计数方式。方式 0 时序波形图如图 8-17 所示。

说明:

● $\overline{WR}$ 有效,表示 CPU 执行 OUT 指令,写入控制字 CW 或计数初值。LSB 表示写入到 CR 低位字节内容。

● OUT 波形下面的数字表示计数单元 CE 的内容,N 代表不确定的值。N 后面的上下两行数字,上行表示 CE 的高 8 位内容,下行为低 8 位内容。数之间的短垂线表示此时刻(CLK 下降沿)发生数值变化。

● 门控信号 GATE 的上升沿有效。即每出现一次上升沿才意味着有一个触发信号,与上升沿之后的高电平持续时间长短无关。8253 利用 CLK 脉冲的上升沿瞬间检测 GATE 端的电平,此瞬间是什么电平就确认此时为什么电平。

如图 8-17 所示,在用 CW 使计数器 0 置为方式 0 之后,OUT 端输出低电平。用 OUT 指令向 CR 预置初值后,输出端 OUT 保持低电平。对 CLK 脉冲进行减 1 计数,只有当计数值变为 0 值,即终值时,输出端 OUT 才变为高电平,并维持高电平。只有写入新的预置方式 0 的 CW 或向 CR 置入新的初值后,才使 OUT 端返回低电平。这就是说,如果用 OUT 端的上升边作为中断请求信号,每次置方式 0 控制字和 CR 初值,或已在方式 0 下只置 CR 初值,只可能产生一次中断请求信号。

如果 GATE 输入端上的信号为高电平,计数器才对 CLK 脉冲计数;如果 GATE 上的信号变为低电平,将停止计数。但是 GATE 上信号的电平高低变化不影响 OUT 端的输出。

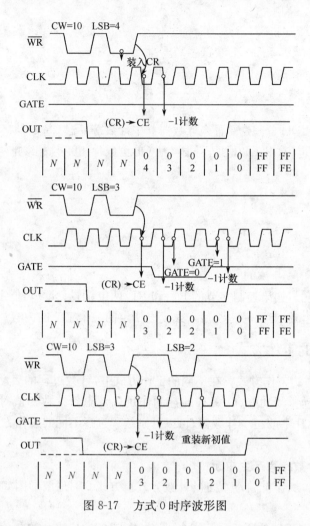

图 8-17　方式 0 时序波形图

要注意时间关系，在向 CR 低字节置初值后，下一个 CLK 脉冲才将 CR 内的初值装入 CE。所以，如果置入的初值为 N，从置入时算起要经过 $N+1$ 个 CLK 脉冲，计数值才为 0，OUT 输出变为高电平。

如果设置的 CW 指明，需要向 CR 置入两个字节的初值，那么首先在置低位字节时将停止计数，OUT 输出立即变为低电平输出，然后在置高位字节后的下一个 CLK 脉冲使初值装入 CE，开始减 1 计数。如果初值为 N，也要经过 $N+1$ 个 CLK 脉冲才使计数值为 0。

如果置初值时 GATE 为低电平，下一个 CLK 脉冲也将使初值从 CR 装入 CE，但不进行减 1 计数操作；当 GATE 变为高电平时开始计数，经过 N 个脉冲，OUT 输出变为高电平。

方式 0 应用在这种情况下：当 CPU 从某一时刻开始经过一个确定的时间间隔后需要被提醒去做别的事，可以利用 8254 并设置为方式 0。CPU 用输出指令向 CR 置初值，就启动了计数器开始计数，CPU 可以执行其他操作任务，当计数器减到 0 值时，OUT 输出从低变高的跳变作为中断请求信号加到 CPU 的中断请求输入端，使 CPU 进入中断服务程序。

2. 方式 1——可编程单次脉冲

这是一种硬件启动、不能自动重复但通过 GATE 的正跳变可使计数过程重新开始的计数方式。在写入方式 1 的控制字后 OUT 成为高电平，在写入计数初值后，要等 GATE 信号出现正跳变时才能开始计数。在下一个 CLK 脉冲到来后,OUT 变低,将计数初值送入 CE 并开始减 1 计数,直到计数器减到 0 后 OUT 变为高电平。

如图 8-18 所示,计数过程一旦启动,GATE 即使变成低电平也不会使计数中止。计数完成后,若 GATE 再来一个正跳变,计数过程又重复一次。也就是说,对应 GATE 的每一个正跳变,计数器都输出一个宽度为 $N \times T_{CLK}$(其中 N 为计数初值,T_{CLK} 为 CLK 信号的周期)的负脉冲,因此称这种方式为可编程单次脉冲方式。

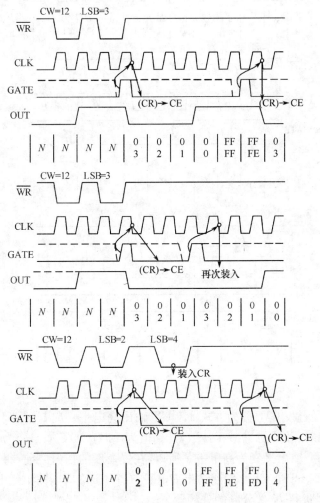

图 8-18 方式 1 时序波形图

在计数过程启动之后计数完成之前,若 GATE 又发生正跳变,则计数器又从初值开始重新计数,OUT 端仍为低电平,两次的计数过程合在一起使 OUT 输出的负脉冲加宽了。

在方式 1 计数过程中,若写入新的计数初值,也只是写入到计数初值寄存器中,并不马上影响当前计数过程,同样要等到下一个 GATE 正跳变启动信号,计数器才接收新初值重新计数。

3. 方式 2——分频工作方式

方式 2 既可以用软件启动(GATE=1 时写入计数初值后启动),也可以用硬件启动(GATE=0 时写入计数初值后并不立即开始计数,等 GATE 由低变高时启动计数)。方式 2 一旦启动,计数器就可以自动重复地工作。

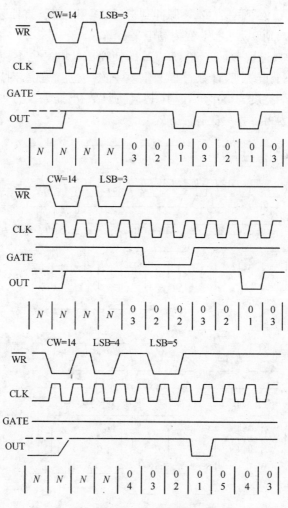

图 8-19　方式 2 时序波形图

如图 8-19 所示,经过发 CW 置为方式 2,OUT 输出高电平。向 CR 置入初值并经过一个 CLK 脉冲后,CE 开始对 CLK 脉冲减 1 计数,计到值为 1 时,OUT 输出变为低电平,持续一个 CLK 脉冲周期后,OUT 输出又变为高电平。所以,在置入新的初值之前,每 N 个 CLK 脉冲,OUT 输出重复一次,N−1 个 CLK 周期输出高电平,1 个 CLK 周期输出低电平。这种方式相当于一个对 CLK 信号进行 N 次分频的分频器。

上述操作是以 GATE 输入端加高电平为条件的。如果 GATE 端加低电平,则不进行计数操作。GATE 端每一次从低到高的跳变触发信号,都将引起一次重新从 CR 向 CE 的装入操作,然后经过 N−1 个 CLK 脉冲,OUT 输出一个 CLK 周期的低电平。这就是说 GATE 端加触发信号可以实现对 OUT 输出信号同步的目的。

如果 GTE 端恒加高电平,每次用输出指令置入一次初值 N,经过 N−1 个脉冲,OUT 输出一个负脉冲。这就是说,OUT 输出也可用程序同步。

4. 方式 3——方波发生器

工作于方式 3 时,在计数过程中其输出前一半时间为高电平,后一半时间为低电平。其输出是可以自动重复的周期性方波,输出的方波周期为 $N \times T_{\text{CLK}}$,如图 8-20 所示。

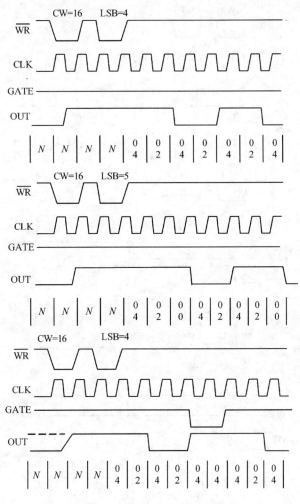

图 8-20　方式 3 时序波形图

操作过程是：GATE 端加高电平，在方式控制字 CW 和 CR 的初值置入后，OUT 输出高电平，经过 1 个 CLK 脉冲开始减法计数。如果置入 CR 的初值是偶数，减法计数对每个 CLK 脉冲减 2，经过 $N/2$ 个 CLK 脉冲，计数值达到 0 值，OUT 输出变为低；CR 内的初值装入 CE 并继续减 2 计数，经过 $N/2$ 个 CLK 脉冲，计数值达到 0 值，OUT 输出立即变高并重复上述过程。这样，OUT 输出完全对称的方波。如果置入的初值是奇数则稍有不同：当 OUT 输出变为高电平瞬间，CR 内的初值向 CE 装入时加 1 成为偶数，然后对 CLK 减 2 计数，达到 0 值时，OUT 输出不立即变低，而是再经过一个 CLR 脉冲后变低。这就是说，方波的高电平持续时间为 $(N-1)/2+1=(N+1)/2$ 个 CLK 脉冲。OUT 从高变低瞬间，CR 内初值向 CE 装入时减 1，然后对 CLK 减 2 计数，计数到 0 值时，OUT 输出立即变高。这就是说，方波的低电平持续 $(N-1)/2$ 个 CLK 脉冲。然后重复上述过程。

GATE 端加入低电平将停止计数。GATE 端加入触发信号也将重新从 CR 向 CE 装入初值，从而对 OUT 输出起同步作用。

5. 方式 4——软件触发选通

方式 4 是一种软件启动、不自动重复的计数方式。

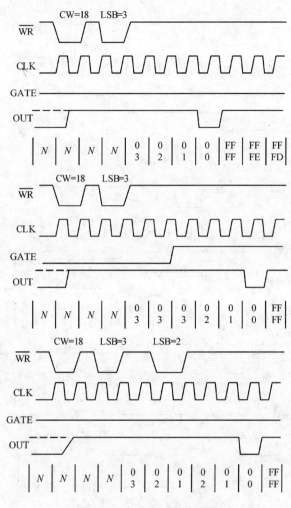

图 8-21　方式 4 时序波形图

如图 8-21 所示,在写入方式 4 的控制字后,OUT 变为高电平。当写入计数初值后立即开始计数(这就是软件启动)。当计数到 0 后,OUT 输出变为低电平,持续一个 CLK 脉冲周期后恢复为高电平,计数器停止计数。故这种方式是一次性的。只有 CPU 再次将计数初值写入 CR 后才会启动另一次计数过程。

GATE 端加高电平允许计数,GATE 端加低电平则停止计数。由于每次置初值要经过 1 个 CLK 脉冲后开始减 1 计数,所以从置初值操作到 OUT 输出变低要经过 $N+1$ 个 CLK 脉冲。

如果初值是两个字节的数,置第一个字节时无影响,置第二个字节时起"触发"作用。

6. 方式 5——硬件触发选通

方式 5 是一种硬件启动、不自动重复的计数方式。

如图 8-22 所示,硬件触发就是在 GATE 端加触发信号。在置入方式控制字 CW 和初值后,OUT 输出高电平。GATE 端有触发信号后,经过一个 CLK 脉冲,使 CR 中的初值装入 CE,然后开始对 CLK 脉冲减 1 计数,计数到 0 值时,OUT 输出端输出一个 CLK 周期的负方波,然后 OUT 恢复输出高电平。这样一来,在 GATE 端每加一次触发信号,经过 N 个 CLK 脉冲后,输出一个 CLK 周期的低电平信号。

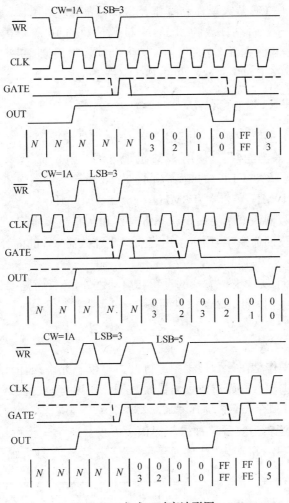

图 8-22　方式 5 时序波形图

如果在减 1 计数期间置新的初值到 CR，当前的计数不受影响，但是如果当新初值写入后，在计数值到 0 值之前加触发信号，下一个 CLK 脉冲将使新的初值装入 CE，开始新的计数。

以上是方式控制字决定的工作方式和各方式下的输入/输出关系。对操作来说，这些方式有一些共同的特点：

首先，当用输出指令设置方式控制字时，对相应计数器的控制逻辑起立即复位作用，不需借助 CLK 脉冲的作用 OUT 输出端可立即变为应进入的初始输出状态。

其次，GATE 端的输入信号，对方式 0 和 4，只是信号电平起控制作用；对方式 1 和 5，只是信号上升边起触发作用；而对于方式 2 和 3，信号的上升边沿和电平都起控制作用，如表 8.3 所示。

表 8.3　GATE 信号功能表

GATE	低电平或变到低电平	上升沿	高电平
方式 0	禁止计数	无作用	允许计数
方式 1	无作用	启动计数	无作用
方式 2	禁止计数并置 OUT 为高电平	重新初始计数	允许计数
方式 3	同方式 2	同方式 2	同方式 2
方式 4	禁止计数	无作用	允许计数
方式 5	无作用	启动计数	无作用

再次，初值从 CR 向 CE 装入操作和减 1 计数操作都发生在 CLK 脉冲的下降边瞬间。初值的最大值为 0，等效于二进制计数的 2^{16} 或 BCD 码计数的 10^4。计数值达到 0 值后，计数操作没有停止，在方式 2 和方式 3 情况下，初值装入和计数将周期地进行下去；对于方式 0、1、4 和 5，计数值将从 FFFF（十六进制）或 9999（BCD）继续计数。

8.2.4　8254 与 8253 的区别

8254 是 8253 的改进型，它们的引脚定义与排列、硬件组成等基本上是相同的。因此 8254 的编程方式与 8253 是兼容的，凡是使用 8253 的地方均可用 8254 代替。两者的差别：

（1）允许最高计数脉冲（CLK）的频率不同。8253 的最高频率为 2MHz，而 8254 允许的最高计数脉冲频率可达 10MHz（8254 为 8MHz，8254-2 为 10MHz）。

（2）8254 每个计数器内部都有一个状态寄存器和状态锁存器，而 8253 没有。

（3）8254 有一个读回命令字，用于读出当前减 1 计数器 CE 的内容和状态寄存器的内容，而 8253 没有此读回命令字。

对于编程来说，除了实现工作方式的设置和启动之外，还常常需要读取计数器计数的瞬时值和计数器的状态信息。为此，8254 提供两条命令。

1. 计数锁存命令

读瞬间计数值的操作是在计数过程中进行的。不仅不允许破坏计数的正常进行，而且要保证不能由于计数的进位过程而造成读出错误数据。所以，读数是分两步完成的：第一步，把计数工作单元 CE 的值锁存入 OL 锁存器，CE 继续计数。第二步，用输入指令读入 OL 锁存器的内容。8254 的控制逻辑为实现这种操作提供了方便。其第一步可用输出指令向控制地址（即置方式字的地址 COUNT3）发"计数锁存命令"字来实现。"计数锁存命令"字格式如下：

D_7	D_6	D_5	D_4	D_3	D_2	D_1	D_0
SC_1	SC_0	0	0	×	×	×	×

其中：SC_1、SC_0 的三种组合 00、01 和 10 分别指向计数器 0、1 和 2；D_5、D_4 位的 00 是计数锁存命令字的特征标志位；其余 4 位可为任意值。下列指令执行后，将把计数器 0 的 CE 内容锁存入 OL：

```
MOV AL, 00000000B
OUT DX, AL
```

如果前面初始化时，置计数器 0 为先读/写低字节，后读/写高字节方式，那么，完成了锁存计数操作之后，要用下列几条 IN 指令读入锁存器的内容：

```
MOV DX, COUNT0
IN AL, DX
MOV AH, AL
IN AL, DX
XCHG AH, AL
```

这时，AX 的内容就是发计数锁存命令瞬间的计数值。

2. 读回命令

向控制地址发读回命令（Read-Back Command）可以锁存计数值和状态信息，比计数锁存命令功能更强。读回命令的格式如下：

D_7	D_6	D_5	D_4	D_3	D_2	D_1	D_0
1	1	$\overline{COUNT}$	$\overline{STATUS}$	CNT_2	CNT_1	CNT_0	0

其中 $D_7 D_6 = 11$ 是读回命令的特征标志。CNT_2、CNT_1 和 CNT_0 分别对应计数器 2、1 和 0，任何位为 1 将指定该位对应的计数值和/或状态信息锁存待读。这 3 位是互相独立的，可以同时 1 位、2 位或 3 位为 1，意味着可以同时命令 1 个以上的计数值和/或状态信息锁存待读。

这就是说，一条读回命令可以等效于多条计数锁存命令。$\overline{COUNT}$ 位是"计数值锁存"命令标志位。该位为 0 表示由 $D_3 D_2 D_1$ 指明的计数器的计数值分别在对应的 OL 内锁存。在读之前锁存器的值不变。对相应的计数器执行输入指令不仅能读入锁存的值，还可对这个锁存器起到"解锁"的作用，且其他锁存器的值保持不变。在没有读出锁存的计数值之前，即锁存器没有"解锁"，若又发来对同一个计数器的读回命令，则这个新的读回命令对这个计数器的锁存值没有影响，还保持上次读回命令时锁存的计数值。

8254 内每个计数器还有一个状态寄存器，寄存计数器的状态信息。读回命令还可用于对计数器状态信息的锁存，这是靠读回命令中 $\overline{STATUS}(D_4)$ 位设定为 0 实现的。状态信息经读回命令锁存后，对相应的计数器执行输入指令可以读回一个字节的状态信息，格式如下：

D_7	D_6	D_5	D_4	D_3	D_2	D_1	D_0
OUTPUHT	MULLC OUNT	RW_1	RW_0	M2	M1	M0	BCD

其中 $D_5 \sim D_0$ 位应与写入的方式控制字相同。D_7（OUTPUT）位表示该计数器通道的输出端 OUT 的状态，该位为 1，表示输出高电平。OUT 端的状态在有些情况下是很有用的。对于 8254，可以用循环程序测试 OUT 的状态。D_6（NULL COUNT）位将指明置入 CR 的初值是否已装入 CE。如果在发读回命令时 CR 内的初值还没有装入 CE，读回的状态信息字节的 D_6 位将为 1；如果 CR 值已装入 CE，则该位为 0。

这就是说，向计数器置方式控制字或向 CR 置初值的操作，将使状态寄存器的 D_6 位置 1；从 CR 向 CE 装入初值的操作，使状态寄存器的 D_6 位置 0。在状态信息 D_6 位为 1 时读入计数值是无意义的，因为置入的新初值还没有装入 CE。所以，在读入计数值之前，需要读回和测试状态信息的 D_6 位是否为 0。

允许在读回命令字中设置 D_5（$\overline{COUNT}$）和 D_4（$\overline{STATUS}$）位同时为 0。这意味着计数值和状态信息都要读回。发这样的读回命令将使计数值和状态信息都锁存起来。计数值的读入和状态字节的读入都用输入指令，而且 I/O 地址相同，都是对应的计数器地址。把它们区别开来的方法是输入次序，第 1 次输入指令读入的一定是状态字节；接着的 1 条或 2 条输入指令（取决于置方式字时指定的是一个字节还是两个字节的读/写）将读入锁存的计数值。

8.2.5　8253 应用

1. 8253 与系统的连接应用

（1）计数器 0 用作系统的定时，为系统的电子钟提供一个恒定的时间基准。计数器 0 的输出 OUT_0 与 8259 中断控制器的 IRQ_0 相连，作为最高级别的可屏蔽 0 级中断。系统 BIOS 初始化编程设定计数器 0 工作于方式 3，计数初值设定为 0（即为最大初始值 65536），控制字为 36H。这样，每隔 55 ms 产生一次 0 级中断。在中断服务程序中，由 16 位的计数单元对中断次数计数,当计数单元产生进位时,表示所经过的时间约为 1 小时(即 $65536 \times 1/18.2 \approx$ 3600 s),其误差可由程序中加以修正,以消除积累误差。另外,计数器 0 还用于对软盘驱动器的马达启/停时间进行管理,每开放一定时间,再令其关闭。其初始化程序片断如下:

```
MOV AL,00110110B    ;对计数器 0 设置控制字,方式 3
                    ;二进制计数。先写 CRL,再写 CRH
OUT 43,AL
MOV AL,0            ;设定初始值(最大初始值)
OUT 40H,AL          ;写入计数器 0 中的计数寄存器低 8 位
OUT 40H,AL          ;写入计数器 0 中的计数寄存器高 8 位
```

(2) 计数器 1 用作对动态 RAM 的刷新定时,工作于方式 2,其输入时钟 CLK_1 同样为 1.931816 MHz 方波。计数器 1 输出的定时信号接在 8237DMA 芯片的一个 DMA 请求端 DRQ_0,用来发出请求信号,负责对动态存储器刷新。它每隔 15.12 ms 产生一个脉冲宽度为 840 ns 的负脉冲输出信号对动态存储器进行刷新操作。此时计数初值为 12H,控制字为 54H,相应的初始化程序片断如下:

```
MOV    AL, 54H      ;对计数器 1 设置控制字,二进制计数,只写 CRL
OUT    43H, A
MOV    AL, 12H      ;为刷新 DRAM,设置分频系数
OUT    41H, AL      ;写入计数器 1 中的计数寄存器低 8 位(CRL)
```

(3) 计数器 2 在此有两个作用:其一是作为与音频盒式磁带机接口,其二是产生扬声器的频率信号,并与 8255A 的端口 B 的 PB_1 位共同控制扬声器的发声,其电路连接如图 8-23 所示。当 8255A 的 PB_1 为高电平时,在 BIOS 中提供了扬声器发声程序,此程序把声音频率相应的计数值送入计数器 2,用以产生音频信号。现以通过改变 8253 计数器 2 的计数值,本例中,每敲一键,计数器的计数初值减 100H,音调增高从而改变扬声器发出的音调,其初始化程序如下:

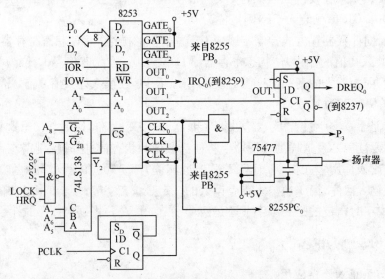

图 8-23　8253 在系统板上的连接

```
DATA DW n
……
MOV AL,0B6H        ;设置通道 2 控制字,方式 3,先写 CRL,后写 CRH,二进制计数
```

```
OUT 43H,AL
MOV AX,DATA              ;设定初始计数值
SUB AX,100H              ;每次计数值减100H
MOV DATA, AX
OUT 42H,AL              ;写入通道2的CRL
MOV AL,AH
OUT 42H,AL              ;写入通道2的CRH
```

2. 8253应用

使用8253计数器2产生频率为1Hz的方波,设8253的端口地址为040H~043H,已知时钟端CLK_1输入信号的频率为2 MHz。试设计8253与8088总线的接口电路,并编写产生方波的程序。8253与8088总线的接口电路如图8-24所示。

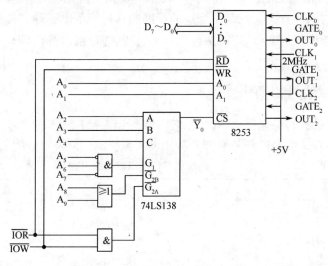

图8-24 8253与8088总线的连接

$$CR=\frac{2MHz}{1Hz}=2000000=2000\times1000$$

可得,$CR_1=2000,CR_2=1000$。

为了使计数器1、2产生方波,应使其工作于方式3,输入的2MHz的CLK_1时钟信号进行2000次分频后可在OUT_1端输出频率为1 kHz的方波,因此,对应的控制字应为01110110B,计数初值为07D0H。输入的1kHz的CLK_2时钟信号进行1000次分频后可在OUT_2端输出频率为1Hz的方波,因此,对应的控制字应为10110110B,计数初值为03E8H。程序如下所示:

```
MOV   AL,01110110B      ;对计数器1送控制字
MOV   DX,0043H
OUT   DX,AL
MOV   AL,10110110B      ;对计数器2送控制字
OUT   DX,AL
MOV   DX,0041H
MOV   AL,0D0H           ;送计数初值2000
OUT   DX,AL
```

```
MOV    AL,07H
OUT    DX,AL
INC DX
MOV    AL,0E8H              ;送计数初值 1000
OUT    DX,AL
MOV    AL, 03H
OUT    DX, AL
```

8.3   并行打印机接口

IBM PC/XT 系列微机配的并行打印接口是一种称为 Centronics 的标准接口。与打印机之间接插件的形式、信号线的定义和排列等都是统一规定的。不仅任何遵守这个标准的并行打印机可以与其相接,而且其他凡是符合这种标准的并行设备也都可与其相接,在程序控制下正常工作。例如,绘图仪有并行、串行两种接口,只要其并行接口符合 Centronics 标准,就可接在这一接口上工作。

8.3.1   接口信号和操作过程

接口板插在主机板的扩充插槽内,与系统总线相连。接口板与打印机之间的连接采用标准的 25 芯插头插座,其信号定义与引脚关系如表 8.4 所示。信号可分为三组:

表 8.4   打印机并行接口信号和引脚

信 号	有效极性	传递方向	引脚号
数据位 0	＋	去打印机	2
数据位 1	＋	去打印机	3
数据位 2	＋	去打印机	4
数据位 3	＋	去打印机	5
数据位 4	＋	去打印机	6
数据位 5	＋	去打印机	7
数据位 6	＋	去打印机	8
数据位 7	＋	去打印机	9
数据选通	－	去打印机	1
选择输入	－	去打印机	17
自动输纸	－	去打印机	14
打印机初始化	－	去打印机	16
回答	－	去计算机	10
打印机忙	＋	去计算机	11
无打印纸	＋	去计算机	12
打印机选中	＋	去计算机	13
打印机出错	－	去计算机	15
接地			18～25

- 数据:占 8 条线,传输字符(包括控制字符)的代码电位信号。
- 控制信号:占 4 条线,传输从 CPU 发往打印机的控制(或命令)信号。
- 状态信号:占 5 条线,传输发往 CPU 的打印机当前的状态信号。

接口与打印机是否联通彼此提供的基本信号是：接口向打印机提供控制信号"选择输入"$\overline{SLCTIN}$有效，这是一个电位信号。打印机在这个信号的控制下，才能接收数据信号和其他控制信号。打印机向接口提供的状态信号是"打印机在线"SLCT有效。它表明打印机已经加电工作。

在 CPU 输出字符代码、打印机正常打印过程中起作用的信号是：接口至打印机的字符代码的电位信号、数据选通控制信号、打印机忙和回答状态信号。字符代码信号是要传输的数据，而数据选通$\overline{STROBE}$、忙 BUSY 和回答$\overline{ACK}$信号构成了一组互相关联的联络信号。打印机在接收一行字符期间及回车符之前，无机械动作，忙信号为无效状态（低电平）；在接收到回车符之后，打印机在连续打出一行字符、回车、换行（输纸）等机械动作期间产生忙信号（高电平），此时打印机不能接收数据线来的数据。

图 8-25 是有机械动作（忙碌信号为高电平）且打印机符合 Centronics 标准时的时间关系图。它说明在选通信号有效期之后，才可能使忙信号开始。忙信号有效结束才能送出回答有效信号。

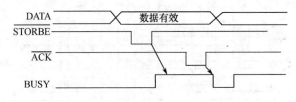

图 8-25　Centronics 标准打印机时间关系

8.3.2　打印机与主机接口

1. 打印机并行接口电路

在 PC 开始流行的几年前，Centronics 打印机接口用于将一台计算机的数据传送到一台打印机上，同时它还能检测打印机的状态，一直到打印机空闲时才继续传送其他数据。这种形式被很多打印机制造商和外设商所采用，并很快就被制定为工业标准。随着不同的接口形式在 PC 中被应用，这种并行接口也一直不断的改进。现在的 PC 都会配备一个 25 针的并行接口，也称 LPT 口或打印接口，它现在一般都支持 IEEE1284 标准中定义的三种并行接口模式，分别为 SPP（Standard Parallel Port）标准并行接口，EPP（Enhanced Parallel Port）增强并行接口，ECP（Extended Capabilities Port）扩展功能并行接口。ECP 模式除了拥有双向数据传输的支持它还有特扩展的寄存器控制功能，使得传输速度从 SPP 模式的 50KB/s 提升到 2MB/s。并行接口通常用于连接打印扫描设备或其他要求并行传输的外部设备。

SPP 标准打印机接口电路包含数据总线缓冲器、输出数据锁存器、输入数据缓冲器、控制寄存器、状态寄存器以及地址译码与读/写控制逻辑等部分。其打印机并行接口电路，如图 8-26 所示。打印机 25 针插头的信号分布情况，如图 8-27 所示。

2. 并行打印机接口的控制字及状态字格式

（1）并行打印机接口的控制字（见图 8-28）

主机向打印机接口可以发 5 种命令，即数据写入命令、数据读出命令、控制字写入命令、控制字读出命令和状态字读出命令。这些命令是由 CPU 写入接口的控制端口，其地址为 37AH。

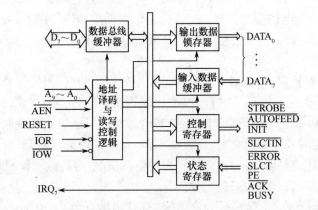

图 8-26　打印机并行接口电路

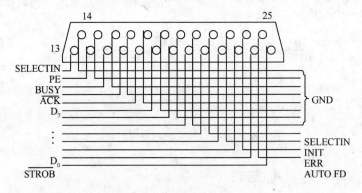

图 8-27　打印机 25 针插头

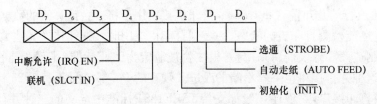

图 8-28　打印机控制字

D_0：选通信号控制位，该位反相后为$\overline{\text{STROBE}}$。因此，当 D_0 为 1 时，允许打印机接收打印机适配器数据锁存器中的数据。

D_1：自动换行控制位，当 D_1 为 1 时，打印机收到回车符时，便自动加上换行符。

D_2：初始化控制位，当 D_2 为 0 时，打印机进入复位状态，这时打印机内部的打印行缓冲器被清除。

D_3：联机控制位，只有当 D_3 为 1 时，打印机才与适配器接通，适配器才能和打印机交换信息。

D_4：中断允许信号控制位，当 D_4 为 1 时，会使从打印机来的应答信号（$\overline{\text{ACK}}$）通过适配器而形成中断请求信号（IRQ_7）。

（2）并行打印机接口的状态字格式（见图 8-29）

D_3：打印出错位。当 D_3 为 0 时，表示打印机工作不正常，其中包括纸用完和打印机处于脱机状态这两种情况。

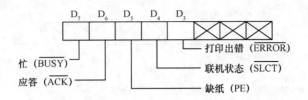

图 8-29　打印机状态字

D_4：打印机联机状态位。如果控制字的 $\overline{\text{SLCTIN}}$ 位为 0，则状态字的 D_4 位为 0。

D_5：打印机缺纸位。如打印机缺纸，则 D_5 为 1。

D_6：打印机应答位。当 D_6 为 0 时，表示打印机接收或打印了刚才送来的字符，现在打印机可以接收新的数据。每接收 1 个数据，打印机都会发 1 个负脉冲信号，在 $\overline{\text{ACK}}$ 的上升沿处，BUSY 信号成为高电平。

D_7：打印机忙状态位。D_7 为 0 时，表示打印机处于忙状态。

3. 打印机 8 位并行接口数据传送时序

打印机 8 位并行接口数据传送时序，如图 8-30 所示。

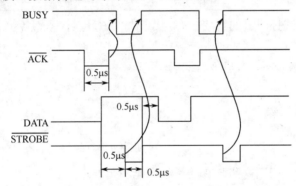

图 8-30　打印机并行接口数据传送时序

8.3.3　打印机 I/O 程序设计

1. BIOS 中断和 DOS 中断功能

在进行打印机输出程序设计时，可以直接对打印机适配器各 I/O 端口进行操作。在 IBM PC/XT 机器中也可利用 INT 17H BIOS 中断及 INT 21H DOS 中断完成主机与打印机之间的通信。

BIOS 最多允许接三台打印机，机号分别为 0、1、2。在进行打印机输出程序设计时，更多的是利用这一系统资源，如表 8.5 所示。

INT 17H 返回的打印机状态字的含义，如图 8-31 所示。

AH 的功能为：

(1)（AH）＝0，打印输出预置于 AL 中的 ASCII 码的字符。

(2)（AH）＝1，对打印机初始化并测试打印机状态码入 AH，各位的意义与（AH）＝2 时的调用结果相同。

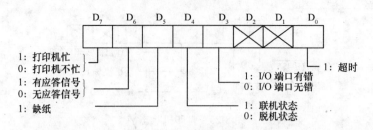

图 8-31　打印机状态字

表 8.5　BIOS 中断和 DOS 中断功能

功能号（AH）	功能	入口参数	出口参数
INT 17H 0	打印一字符 返回状态字节	（AL）＝打印字符 （DX）＝打印机号	（AH）＝状态字节
INT 17H 1	初始化打印机 返回状态字节	（DX）＝打印机号	（AH）＝状态字节
INT 17H 2	返回状态字节	（DX）＝打印机号	（AH）＝状态字节
INT 21H 5	打印一字符	（DL）＝打印字符	

（3）（AH）＝2，测试打印机的当前状态，状态码入 AH。状态码各位意义如下：

位 7＝0，打印机忙

位 6＝1，正常输入；位 6＝0，已发"回答"信号

位 5＝1，无纸了

位 4＝0，无打印机相接

位 3＝0，打印机有故障

位 2～位 0，无意义

在很多应用环境下，调用这些已有的子程序能满足要求。

2. 打印机接口的编程和 BIOS 调用

打印机接口的编程是比较简单的。下面给出一个程序例子，从例中可以具体理解这三个端口的作用。例子给出的是子程序，其功能是把预置于 AL 的字符代码送入打印机。它的主程序是以查询方式检测到有"回答"信号后转入子程序的。子程序表明，在产生数据选通信号之前一直等待打印空闲，在发出数据选通信号后即返回主程序。

数据端口地址为 378H，可写可读。端口地址译码器输出信号 WPA 和 RPA 分别用于数据端口的写和读控制。控制端口地址为 37AH，也是可写可读的。译码器输出信号 WPC 和 RPC 分别用于控制端口的写和读控制。状态端口地址为 379H，是单方向的，只能读。

```
PRINT PROC FAR
    PUSH AX
    PUSH DX
    MOV DX,378H
    OUT DX,AL        ;输出字符代码
    MOV DX,379H
WLOOP:IN AL,DX       ;检查,等待打印机空闲
```

```
            TEST AL,80H
            JZ WLOOP
            MOV DX,37AH    ;输出控制字节 00001101
            MOV AL,0DH
            OUT DX,AL
            MOV AL,0CH      ;输出控制字节 00001100,从而在选通信号线上产生方波
            OUT DX,AL;
            POP DX
            POP AX
            RET
PRINT ENDP
```

8.3.4 增强型并行端口 EPP 和扩展功能端口 ECP

1. 并行口的工作模式

为实现超过 1MB/s 的双向数据传输,IEEE-1284 委员会提出了增强并行端口 EPP(Enhanced Parallel Port)和扩展功能端口 ECP(Extended Capabilities Ports)并制定了 IEEE-1284 1994 标准。目前的 PC 系统均安装了 EPP 和 ECP 功能的 I/O 控制器,即都支持这一标准。ECP 以一种压缩的技术方式来双向传输数据,其传输速率可达 2MB/s。

IEEE-1284 1994 标准可应用于所有并行接口的外设和打印机上。规定并行端口共有 5 种数据传输模式,在每种模式中均支持输入(反向)、输出(正向)和双向(半双工)的数据传输。其并行接口标准定义的 5 种端口操作模式,见表 8.6。

表 8.6　IEEE-1284 并行接口端口模式

并行模式	传输方向	传输速率
SPP 8 位	I	50KB/s
SPP 16 位	I	150KB/s
兼容	O	150KB/s
EPP	I/O	500KB/s~2MB/s
ECP	I/O	500KB/s~2MB/s

2. 增强并行端口 EPP

(1) EPP 操作时序

EPP 规定了 4 种数据操作模式:数据写周期、数据读周期、地址写周期和地址读周期。其中数据周期用来与外设交换数据,而地址周期用来传输设备地址以及控制信息。

(2) EPP 端口(寄存器)

EPP 占用并行口基地址+0~+7 共 8 个相邻的 I/O 映像地址。基地址+3 是 EPP 的地址口,对它进行 I/O 操作便产生地址周期;基地址+4 是 EPP M 数据口,对它进行 8 位 I/O 读/写操作,便产生数据读/写周期。

3. EPP 编程方法步骤

① EPP 模式的设置与基地址的选择;

② 传输方向控制；

③ 数据、地址的读/写操作；

④ 状态检查及 TIMEOUT 位清除；

⑤ 16 位、32 位数据的读/写操作。

4. 扩展功能端口 ECP

采用 ECP 的目的是为了获得更高性能，并能在 PC 于高级打印机和扫描仪等外部设备之间获得多功能传输通道的端口。

ECP 定义了两种模式：数据传输模式和命令传输模式。在 ECP 数据模式传输中，通过通道不仅可以传输地址信息，还可以同时传输命令信息，这是又复杂的硬件和软件支持来完成的。

ECP 是目前速度最快的并行接口。

8.4 键盘接口

键盘系统包括键盘、主机板上的键盘接口和键盘中断服务程序。

键盘内有一个小微处理器，检测键的状态变化。在有键按下时，取得键的扫描码，然后把扫描码串行传送到主机板，再由主机板上的键盘接口逻辑处理。

主机板与键盘之间连接的电缆内有 5 条线：+5V 电源线和地线各一条，电源线为键盘内的电路提供+5V 电源。一条线传送从主机板到键盘的复位（Reset）信号。另两条线中，一条线用于传送串行键扫描码，另一条线上传送为扫描码传输必需的同步信号。应说明的是，扫描码串行传输线和伴随的同步信号线都是双向的。

这就是说，当操作键盘时，扫描码将从键盘传送到主机，这两条线上的信号方向也是从键盘到主机板。但为了满足系统测试的需要，也允许从主机向键盘传送串行码，这时两条线上的信号方向则是从主机到键盘。

8.4.1 PC 键盘及接口技术

早期微机系统（PC/XT）中的键盘为 83 键，成为标准键盘，后来出现 84 键、101/102/104 键等的键盘，相对于 PC/XT 使用的 83 键标准键盘而言，84/101/102/104/105/107/111 键的键盘称为扩展键盘。目前系统中使用的键盘均为扩展键盘。

1. PC 微机键盘特点及接口

PC 键盘与主机接口，如图 8-32 所示。PC 系列键盘具有两个基本特点：

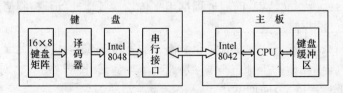

图 8-32　PC 键盘与主机接口

（1）按键开关均为无触点的电容开关。

（2）PC 系列键盘属于非编码键盘,这种键盘只提供键的行列位置(或称扫描码),而按键的识别和键值的确定等工作全靠软件完成。

2. 键盘扫描码及其转换

（1）通过 I/O 端口读取来自键盘的扫描码,并转换成两字节的 ASCII 码存到主机的内存 BIOS 数据区中的一个 32 字节键盘缓冲区,高字节是系统扫描码,低字节为 ASCII 码。

（2）把键盘扫描码转换为扩展码,低字节为 0,高字节对应值为 0~255(通常功能键和某些组合键对应的是扩展码)。

8.4.2　键盘与主机之间的通信方式

1. 键盘向主机发送数据

在 8042 的控制下,键盘与主机之间的数据传送方式是标准异步串行方式,通信格式符合异步串行规则,每一帧数据含 11 位,依次是 1 位起始位、8 位数据位($D_0 \sim D_7$)、1 位校验位和 1 位停止位。当有键按下或键盘需要向系统回送命令时,键盘进入发送状态,依次传送起始位、8 位数据位、校验位和停止位。若一帧数据发送完毕,主机将禁止键盘继续发送数据一段时间,以便于检验该数据的正确性,并产生中断,进行代码转换和执行相应的操作。如果检验出错,就向键盘传送命令,要求重新传送。键盘向主机发送数据采用偶校验方式。

2. 主机向键盘发送数据

开机时以及在某些特殊情况下,主机会发送一些键盘命令和参数,一条命令或参数占用一个字节。主机通过键盘接口向键盘发送数据时,首先检查键盘是否正在发送数据。如果是,就要判断是否已送到第 10 个二进制位(对应奇偶校验位)。如果主机已经接收到第 10 位,则系统必须接收完本次数据串的传送;如果接收的位少于 10 位,则强迫键盘停止输出,主机准备发送。

8.4.3　键盘 I/O 程序设计

在 PC 中,BIOS 和 DOS 中断提供了主机与键盘通信的中断功能调用。BIOS 的 INT 16H 提供了基本的键盘操作,表 8.7 列出了 BIOS 的 TNT 16H 功能。DOS 的 INT 21H 也提供了键盘功能调用,它可以读入单个字符,也可读入字符串。

表 8.7　**BIOS 的 INT 16H 功能**

AH	功能	返回参数
0	从键盘输入一字符	(AH)=扫描码
1	读键盘缓冲区的字符	如(ZF)=0,(AL)=字符码;(ZF)=1,缓冲区空
2	读键盘状态字节	(AL)=键盘状态字节

(AH)＝2,测试当前的挡位键状态,入 AL。调用后 AL 中各位为 1 时的含义如图 8-33 所示。

【例 8-2】　分别利用 DOS 和 BIOS 键盘中断功能调用编程。要求:检测功能键 F1。如有 F1 键按下,则转 HELP 执行。

用 BIOS INT 16H 中断 00 号功能调用编程,或采用 DOS 的 INT 21 中断 07 号功能调用编程。

程序代码如下:

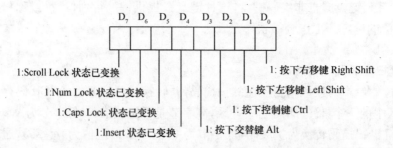

図 8-33　PC 键盘与主机接口

```
X0:MOV   AH,07
    INT   21H        ;等待键盘输入
    CMP   AL,0        ;是否为功能键
    JNE   X0         ;不是,继续等待
FKEY: MOV AH,07H
    INT   21H
    CMP   AL,3BH      ;判断是否为 F1 键
    JNE   X0         ;不是,继续等待
HELP:……
```

8.5　串行通信及可编程串行接口芯片 8251A

在数据通信与计算机领域中,有两种基本的数据传送方式:串行通信与并行通信。本节将介绍串行通信的概念、特点及接口电路。

随着大规模集成电路技术的发展,通用的可编程串行同步/异步接口芯片种类越来越多。常用的有 Intel 的 8251A,National Semiconductor 的 8250,Motorola 的 6850 以及 Zilog 的 SIO 等。本节重点介绍 Intel 的 8251A 串行同步/异步接口芯片的工作原理及使用方法。

8.5.1　串行通信的基本概念

1. 概述

计算机之间以及计算机与一些常用的外部设备之间的数据交换,往往需要采用串行通信的方式。在计算机远程通信中,串行通信更是一种不可缺少的通信方式。

在并行通信中,数据有多少位就要有多少根传输线,而串行通信中只需要一条数据传输线,所以串行通信可以节省传送线。在位数较多、传输距离较长的情况下,这个优点更为突出,但串行通信的速度比并行通信的低。

2. 串行通信中数据的传送模式

串行通信中数据的传送模式有三种,如图 8-34 所示。

(1) 单工(Simplex)通信模式:该模式仅能进行一个方向的数据传送,数据只能从发送器 A 发送到接收器 B。

(2) 半双工(Half Duplex)通信模式:该模式能够在设备 A 和设备 B 之间交替地进行双向

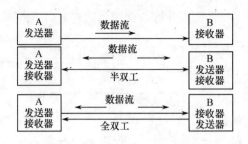

图 8-34　串行通信中数据的传送模式

数据传送。即数据可以在一个时刻从设备 A 传送到设备 B,而另一时刻可以从设备 B 传送到设备 A,但不能同时进行。

（3）全双工(Full Duplex)通信模式:该模式下设备 A 或 B 均能在发送的同时接收数据。

3. 串行通信中的异步传送与同步传送

在数据通信中为使收、发信息准确,收、发两端的动作必须相互协调配合。这种协调收发之间动作的措施称为"同步"。在串行通信中数据传送的同步方式有异步传送和同步传送两种。

（1）异步传送

异步传送,是指发送设备和接收设备在约定的波特率(每秒传送的位数)下,不需要严格的同步,允许有相对的延迟。即两端的频率差别在 1/10 以内,就能正确地实现通信。在进行异步传送时必须确定字符格式及波特率。

在计算机通信中,传送的数据格式可通过对可编程的串行接口电路设置相应的命令字来确定。在同一个通信系统的发送站和接收站,双方约定的字符格式必须一致,否则将会造成数据传送的错误与混乱。

串行通信的异步传送方式每发送一个字符都需要附加起始位和停止位,从而使有效数据传输速率降低,故该方式只适用于数据量较少或对传输速率要求不高的场合,如图 8-35 所示。对于需要快速传输大量数据的场合,一般应采用串行同步传送方式。

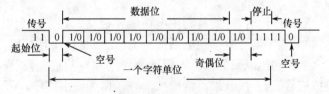

图 8-35　异步传送字符传输格式

波特率(Baud rate)是指每秒传送的二进制位数,单位为位/秒(bit/s)。串行通信时发送端和接收端的波特率必须一致。设计算机数据传送的速率是 120 字符/s,而每个字符假设有 10 个比特(bit)位(包括 1 个起始位、7 个数据位、1 个奇偶校验位和 1 个停止位),则其波特率为:

120 字符/s×10 bit/字符=1200 bit/s=1200 波特

最常用的波特率有 75、110、150、300、600、1200、2400、4800、9600 和 19200。通常用选定的波特率除以 10 来估计每秒可以传送的字符数。

发送时钟是并行的数据序列被送入移位寄存器,然后通过移位寄存器由发送时钟进行移位(变成串行数据)输出,数据位的时间间隔可由发送时钟周期来划分。接收时钟是将串行数据序列逐位移入移位寄存器而装配为并行数据序列的过程,如图 8-36 所示。

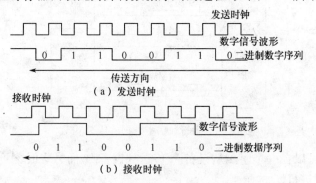

图 8-36　发送和接收时钟示意图

(2) 同步传送

同步传送,就是指取掉异步传送时每个字符的起始位和停止位,仅在数据块开始处用 1～2 个同步字符来表示数据块传送的开始,然后串行的数据块信息以连续的形式发送,每个发送时钟周期发送一位信息,故同步传送中要求对传送信息的每一位都必须在收、发两端严格保持同步,实现“位同步”。同步传送时一次通信传送信息的位数几乎不受限制,通常一次通信传送的数据可达几十到几百个字节。这种通信的发送器和接收器比较复杂,成本较高,如图 8-37所示。

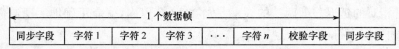

图 8-37　同步传送字符传输格式

4. 信号的调制与解调

在计算机系统中,主机与外设之间所传送的是用二进制“0”和“1”表示的数字信号。数字信号的传送要求占用很宽的频带,且还具有很大的直流分量,因此数字信号仅适用于在短距离的专用传输线上传输。

在进行远距离的数据传输时,一般是利用电话线作通信线路。由于电话线不具备数字信号所需的频带宽度,如果数字信号直接用电话线传输,信号将会出现畸变,致使接收端无法从发生畸变的数字信号中识别出原来的信息。因此必须采取一些措施,在发送端把数字信号转换成适于传输的模拟信号,而在接收端再将模拟信号转换成数字信号。前一种转换称为调制,后一种转换称为解调。完成调制、解调功能的设备叫做调制解调器(MODEM)。MODEM 在远程通信的连接示意图,如图 8-38 所示。

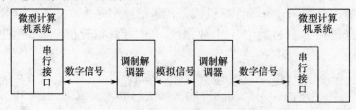

图 8-38　MODEM 在远程通信的连接示意图

调制解调器的类型比较多,但基本可分为两类:异步调制解调器和同步调制解调器。

8.5.2 串行通信接口及其标准

1. 串行I/O接口标准

串行通信接口是实现串行通信的基础。接口硬件的一侧与计算机系统总线相连，另一侧提供一组信号与通信设备相连。所谓串行接口的标准化，就是指与通信设备相连接的这组信号的内容、形式以及接插件引脚的排列等的标准化。通用的串行I/O接口标准有许多种，本节仅介绍常用的 EIA RS—232C 接口标准。

（1）引脚定义

EIA RS—232C 是美国电子工业协会推荐的一种标准（Electronic Industries Association Recommended Standard）。它在一种 D 型 25 针连接器（DB—25）上定义了串行通信的有关信号。在实际异步串行通信中，并不要求用全部的 RS—232C 信号。现在 PC 中广泛使用 D 型 9 针连接器（DB—9），因此只就 RS—232C 的主要信号进行了详细解释。表 8.8 给出 25 针或 9 针 D 型插座引出的 9 个常用 RS—232C 信号及其在 D 型插座中的引脚。

表 8.8　D 型 25 针或 9 针 RS—232C 连接器引出的常用信号功能

9针D型插座中的引脚号	25针D型插座中的引脚号	引脚符号	信号方向 （DTE 与 DCE 通信时）	功能说明
3	2	TxD	DTE→DCE	发送数据
2	3	RxD	DCE→DTE	接受数据
7	4	RTS	DTE→DCE	请求发送
8	5	CTS	DCE→DTE	允许发送
6	6	DSR	DCE→DTE	数据通信设备 DCE 准备好
5	7	GND		信号地
1	8	DCD	DCE→DTE	数据载波检测
4	20	DTR	DTE→DCE	数据终端设备 DTE 准备好
9	22	RI	DCE→DTE	振铃指示

　　TxD/RxD：是一对数据线。TxD 发送数据线，输出；RxD 为接收数据线，输入。当两台 PC 以全双工方式直接通信（无 MODEM 方式）时，双方的这两根线应交叉连接（扭接）。

　　GND：信号地。所有信号都要通过信号地构成耦合回路。通信线有以上三条（TxD、RxD 和信号地 GND）就能工作了。其余信号主要用于双方设备通信过程中的联络（握手信号），而且有些信号仅用于对 MODEM 的联络。图 8-39 MODEM（DTE 与 DCE）时常见的 RS—232C 连接方式。

　　RTS/CTS：请求发送信号 RTS 是发送器输出的准备好信号。接收方准备好后送回清除发送信号 CTS 后，就可开始发送数据。在同一端将这两个信号短接就意味着只要发送器准备好即可发送。

　　DCD：载波检测（又称为接收线路信号检测）。MODEM

图 8-39　MODEM 的 RS—232C
典型连接

在检测到线路中的载波信号后,通知终端准备接收数据的信号。在没有接 MODEM 的情况下,也可以和 RTS、CTS 短接。

DTR/DSR:数据终端准备好时发 DTR 信号,在接收到数据通信设备准备好 DSR 信号后,方可通信。

RI:在 MODEM 接收到电话交换机有效的拨号时,使 RI 有效,通知数据终端准备传送。在无 MODEM 时也可和 DTR 相连。

(2) 信号电平规定

RS—232C 规定了双极性的信号电平:

$-3\sim-15\text{V}$ 的电平表示逻辑"1"。

$+3\sim+15\text{V}$ 的电平表示逻辑"0"。

可以看出,RS—232C 的电平与 TTL 电平是不能直接互连的。为了实现与 TTL 电路的连接,必须进行电平转换。

2. 串行通信接口

可编程串行接口芯片如 Intel 的 8251 以及 NS 的 8250 等仅完成 TTL 电平的并串或串并转换。为了增大传送距离,可在串行接口电路与外部设备之间增加信号转换电路。目前常用的转换电路有 RS—232 收发器、RS—485 收发器和 MODEM 等。RS—232 收发器将微型计算机的 TTL 电平转换为 $\pm3\sim\pm15\text{V}$ 电压进行传送,最大通信距离为 15m。

RS—485 收发器将微型计算机的 TTL 电平转换为差分信号进行传送,最大传送距离为 1.2km。MODEM 将电平信号调制成频率信号送入电话网,如同音频信号一样在电话网中传送。

80x86 微机的串行口就是使用可编程串行通信芯片 8251 或 8250 以及 RS—232 电平转换电路,将微型计算机并行的逻辑"0"或逻辑"1"电平转换为串行的 $+3\sim+15\text{V}$ 或 $-3\sim-15\text{V}$ 脉冲,通过 25 针(或 9 针)D 型插座与外部进行串行通信的。

8.5.3 可编程串行接口芯片 Intel 8251A

1. 8251A 内部结构

Intel 8251A 是可编程的串行通信接口芯片,它有以下主要特点:

● 可用于串行异步通信,也可用于串行同步通信;

● 对于异步通信,可设定停止位为 1 位、1 位半或 2 位;

● 对于同步通信,可设为单同步、双同步或外同步等。同步字符可由用户自己设定;

● 可以设定奇偶校验的方式,也可以不校验。校验位的插入、检出及检错都由芯片本身完成异步通信的时钟频率可设为波特率的 1 倍、16 倍或 64 倍;

● 在异步通信时,波特率的可选范围为 $0\sim19.2$ 千波特;在同步通信时,波特率的可选范围为 $0\sim64$ 千波特;

● 提供与外部设备特别是调制解调器的联络信号,便于直接和通信线路相连接;

● 接收、发送数据分别有各自的缓冲器,可进行全双工通信。

图 8-40 给出了 8251A 的内部结构框图与引脚图,它由 5 部分组成,各功能模块的功能如下:

(1) I/O 缓冲器。8251A 的 I/O 缓冲器是三态双向的缓冲器。引脚 $D_7\sim D_0$ 是 8251A 和

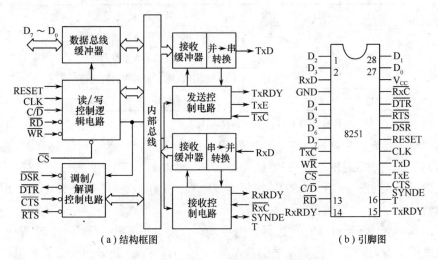

(a) 结构框图　　　　　　　　　　**(b) 引脚图**

图 8-40　8251A 的结构框图与引脚图

CPU 接口的三态双向数据总线,用于向 CPU 传递命令、数据或状态信息。与 CPU 相互交换的数据和控制字就存放在这里,共有三个缓冲器。

① 接收缓冲器:串行口收到的数据变成并行数据后,存放在这里供 CPU 读取。

② 发送/命令缓冲器:这是一个分时使用的双功能缓冲器。CPU 送来的并行数据存放在这里,准备由串行口向外发送;另外,CPU 送来的命令字也存放在这里,以指挥串行接口的工作。由于命令一旦输入就马上执行,因而不会影响存放待发送的数据。

③ 状态缓冲器:存放 8251A 内部的工作状态,供 CPU 查询。

(2) 读/写控制逻辑。该模块的功能是接收 CPU 的控制信号,控制数据的传送方向。

(3) 接收器及接收控制。该模块的功能是从 RxD 引脚接收串行数据,按指定的方式装配成并行数据。

(4) 发送器及发送控制。该模块的功能是从 CPU 接收并行数据,自动加上适当的成帧信号并转换成串行数据后从 TxD 引脚发送出去。

(5) 调制解调器控制。该模块提供和调制解调器的联络信号。

2. 8251A 的外部引脚

8251A 是一个采用 NMOS 工艺制造的 28 脚双列直插式封装的芯片。8251A 的引脚按功能可分为与 CPU 连接的信号引脚和与外部设备(或调制解调器)连接的信号引脚。

(1) 与 CPU 之间的接口引脚

① 数据信号 $D_0 \sim D_7$:与 CPU 的数据总线对应连接。

② 读/写控制信号有三个:

$\overline{RD}$:读选通信号输入线,低电平有效。

$\overline{WR}$:写选通信号输入线,低电平有效。

$C/\overline{D}$:信息类型信号输入线。低电平时传送的是数据,高电平时传送的是控制字或状态信息,通常将该引脚与 CPU 地址总线 A_0 引脚相连,以实现对 8251A 内部寄存器的寻址。$C/\overline{D}$、$\overline{RD}$、$\overline{WE}$ 三者的控制编码与相应的操作功能如表 8.9 所示。

表 8.9　CPU 对 8251A 的读/写控制

C/$\overline{\text{D}}$	$\overline{\text{RD}}$	$\overline{\text{WR}}$	读/写功能说明
0	0	1	CPU 从 8251A 中读取数据
0	1	0	CPU 向 8251A 中写入数据
1	0	1	CPU 从 8251A 中读取状态
1	1	0	CPU 向 8251A 写入控制命令

③ 收发联络信号 TxRDY(Transmitter Ready)：发送准备好信号，输出，高电平有效。当发送寄存器空闲且允许发送（CTS 为低电平、命令字中 TxEN 位为 1）时，TxRDY 输出为高电平，以通知 CPU 当前 8251A 已做好发送准备，CPU 可以向 8251A 传送一个字符。当 CPU 将要发送的数据写入 8251A 后，TxRDY 恢复为低电平。TxRDY 可作为 8251A 向 CPU 发送的中断请求信号。

TxE(Transmitter Empty)：发送器空信号，输出，高电平有效。TxE＝1 时，表示发送器中没有要发送的字符，当 CPU 把要发送的数据写入 8251A 中后，TxE 自动变为低电平。

RxRDY(Receiver Ready)：接收器准备好信号，输出，高电平有效。RxRDY＝1 时，表明 8251A 已经从串行输入线接收了一个字符，正等待 CPU 将此数据取走。因此，在中断方式时，RxRDY 可作为向 CPU 申请中断的请求信号；在查询方式时，RxRDY 的状态供 CPU 查询之用。

SYNDET(Synchronous Detect)：同步检测信号。用于内同步状态输出或外同步信号输入。此线仅对同步方式有意义。

④ 时钟、复位及片选信号：

CLK：时钟信号输入线，用于 8251A 工作时内部的定时，它的频率没有明确值的要求，但必须不低于接收或发送波特率的 30 倍。

RESET：复位信号输入线，高电平有效。复位后 8251A 处于空闲状态直至被初始化编程。

$\overline{\text{CS}}$：片选信号，低电平有效，它由 CPU 的地址信号译码而形成。$\overline{\text{CS}}$为低电平时，8251A 被 CPU 选中。

（2）与外部设备（或调制解调器）之间的接口引脚

$\overline{\text{DTR}}$(Data Terminal Ready)：数据终端准备好，输出，低电平有效。CPU 对 8251A 输出命令字使控制寄存器 D_1 位置 1，从而使$\overline{\text{DTR}}$变为低电平，以通知外设 CPU 当前已准备就绪。

$\overline{\text{RTS}}$(Request To Send)：请求发送，输出，低电平有效。此信号等效于$\overline{\text{DTR}}$，CPU 通过将控制寄存器的 D_5 位置 1，可使$\overline{\text{RTS}}$变为低电平，用于通知外设（调制解调器）CPU 已准备好，请求外设（调制解调器）做好发送准备。

TxD(Transmitter Data)：发送数据输出线。CPU 并行输入给 8251A 的数据从该引脚串行发送出去。

$\overline{\text{DSR}}$(Data Set Ready)：数据装置准备好，输入，低电平有效。这是由外设（调制解调器）送入 8251A 的信号，用于表示调制解调器或外设的数据已经准备好。当$\overline{\text{DSR}}$端出现低电平时会在 8251A 的状态寄存器的 D_7 位反映出来。CPU 可通过对状态寄存器进行读取操作，查询 D_7 位即$\overline{\text{DSR}}$状态。

$\overline{\text{DTS}}$(Clear To Send)：清除发送，输入，低电平有效。这是由外设（调制解调器）送往

8251A 的低电平有效信号。它是对 $\overline{RTS}$ 的响应信号。$\overline{CTS}$ 有效,表示允许 8251A 发送数据。

RxD(Receiver Data):串行数据输入线。

$\overline{RxC}$(Receiver Clock):接收器接收时钟输入端。它控制 8251A 接收字符的速度,在上升沿采集串行数据输入线。在同步方式时,它由外设(或调制解调器)提供,$\overline{RxC}$ 的频率等于波特率;在异步方式时,$\overline{RxC}$ 由专门的时钟发生器提供,其频率是波特率的 1 倍、16 倍或 64 倍,即波特率将等于 $\overline{RxC}$ 端脉冲经过分频得到的脉冲的频率,分频系数可通过方式选择字设定为 1、16 或 64。实际上,$\overline{RxC}$ 和 $\overline{TxC}$ 往往连在一起,共同接到一个信号源上,该信号源要由专门的辅助电路产生。

$\overline{TxC}$(Transmitter Clock):发送器发送时钟输入端。$\overline{TxC}$ 的频率与波特率之间的关系同 $\overline{RxC}$。数据在 $\overline{TxC}$ 的下降沿由发送器移位输出。

3. 8251A 的工作过程

(1) 接收器的工作过程

在异步方式中,当接收器接收到有效的起始位后,便开始接收数据位、奇偶校验位和停止位。然后将数据送入寄存器,此时,RxRDY 输出高电平,表示已收到一个字符,CPU 可以来读取。

在同步方式中,若程序设定 8251A 为外同步方式,则引脚 SYNDET 用于输入外同步信号,该引脚上电平正跳变启动接收数据。若设定为内同步接收,则 8251A 先搜索同步字(同步字事先由程序装在同步字符寄存器中)。RxD 线上收到一位信息就移入接收寄存器并和同步字符寄存器内容比较,若不同则再接收一位再比较,直到两者相等。此时 SYNDET 输出高电平,表示已搜索到同步字符,接下来便把接收到的数据逐个地装入接收数据寄存器。

(2) 发送器的工作过程

在异步方式中,发送器在数据前加上起始位,并根据程序的设定在数据后加上校验位和停止位,然后作为一帧信息从 TxD 引脚逐位发送数据。

在同步方式中,发送器先送同步字符,然后逐位地发送数据。若 CPU 没有及时把数据写入发送缓冲器,则 8251A 用同步字符填充,直至 CPU 写入新的数据。

4. 8251A 的控制字寄存器和状态字寄存器

8251A 内部除了具有可读可写的数据寄存器外,还具有只可写的控制字寄存器和只可读的状态寄存器。

(1) 控制字寄存器

控制字寄存器存放方式控制字和命令控制字。

① 方式控制字。方式控制字用来确定 8251A 的通信方式(同步或异步)、校验方式(奇校验、偶校验或不校验)、数据位数(5、6、7 或 8 位)及波特率参数等。方式控制字的格式如图 8-41 所示。它应该在复位后写入,且只需写入一次。

最低两位 $D_1 D_0$ 为 00 时,8251A 处于同步工作方式。其他三种组合规定了异步工作方式时,接收器接收时钟 $\overline{RxC}$、发送器发送时钟 $\overline{TxC}$ 与波特率的关系。当这两位设置为 01、10 和 11 时,$\overline{RxC}$ 和 $\overline{TxC}$ 引脚上加载的信号的频率应分别为波特率的 1 倍、16 倍和 64 倍。

② 命令控制字。命令控制字使 8251A 进入规定的工作状态以准备发送或接收数据。它

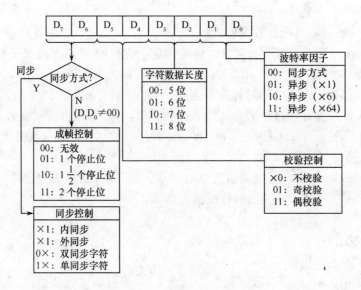

图 8-41　方式控制字格式

应该在写入方式控制字后写入,用于控制 8251A 的工作,可以多次写入。命令控制字格式如图 8-42 所示。

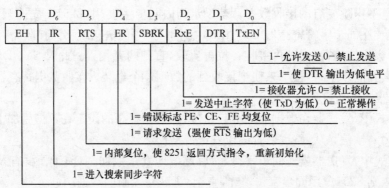

图 8-42　命令控制字格式

方式控制字和命令控制字本身无特征标志,也没有独立的端口地址,8251A 是根据写入先后次序来区分这两者的:先写入者为方式控制字,后写入者为命令控制字。所以对 8251 初始化编程时必须按一定的先后顺序写入方式控制字和命令控制字。

(2) 状态寄存器

状态寄存器存放 8251A 的状态信息,供 CPU 查询。状态字各位的意义如图 8-43 所示。

CPU 通过读取状态字来检测外设及接口的状态。当 FE＝1 时,出现"帧格式错"。所谓帧格式错,是指在异步方式下当一个字符终了而没有检测到规定的停止位时的差错。此标志位不禁止 8251A 的工作,可由控制命令字中的 ER 来复位。

当 OE＝1 时,出现"超越错误"。所谓超越错误,是指当 CPU 尚未读完一个字符而下一个字符已经到来时,OE 标志被置"1"。同样,它不禁止 8251A 的工作,可由控制命令字中的 ER 位来复位。但发生这种错误时,上一个字符将丢失。

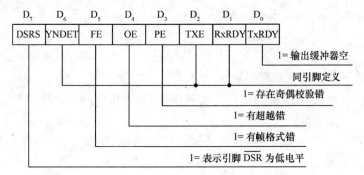

D_7	D_6	D_5	D_4	D_3	D_2	D_1	D_0
DSRS	YNDET	FE	OE	PE	TXE	RxRDY	TxRDY

1= 输出缓冲器空

同引脚定义

1= 存在奇偶校验错

1= 有超越错

1= 有帧格式错

1= 表示引脚 $\overline{\text{DSR}}$ 为低电平

图 8-43　状态字格式

8.5.4　8251A 初始化编程

与所有的可编程芯片一样，8251A 在使用前也要进行初始化。初始化在 8251A 处于复位状态时开始。其过程为：首先写入方式控制字，以决定通信方式、数据位数、校验方式等。若是同步方式则紧接着送入一个或两个同步字符，若是异步方式则这一步可省略，最后送入命令控制字，就可以发送或接收数据了。初始化过程的信息全部写入控制端口，特征是 $\overline{D}$＝1，即地址线 A_0＝1（因为 $\overline{D}$ 接至 A_0）。

由于各控制字没有特征位，因而写入的顺序不能出错，否则达不到初始化的目的。图 8-44 给出了 8251A 初始化过程的流程图。

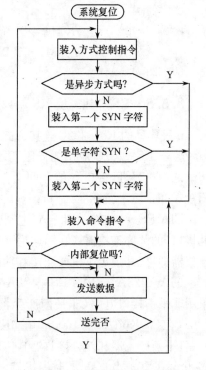

图 8-44　8251A 初始化流程

1. 异步方式下的初始化编程举例

设 8251A 控制口的地址为 301H，数据口地址为 300H，按下述要求对 8251A 进行初始化。

（1）异步工作方式，波特率因子为 64（即数据传送速率是时钟频率的 1/64），采用偶校验，字符总长度为 10（1 位起始位，7 位数据位，1 位奇偶校验位，1 位停止位）。

（2）允许接收和发送，使错误全部复位。

（3）查询 8251A 的状态字，当接收准备就绪时，从 8251A 的数据口读入数据，否则等待。

初始化程序如下：

```
        MOV DX,301H        ;8251A 控制口地址
        MOV AL,01111011B   ;方式控制字
        OUT DX,AL          ;送方式控制字
        MOV AL,00010101B   ;命令控制字
        OUT DX,AL          ;送命令控制字
WAIT:   IN AL,DX           ;读入状态字
        AND AL,02H         ;检查 RxRDY=1?
        JZ WAIT            ;RxRDY≠1,接收未准备就绪,等待
```

```
MOV DX,300H          ;8251A 数据口地址
IN  AL,DX            ;读入数据
```

2. 同步方式下的初始化编程举例

设 8251A 设定为同步工作方式,两 2 个同步字符,采用内同步,SYNDET 为输出引脚,偶校验,每个字符 7 个数据位。

两个同步字符,它们可以相同,也可不同。本例为两个相同同步字符为 23H。初始化编程如下:

```
MOV AL,38H     ；设置工作方式、双同步字符偶校验、每字符 7 个数据位

OUT 12H,AL

MOV AL,23H     ；连续输出两个同步字符 23H

OUT 52H,AL

OUT 52H,AL

MOV AL,97H     ；送位控制命令字,使接收器启动,发送器启动,使状态寄存器中的 3 个出错标志位复
                 位,通知调制解调器 CPU 现已准备好进行数据传输

OUT 52H,AL
```

8.5.5 RS—499 及 RS—423A、RS—422A 标准

n 种典型的 R8—232C 连接方式,如图 8-45 所示。

鉴于 RS—232C 应用的局限与不足,如数据传输速率局限于 19.21Kb/s,传输距离限于 15m 之内。另外,接口各信号间会产生较强的串扰。为此,针对 RS—232C 的局限于不足,EIA 颁布了三个新标准:

EIA RS—499"采用串行二进制交换的数据终端设备和数据电路端设备的通用 37 针和 9 针接口"的两种连接器。在多通道通信中的主信道使用 37 针连接器,而辅信道只需使用 9 针连接器即可,并规定了机械连接和功能方面的标准规范。

EIA—423A 与 EIA RS—422A 主要是关于电气特性方面的接口标准。RS—423A 由于采用非平衡接口电路(非平衡产生器和差分接收器),传输速率可达 300Kbit/s,传输距离为 10m(在 300Kbit/s)到 1000m(在 3Kbit/s),同时减少了信号串扰;RS—422A 则采用平衡接口电路(平衡产生器和差分接收器),传输速率高达 10Mbit/s,传输距离为 10m(在 10Mbit/s)到 1000m(在 100Kbit/s),同时串扰显著减少。

另外,RS—423A 电气接口特性上与 RS—232C 兼容。所以,可以采用一根无源电缆,一头与 RS—232C 相匹配,另一头与 RS—423A 相匹配,将一个 RS—232 设备和一个 RS—423A 设备连接起来。

另一种可以进行长距离通信的接口是 (20/60)mA 电流环接口或用调制解调方法。所谓 (20/60)mA 电流环接口标准是以电流(20mA,或 60mA)的"通"与"不通"两个状态表示逻辑上的"1"与"0",如图 8-4(a)所示。电流环中的电流一般用恒流源方法来产生,传输的距离达 500m 左右,允许的传输率≤9600b/s。

使用调制解调器大都可以通过一条电话线路实现全双工(同时在两个方向传送数据)通信。如图 8-46(b)所示,例如用 1180Hz 表示标志(又称"传号"),用 980Hz 表示空白(又称"空号"),对于给定的通信系统,传送数据和接收数据的频率是事先约定的。

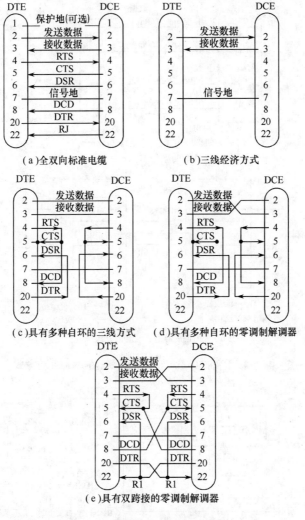

（a）全双向标准电缆　　　　　　（b）三线经济方式

（c）具有多种自环的三线方式　　（d）具有多种自环的零调制解调器

（e）具有双跨接的零调制解调器

图 8-45　几种典型的 RS—232C 连接方式

8.5.6　8251A 应用举例

用 8251A 为 8086 CPU 与 CRT 终端设计一串行通信接口。假设 8251A 控制端口地址为 301H，数据端口地址为 300H。要求：

① 异步方式传送，数据格式为 1 位停止位，8 位数据位，奇校验；

② 波特率因子为 16；

③ CPU 用查询方式将显示缓冲区的字符"Hello"送 CRT 显示器。显示缓冲区在数据段。

设计：

（1）硬件设计。硬件连线如图 8-47 所示。当地址锁存允许信号 ALE 有效时，将 CPU 送来的地址锁存，地址译码器对输入地址 $A_1 \sim A_9$ 进行译码，其输出接到 8251A 的片选端。地址 A_0 用于选择 8251A 的数据端口或控制端口。波特率发生器按规定给 8251A 提供发送和接收时钟，其频率应等于波特率与程序设定的波特率因子 16 的乘积。电平转换电路 1488 和 1489 实现 TTL 电平与 RS—232C 电平的转换。

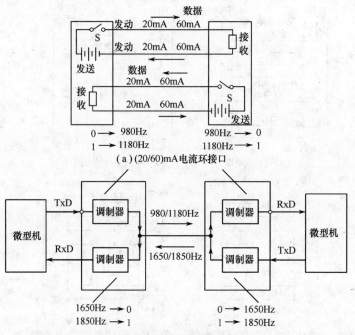

(a)(20/60)mA电流环接口

(b)采用调制解调器的通信方式

图 8-46 采用(20/60)mA 和调制解调器的两种通信方式

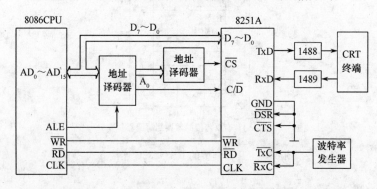

图 8-47 8086 CPU 与 CRT 终端的串行接口

（2）软件设计。程序如下：

```
DATA    SEGMENT
        STRING  DB ′Hello′, 0AH, 0DH
        COUNT   EQU $ －STRING
DATA    ENDS
CODE    SEGMENT
        ASSUME CS：CODE, DS：DATA
START：  MOV  AX, DATA
        MOV  DS, AX
        MOV  DX,301H          ;控制口地址
        MOV  AL,01011110B     ;方式控制字
        OUT  DX,AL            ;送方式控制字
```

```
        MOV   AL,00110011B        ;命令控制字
        OUT   DX,AL               ;送命令控制字
        MOV   BX,OFFSET STRING    ;字符串偏移地址
        MOV   CX,COUNT            ;发送字符个数
WAIT:   MOV   DX,301H             ;控制口地址
        IN    AL,DX               ;读状态字
        TEST  AL,01H              ;检测 TxRDY=1?
        JZ    WAIT                ;如果不是,则等待
        MOV   DX,300H             ;数据口地址
        MOV   AL,[BX]             ;从数据缓冲区读要发送的字符
        OUT   DX,AL               ;发送字符
        INC   BX                  ;数据缓冲区地址加 1
        LOOP  WAIT                ;若字符未送完,则循环发送
        MOV   AH, 4CH
        INT   21H
CODE    ENDS
        END   START
```

习 题 8

1. 并行和串行接口各有什么特点?

2. 8255 有哪几种工作方式? 各有什么特点? 其用途如何?

3. 8255A 地址范围为 280H～28FH,要求设置 A 组工作在方式 1 输出,B 组工作在方式 1 输入。

4. 分析电路并编程: 如图 8-48 所示,8255 用作某压力控制系统的接口从端口 B 无条件读入的 8 位无符号数为压力值,现要求将压力值控制在 118,当压力大于等于 118 时,关闭加压阀,接通减压阀,并亮红灯作指示;当压力小于 118 时,接通加压阀,关闭减压阀,并亮绿灯作指示。每隔 s 秒作一次测试与控制,间隔时间 s 秒可调用一已知延时子程序 DELAY 实现。

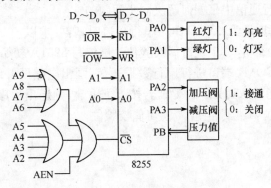

图 8-48 习题 4 连线图

5. 某外设原理框图如图 8-49 所示,当 BUSY 为低电平时,表示外设可以接收数据,试通过 8255 将 BUF 缓冲器中的 100 个字节数据到外设,编写 8255A 的初始化程序及输出程序段

（设 8255A 地址分别为 P8255A、P8255B、P8255C、P8255D 表示）

6. 8253 有哪几种工作方式？各有什么特点？其用途如何？

7. 若采用一片 8253 产生 1Hz 的方波，已知时钟频率为 2MHz，8253 地址为 0B0H～0B3H，要求编写程序实现其功能，并画出 8253 与 8 位 PC 连接的电路图。

8. 8254 的连线图如图 8-50 所示，其中，2F0H、2F1H、2F2H 和 2F3H 分别是通道 0、通道 1、通道 2 和控制寄存器的地址，若 CLK0 外接计数脉冲为 1MHz，画出 OUT1 端的波形。

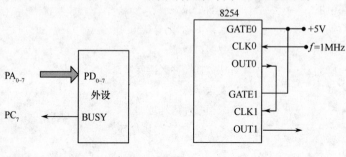

图 8-49　习题 5 连线图　　　　图 8-50　习题 8 连线图

9. 已知某可编程接口芯片中计数器端口地址为 40H，计数频率为 2MHz，该芯片控制字为 8 位二进制数，控制寄存器端口地址为 43H，计数器达到 0 值的输出信号用作中断请求信号，执行下列程序后，中断请求信号的周期是＿＿＿＿＿＿ms。

```
MOV   AL,00110110B
OUT   43H,AL
MOV   AL,0FFH
OUT   40H,AL
OUT   40H,AL
```

10. 设计一个键盘中断调用程序，实现对键盘输入的字符进行简单的加 3 处理。

11. 简述并行打印机与 PC 的接口方式。

12. 同步通信和异步通信各有什么特点？

13. 在 RS—232C 标准钟，信号电平与 TTL 电平是否兼容？RS—232C 标准的"1"和"0"分别对应什么电平？

14. 试说明异步串行通信中是如何解决同步问题的？

15. 使用 8251A（基地址为 200H）作为串行接口时，若要求以 600 波特率发送字符，字符格式为：8 为数据位，1 位停止位，1 位奇偶校验位。试编写 8251A 初始化程序。

16. 两台 PC 通过 COM1 端口进行串行数据通信，画出电路图并编写程序。要求从一台 PC 上键盘输入的字符能传送到另一台 PC，若按下 Esc 建，则退出程序；COM1 端口初始化波特率为 1200 ，8 为数据位，1 位停止位，1 位奇偶校验位。

第9章　微处理器的技术发展

从 1978 年 8086 诞生后的三十多年来,基于向上兼容的原则,Intel 公司先后开发出了一系列的微处理器芯片,统称为 80X86。其中 16 位的芯片包括 8086、8088(准 16 位)、80186、80286,32 位的芯片包括 80386、80486 和现在市面上正在流行的 Pentium 系列微处理器。前面的章节讨论了以 16 位的 8086/8088 CPU 为核心形成的微机软硬件协同工作涉及的微处理器总线及内部寄存器、指令系统与程序设计、存储器管理、中断机制及输入/输出接口管理等技术问题,本章讨论最近这三十年来微处理器的技术进步,重点放在从 16 位微处理器芯片到 32位芯片转换过程中涉及的向上兼容和技术发展问题。

9.1　80286 微处理器

9.1.1　16 位微处理器的技术发展

1. Intel 8088 微处理器

在推出 8086 之后,Intel 公司为了充分利用之前 8 位微型计算机形成的技术积累,推出了介于 16 位与 8 位之间的准 16 位微处理器 8088。8088 与 8086 有着十分相似的内部结构和完全相同的指令系统,但 8088 只设计了 8 根数据线引脚,这一特点使其能够十分方便地与已广泛应用的 8 位接口芯片相连。如果要访问 16 位的操作数,8088 需要使用两个总线周期。由于只有 8 根数据线 D0～D7,地址线 A8～A15 引脚就不再需要与数据线分时使用了,8086 中存在的BHE信号线被取消。

1980 年,基于 8088 CPU 的微型计算机 IBM-PC 由 IBM 公司开发成功,由于采用了微软公司的 DOS 作为操作系统,良好的软硬件性能使其一度风靡世界,其他公司生产的微机只能称为兼容机——与 IBM 生产的微机兼容。

2. Intel 80186 和 80286 微处理器

8086/8088 微处理器得到业界普遍认可。随着微电子集成电路技术的发展,为进一步提高微处理器的整体性能,Intel 公司试图把中大型计算机的某些技术移植到微处理器设计中,但之后研制的 80186 芯片在技术上并不十分成熟,没有获得广泛应用。

1982 年 1 月,Intel 推出了增强型 16 位微处理器 80286。该芯片集成了 13.5 万只晶体管,采用 68 个引脚的 4 列直插式封装,时钟频率提高到 5～25MHz,16 条数据线与 24 条地址线相互独立,不再分时复用,可以寻址 16MB 存储单元的地址空间。另外,80286 与 8086/8088具有软件兼容性,在汇编源代码一级兼容。

与 8086/8088 相比,80286 CPU 主要有以下几项技术改进:

(1) 由于地址线数增加到 24 根,可寻址的存储单元数也由 1MB 增加到 16MB。

(2) 80286 CPU 增加了一种工作方式。一般将 8086/8088 的工作方式称为实地址工作模式(real address mode),简称实模式。80286在实模式的基础上增加了一种工作方式即保护虚拟地址模式(protected virtual address mode),简称保护模式。

（3）实模式下运算速度比5MHz的8086提高5～6倍。

（4）可运行实时多任务操作系统,处理器通过多任务硬件机构实现多个任务的快速切换;支持存储器管理与保护功能。存储器管理功能可实现在实地址与保护虚地址两种模式下访问存储器,而保护功能则包括对存储器进行合法操作与对任务实现特权级保护两个方面。

（5）片内控制寄存器的功能有所增强。

9.1.2 80286的功能结构

根据第2章的讨论,8086是由功能结构独立、可并行操作的两个单元组成的,这两个单元分别是总线接口单元(Bus Interface Unit,BIU)和执行单元(Execution Unit,EU)。80286则包括4个相对独立且可并行操作的功能单元,分别称为总线单元(Bus Unit,BU)、指令单元(Instruction Unit,IU)、地址单元(Address Unit,AU)和执行单元(EU),如图9.1所示。与8086相比,80286将8086中的BIU分为BU和IU,将AU从EU中分离出来,根本目的是为了增强这些部件的并行操作能力,加快指令的处理速度。

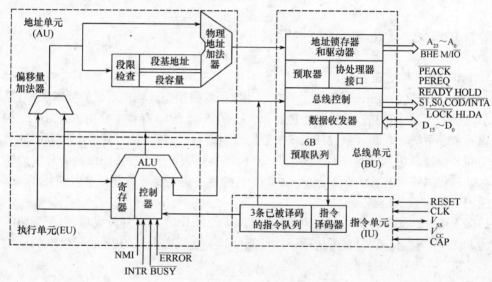

图9.1　80286的功能结构

1. 总线单元(BU)

BU是由地址锁存器和驱动器、预取器、协处理器接口、总线控制器、数据收发器和6个字节的6B预取队列等几部分组成的。

地址锁存器与驱动器用来锁存和驱动24位的地址线;预取器负责从存储器中取出指令代码并存放到6B的预取指令队列中;协处理器接口负责80286与80287浮点运算协处理器的接口控制;总线控制器将相关外部控制信号送到8288外部总线控制器以组合产生存储器或I/O的读/写控制信号;数据收发器依然是用于控制数据的传输方向的;6B预取队列用来存放由预取器送来的待执行未译码指令。

2. 指令单元(IU)

IU 由指令译码器和已译码指令队列寄存器组成,负责从 6B 大小的预取队列中取出指令代码并送入译码器中;译码器将每个指令字节译码变成 69 位的内部码形式,然后存入已译码指令队列寄存器中。已译码指令队列寄存器可存放三条被译码指令的内部码,共占 3×69 位。

3. 执行单元(EU)

EU 由算术逻辑部件 ALU、标志寄存器、通用寄存器阵列和控制电路等几部分组成。EU 负责执行指令,即执行那些从 IU 中取出的已完成译码的指令。

控制电路首先接收已完成译码的指令队列中存放的 69 位内部码,然后根据指令的要求产生执行指令所需的控制电位序列后送入其他模块,以便完成指令执行并以运算结果影响标志位。算术逻辑部件 ALU 及标志寄存器用来实现有效的算术与逻辑运算,并保存控制和状态标志;通用寄存器阵列用来暂存操作数和运算结果。

4. 地址单元(AU)

地址单元(AU)由物理地址加法器、段寄存器、段描述符高速缓冲寄存器、段界限检查器等几个部分组成,主要用于存储器访问时存储单元物理地址的形成和某些保护功能的实现。

若 80286 CPU 工作于实模式,物理地址的形成机制与 8086/8088 完全一致。若 80286 工作于保护模式,这时的段地址并不直接存放在 4 个段寄存器中,而是存放在所谓的段描述符(descriptor)中,通过描述符提供的 24 位段基值(段首地址),再与 16 位的偏移地址相加得到实际要访问单元的物理地址。

在性能不受影响的情况下 AU 中的段描述符高速缓冲寄存器与段界限检查器一起检查是否违反了预先设定的保护条件,还可以实现任务之间的隔离。AU 能用 4 个分离的不同层次的特权层支持任务和操作系统、任务与任务之间的隔离,这 4 个特权层包括操作系统核、系统服务程序、应用服务程序和应用程序。

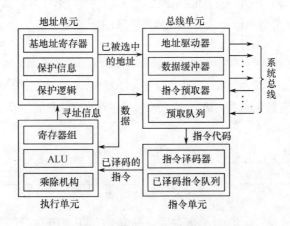

图 9.2　80286 功能单元之间的连接示意图

80286 内部的功能单元连接示意图如图 9.2 所示。上述 4 个独立部件的并行工作过程如下:由图可知,BU 通过系统总线与外部联系,它从 AU 接收已被选中的地址。只要 6B 指令队列中存在超过两个空单元时,BU 便依据 AU 给出的待访问的单元地址启动预取操作,访问存储器并从中读出后续指令并填充指令队列；预取队列中的指令代码送入指令部件 IU，经指令译码器译码后，可按指令的执行顺序进入已译码指令队列，其中可存放三条已译码的指令，等待进入 EU 去执行。EU 不断执行从 IU 中取出的已完成译码的指令，若在指令执行的过程中要传送数据，EU 会发送寻址信息给 AU；在 AU 中设置了两个地址加法器，一个用来计算 16 位的偏移地址值，另一个用来计算 24 位的物理地址。AU 计算出物理地址送给 BU，再由 BU 与存储器单元或 I/O 端口进行数据传送。这 4 个部件即相互配合又相互独立，构成一个 4 级流水线体系结构，大大提高了工作效率。

9.1.3 80286 的内部寄存器

80286 内部的通用寄存器（包括 4 个数据寄存器和 4 个基址变址寄存器）及 4 个段寄存器、指令指针寄存器 IP 都与 8086 完全相同，但 80286 在 8086 芯片的标志寄存器 FLAG 上新增了两个标志位 NT 和 IOPL，为了区分称 80286 的标志寄存器为 FLAGS。另外，80286 还新增了一个机器状态字 MSW。

1. 标志寄存器（FLAGS）

图 9.3 是 FLAGS 的分布图。图中从 D0 到 D11 位给出的标志与 8086 芯片完成相同，D12 与 D13 形成的 IOPL 和 D14 位的 NT 为 80286 所新增。

D14	D12		D10		D8		D6		D4		D2		D0
NT	TOPL	OF	DF	IF	TF	SF	ZF		AF		PF		CF

图 9.3　标志寄存器（FLAGS）的位分布

IOPL 标志位作为控制标志常用于指示可执行的 I/O 操作指令的特权级，所占的两位分别表示 00～11 的 4 个特权级，其中 0 级最高，3 级最低。0 级一般为操作系统的核心程序使用。只有当现行任务的特权级高于或等于此时 IOPL 级别时，CPU 才对此设备的 I/O 操作予以执行。FLAGS 中的 NT 位是嵌套任务控制标志，用于指出当前执行的任务是否嵌套于另一个任务中。NT＝1，IRET 执行一般的中断返回；NT＝1，表示当前执行的任务嵌套于另一个任务中，CPU 在执行完当前任务后，要返回到原来的任务中去。

2. 机器状态字 MSW

相比于 8086，80286 还增加了一个机器状态字 MSW，参见图 9.4。MSW 中的 4 个控制位 PE、MP、EM 和 TS 含有控制或指示整个系统（不是单个任务）开展工作的条件标志，下面对各位分别进行描述。

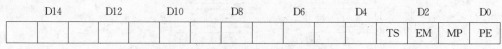

D14		D12		D10		D8		D6		D4		D2		D0
											TS	EM	MP	PE

图 9.4　机器状态字 MSW 的位分布

PE（protection enable）：保护模式允许位。设置 PE＝1，CPU 工作于保护模式；设置 PE＝0，CPU 工作于实模式。

MP（monitor coprocessor）：协处理器监控允许位。该位与 TS 位一起决定 WAIT 操作是否产生一个"协处理器不能使用"的出错信号。

EM（emulate coprocessor）：模拟协处理器允许位。EM＝1 时所有协处理器的操作码都产生一个"协处理器不能使用"的出错信号；当 EM＝0 时，所有协处理器操作码均能在 80287 或 80387 上执行。

TS(task switched)：任务切换位。当一个任务完成后自动将 TS 位置 1，随着 TS 置 1，协处理器操作码将会引起一个协处理器不能使用的陷阱。

由于 8086 的分段寻址结构难以直接扩大存储单元的空间，也不适应多任务的要求，80286 被设计成能工作在实模式与保护模式两种方式下的微处理器。在实模式下，80286 相当于工作在最大方式下的 8086，寄存器结构及寻址方式都与 8086 相同，还是使用 20 根地址线寻址 1MB 的内存空间，只是速度提高了。另外，80286 也增加了一些新指令，但原来在 8086 系统上能运行的程序在 80286 的系统上都能运行。

实模式下 80286 速度提高有多种原因。除了时钟频率增加这个因素外，最重要的原因是 80286 将 8086 中的二级流水线体系结构增加为 4 级。4 个既相互联系又相对独立的单元并行操作，大大提高了数据吞吐量。另外，地址总线与数据总线在芯片引脚上分开，使得地址码和数据码可以同时出现，也对提高速度有益。

在保护模式下，80286 提供了许多新的功能。与实模式相比，最明显的差别是存储器空间扩大到 16MB，对应于 24 位地址总线。尽管这么大的存储器空间仍由 CPU 内的段寄存器控制，但这些段寄存器的作用已经改变，段寄存器的内容不再是段开始地址的指针，而是用作由段描述符组成的表的指针。但是，8086 的分段寻址体系结构中，段内用 16 位偏移量编址，在 80286 中保持不变。

在 80286 的设计中还首次提出"虚拟存储器"的概念。所谓虚拟存储器实际上是通过对存储器专门设计的寻址管理机制，在操作系统的配合下用容量很大但速度较慢的外存模拟内存，使得系统的内存容量得以"虚拟"增加。80286 可模拟 1GB 的虚拟存储器。

80286 CPU 内还包括很多硬件逻辑支持保护功能和多任务功能。虚拟的编址寻址机制、支持保护功能机制和多任务功能机制，是 80286 与 8086 的主要差别，也是其比 8086 更先进之处。

虽然 80286 的性能比 8086 有了不少改进，但多任务切换、虚拟存储器机制、多种 I/O 的特权级别管理等新功能只有在 80286 处于保护模式时才能发挥作用。然而，在 DOS 环境下 80286 只能工作在实模式，这样，在大多数情况下，80286 只相当于一个快速的 8086 处理器。IBM 公司以 80286 为 CPU 生产了著名的 IBM-PC/AT 微型计算机，它的许多技术思想被沿用至今。

9.2 Intel 80386 微处理器

9.2.1 80386 芯片简介

1985 年 10 月，Intel 公司推出了与 8086、80286 向上兼容的 32 位微处理器 80386。80386 具有 32 位数据线和 32 位地址线，片内的通用寄存器也扩展到 32 位；采用 $1.5\mu m$ 的 CHMOS-Ⅲ工艺，片内集成了 27.5 万个晶体管；含有存储器管理、多任务运行、特权级别保护等多种技术支持机构；共有 132 个引脚，时钟频率为 16 MHz、25MHz 或 33 MHz。

与 80286 的性能相比，80386 做出了如下的一些技术改进：

(1) 地址线数增加到 32 根，使得可寻址的单元容量增加到 4GB。由于内部寄存器也是 32

位的,原来 8086/80286 对存储单元进行的分段编址方案,在 80386 中已没有必要。因 80386 中的 32 位寄存器自然能形成 32 位偏移地址。

(2)时钟频率进一步提高,6 级流水线、硬件乘/除、高速缓存等硬件设计使得系统的处理速度进一步加快。另外,进一步完善、增强了多任务操作系统的支持技术,快速多任务硬件切换开关的使用使得多个程序可同时顺畅运行。

(3)增强了存储器管理机构的功能。80386 可实现 64TB 的虚拟存储器管理,并改变 80286 只能采用分段式存储管理的模式,80386 除了可进行分段式存储管理外,还可对存储单元进行段页式管理。

(4)与 80X86 家族早期成员 8086 和 80286 的兼容性仍然是必须保证的。80386 芯片在 80286 实模式与保护模式这两个工作方式的基础上,增加了"虚拟 8086 模式"这样一种工作方式。

(5)增加了片外高速缓冲存储器 Cache。事实上,Cache 中的内容是主存中一小部分数据的复制。当 CPU 访问存储器时,若所需的指令和数据已经驻留在 Cache 中,就称作"Cache 命中",则可以不从内存中去读取数据和指令,而直接从 Cache 中取出指令与数据。常用指令和数据在 Cache 的命中率可以高达 90% 以上。

9.2.2　80386 的功能结构

图 9.5 是 80386 微处理器的内部功能结构图。80386 首次正式引入"指令流水线"的设计思想,将 80286 的 4 级流水线体系结构增加到 6 级,也就是将 80286 的 4 个相对独立的并行工作单元增加到 6 个,这 6 个单元分别是总线单元(BU)、指令预取单元(instruction prefetch unit,IPU)、指令译码单元(instruction decode unit,IDU)、执行单元(EU)、分段单元(segment unit,SU)和分页单元(paging unit,PU)。并行工作的 6 个单元形成 6 条并行操作的流水线,进一步提高了指令的处理速度。

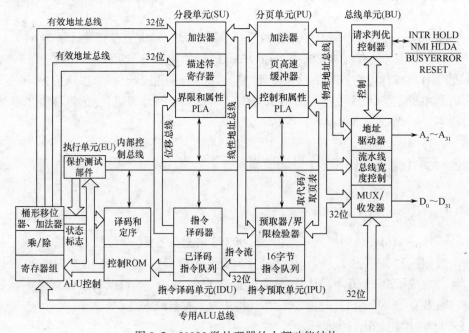

图 9.5　80386 微处理器的内部功能结构

1. 总线单元(BU)

总线单元(BU)由请求优先权判断器、地址驱动器、流水线/总线融合控制器、MUX 多路收发器等部分组成,主要负责 CPU 与外部总线的数据交换。

当指令预取单元 IPU 要从存储器中取指令、执行单元 EU 要存取数据或分页单元 PU 形成物理地址时,甚至这多个总线请求同时发生时,能够响应请求,并按优先权进行排队,充分利用总线宽度传送数据。因为总线数据传送与总线地址形成可同时进行,所以总线周期只用两个时钟周期,一旦没有总线请求,BU 能将下一条指令自动送到指令预取队列。

2. 指令预取单元(IPU)

指令预取单元(IPU)由一个 16 字节长的指令预取队列和预取器组成,负责从存储器中取出指令。每当指令预取队列不满或发生控制转移时,预取器通过分页单元(PU)生成的物理地址向 BU 发出指令预取请求,BU 响应此请求后从存储器中取指令,以填充预取指令队列。指令预取的优先级别低于数据传送等总线操作。因此在绝大多数情况下预取指令是利用总线空闲时间进行的。预取器的功能保持预取队列总是满的。

功能相对独立的 IPU 设计使得指令代码预取功能与其他模块并行运行,指令处理速度得以进一步提升。

3. 指令译码单元(IDU)

指令译码单元(IDU)由指令译码器和能容纳三条已译码指令的指令队列两部分组成。IDU 从预取部件中取出指令,进行译码。译码后的可执行指令放入三条已译码队列中,以备执行部件执行。每当已译码队列中有空位,就从预取队列中取出指令并译码。指令译码单元为指令的执行做好了准备。

4. 执行单元(EU)

执行单元(EU)由数据处理、保护测试和控制逻辑三个模块组成,负责从已译码指令队列中取出指令编码,执行各种数据处理和运算。数据处理模块进一步由算术逻辑单元(ALU)、8个 32 位的通用寄存器、一个 64 位的桶形移位寄存器和乘/除法器硬件组成,主要用于在控制逻辑的控制下执行数据操作和处理。桶形移位寄存器是一个 64 位的可实现移位、环移及位处理功能的高效移位器。保护测试模块用来监视存储器的访问操作是否超越了程序的分段规则。控制逻辑模块提供了两条指令重叠执行的控制回路,即可将一条访问存储器的指令和前一条指令的执行重叠起来,使多条指令并行执行,这就是所谓"指令流水线技术"的优势。

5. 分段单元(SU)

分段单元(SU)由三输入地址加法器、段描述符高速缓冲寄存器和一个检验段界限与属性的可编程逻辑阵列(PLA)组成,负责管理面向程序员的逻辑地址空间,并且将二维的逻辑地址(16 位的段选择符和 32 位的偏移地址)转换为 32 位的一维线性地址(线性地址的概念将在第 10 章讨论),在完成地址转换的同时还要执行总线周期分段的违章检验工作。转换好的线性地址与总线周期操作信息一起发送给分页部件,如不需要分页,则由分段部件计算出来的线性地址就是物理地址。

6. 分页单元(PU)

分页单元(PU)是由地址加法器、页描述符高速缓冲寄存器和可编程逻辑阵列(PLA)组成,负责管理物理地址空间,将分段单元或指令预取单元产生的32位线性地址转换为32位物理地址,并要检验访问是否与页属性相符合。分页单元从线性地址到物理地址的转换实际上是将线性地址表示的存储空间进行再分页,页是一个大小固定的存储区,每一页为4KB。物理地址一旦由分页单元生成,便会立即送到BU中进行存储器的访问操作。

为了加快线性地址到物理地址的转化速度,80386内专门设置了一个页转换后备缓冲器(translation lookaside buffer,TLB),可以存储32项的页表项。在地址转换期间,绝大部分情况不需要到内存中查页目录表和页表。测试证明其命中率可达98%,因此大大加快了地址转换速度。对于在页描述符高速缓冲存储器没有命中的地址转换,80386设有硬件查表功能,这使因查表而引起的速度下降问题有明显好转。具体参见第10章第2节的内容介绍。

分段单元、分页单元和保护测试单元共同构成了存储器管理(memory management unit,MMU)。MMU管理控制所有虚拟地址到物理地址的转换、分段及分页检验等。

9.2.3 80386 的内部寄存器

除了32位的指令指针(EIP),80386内部还设计了30个可供用户访问的寄存器,包括8个32位的通用寄存器、1个标志寄存器(EFLAGS)、6个16位的段寄存器、3个32位的控制寄存器、4个系统地址寄存器、6个32位的调试寄存器和两个32位的调试或测试寄存器。

1. 通用寄存器

80386中的8个32位通用寄存器都是8086中16位通用寄存器的扩展,故命名为EAX、EBX、ECX、EDX、EBP、ESP、ESI和EDI,用于存放数据或地址,如图9.6(a)所示。

为了保持与8086通用寄存器的兼容,80386的每个通用寄存器的低16位都可以单独用于存取操作,这些低16位存储器的名称仍然为AX、BX、CX、DX、BP、SP、SI和DI。与8086相同,AX、BX、CX和DX的高8位与低8位也可单独进行操作,名称还是AH、AL、BH、BL、CH、CL、DH和DL。

8个32位通用寄存器既可用来存放操作数也可用来存放操作数地址,而且在形成地址的过程中还可进行加减运算。也就是说,这8个通用寄存器在作为数据寄存器之外,均可用作寄存器间接寻址和作为基址寄存器或变址(除ESP)寄存器。而在8086方式下,AX、BX、CX和DX这4个寄存器中只有BX可用来存放操作数地址,作为基址寄存器。

2. 指令指针 EIP 和标志寄存器 EFLAGS

(1) 指令指针寄存器 EIP

32位的EIP用来存放下一条要执行的指令的地址偏移量。当80386工作在实模式或虚拟8086模式时,为了与8086兼容,只用低16位的IP作为独立的指令指针,能寻址64KB。当80386工作在保护模式时,32位的EIP作为指令指针可寻址4GB。

(2) 标志寄存器 EFLAGS

与EIP是由8086/80286·中16位的IP扩展而来的一样,EFLAGS是由80286的标志位扩展而来的,参见图 9.6(b)。EFLAGS 的低 16 位与 80286 的标志寄存器 FLAGS 完全相同,其中低 12 位是在 8086 已经定义的 9 个标志位,高 4 位中定义的两个标志则是在 80286 中增加的(占 3 位)。EFLAGS 的高 16 位中含有两个新增的系统控制标志 RF 和 VM,其中 RF 用于辅助控制断点或单步操作,是恢复执行或重新启动的控制标志。当成功地执行一条指令后,CPU 将 RF 位清 0;接收到一个非调试故障,CPU 将 RF 置 1,即忽略该故障。VM 是虚拟 8086 模式标志,该位为 1,处理器工作于虚拟 8086 模式;该位为 0,处理器工作于一般的保护模式。图 9.7 是 80386 中新增的两个标志位在 EFLAGS 高 16 位的分布图。

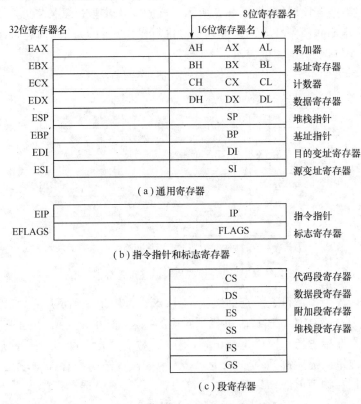

图 9.6   80386 中的部分存储器

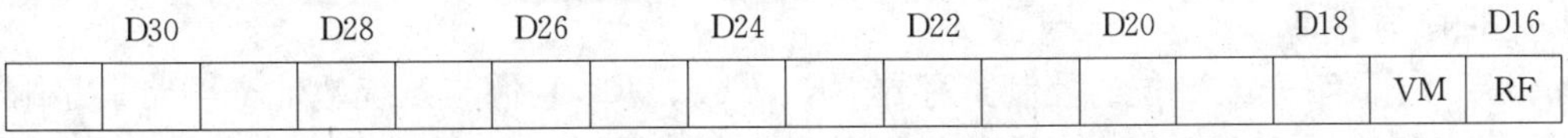

图 9.7   标志寄存器 EFLAGS 的高 16 位分布

3. 段寄存器和段描述符缓冲寄存器

(1) 段寄存器

8086/80286 都有 4 个 16 位的段寄存器,分别称为 CS、SS、DS、ES。80386 在此基础上增加了两个 16 位的段寄存器 GS 和 FS,如图 9.6(c)所示。在实模式下,利用 16 位的各个段寄存器存放不同用途段的段地址,对应每个段的最大容量为 64KB,这时的 GS、FS 可作为附加数据段的段寄存器使用;在保护模式下,16 位的段寄存器被称为段选择器,其中寄存的内容称为段的选择符(selector)。除 CS 外,段选择器可以用指令直接访问,装入段选择符的值。选择符与段描述符缓冲寄存器配合实现段寻址。

（2）段描述符缓冲寄存器

与 8086/80286 不同，80386 的段寻址是需要借助于内存中所谓的段描述符表实现的。6 个段寄存器可作为访问存储器 I/O 接口的段描述符表的变址寄存器，根据段选择符的内容可以从段描述符表中找到一项，即为描述符，每个描述符对应一个段，包含了对应段的 32 位段基地址、20 位段界限及 12 位的一些属性标志，并分别经过分段单元和分页单元计算存储单元或 I/O 接口的逻辑地址和物理地址。

段描述符缓冲寄存器的作用是为了提高线性地址转换的计算速度。描述符缓存器的内容包括段基地址、段界限和段属性，如图 9.8 所示。段限指出本段的实际长度，与段属性一起主要用于段保护，防止不同任务进入不该进入的段进行操作。64 位的段描述符缓存器对程序员来说是不可见的，图 9.8 中用深色表示。

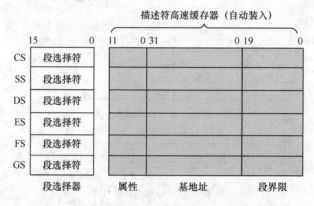

图 9.8　段寄存器与段描述符寄存器

为了加快对内存中描述符表的查询速度，当段选择符由指令确定后，在段选择符内容装入时，80386 就自动从内存中的描述符表里找到对应的描述符，并装入到对应的段描述符缓存器中。并通过一个属性标志指示该段正被访问，则以后对该段的访问，就不用通过段选择符从存储器中的描述符表里取描述符，而是直接从 CPU 中的段描述符缓存器中取出相应的描述符，然后计算线性地址和物理地址。只要段选择符内容不变（一般选择符内容很少变化），就不需要到内存中查描述符表，从而加快了段地址寻址的速度。

4. 控制寄存器

80386 内部有三个 32 位的控制寄存器 CR0、CR2、CR3，它们与系统地址寄存器一起用来保存机器的各种全局性状态，这些状态影响系统所有任务的运行，主要供操作系统使用，因此操作系统设计人员需要熟悉这些寄存器。CR1 事实上也存在于 CPU 中，但尚未定义，留作备用。

（1）机器控制寄存器 CR0

32 位的控制寄存器 CR0，是由 80286 的机器状态字 MSW 扩展而成的，含有控制和指示整个系统的条件标志，如图 9.9 所示。80386 在原有 80286 的基础上新增两个标志，各位的含义如下：

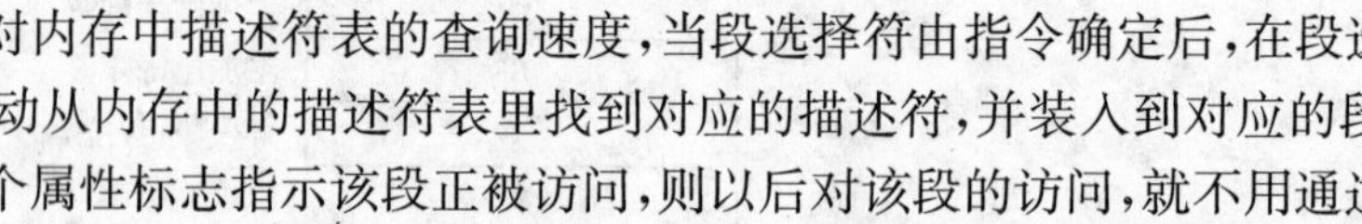

D31	D30		D16	D15		D5	D4		D2		D0
PG							ET	TS	EM	MP	PE

图 9.9　机器控制寄存器 CR0 的位分布

ET（processor extention type）：处理器扩展类型控制位。ET＝0，表示系统使用 80287 协处理器；ET＝1，表示系统使用 80387 协处理器。在系统复位时默认协处理器为 80387。

PG(paging enable):分页管理功能允许控制位。分页是在保护模式下对存储器管理的一种方式。PG=1,启动 CPU 片内逻辑按分页方式工作;PG=0,禁止分页单元工作,这时的线性地址就是物理地址。PG 与 PE 两位的组合形成的四种情况代表的功能如表 9.1 所示。

(2) 页保护线性地址寄存器 CR2

CR2 也称页故障线性地址寄存器,用于保护最后出现页故障的 32 位线性地址。但只有当 CR0 中的 PG=1 时,CR2 才有意义。

表 9.1　PE 与 PG 的功能组合

PG	PE	功能
0	0	实模式,等效 8086
0	1	保护模式,不用分页
1	0	未定义
1	1	保护模式、启动分页管理机制

(3) 页目录基址寄存器 CR3

CR3 用于保存当前任务的页目录表在内存中的物理基地址。80386 的页目录表总是按页对齐的(每页 4KB),即高 20 位存放页组目录表的物理基地址,低 12 位未用。

综上述,CR2、CR3 实际上是两个专用于存储管理的地址寄存器。

5. 系统地址寄存器

为了实现保护模式的功能,80386 微处理器支持的操作系统会在存储器内定义 4 种表或段,这 4 个表或段分别是:

① 全局描述符表 GDT,整个系统只有一个;

② 中断描述符表 IDT,整个系统也只有一个;

③ 局部描述符表寄存器 LDT,系统中的每个任务有一个;

④ 任务状态段 TSS,系统中的每个任务有一个。

与上述 4 个表或段的功能相配合,80386 微处理器中设计有 4 个寄存器,分别命名为全局描述符表寄存器(GDTR)、中断描述符表寄存器(IDTR)、局部描述符表寄存器(LDTR)、任务状态寄存器(TSSR 或 TR),总称为系统地址寄存器,参见图 9.10。系统地址寄存器用于保护操作系统需要的保护信息和地址转换表信息,并且定义目前正在执行任务的环境、地址空间和中断向量空间。由于只能在保护模式下使用,因此又称为保护模式寄存器。

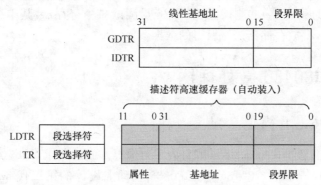

图 9.10　系统地址寄存器示意图

（1）全局描述符表寄存器（GDTR）

GDTR 是 48 位寄存器，其中高 32 位是线性基地址部分，直接指明全局描述符表 GDT 在存储器中的起始地址；低 16 位保存 GDT 的界限值，也就是 GDT 的长度。

如（GDTR）＝0600 0000 1000H，则 GDT 的线性基地址为 0600 0000H，其最后一个地址为 0600 0FFFH。

（2）中断描述符表寄存器（IDTR）

与 GDTR 的结构完全相同，IDTR 也是 48 位寄存器，其中高 32 位保存的线性基地址直接指明中断描述符表 IDT 在存储器中的起始地址；低 16 位保存 IDT 的界限值，也就是 IDT 的长度。

（3）局部描述符表寄存器（LDTR）

LDTR 是由 16 位选择符和 64 位用户不可访问的段描述符高速缓存器组成。段描述符高速缓存器的内容由硬件自动装入，用户不可访问，用于存放 LDT 的线性基地址、界限和描述符的属性。指令系统中用到的 LDTR 仅指 16 位的选择符。

（4）任务状态寄存器 TR

TR 由 16 位的任务状态段 TSS 的选择符和 64 位用户不可访问的段描述符高速缓存器组成。TR 的使用与 LDTR 类似，其中的段描述符高速缓存器用户不可访问，用于存放当前正在执行任务的线性基地址、界限、描述符的属性。指令系统中用到的 TR 仅指 16 位的选择符。

6. 调试寄存器和测试寄存器

（1）调试寄存器

80386 为程序员调试程序提供了硬件支持，设计有 6 个 32 位的调试寄存器 DR0～DR3、DR6、DR7。DR4、DR5 也存在于 CPU 中，虽尚未定义，但功能保留。程序员在调试过程中可以同时设置 4 个断点，DR0～DR3 分别用来存放 4 个 32 位断点的线性地址；DR6 是断点状态寄存器，其中的调试标志位用于协助断点调试，比如可以检测调试事故并选择进入事故处理程序；DR7 是断点控制寄存器，可通过对应位的设置来规定断点字段的长度、断点访问类型、允许或禁止断点调试的选择等。

（2）测试寄存器

80386 有两个 32 位的测试寄存器 TR6、TR7 是可用的，TR0～TR5 这 6 个寄存器也存在于 CPU 中，虽没有定义，但功能保留。TR6、TR7 用于控制对转换后备缓冲器（TLB）中 RAM 或 CAM（内容可寻址寄存器）的测试，其中 TR6 是测试命令寄存器，其中存放测试控制命令；TR7 是数据寄存器，存放存储器测试所得的数据。

9.3　Intel80486 微处理器

9.3.1　80486 芯片简介

为满足用户对图形用户接口、多媒体与数字图像等方面的要求，1989 年 Intel 公司推出了 80486 微处理器（80486 DX）。80486 是在 80386 基础上设计的第二代 32 位微处理器，是对 80386 的改进和发展，保持着与前辈 86 系列 CPU 在目标代码层次上的兼容性。80486 的对外引脚为 168 个，采用 CHMOS 工艺 PGA 封装，集成了 120 万只晶体管，是 80386 的 4 倍以上；

最初的时钟频率为 25MHz,以后又推出 33MHz、50MHz、66MHz、80MHz 和 100MHz 时钟频率的芯片。1992 年 Intel 公司推出 80486 DX2,更采用了倍频技术,使 CPU 的内部部件能以输入时钟的两倍频工作。

与 80386 相比,80486 微处理器主要有以下改进:

(1) 片内集成了 8KB(80486 DX4 含有 16KB)数据和指令混合使用的高速缓冲存储器,有时称为一级 Cache 或 L1 Cache。L1 Cache 为容量较小、速度很快、可读可写的 RAM,用于存放 CPU 最近访问的指令和数据。若信息在 L1 Cache 中未命中,CPU 再从片外 Cache 或主存中去读取指令或数据,这样可以进一步减少系统的等待时间。

继 80386 之后,80486 继续支持片外 Cache。相对于 80486 的片内一级或 L1 Cache,片外 Cache 也称二级 Cache 或 L2 Cache,其容量稍大,通常在 32～256KB,速度比 L1 Cache 稍慢,但比主存快得多。

(2) 采用多种内部总线连接方式。尽管 80486 的外部仍采用 32 位地址线和 32 位数据线,但其内部数据总线有 32 位、64 位和 128 位之分,分别用于不同单元之间的数据通路,大大加快了数据处理速度。相同工作频率下,80486 比 80386 处理速度快 2～4 倍。

(3) 80486 芯片内部集成了增强型 80387 浮点运算单元(floating processing unit,FPU),由于 FPU 在芯片内部,使得浮点部件与其他内部单元间的接口效率高得多。另外,Cache 与 FPU 之间采用了两条 32 位总线连接,这两条总线可以作为一条 64 位总线使用,一次即可完成双精度数据的传送,与片外 80387 相比数据处理速度提高了 4 倍。

(4) 首次部分吸收精简指令集计算机(reduced instruction set computer,RISC)设计技术,尽可能降低每条指令的执行时间。一些频繁使用的基本指令由以前的微代码控制改为用布线逻辑直接控制,极大提高了指令译码的执行速度,如像寄存器间的加减、逻辑运算指令、寄存器和 Cache 之间的指令传送等能用 1 个时钟周期执行,而 386 中这些指令的译码执行需要 2～4 个时钟周期。

(5) 改进了 80386 的指令流水线,采用突发总线(burst bus)技术。为了更有效地将信息装入 Cache 和指令预取单元,总线单元可以运行一个专门的突发周期,即可以在一个总线周期内从主存储器中取出连续的 16 个字节(128 位)的数据和指令块。80486 最快的总线周期可以在 5 个时钟周期内取 16 个字节的信息,两个时钟周期用于地址和第一个双字,接着三个时钟取三个顺序的双字。对比之下,最快的传统总线周期要用两个时钟周期才能返回一个双字,四个双字(16 个字节)就需要 8 个时钟时期,如果传送同样的信息量,它比突发周期多花 60% 的时间。突发周期技术大大提高了系统处理数据的速度。

9.3.2 80486 的功能结构

粗略地讲,80486 可以说是由 80386、80387、8KB Cache 整合到一个芯片内而成的。图 9.11 为 80486 微处理器的内部功能结构图。与 80386 的 6 个可并行操作的单元相比,80486 增加到 9 个,包括总线单元(BU)、指令预取单元(IPU)、指令译码单元(IDU)、控制单元(CU)、整数单元(IU)、分段单元(SU)、分页单元(PU)、高速缓冲存储单元(Cache)和浮点运算单元(FPU)。这 9 个单元构成一个 9 级流水线体系结构,也可并行操作,进一步提高了系统的处理速度。

从图 9.11 中可以看出,32 位外部数据信号通过总线接口单元进入处理器内部;在内部总线单元和 Cache 间双向传送 32 位地址。32 位数据通过 Cache 与总线接口部件送上外部数据总线。与 Cache 紧耦合的指令预取单元同时接收从总线单元传送来的预取指令，Cache 还接收指令操作数和其他数据。指令预取单元也可以从 Cache 存取指令，指令预取单元中保存 32 字节的指令队列等待执行。

与 80386 的内部结构相比，80486 将 80386 的执行单元(EU)分离成两个独立的单元，即控制单元(CU)和整数单元(IU)。另外，80486 的后两个单元是在 80386 基础上为提高性能而增加的。这里只对这几个与 80386 不同的单元进行说明。

1. 控制单元(CU)

控制单元(CU)的功能是接收已译码的指令并形成相应的控制信号，进而控制整数单元(IU)、浮点运算单元(FPU)和存储器管理单元 MMU，使其完成已译码指令的执行。

2. 整数单元(IU)

整数单元(IU)由 8 个 32 位通用寄存器、几个专用寄存器、一个 64 位桶形移位器、一个标志寄存器及算术逻辑运算单元(ALU)组成。数据在整数单元中存储并完成控制单元(CU)指定的 386 处理器指令及几条新增指令的所有算术逻辑运算。数据的装入、存储、加、减、移位等运算和操作都能在一个时钟周期内完成。

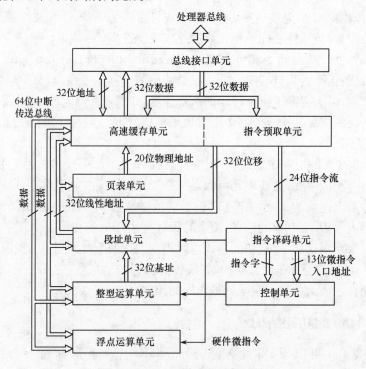

图 9.11　80486 的内部功能结构

3. 高速缓冲存储单元(Cache)

80486 内部含有 8KB 的数据和指令共用的高速缓冲存储器(Cache)，用于存储当前从内存读入的指令、操作数及其他数据的副本。当处理器下次请求的信息已经在 Cache 中时(Cache 命中)，这时的存取不需要总线周期。当处理器请求信息不在 Cache 中(Cache 未命中)，这时 BU 将通过内部总线，以一次一个或多个 16 字节的形式，将被请求的存储单元所在的那块存储内容从主存调进 Cache(称为 Cache 填充)。当 Cache 的功能和写通过功能被禁止时,Cache 可用作高速 RAM。

4. 浮点运算单元(FPU)

浮点运算单元(FPU)与 80387 完全兼容,能执行与协处理器 80387 同样的指令组。FPU 用以解释 32 位、64 位和 80 位的 IEEE 754 标准的浮点格式,完成单精度或多精度的浮点运算。由于 80486 的 FPU 集成在 CPU 芯片内,从而节约了 CPU 与协处理器间的数据传输时间。另外 Cache 与 FPU 采用两条 32 位总线连接,而且这两条 32 位总线也可作为一条 64 位总线直接进行数据交换。处理器总线有一个输出信号用于向外部系统指示浮点错误,外部系统也能指示处理器忽略这个错误并继续正常的操作。

9.3.3　80486 的内部寄存器

80486 内的寄存器可分为以下几组。基本体系结构寄存器组:包括通用寄存器、指令指针、标志寄存器和段寄存器。系统级寄存器组:包括控制寄存器和系统地址寄存器。这些寄存器是实现保护模式功能的基础,控制着新的存储器管理方式、多任务切换等功能的实现。浮点寄存器组:包括数据寄存器、标志字寄存器、状态字寄存器、指令和数据指针、控制字寄存器。80486 微处理器内包括数学计算协处理器,这组寄存器用于实现协处理器功能。调试和测试寄存器:这些寄存器用于测试芯片逻辑、高速缓冲存储器及页面翻译缓存,以及用于调试微码执行、数据访问的断点自陷。

由于 80486 与 80386 在结构上基本一致,因此其内部的寄存器大部分是相同的,只是增加了一些浮点寄存器以及对标志寄存器和控制寄存器进行了相应的扩充,以适应 80486 性能的改进,下面只对这些增加和扩充的有关寄存器作相应介绍。

1. 标志寄存器(EFLAGS)

根据前面章节的讨论,在存储器中存放字类型的操作数时最好存放在偶地址开始的两个单元,这时的字成为对准字,非对准字也称越界。80486 在原有 80386 的 EFLAGS 上新增一个保护方式下使用的控制标志 AC(位 18),见图 9.12。AC 为字对准检查标志,用来控制对数据的对准检查。当设置 AC=1 时,意味着要进行对准检查,并且当检查出越界发生时,CPU 将产生一个类型号为 17 的对准校验异常中断;当设置 AC=0 时,则意味着访问内存时不进行越界检查。AC 标志仅对特权级 3(用户程序)有效,且受到机器控制寄存器 CR0 中对准屏蔽位 AM 的限制。当设置 AM=1 时 AC 位的功能激活;AM=0 时,AC 位不再起作用。

D_{31}	D_{18}	D_{17}	D_{16}	D_{15}	D_{14}	D_{13} D_{12}	D_{11}	D_{10}	D_9	D_8	D_7	D_6	D_5	D_4	D_3	D_2	D_1	D_0
AC	VM	RF			NT	IOPL	OF	DF	IF	TF	SF	ZF		AF		PF		CF

图 9.12　80486 的标志寄存器 EFLAGS

2. 控制寄存器

与 80386 一样,80486 也有三个控制寄存器 CR0、CR2 和 CR3。80486 的 CR2 与 80386 完全一样,但 CR0、CR3 都为适应 80486 性能做了一定的扩充。下面分别进行说明。

(1) 机器控制寄存器 CR0

图 9.13 是 80486 在 80386 的基础上扩充后的 CR0 格式,可以看出它比 80386 的 CR0 多

增加了 5 个标志,由于 80486 内含 FPU,所以 ET(位 4)恒为 1。

D_{31}	D_{30}	D_{29}		D_{18}		D_{16}		D_5	D_4	D_3	D_2	D_1	D_0
PG	CD	NW		AM		WP		NE	ET	TS	EM	MP	PE

图 9.13 机器控制寄存器 CR0 的各位分布

CD(位 30):片内高速缓存 Cache 有效工作禁止设置位。若置 CD=1,片内 Cache 不工作,若读片内 Cache 不命中,也不能把所需信息从主存再读入片内 Cache;若置 CD=0,则允许使用内部 Cache,此时若命中失败,则可将所需信息从主存中读入片内 Cache

NW(位 29):片内高速缓存 Cache 写通方式禁止位。为了保持高速缓存的内容与它对应的主存储器部分内容相同,在改变了高速缓存中的数据后,有两种方法修改主存中的数据。一种方法为写回(write back)方式,另一种称为写通(write through)方式。当访问 Cache 命中且为写操作时,若置 NW=0,在数据写入 Cache 的同时,也写入内存储器,即使用了写通方式;若置 NW=1,则数据仅写入片内 Cache,意味着不用写通方式。

AM(位 18):字对准检查屏蔽位,与 EFLAGS 中的 AC 配合使用。

WP(位 16):页写保护控制位。在对存储器管理采用分页方式时,WP 对只读页面提供保护控制功能。若置 WP=1,在管理程序中出现了对只读页面写操作时将自动产生类型号 14 的故障中断;若置 WP=0,则允许有条件地对只读页面进行写操作。

NE(位 5):数据异常中断控制位,当 NE=1 时,则协处理器运算出错将导致浮点错误,它将使 80486 的一个浮点错误引脚输出有效电平,用来表明浮点协处理器发现一个错误状态。当 NE=0 时,采用外部中断处理。

(2) 页组目录表基址寄存器 CR3

CR3 的高 20 位与 80386 的 CR3 相同,用于存放页目录表的物理基地址,在低 12 位中 80486 新定义了两个标志位,其余 10 位未用。

PWT(位 3):外部高速缓存 L2 Cache 的写通控制位,不能控制内部 Cache 的写操作方式。80486 的片内 L1 Cache 中使用的是写通方式,而在外部二级 Cache 中有的使用写通方式,有的既可使用写通方式也可使用写回方式。PWT 用来控制外部 Cache 的写操作工作方式。当 PWT=1 时,片外二级 Cache 采用写通方式;当 PWT=0 时,采用写回方式。

PCD(位 4):页高速缓存允许控制位,它用来控制在 80486 片内 Cache 以页面为单位是否有效。当 PCD=1 时,则片内 Cache 不能有效工作,而只对外部高速缓存或外存进行读/写操作;当 PCD=0 且 80486 高速缓存允许引脚 KEN=0 也有效时,则内部高速缓存可以有效工作。

9.4 Intel Pentium 微处理器

9.4.1 Pentium 芯片简介

随着人们对图形图像分析、视频播放、实时信息处理、语音识别、CAD/CAM/CAI、大流量客户机/服务器应用等方面的需求日益迫切,80486 及以前的 CPU 都难当此任。全新一代的 "Pentium"处理器在 1993 年 3 月应运而生。237 条引脚的 Pentium 采用 PGA 封装,内部集成的晶体管数达到了 310 万,时钟频率分为 60MHz、66MHz、200MHz 几个档次。Pentium 内置了 16KB 的一级缓存,具有 36 位地址线,虽然仍属于 32 位结构,但其与片外主存储器连接的数据线已扩展到 64 位,大大提高了存取内存单元的速度。

与 80486 相比,Pentium 微处理器主要有以下技术改进:

(1) 增强的总线。Pentium 虽然内部总线和地址总线都是 32 位的,但外部数据总线增加到 64 位,为在一个总线周期内数据传输量翻倍提供了条件。另外,Pentium 还支持多种类型的总线周期,也包括突发总线(burst bus)技术。

(2) Pentium 微处理器技术的核心是采用超标量流水线设计,允许 CPU 在单个时钟周期内执行两条整数指令;片内采用双重分离式高速缓存 Cache,即独立的指令 8KB Cache 和 8KB 数据 Cache,提高了指令执行速度;重新设计了功能增强的浮点运算单元,动态预测程序分支。所有这些技术都大大提高了 Pentium 微处理器的处理速度。

(3) 指令系统改进和指令固化。Pentium 的指令系统得到重要改进,指令算法执行所需时钟周期数相对于 80486 大大减少。另外,对常用指令如 MOV、INC、DEC、PUSH、POP、JMP、CALL、NOP、SHIFT、ROT、NOT 和 TEST 等改用硬件固化实现,使指令的运行速度得到进一步提升。其他没有固化的程序指令由于超标量流水线技术的支持,速度也得到相当的提高。

(4) 页尺寸的增加。在 Pentium 体系结构中,存储器中每一页的容量除了与 80486 兼容的 4KB 外,还多加了一个页,这使得程序在传送大块数据如图形图像的 FRAME BUFFER 时,可以使用更大的存储器页面,避免了频繁的换页操作。

(5) 在工作模式上,除了实地址模式、虚地址保护模式和虚拟 8086 模式以外,又增加了一个系统管理模式(实际上在 80486 DX 微处理器中这种模式已得到初步应用)。系统管理模式(system management mode,SMM)主要用于电源管理,可以使处理器和外围设备进入休眠状态,在有键按下或鼠标移动时唤醒系统,使之继续工作。另外,利用 SMM 还可以实现软件关机。

9.4.2 Pentium 的内部功能结构

Intel Pentium 微处理器在结构设计中采用了一系列新技术,图 9.14 所示为其内部功能结构的示意图。本小节主要从超标量流水线、独立的指令与数据高速缓存、分支指令预测逻辑及改进的浮点运算单元 4 个方面来说明 Pentium 微处理器内部结构的功能改进。

1. 超标量流水线

超标量流水线设计是 Pentium 微处理器技术的核心。所谓超标量(superscalar)是指处理器内部含有多个指令执行单元。Pentium 微处理器内部有三个指令执行单元:两个整数执行单元和一个浮点运算单元。整数执行单元则由 U 与 V 两条指令流水线构成,每条流水线都可以执行整数指令,都拥有自己的 ALU、地址生成逻辑和数据 Cache 接口,允许 Pentium 在单个时钟周期内执行两条整数指令。仅此一点 Pentium 就比相同频率的 486 DX CPU 性能提高了一倍。

与 80486 指令流水线相类似,Pentium 的每一条流水线要完成一条整数指令的执行也分为 5 个步骤,即指令预取、指令译码、地址生成、指令执行、结果的写回。当一条指令完成预取步骤后,流水线就可以开始对另一条指令操作。这种双流水线结构,使 Pentium 可以同时执行两条指令,但要求指令必须是简单指令,且 V 流水线总是接收 U 流水线的下一条指令。

如果两条指令同时操作产生的结果发生冲突,则要求 Pentium 还必须借助于适当编译工具来形成尽量不冲突的指令序列,以保证超标量流水线设计的有效使用。例如下列三条指令:

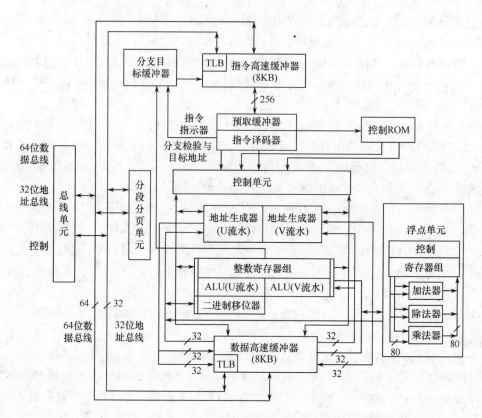

图 9.14　Pentium 的内部功能结构

①MOV AH，AL；②PUSH BX；③INC AX，其中，①、②两条指令可以并行工作，而①、③两条指令则不能同时运行，因为如果同时对 AX 进行操作，结果将引起冲突。

2. 独立的指令与数据高速缓存

　　Intel 80486 只有一片 8KB 的高速 Cache，而 Pentium 的 Cache 是两片，容量也是 8KB。一片作为指令 Cache，另一片作为数据 Cache，这就是 Pentium 所谓的双路 Cache 结构。相比于 486 DX 的 16×8 线宽，Pentium 中的指令 Cache 和数据 Cache 均采用 32×8 线宽，这样的设计安排得到 Pentium 64 位数据总线的有力支持。图 9.15 为 Pentium 双路 Cache 结构与功能示意图。

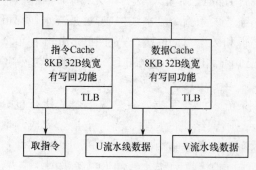

图 9.15　Pentium 的双路 Cache
结构与功能示意图

　　图 9.15 中，指令 Cache 从外部总线读取指令后，主要由其中的转换后备缓冲器（TLB）将线性地址转换成指令 Cache 所用的物理地址；而数据 Cache 有两个接口，分别通向 U 和 V 两条流水线，能同时对两个独立工作的流水线进行数据交换，既可以独立存取也可以同时存取高速缓存中的数据。

　　当向已被占满的数据 Cache 再写数据时，将移走一部分当前使用频率最低的数据，并同时将其写回主存。这也是 Cache 写回技术的一个应用。由于处理器向 Cache 写数据与 Cache 释放空间并将数据写回主存是同时进行的,所以写回技术大大节约了处理时间。

例如,对于一个涉及数据处理的指令进行预取时,指令从指令 Cache 中取出,数据从数据 Cache 中取出,避免了数据与指令合用一个 Cache 是存在的使用时间上的冲突,并允许两个操作同时进行。显然,相比于 80486,Pentium 采用的双路 Cache 结构能较大幅度地提高指令执行速度。

3. 分支指令预测逻辑

在软件设计中循环操作的使用十分普遍,而每次在循环当中对循环条件的判断占用了 CPU 大量的时间。因此,在 Pentium 的设计中安排了一个称为分支目标缓冲器(branch target buffer,BTB)的小 Cache 来实现程序分支的预测。Pentium 有两个 32B 的指令预取缓冲器,通过一个预取缓冲器顺序地处理指令地址,当取到的一条指令会导致程序分支时,BTB 会记录这条指令和分支目标的地址,并用这些信息预测这条指令再次产生分支时的路径,第二个预取缓冲器根据这个预测预先从此处预取指令,保证流水线的指令预取步骤不会空置。当 BTB 预测到将不发生分支时,指令预取将继续顺序地运行下去。

从循环程序来看,在进入循环和退出循环时,BTB 会发生判断错误,需重新计算分支地址。循环 10 次,2 次错误,8 次正确;循环 100 次,2 次错误,98 次正确。因此循环越多,BTB 的效益越明显。

4. 改进的浮点运算单元

Pentium 的浮点运算单元在 80486 的基础上进行了较大改进,其执行过程分为 8 级流水线,包括指令预取、指令译码、地址生成、取操作数、指令执行 1、指令执行 2、结果的写回和错误报告。8 级流水线的前 4 级与整数流水线相同,由 V 流水线配合 U 流水线完成;后 4 级的运算由浮点单元完成,其中前两级为二级浮点运算操作,后两个为四舍五入、写回结果及出错报告。

对诸如 ADD、MUL、LOAD 等涉及浮点运算的指令,Pentium 在设计中采用了新的算法,并用快速硬件进行指令固化,使浮点运算性能非常高。在运行浮点密集型程序时,66MHz Pentium 的运算速度为 33MHz 80486DX 的 5～6 倍。

通过上述的 U 与 V 两条整数指令流水线和一条浮点运算流水线,微处理器可以在一个时钟周期内完成两条整数指令的执行或一个浮点指令的操作,这种结构就是典型的超标量结构。

9.4.3 Pentium 的内部寄存器

与 80486 微处理器相比,Pentium 除了在标志寄存器(EFLAGS)和控制寄存器某些功能上有些改变外,两者的内部寄存器在其他方面基本上是相同的。下面着重介绍 Pentium 与 80486 微处理器内部寄存器的主要差异。

1. 标志寄存器(EFLAGS)

如图 9.16 所示,Pentium 微处理器在 80486 的基础上定义了三个新的标志位。下面分别说明各标志位的功能。

D30		D28		D26		D24		D22		D20	D18		D16
								ID	VIP	VIF	AC	VM	RF

图 9.16 Pentium 的标志寄存器 EFLAGS

VIF(位 19)：虚拟中断允许标志位。VIF 是中断标志 IF 的映像，当允许虚拟 8086 模式扩展(CR4 中 VME 为 1)或允许虚拟中断(CR4 中 PVI 为 1)，且 IOPL 确定的级别小于"3"，允许 CPU 读 VIF 标志，但不允许修改。当禁止虚拟 8086 模式扩展或虚拟中断(CR4 中 VME 和 PVI 分别为 0)，则 VIF 为 0。

VIP(位 20)：虚拟中断挂起标志位。VIP 与 VIF 虚拟中断允许位共同使用，若 VIP=1，说明有一个中断在等待响应。在多任务系统中，各应用程序均有一个虚拟中断标志和中断暂挂信息，同样当 CR4 中的 PVI 和 VIF 为 1，且 IOPL 确定的级别为 3，允许 CPU 读 VIF 标志，但不允许修改。

ID(位 21)：标识位，用于表示处理器是否支持 CPU 的标识指令 CPUID。如果程序可以设置和清除 ID 位，则表明该微处理器支持 CPUID 指令。若设置 ID=1，在执行 CPUID 指令后，即可获得 Intel 系列微处理器的版本与特性等信息。

Pentium 微处理器还定义了几种模型专用寄存器，用于控制可测试性、执行跟踪、性能监测和机器检查错误的功能。Pentium 可以使用新指令 RDMSR 和 WRMSR 读/写这些寄存器。

2. 控制寄存器

Pentium 微处理器在 80486 的基础上增加了一个新的 32 位控制寄存器 CR4，如图 9.17 所示。由图可见，CR4 只用到低 7 位，其余位均空置备用。

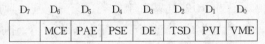

D7	D6	D5	D4	D3	D2	D1	D0
	MCE	PAE	PSE	DE	TSD	PVI	VME

图 9.17 控制寄存器 CR4 的低 8 位分布，高 24 位未用

VME(位 0)：虚拟 8086 模式中断允许。在虚拟 8086 模式下，若置 VME=1，表明支持中断；若置 VME=0，则禁止中断。

PVI(位 1)：保护模式虚拟中断允许。在保护模式下，若置 PVI=1，表明支持虚拟中断；若置 PVI=0，则禁止虚拟中断。

TSD(位 2)：读时间计数器指令的特权设置位。若置 TSD=1，才能使读时间计数器指令 RDTSC 作为特权指令可在任何时候执行；当置 TSD=0，RDTSC 指令仅允许在系统级执行。

DE(位 3)：断点有效允许。若置 DE=1，表示支持断点设置；若置 DE=0 则禁止断点设置。

PSE(位 4)：页面尺寸扩展允许。若置 PSE=1，表示页面尺寸设为 4MB；若置 PSE=0，则禁止页面尺寸扩展，实际尺寸还是 4KB。

PAE(位 5)：物理地址扩充允许。若置 PAE=1，则允许按 36 位物理地址运行分页机制；若置 PAE=0 则按 32 位允许分页机制。

MCE(位 6)：机器检查允许。若置 MCE=1，机器检查异常功能有效；若置 MCE=0，则禁止机器检查异常功能。

9.4.4 Pentium 微处理器的新发展

在 Pentium 之后，Intel 公司开发出了一系列向上兼容、性能提升的微处理器，表 9.2 汇总了这些处理器的主要指标,下面分别对这些芯片进行简单讨论。

表 9.2　各代 Pentium 的主要性能对比一览表

推出时间	1993.3	1995.11	1996.12	1997.3	1999.2	2000.11
CPU 类型	Pentium	Pentium Pro	Pentium MMX	Pentium Ⅱ	Pentium Ⅲ	Pentium Ⅳ
时钟倍频	1	2～3	1.5～4.5	3.5～4.5	4～10	13～21
时钟频率/MHz	60,66	60,66	66	66,100	100,133	100,133
工作电压/V	5	3.3	1.8～2.8	1.8～2.8	1.8～2	1.5～1.7
内部寄存器位数	32	32	32	32	32	32
数据总线位数	64	64	64	64	64	64
地址总线位数	32	36	32	36	36	36
物理地址空间/GB	4	64	4	64	64	64
Cache 内部容量/KB	L_1:8×2	L_1:8×2 L_2:256, 512,1MB	L_1:16×2	L_1:16×2 L_2:256, 512	L_1:16×2 L_2:256, 512	L_1:12$_{\mu OP}$,8 L_2:256,512
FPU	有	有	有	有	有	有
MMX	无	无	MMX	MMX	SSE	SSE2
晶体管数目	$3.1×10^6$	$5.5×10^6$	$4.5×10^6$	$7.5×10^6$	$9.5×10^6$	$42×10^6$

1. Pentium Pro 微处理器

1995 年 11 月,Intel 在 Pentium 之后推出了 Pentium Pro(高能奔腾)处理器。Pentium Pro 片内集成了 550 万个晶体管,工作频率有 150MHz、166MHz、180MHz 和 200MHz 4 种。具体特点描述如下。

(1) 地址总线数目从 Pentium 的 32 根提升到 36 根,可寻址的物理地址空间从 Pentium 的 4GB 上升到 64GB;数据总线则还是 64 位,保持不变。

(2) 采用了"FPGA"封装技术,将 80386、80486、Pentium 均支持的外部高速缓冲存储器(片外 Cache)集成到微处理器内部,将这 256KB(后来也有用 512KB、1MB 的)的 Cache 称为微处理器的二级缓存(L2 Cache),而将 Pentium 原有的 16KB 片内 Cache 称为一级缓存(L1 Cache)。这样的封装使得高速缓存能更容易地运行在更高的频率上,例如 Pentium Pro 200MHz CPU 的 L2 Cache 就运行在与处理器相同的频率 200MHz 上,而以前 L2 Cache 的工作频率通常只能达到微处理器主频的一半。

(3) 引入分支指令转移的动态预测执行技术。Pentium CPU 中的 U 和 V 流水线同时执行的两条指令必须消除相关性,这在实际中是不容易达到的。从 Pentium Pro 开始,为提高程序执行的通过量,采用动态预测执行技术消除流水线间指令的相关性,该技术主要包括多路分支预测、动态数据流分析和推测执行三个方面。

① 多路分支预测:多路分支预测技术允许程序中的几个分支程序同时在 CPU 中译码,CPU 的指令预取单元和译码单元通过对程序的流向进行分析,根据优化的分支预测方法,在取指令的同时寻找可以执行的指令,以便程序的几个分支可以同时在处理器内部执行,加快了 CPU 数据传送和指令执行的速度。

② 动态数据流分析:通过对译码后的指令进行数据相关性和资源可用性分析,确定指令、数据和寄存器的相互关系,按优化顺序对相关指令进行排序处理。

③ 推测执行:将程序中多分支的指令序列根据优化顺序分别送 CPU 内部执行单元,充分发挥各执行单元的效能,保持 CPU 内部的多功能部件始终处于忙状态。因为程序流向是建

立在转移预测基础上的,所以指令序列执行的结果只能作为"预测结果"保留,当确定转移预测正确,则提前建立的"预测"即为"最终结果",显然推测执行可以提高程序的执行速度。

(4) Pentium Pro 支持的指令集在 Pentium 指令集的基础上增加了 8 条指令。

2. Pentium MMX 微处理器

为了增强 Pentium CPU 在图形图像、多媒体通信方面的应用,1996 年 12 月 Intel 推出了 Pentium MMX(多能奔腾)处理器。Pentium MMX 系列的工作主频分别为 166MHz、200MHz 和 233MHz,采用了 Socket 7 插槽。其主要特点描述如下。

(1) 首次采用由 Intel 自主开发的单指令流多数据流(single instruction multiple data, SIMD)技术,提高了对多媒体数据的处理能力。

(2) 在 Pentium 指令集的基础上,Pentium MMX 增加了 57 条多媒体扩展(multimedia extension, MMX)指令集指令。MMX 属于 SIMD 指令集,支持 CPU 同时对多个数据进行并行处理,有助于计算机快速运行图形图像、动画游戏、音频视频、实时通信等应用程序。

(3) 将 CPU 片内的 L1 Cache 由原来的 16KB 增加到 32KB。

由于上述改进,Pentium MMX CPU 比普通 Pentium 在运行含有 MMX 指令的程序时,处理多媒体信息的能力提高了 60%左右。一个典型的例子就是,在 Pentium MMX 的 CPU 上能够进行软解压播放 VCD,而以前的 CPU 是根本不可能的。

3. Pentium II 微处理器

自 1993 年 Pentium 微处理器问世以后,对其技术上的改进分为两种思路,一种是 Pentium Pro,另一种是 Pentium MMX。这两种技术融合诞生了 Pentium Ⅱ。事实上,在 Pentium 中追加多媒体扩展功能 MMX,基本上就是 Pentium MMX 了,而在 Pentium Pro 中追加 MMX,基本上就是 Pentium Ⅱ。1997 年 3 月推出的 Pentium Ⅱ微处理器的内部结构如图 9.18 所示。

Pentium II 具有如下的一些特点:

(1) 采用 CMOS 工艺,将 750 万个晶体管集成到一个 203mm^2 的硅片上;主频分 233MHz、266MHz、300MHz、333MHz 4 种。采用与 Pentium Pro 相同的 32 位核心结构并加快了段寄存器写操作的速度,并加强了 MMX 技术,能同时处理两条 MMX 指令,对多媒体数据的加密、压缩和解压进行了优化和加速。

(2) 因 Pentium Pro 将 L2 Cache 封装在微处理器内导致成本过高,Pentium II 将配备的 256 或 512KB 的 L2 cache 再次与 CPU 分离封装以降低造价,这样 L2 cache 只能在 CPU 一半的频率下工作。为了减少对外部 L2 Cache 的访问,Pentium II 将 L1 cache 的容量增加到了 16KB×2KB。

(3) Pentium II 将指令执行流水线细分为可并行操作的 12 级,使流水线可以在更高的频率下工作,进一步提高了指令的执行效率。然而,流水线的增加要求提高预测分支指令转移的准确率,为此,Pentium II 以后,均采用了先进的动态和静态两级预测技术,使得实际的预测准确率达到 90%以上。

(4) 在接口技术方面,为了获得更大的内部总线带宽,Pentium II 首次采用了专利的 Slot l 接口标准,它不再用陶瓷封装,而是把 CPU 和二级缓存都做在一块印制电路板上,封装起来就是所谓的 SEC 卡盒(single edge contact cartridge)。

（5）采用了可并行执行的前/后双总线结构，前端总线与本地 APIC(local advanced pro-grammable interrupt controller)和片内总线单元相连接，主要实现与主存间的信息传送；后端总线主要实现片外 L2 Cache 与片内 L1 cache 间的信息交换。

（6）在多级流水线上运行的分支指令存在争用同一个寄存器的问题。为此 Pentium Ⅱ 在设计中增设了 40 个内部寄存器，在指令运行结束后再把结果从内部寄存器写回到通用寄存器，很好地解决了多分支运行时争用寄存器的问题。

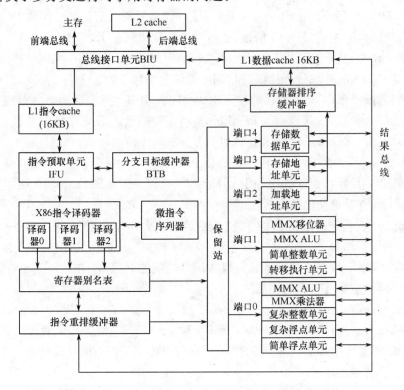

图 9.18　Pentium Ⅱ 微处理器的内部功能结构

4. Pentium Ⅲ 微处理器

1999 年 2 月，Intel 公司发布了 Pentium Ⅲ 微处理器。该芯片集成了 950 万到 2800 万个晶体管，在内核架构上采用全新设计，其前端总线频率提高到 133MHz。Pentium Ⅲ 的主要特点描述如下。

（1）增加了数据流扩展(streaming SIMD extensions，SSE)指令集，在 SSE 指令集的 70条指令中包括了新增加的 12 条 MMX 指令，主要用于因特网流媒体扩展(提升网络演示多媒体数据流、图像的性能)、3D、流式音频、视频和语音识别功能的提升。这样，Pentium Ⅲ 用户开始有机会通过网络享受高质量的视频，并以 3D 多媒体的形式参观在线博物馆、商店等。

（2）再次将 256KB(后来发展到 512KB)的 L2 Cache 集成到微处理器芯片内部，这样 L2Cache 就可在内部高频宽总线的支持下以 CPU 的主频工作。另外，在高速缓存速度与系统总线结构上，也有很多改进。

（3）尽管 Pentium Ⅲ 仍采用 12 级流水线结构，但运算单元的数据通路从 64 位扩展到 256位，并为更好的多处理器协同工作进行了设计，使芯片的整体性能大为提高。

（4）内置了一个引起争议的产品序列号(PSN)，能唯一标志和识别一个微处理器。

为了适应不同的市场需求，Intel 公司还陆续推出了面向低档微型计算机的赛扬（Celeron)、面向服务器和工作站的至强（Xeron)和笔记本电脑专用的 Mobile Pentium Ⅱ、Mobile Pentium Ⅲ 微处理器。另外，由 AMD 公司推出的 Athon(K7)也是类似档次的微处理器。

5. Pentium Ⅳ 微处理器

2000 年 11 月，Intel 公司发布了其集成 4200 万个晶体管的新一代 CPU，并将其命名为 Pentium Ⅳ。2001 年后不断推出 Pentium Ⅳ 的改进型，目前该芯片的时钟频率已达 3.2GHz。Pentium Ⅳ CPU 内部主频采用 13 倍频，使初始主频就达到了 1.3GB。

(1) Pentium Ⅳ 在指令流水线的译码和执行单元间设置了一个 12KB 的执行追踪高速缓冲区（属于 L1 Cache 的一部分），这部分 Cache 不像以前用于存放程序的机器指令，而是用来存在已经译码的微指令（μ op），这样即使流水线译码前端部件延误或动态分支预测失败，由于缓冲区已存放许多微指令，基本消除 Pentium 预测失败需重新取指令排队。该方案支持的无序操作(out-of-order execution)技术更有利于多分支程序的高速运行。

另外，Pentium Ⅳ 也集成了 8KB 传统的 Ll Cache，使用的是低于 1.42ns 的高速缓存，能迅速地找到并且命中目标指令；Pentium Ⅳ 还拥有 256KB（后来是 512KB）的二级缓存，在处理器与 L2 Cache 之间有着更快的数据传输通道。

(2) Pentium Ⅳ 将 Pentium Ⅲ 的 12 级指令流水线大幅提升至 20 级。为进一步提高程序执行的速度，采用了称为 NetBurst 的新型微体系结构。NetBurst 加快了按突发总线方式传送数据的速度，实现了从传统数值运算向媒体运算性能的转换，并在数值加密、视频压缩和互联网访问等方面性能都有较大的提高。

另外，高速执行引擎使 Pentium Ⅳ 的 ALU 按二倍主频的频率工作，且 Pentium Ⅳ 内部有两个这样的 ALU，因此在一个时钟周期内可同时执行 4 条整数指令，但其他部件仍按主频工作；Pentium Ⅳ 还重新设计了前端总线，采用 4 倍数据速率前端总线使总线在一个时钟周期内可完成 4 次数据传输。

(3) Pentium Ⅳ 增加了由 144 条新指令组成的 SSE2，这 144 条新指令支持 128 位 SIMD 整数算法操作和 128 位 SIMD 双精度浮点操作。当然，Pentium Ⅳ 的指令系统依然支持第一代 SSE 指令集的 70 条指令和第二代 SIMD 指令集内包含的 57 条 MMX 指令。

(4) 2002 年推出的主频超过 3.06GHz 的新型 Pentium Ⅳ 处理器首次采用了超线程技术，把一个物理的处理器划分成两个逻辑处理器，使它们同时执行两个线程。超线程技术挖掘了处理器的内部潜力，进一步提高了处理能力。

(5) Pentium Ⅳ 微处理器的系统总线频率为 400MHz，是 Pentium Ⅲ 的 3 倍。配合双通道的突发存取高速动态随机存储器 RDRAM(ram bus DRAM)内存，可以在处理器和内存控制器之间提供高达 3.2GBps 的内存通道。

RDRAM 由 Rambus 通道、Rambus DRAM 和内存控制器组成，要求通道时钟频率为 400MHz，可在一个时钟周期的上升沿和下降沿分别传输一次数据，因此等效时钟频率为 800MHz。RDRAM 的有效数据位宽度为 16 位（另外还有两个校验位），因此数据传输的带宽为 $2 \times 800MHz = 1.6GBps$。与 Pentium Ⅳ 微处理器配合使用的 RDRAM 采用了双通道，数据传输率为 3.2GBps，正好与 Pentium Ⅳ 微处理器 400MHz 的总线频率相匹配。RDRAM 的配合使用，大大提高了微处理器与内存之间的数据传输速率。

使用基于 Pentium Ⅳ 处理器的 PC 用户，可以创建专业品质的影片，玩实时 3D 渲染过的游戏,通过因特网传递电视品质的影像,实时进行语音、影像通信,快速进行 MP3 编码解码运算,在因特网上运行多个多媒体软件。

9.5 32 位微处理器的工作模式

除了用于电源管理的系统管理模式 SMM,32 位微处理器有三种工作模式,即实地址模式(实模式)、保护虚地址模式(保护模式)和虚拟 8086 模式,其中保护虚地址模式是从 80286 开始引入的,而虚拟 8086 模式则是从 80386 芯片开始引入的。不同的工作模式对存储器的管理方法不同,而且微处理器的多任务切换和多种特权级保护机制只能运行于保护模式下。

9.5.1 实地址模式

为了与以前的 16 位微处理器兼容,32 位微处理器设置了实地址模式。在实模式下的 32 位微处理器被局限等价于 8086 的基本体系结构,工作时只相当于一个快速的 8086,基于 8086 的程序代码可以不加修改地在 32 位微处理器上运行。以 32 位微处理器为 CPU 的微型计算机上的 MS DOS 操作系统和 DOS 程序都是在实模式下运行的。

工作于实模式下的 32 位微处理器还能有效使用 8086 所不能支持的寻址方式、32 位寄存器(需要在指令前加上寄存器扩展前缀)和大部分 32 位微处理器才能支持的指令。

工作于实地址模式的 32 位微处理器有如下几个特点:

(1) 寻址机构、存储器管理和中断机构均与 8086 一致。

(2) 操作数默认长度为 16 位,但借助长度前缀能超越存取访问 32 位寄存器,并且可使用 FS 和 GS 作为附加数据段段基值进行寻址。

(3) 不用虚拟地址的概念,采用分段访问存储单元的方式,每个段大小固定为 64KB;只有 1MB 的物理存储空间寻址能力,32 位地址线中只有低 20 位地址有效;其物理地址的形成同 8086,即段寄存器的 16 位值左移 4 位再加上段内偏移地址。

(4) 实地址模式下,存储器中须保留两个用户不能随意存取操作数的固定区域,一个为初始化专用区,地址为 FFFF0H～FFFFFH;另一个为中断向量专用区,地址为 00000H～003FFH。

(5) 只支持单任务工作方式,不支持多任务方式也不实施保护机制;32 位微处理器设置了 4 个特权级,在实模式下只能在特权级 0 下工作,可以执行大多数指令。

系统启动或复位后,32 位微处理器自动进入实模式,也可通过设置控制寄存器 CR0 中的 PE=0 来进入实模式。实模式主要是为 32 位微处理器进行初始化用的,即为保护模式所需的数据结构做配置和准备。

9.5.2 保护虚地址模式

保护虚地址模式简称保护模式,是在 80286 设计中首先提出的,主要体现在存储管理上采用段式管理机制以提供 16MB 的物理地址空间和 1GB 的虚拟地址空间。80386 继承并发展了 80286 的保护模式,增加了段页式存储管理机构,可提供 4GB 的物理地址空间和 64TB 的虚拟地址空间。

计算机软件由操作系统和多种不同的应用程序组成,操作系统与应用程序之间有联系又相对独立。在实现某种应用目的时,操作系统与应用程序需要同时运行,在这个过程中,应防止应用程序破坏系统程序、某一应用程序破坏了其他应用程序、错误地把数据当作程序运行等情况的出现。这样,系统程序与应用程序之间、各个应用程序之间以及程序与数据之间需要为保证其中的相对独立性而对存储器采取一些管理措施,这些管理措施总称为"保护"。多任务环境下的保护机制是由硬件和软件共同配合完成的,其实质是对要同时运行的不同任务采用的虚拟存储空间进行完全隔离,保证每个任务不受干扰地顺利执行。高性能微处理器只有工作在保护模式下,其具有的强大功能才能得到充分发挥。

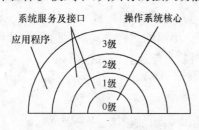

图 9.19　32 位微处理器的4 级特权保护机制

32 位微处理器的保护功能是通过设立特权级实现的,特权级分为 0~3 共 4 级,数值最低的特权级最高,如图 9.19 所示。存储在主存单元中属于某个特权级的数据,只能被不低于该特权级的指令访问,属于某个特权级的程序或过程只能被不高于该特权级上的执行的任务所调用。

当通过指令设置控制寄存器 CR0 中的 PE＝1 时进入保护方式。

保护模式的特点概况总结如下:

(1) 可以使用 4 级保护功能,实现程序与程序、用户与用户、用户与操作系统之间的隔离和保护,为多任务操作系统提供优化支持。

(2) 存储器用虚拟地址空间、线性地址空间(不包括 80286)和物理地址空间三种方式来进行描述,虚拟地址就是逻辑地址,线性地址是在虚拟存储空间内可定位的地址。在保护模式下,寻址是通过描述符表的数据结构来实现对内存单元的访问。

(3) 编程时使用的存储空间称为逻辑地址空间,在保护模式下,借助存储器管理部件MMU 将磁盘等外存有效映射到内存,使逻辑地址空间大大超过实际物理地址空间,这就是虚拟地址空间,其容量最大可达 64TB,对用户来说几乎是无限大。

9.5.3　虚拟 8086 模式

如前所述,基于 8086 编写的程序可以无障碍地在实模式下正常运行,但在实模式下的 32位微处理器不支持保护和多任务机制,而很多场合需要在多任务环境的保护模式下运行基于8086 的程序。为了解决这一问题,32 位微处理器从 80386 开始支持在保护和多任务的环境中直接运行基于 8086 编写的程序,这就是所谓的虚拟 8086 模式。

虚拟 8086 模式是保护模式的一个子模式,在这个模式下 32 位微处理器允许同时执行8086 操作系统和 8086 应用程序以及 32 位操作系统和 32 位应用程序,既能正确运行基于8086 的代码,又能有效利用保护模式的多种功能,因而具有更大的灵活性。

虚拟 8086 模式具有如下特点:存储器寻址空间为 1MB;段寄存器及其用法与实地址模式完全相同;使用分页功能,还可把虚拟 8086 模式下的 1MB 地址空间映射到 32 位微处理器的4GB 物理空间中的任何位置。

虚拟 8086 模式与实模式的主要区别在于,虚拟 8086 模式中,基于 8086 的程序可以在吸取了保护模式优势的操作系统下运行,可以使用保护模式的多种功能,如保护模式下的存储管理机制、保护模式的中断和异常处理机制以及保护方式多任务机制来为 8086 任务提供管理与保护。与此相比较,实模式使得整个 32 位微处理器完全工作在 8086 的方式下,保护模式下的高级功能完全失效。

在保护模式下,通过设置标志寄存器 EFLAGS 中的 VM＝1,就可以进入虚拟 8086 模式。

习 题 9

1. 标志寄存器中哪些位可由用户自由设置,哪些位是由系统自动设置的?

2. 32 位微处理器有哪几种工作模式? 各工作模式的区别是什么?

3. 32 位微处理器的运算速度越来越快,主要原因有哪些?

4. 若 32 位微处理器的控制寄存器 CR0 中 PG、PE 全为 1,则 CPU 当前所处的工作方式如何?

5. 32 位微处理器在实模式和保护模式下,分别可寻址的空间为多少? 如何求得?

6. 32 位微处理器的内部寄存器中,哪些可以进行 32 位操作,哪些可以进行 16 位操作,哪些可以进行 8 位的操作?

7. Pentium 处理器与 80486 相比,有哪些主要的技术进步?

8. 查资料了解微处理器使用虚拟存储器带来的利与弊。

第10章 高性能微型计算机技术概述

随着微电子技术的发展,超大规模集成电路的集成度和可靠性显著提高,过去在大、中、小型计算机中用到的一些技术不断移植到微型计算机中来,这些技术包括流水线技术、高速缓冲存储器 Cache 和虚拟存储器、多任务等,大型、中型、小型、微型计算机的技术和运算速度分界不断发生变化,微型计算机的性能空前提高。

根据第 9 章的讨论,32 位微处理器只有工作在保护模式下才能充分发挥其高性能特性。在保护模式下,存储器的分段和分页管理机制,不仅为存储器共享和保护提供了软硬件支持,而且是实现虚拟存储器功能的基础;保护模式支持多任务隔离与快速切换,并配合以完善的 4 级特权级检查机制,既方便资源共享,又能保证系统、应用代码和数据的安全和稳定运行;最后,对实模式下的中断管理机制进行了改进,增强了系统处理中断的能力。

本章简要介绍 32 位微处理器在保护模式下的一些基本技术,主要包括指令流水线技术、存储器管理和保护技术、多任务实现、特权级保护和中断管理技术等。

10.1 保护模式下的几项技术

10.1.1 超标量流水线技术

1. 指令执行时的时间重叠与流水线技术

传统技术下 CPU 通常是按顺序方式执行指令。一条指令的取指、译码、分析、执行等过程也是顺序完成的,等这些步骤都完成后,才取出下一条指令来执行。顺序指令执行的优点是电路设计和控制方案简单明了,但指令执行逻辑单元各部分的利用效率很低。如果仅把指令执行分为两个步骤:取指和执行,那么在取指令时取指单元工作而执行单元空闲;当该指令被执行时,取指单元空闲。如果能把指令执行中的单元空闲时间利用起来,使得两条指令的运行过程发生重叠,就可能成倍地提高程序的执行速度。如果能把一条指令的执行分解为 10 个以上的步骤,那么程序运行速度的提高就更为可观。

多指令在执行过程中发生的时间重叠也称为流水线技术,是一种多逻辑模块支持的若干操作并行处理的工作方式。指令执行过程中发生的时间重叠是流水线技术的通俗说法,但流水线技术通常涉及指令执行过程中更多的动作分解。

2. 超标量流水线

一条指令的执行通常可分解成"取指令码"、"指令译码"、"取操作数"、"执行"和"结果验证"等步骤,如果分解的步骤或子过程超过 5~6 步,有时会称这个流水线为超流水线。Pentium Ⅱ 和 Pentium Ⅲ 将指令分解为 12 个步骤执行,称为 12 级流水线。Pentium Ⅳ 将指令分解为 20 个步骤执行,称为 20 级流水线。显然,这些微处理器内部的指令执行流水线都是超流水线。

如果 CPU 中有超过一条以上的指令执行流水线,每个时钟周期可以完成超过一条以上的指令,这种设计就是超标量流水线(superscalar pipeline)技术。超标量技术要求处理器内部含有多个指令执行单元可以同时执行不同的指令。例如,Pentium 微处理器内部就有三个指令执行单元,包括两个整数执行单元和一个浮点运算单元。每个整数执行单元都由 U 与 V 两条指令流水线构成,每条流水线都拥有自己的 ALU、地址生成逻辑和数据 Cache 接口。

从本质上讲,超标量流水线技术是在控制单元的精密控制下,利用多套指令执行逻辑单元,同时对指令进行译码,将可以并行执行的指令送往不同的执行单元执行,从而达到在每个周期完成多条指令执行的目的。

10.1.2 RISC 与 SIMD 技术

1. RISC 技术

随着计算机性能的不断提高,软硬件协同作用解决复杂问题的能力也越来越强。另外,人们对计算机系统整体性能更快、更稳定的要求也越来越高。为达到这些目的,首先从指令改善的角度考虑,非常直观的想法就是在设计指令系统时增强计算机指令系统的功能,不断增设一些功能越来越复杂的指令。微处理器功能和性能的提高,依赖于增加指令系统中指令的条数和指令的功能。另外,为克服复杂指令执行耗时较多的缺陷,可考虑把一些原来由软件实现的常用功能改用硬件实现。建立在以这种思想设计的微处理器及其指令系统之上的计算机系统就被称为复杂指令系统计算机(complex instruction set computer,CISC)。80286 以前的微处理器都是按 CISC 思想设计的。

CISC 的特点包括以下几点。

(1) 指令系统中除了有不少常用的简单指令,为完成复杂功能还不断增加一些功能很强的专用指令。这些专用指令的使用一方面可以缩减程序的长度以提高效率,但对于功能复杂指令的执行却大大加重了微处理器的负担,反而成了降低程序运算效率的因素。

(2) 拥有种类繁多且格式复杂的存储器或 I/O 端口寻址方式,这样做的结果一方面增加了寻址的灵活性,但另一方面使操作数有效地址的计算变得复杂,操作过程耗时延长。

(3) 指令的运行采用微指令顺序执行模式。事实上,任何一条指令的执行都要分解为多少不等的若干步骤,这些步骤也称该指令的微指令。采用 CISC 理念设计的微处理器总是把一条待执行的指令先分解为若干条微指令,再按顺序执行这些微指令,就可以实现这条指令的功能。

然而,用另外一种思想设计微处理器及其相应的指令系统在最近这些年得到广泛重视和应用,这种思想的核心是在设计指令系统时尽量减少多时钟周期才能执行的复杂指令,只保留那些功能简单、能在一个时钟周期内完成执行的指令;复杂的功能不试图通过复杂指令实现,而是考虑用简单指令形成的一段子程序来实现,建立在以这种思路设计的微处理器及其指令系统之上的计算机系统就被称为精简指令系统计算机(reduced instruction set computer,RISC)。

RISC 的特点包括以下几点。

(1) 减少指令系统中指令的条数,只保留最常用的简单指令,复杂功能用简单指令的组合实现;减少寻址方式的种类,简化寻址方式的格式。这些措施虽然会导致程序包含的指令条数增多,但由于流水线执行技术的应用和通用寄存器的配合,每条指令的译码及执行时间会成倍减少。

（2）采用指令流水线技术，扩大并行处理范围。基于 CISC 设计的微处理器其指令是顺序执行的，而且一条指令所包括的所有微指令也是顺序执行的。RISC 技术能将一条指令中包含的微指令分解到不同的逻辑部件中去并行完成，平均而言，一条指令的执行时间就大大缩短了。

（3）增加 CPU 内通用寄存器的数量。除了对存储器进行存取的指令外，其余的指令操作基本都只在内部寄存器之间进行，大部分指令可在一个机器周期内完成。

（4）以硬布线控制逻辑为主，不用或少用 CISC 中涉及的微程序控制所需的用只读存储器方式实现的译码器和控制存储器。

RISC 技术的硬件基础是微处理器主频的不断提高和超标量指令流水线技术的广泛应用，其本质是通过使用简单计算机指令和微处理器内的大量通用寄存器，并行处理大量的简单指令，缩短应用程序的执行时间。

一般 RISC 计算机的运算速度大约是同档次 CISC 计算机的 3 倍，所以 80386 及其以后的微型计算机设计中更多地考虑采用 RISC 技术。目前新设计的某些计算机系统出于应用考虑即使是采用 CISC 思想进行设计，其中也程度不同地吸收了 RISC 的设计理念，特别是流水线指令执行等。

2. SIMD 技术

对涉及数据处理的运算类指令，起初的设计是简单的单指令单数据（single instruction single data，SISD）方法，即一条指令的操作符可以直接得到一个操作数，执行完指令后再取下一条指令及其操作数。显然，这些指令同时只能执行一次计算。如需对大量数据完成一些并行运算操作，就要连续执行多次计算。

随着多媒体应用等数据密集型运算工作量的不断增加，人们提出了 SISD 方法的改进方案，即单指令多数据（single instruction multiple data，SIMD）。采用 SIMD 方案的 CPU 通常有多个运算执行逻辑，但这些运算执行逻辑都在同一个指令流水线的过程内。如对大量数据进行类似操作，基于 SIMD 的微处理器在指令译码后几个运算执行逻辑可同时访问内存，一次性获得多组操作数进行运算。这个性质使得基于 SIMD 的微处理器在图形图像、音频解码、视频压缩回放、3D 游戏、实时信息处理等应用中显示出优异的性能。

10.1.3　MMX 与 SSE 技术

1. MMX 技术

为了增强计算机对多媒体信息的处理，提高 CPU 处理 3D 图形、视频和音频信息能力，Intel 公司在 1996 年在 Pentium MMX 的设计中第一次对自 1985 年就定型了的 X86 指令集进行了扩展，增加的指令共有 57 条，形成了所谓的多媒体扩展（multimedia extension，MMX）指令集。除此之外，对运行 MMX 指令需要的环境也进行了相应扩展，新增了 8 个 MMX 寄存器和 MMX 指令主要使用的紧缩整型数据类型。

（1）MMX 寄存器

可随机存取的 MMX 寄存器由 MM0 到 MM7 的 8 个 64 位寄存器组成，它实际上是借用了 FPU（float process unit）数据寄存器堆栈的 8 个浮点数据寄存器来实现的，如图 10.1 所示。每个浮点寄存器有 80 位,MMX 寄存器只利用了其低 64 位。MMX 指令使用寄存器名 MM0~MM7 直接访问 MMX 寄存器。这些寄存器只能用来对 MMX 数据类型进行数据运算,不能用作间接寻址的寄存器。MMX 指令对存储器中的操作数进行寻址时仍使用过去的寻址方式和通用寄存器 EAX、EBX、ECX、EDX、EBP、ESI、EDI 和 ESP。

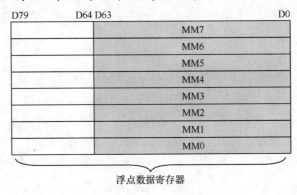

图 10.1　MMX 寄存器

(2) MMX 数据类型

MMX 指令主要使用的紧缩整型数据类型包括 4 种数据类型:紧缩字节、紧缩字、紧缩双字和紧缩四字。这里所说的紧缩整型数据是指由多个 8/16/32 位的整型数据组合成为一个 64 位的数据。

① 紧缩字节:由 8 个字节组成一个 64 位的数据。

② 紧缩字:由 4 个字组成一个 64 位的数据。

③ 紧缩双字节:由两个双字组成一个 64 位的数据。

④ 紧缩四字:一个 64 位的数据。

MMX 指令访问操作数可以有 64 位和 32 位两种模式。64 位数据块访问模式用于与存储器中的 64 位数进行数据传送,或者在 64 位的 MMX 寄存器之间进行数据传送、算术或逻辑运算以及紧缩/展开操作。32 位数据块访问模式用于与微处理器中的通用寄存器或存储器中的 32 位数进行数据传送。

但是,在对紧缩整型数据类型进行算术或逻辑操作时,MMX 指令则对 64 位 MMX 寄存器中的字节、字或双字进行并行操作。对紧缩整型数据类型的字节、字和双字进行操作时,这些数据可以是带符号的整型数据,也可以是无符号的整型数据。

MMX 指令集中指令的特点主要有两条。一是采用了 SIMD 技术,可对一条命令涉及的多个数据进行同时处理,可一次同时处理 64bit“任意”分割的数据,即可以通过一条 MMX 指令的使用而同时处理 8/4/2 个数据单元。这一特点非常适合多媒体信息的处理,比如运动视频、视频图形组合、图像处理、音频合成、语音合成与压缩、网络通信、视频会议以及 2D 与 3D 图形等。这类处理总是使用复杂算法,对大量小数据类型(字节、字或双字)的数组进行多次重复的相同或类似的操作。例如,大多数音频数据都用 16 位(一个字)来量化,一条 MMX 指令可以对 4 个这样的字同时进行操作;视频与图形信息一般用 8 位(一个字节)来表示,那么,一条 MMX 指令可以对 8 个这样的字节同时进行操作。

MMX 的另一个特点是对数据进行运算时,除了通常的加、减、乘等操作外,还具有饱和(saturation)运算功能。饱和运算是指当运算结果超过其数据类型所能表示的范围时,其结果被最大或最小值所代替。若用传统的 X86 运算指令,计算结果一旦超出了 CPU 处理数据的限度,数据或者被截掉,或者正负变号。MMX 指令的这个功能可以在计算结果超过实际处理能力的时候也能进行正常处理。

（3）指令应用举例

MMX 指令可分为数据传送指令、算术运算指令、比较指令、类型转换指令、逻辑运算指令、移位指令、状态清除指令等。

MMX 指令的使用格式与普通汇编指令格式相同:

标号:操作码助记符　操作数助记符 ;　注释

大多数指令的操作码助记符有一个说明操作数数据类型的后缀(B、W、D、Q);如果有两个数据后缀,则第一个字母表示源操作数的数据类型,第二个字母表示目的操作数的数据类型。例如,算术运算中实现有符号紧缩数据饱和加法的操作码助记符 PADDS 可有三种不同的操作码,记为 PADDSB、PADDSW、PADDSD,分别表示紧缩字节、紧缩字和紧缩双字的有符号紧缩数据饱和加法。

对如下指令:

PADDSB　MM0,　MM6 ;　两个有符号数的加法

可以实现源操作数 MM6 中的 8 个带符号字节加到目标操作数 MM0 中的 8 个带符号字节上,并将 8 字节的结果存储到目标操作数 MM0 中。显然,MMX 指令通过 SIMD 技术实现对多数据元素的并行处理,可显著提高运算效率。

2. SSE 技术

为了适应因特网的迅猛发展,Intel 公司于 1999 年在设计 Pentium Ⅲ 微处理器时对指令集再次进行扩展,除了原 X86 指令集和 MMX 指令集,另外新增了 70 条指令形成新的指令集,称为因特网数据流单指令多数据扩展(internet streaming SIMD extensions, SSE)。

SSE 主要加强了 SIMD 浮点处理能力,加快了浮点运算的速度,也改善了内存的使用效率,这些改进对计算机在多个领域的应用具有极大促进作用,这些领域包括计算机复杂游戏、运动视频、图像图形处理、语音识别与合成、音频视频的压缩编辑与解压,电话、视频会议、网络通信等。

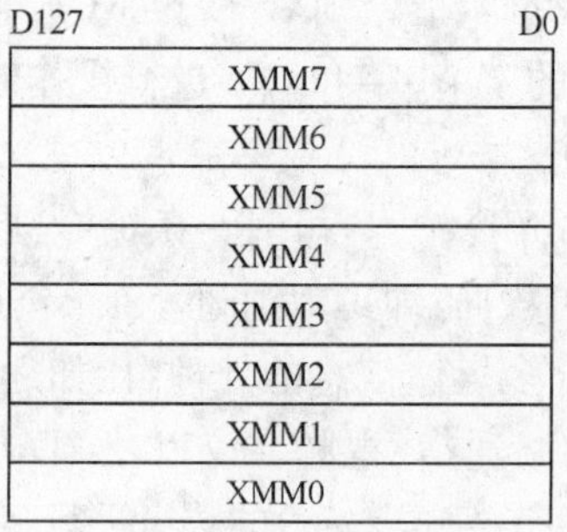

D127　　　　　　　　　　D0

| XMM7 |
| XMM6 |
| XMM5 |
| XMM4 |
| XMM3 |
| XMM2 |
| XMM1 |
| XMM0 |

图 10.2　8 个 SIMD 浮点寄存器 XMM

（1）适应 SSE 的结构扩展

除了新增的 70 条指令,Intel 的 SSE 事实上是由一组互相配合的结构扩展组成的,包括新的寄存器、新的数据类型等。将这组扩展与 SIMD 技术相结合,有利于加速应用程序的运行;这组扩展与 MMX 技术相结合,可显著地提高多媒体程序的运行效率。

① 8 个 SIMD 浮点寄存器:匹配 SSE 技术的有效应用,Intel 在微处理器设计中新增了 8 个 128 位的浮点通用寄存器 XMM0～XMM7,每个寄存器都可以直接寻址,使用这些寄存器需要支持这些寄存器的操作系统支持,这些 XMM 寄存器如图 10.2 所示。

扩展指令访问保存着紧缩 128 位数据的 SIMD 浮点寄存器时,直接使用寄存器名 XMM0～XMM7。SIMD 浮点寄存器可被用以完成数据计算,但不能用作间接寻址存储器的

寄存器。对存储器的间接寻址仍用原来的寻址方式及通用寄存器。

② 128 位紧缩浮点数据类型：匹配 SSE 技术的有效应用，Intel 在微处理器设计中扩展了一个新的基本数据类型即紧缩的单精度浮点操作数，准确地说，是 4 个编号为 0~3 的 32 位单精度浮点数，第 0 号数据位于寄存器的低 32 位之中。如图 10.3 所示。

图 10.3　4 个 32 位的单精度浮点数

支持 SSE 的 SIMD 整型指令遵循着 MMX 指令的惯例，按 MMX 寄存器的数据类型、而不是按 SIMD 浮点 128 位寄存器的数据类型进行操作。也就是说，可以按紧缩字节、紧缩字或者紧缩双字的数据类型进行操作。不管数据是什么类型，支持 SSE 的预取指令是在 32 字节或者更大的数据规模基础之上工作的。SSE 与存储器之间的紧缩数据传送，是按 64 位的块或者按 128 位的块进行的。但是，当按紧缩数据类型执行算术操作或者逻辑操作时，却按 SIMD 浮点寄存器中 4 个独立的双字并行地进行操作，以提高处理速度。

（2）SSE 的指令

SSE 指令集共包括了 70 条指令，其中 50 条 SIMD 浮点运算指令用于提高 3D 图形运算效率，另外还有 12 条 MMX 整数运算增强指令和 8 条高速缓冲存储器优化指令。

① SIMD 浮点运算指令：该指令包括数据传送指令、算术运算指令、逻辑运算指令、比较指令、类型转换指令、组合指令和状态管理指令等。浮点指令可以对 8 个 128 位 SIMD 浮点寄存器组进行操作。设计程序时，可以将 SSE 指令和 MMX 指令混合起来完成紧缩单精度浮点运算或紧缩整型运算。

② MMX 整数运算增强指令：这是为了增强和完善 MMX 指令系统而新增加的指令，是原 MMX 指令的扩展。

③ 高速缓冲存储器优化指令：为了更好地控制 Cache 的操作，提高程序运行性能，SSE 技术设计了 8 条高速缓冲存储器优化指令。新指令能将数据流直接送存储器而不污染高速缓存。

目前，SSE 指令的编程主要是采用在高级语言（如 Visual C++）中，通过内嵌汇编的方式实现，用于提高程序的并行数据处理能力。

（3）SSE2

Intel 在设计 Pentium Ⅳ 微处理器的指令系统时，在 SSE 的基础上进一步开发了 SSE2 指令集。目前 Pentium Ⅳ 微处理器 SSE2 指令集总共含有 144 条新建指令。全新的 SEE2 指令提供了 128 位 SIMD 整数运算操作和 128 位双精密度浮点运算操作，还将传统整数 MMX 寄存器也扩展成 128 位（128bit MMX），处理更精确浮点数的能力使 SSE2 成为加速多媒体程序、3D 处理工程以及工作站类型任务的基础配置。总之，SSE2 指令集的引入使得 Pentium Ⅳ 处理器性能大大提高。

10.2　保护模式下的存储管理技术

如前所述，16 位微处理器支持的存储器具有逻辑地址（虚拟地址）和物理地址两种编址方式，形成了明确的两个存储地址空间。对工作在保护模式下的 32 位微处理器而言，其支持的存储器组织具有三个确定的存储地址空间，分别是虚拟空间（逻辑空间）、线性空间和物理空间,与这三个地址空间对应的编址方式称为虚拟地址(逻辑地址)、线性地址和物理地址。

保护模式下,32位微处理器设计了专门的软硬件机制来管理和组织存储器访问,分步骤将程序中给出的逻辑地址与实际主存的物理地址联系起来,完成这个过程需要的机构包括将虚拟地址转换为线性地址的分段管理机制和可以选择使用的将线性地址再转换为物理地址的分页管理机制。32位微处理器在硬件设计时专门设置的分段单元和分页单元支持了三种存储空间的转换。

对存储器进行三个空间及对应编址的设计,一方面基于减少存储单元访问时间的考虑,更重要的是在多任务系统中实现不同任务的区隔和保护。另外,这种设计也支持虚拟存储器机制,使得程序员可访问的"内存"单元数大大增加。本节先介绍32位微处理器支持的三种地址空间,然后讨论保护模式下存储器管理的具体机制。

10.2.1 虚拟地址空间、线性地址空间和物理地址空间

32位微处理器工作于保护模式时有三个明确的存储地址空间,分别是虚拟空间、线性空间和物理空间。通常,把主存储器的实际存储空间称为物理空间,把程序员编程可用的存储空间称为虚拟空间。虚拟空间对应的地址称为虚拟地址(又称逻辑地址),线性空间对应的地址称为线性地址,物理空间对应的地址称为物理地址。

1. 虚拟地址

物理地址与逻辑地址(即虚拟地址)的概念已在前面的章节中讨论过了。在实模式下,虚拟地址是用程序指明的段地址和段内偏移地址表达的。事实上,在保护模式下的虚拟地址仍然是由程序指明的段地址(也称段的基地址)和偏移地址两个部分表达的,但保护模式下虚拟地址与8086实模式逻辑地址存在如下的几个不同点:

① 保护模式下段的基地址和偏移地址均是32位,而不是实模式下的16位;

② 保护模式下段的基地址也不是由段寄存器(CS、DS、ES、SS)直接提供,而是含在段的描述符(descriptor)中。8个字节长的段描述符有4个字节共32位指明了段的基地址。

③ 保护模式下16位的段寄存器也称为段选择器,其中寄存的内容称为段的选择符。16位段选择符中的13位用作索引(index),依据该索引可以找到在描述符表中对应的段描述符,进而在段描述符中获得段的基地址。

应用程序访问存储器时,指令会按一定的寻址方式产生32位(也允许16位)的段内偏移地址和16位的段选择符。选择符中的13位索引值指向由操作系统定义的段描述表中的某一个描述符,取出该段描述符中的32位段基地址,这就得到了构成一个二维的虚拟地址:段基地址和段内偏移地址。

2. 物理地址

物理存储器是CPU可以直接访问的存储器,只有物理存储器中的代码和数据才能被CPU执行和访问,虚拟地址空间必须映射到物理地址空间,二维的虚拟地址必须转化成一维的物理地址。物理存储器的空间就是物理空间,其大小由CPU所具有的地址总线的位数决定。大多数的32位微处理器拥有32条地址线,可寻址访问的物理地址空间的范围为2^{32} = 4GB;Pentium Pro以后的Pentium微处理器拥有36条地址线,可寻址访问的物理地址空间为64GB。本章总是以32条地址线为例来说明32位微处理器的存储管理机制。

3. 线性地址

在保护模式支持的多任务系统中,每一个任务存在一个自己的虚拟地址空间。为了避免多个并行工作的任务所具有的多个虚拟地址空间映射到同一个物理地址空间,采用线性地址空间隔离虚拟地址空间和物理地址空间。线性地址空间由一维的线性地址构成,段的基地址与段的偏移地址之和称为线性地址。由于基地址和偏移地址都是32位的,线性地址也是32位的,其空间大小为4GB。

4. 三个地址空间之间的关系

在保护模式下,32位微处理器首先通过分段管理机制将虚拟空间变换为32位的线性空间,也就是将程序中按一定格式书写的指令给出的二维虚拟地址变换为一维的32位线性地址;然后提供可选的存储器分页管理机制,将线性地址再进一步转换为物理地址。

32位微处理器在保护模式下管理存储器时,除了分段机制外还有分页机制。在第9章讨论过的控制寄存器CR0中的PE位就是分页机制控制位,该位设置为1,意味着分页机制被使用;该位设置为0,表示分页机制不使用。如果微处理器中的分页单元没有被选用,由虚拟地址经分段单元变换而来的线性地址就是物理地址,如图10.4所示;在分页机制被设置为使用的情况下,线性地址到物理地址还存在一个变换过程,将在后面讨论。

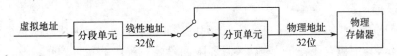

图10.4 虚拟地址、线性地址和物理地址之间的关系

10.2.2 分段管理

如前所述,程序员在编写程序时,会在内存单元中定义代码段、数据段、堆栈段等多个逻辑段,因为微处理器涉及的所有信息都以分段的形式存储在存储器里。分段管理机制就是借助于说明各段特征信息的描述符、存储描述符的描述符表以及段选择符、段寄存器和一组系统地址寄存器等概念和机制实现程序员所定义段的管理,将二维的虚拟地址转化成一维的线性地址。

1. 段的分类和段描述符

(1) 段的分类

在8086系统中,可定义的段很少,仅有代码段、数据段、堆栈段和附加段几类。而基于保护模式的系统中,可定义的段就多多了,图10.5是保护模式下可能定义的段的分类。

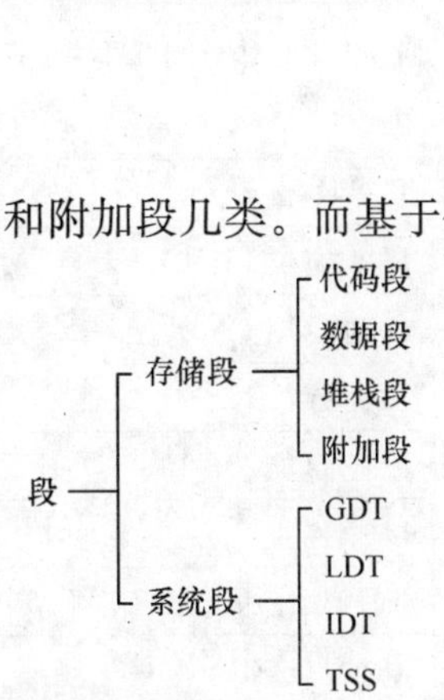

由图10.3可见,保护模式下可能定义的段可分为两个大类:存储段和系统段。存储段由传统的8086系统中的4个段组成,其意义在保护模式下也没有变化,这里不再赘述;系统段由全局描述符表(global descriptor table, GDT)、局部描述符表(local descriptor table, LDT)、中断描述符表(interrupt descriptor table, IDT)和任务状态段(task state segment, TSS)组成,其具体

```
                ┌─ 代码段
        ┌─ 存储段 ─┤  数据段
        │         │  堆栈段
        │         └─ 附加段
段 ─────┤
        │         ┌─ GDT
        └─ 系统段 ─┤  LDT
                  │  IDT
                  └─ TSS
```

图10.5 保护模式下可定义
的段的分类

内容在本章的后续部分陆续介绍。

（2）段描述符

根据前面的讨论，微处理器所涉及的任何信息都以段的形式存放在存储器中，任何段都对应一个说明本段特征的描述符。一个描述符是占 8 个字节的连续存储单元，内部存有对应段的特征信息，包括段基址（base address）、段界限（limit）和段属性（attributes）三个部分。

① 描述符的分类

描述符的分类有两种方法。一种分类方法是把描述符分为两类：段描述符和门描述符。段描述符和门描述符的主要区别在于，8 个字节的段描述符中有 4 个字节（32 位）表达的是段的基地址，而 8 个字节的门描述符中有两个字节（16 位）表达的是指向其他描述符的选择符。段描述给出了段最重要的两个特征：段的基地址和段的长度，为微处理器访问段内信息提供了基础。门描述符简称门，用于间接地控制转移或任务切换。这里的"间接"意味着多一次从选择符找到描述符的过程，所以门描述符中包含有一个 16 位的段描述符的选择符。

另一种描述符分类方法也将描述符分为两类：一类是存储段描述符，代码段、数据段、堆栈段的描述符都包括在其中；另一类是系统段描述符和门描述符。这个分类方法是由描述符格式属性字节中的描述符类型位 DT 的值来划分的。本小节先讨论存储段描述符，系统段描述符和门描述符等内容在本章的 10.3 节讨论。

② 存储段描述符

存储段描述符存放可由程序直接进行访问的代码段、数据段或堆栈段的特征信息，其格式如图 10.6 所示，其中包含了段的基地址、段界限和段属性等段的特征信息。

段基址确定了描述符对应段在线性地址空间中的起始地址，其长度为 32 位。段可以从 32 位线性地址空间中的任何一个字节开始，不像实模式下一个段的起始地址必须能被 16 整除。

段界限确定了描述符对应段的大小，用 20 位二进制数表示。段界限表达的段的大小，可以字节为单位，也可以 4KB 为单位，这由段属性中的 G 位（描述符第 6 字节的位 7）决定。如果 G=0，则段界限的单位是字节，该段的最大长度为 2^{20}B=1MB；如果 G=1，则段界限的单位是 4KB，该段的最大长度可达 $2^{20} \times 4$KB，即 4GB。

段属性确定了段的一些主要特征，存放在描述符的第 5 字节和第 6 字节的高四位，共占 12 位，如图 10.7 所示。下面逐一说明这 12 位代表的意义。

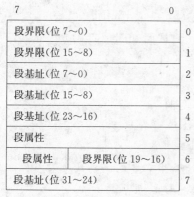

段界限（位 7～0）	0
段界限（位 15～8）	1
段基址（位 7～0）	2
段基址（位 15～8）	3
段基址（位 23～16）	4
段属性	5
段属性 ⎪ 段界限（位 19～16）	6
段基址（位 31～24）	7

图 10.6　存储段描述符的格式

7	6	5	4	3	2	1	0	第 5 字节
P	DPL		DT=1	TYPE			A	

7	6	5	4	3	2	1	0	第 6 字节
G	D	0	AVL	段界限（位 19～16）				

图 10.7　存储段描述符的属性

P(第5字节的位7):存在(present)位。该位对段描述符和门描述符具有不同的意义。对段描述符,P位指明该段当前是否在内存中。P=0表示该描述符对应的段就在内存中;P=1表示该段不在内存,而在辅助存储器(外存)中,使用该描述符进行内存访问时会引起异常。如果要访问P位为0的段,必须转入操作系统中负责把段从外存装入内存的程序。对门描述符,P位指明该描述符是否有效。P=0表示无效,如果企图访问无效的门描述符,将产生异常中断。

DPL(第5字节的位6和位5):描述符特权级(descriptor privilege level)。DPL指明描述符的特权级,通过特权检查进行系统保护,以决定对该段能否访问。有关保护模式下的保护功能将在本章的第4节进一步讨论。

DT(描述符第5字节的位4):描述符类型位。DT=1表示该段是存储段,对应描述符为存储段描述符;DT=0表示该描述符是系统段描述符或门描述符。

TYPE(描述符第5字节的位3、2、1):TYPE表示存储段的类型和访问权限。事实上,DT=1和DT=0时段描述符属性字节的TYPE位稍有不同。图10.7中的TYPE位是指存储段的情况(DT=1)。DT=0时描述符属性字节的TYPE位分布和意义将在本章10.3节多任务管理部分再讲。

DT=1时TYPE字段的3位(位3~位1)组合指明代码段、数据段和堆栈段的不同类型。表10.1给出了TYPE位组合与段类型和访问权限的关系。标以E的位3用于区分代码段和数据段(包括堆栈段)。

表 10.1 存储段描述符属性中 TYPE 字段的意义

数据段(包括堆栈段)			说明	代码段			说明
E	ED	W		E	C	R	
0	0	0	只读,向高地址扩展	1	0	0	只执行,普通代码段
0	0	1	可读/写,向高地址扩展	1	0	1	可执行/读,普通代码段
0	1	0	只读,向低地址扩展	1	1	0	只执行,一致代码段
0	1	1	可读/写,向低地址扩展	1	1	1	可执行/读,一致代码段

当E=1时,分别标以C和R的位2和位1用于对代码段进行保护控制。当E=0时,标以ED的位2用来区别一般数据段(ED=0)和堆栈段(ED=1),标以W的位1也用于保护控制。保护模式下的保护功能在将在本章10.4节讨论。

A(描述符第5字节的位0):访问位(accessed)。A=0表示该段尚未被访问,A=1表示该段已被访问。当把描述符的相应段选择子装入到段寄存器时,处理器把该位置为1,表明该段已被访问。借助对A位的操作,操作系统按一定周期查看记录A位的状态并使A位复位为0,这样可以统计出近期该段被访问的频繁程度。

当程序运行在虚拟存储器系统中时,会经常将外存中的某些段装入内存,为了节省内存也会将某些段从内存中删除。通常会统计A位的值根据段被访问的频率删除近期访问频度较低的段。

G(描述符第6字节的位7):段界限粒度(granularity)位。G=0表示段界限值是以字节为单位的;G=1表示段界限值是以4KB为单位的。

D(描述符第6字节的位6):在可执行段的描述符中,D=1表示默认情况下指令使用32位地址及32位或8位操作数,这样的代码段也称为32位代码段;D=0表示默认情况下,使用16位地址及16位或8位操作数,这样的代码段也称为16位代码段。

AVL(描述符第6字节的位4):保留的待利用位。保留给操作系统或应用程序使用。

2. 描述符表

一个任务允许包含多个段,每个段用一个段描述符描述。为了便于管理,将这些段描述符顺序存放在存储器线性空间中的指定位置,组成描述符表。描述符表是定义于存储器用于存放描述符的特殊的段。在 32 位处理器中,有三种类型的描述符表:全局描述符表 GDT、局部描述符表 LDT 和中断描述符表 IDT。这三种描述符表可以存储的描述符类型参见表 10.2。全局描述符表 GDT 和中断描述符表 IDT 在整个系统中只有一个,而局部描述符表 LDT 每个任务都可以有且只有一个。在多任务系统中,整个系统必然可以存在多个 LDT。

(1) 全局描述符表 GDT

全局描述符表 GDT 存储着系统中所有任务都可能或可以访问的段的描述符(除中断门和陷阱门描述符),通常包含操作系统所使用的代码段、数据段和堆栈段的描述符,还包含各个任务的局部描述符表的描述符,也包含多种系统段的描述符,如各个 LDT 的描述符、各个任务状态段 TSS 的描述符等。GDT 是一个特殊的段,本来也应该有其自己的描述符,但由于 GDT 在全系统中只有一个,再将 GDT 描述符存于某个描述符表中没有必要。事实上,从后面的讨论可以看到,GDT 的"描述符"信息直接存储于全局描述符表寄存器 GDTR 中。

表 10.2 三种描述符表允许存储的描述符类型

描述符类型	GDT	LDT	IDT
代码段描述符	✓	✓	
数据段描述符	✓	✓	
LDT 描述符	✓		
TSS 描述符	✓		
调用门描述符	✓		
任务门描述符	✓	✓	✓
中断门描述符			✓
陷阱门描述符			✓

GDT 表内的每个描述符有一个索引,索引内存有 13 位二进制数编码形成的索引值,索引值乘以 8 是该描述符在表内的起始地址。GDT 所占的总字节数是可变的,其最多可容纳的描述符个数为 $2^{13} = 8192$ 个(64KB)。另外需要注意,GDT 的第 0 个描述符总不被处理器访问,通常置为全 0。

(2) 局部描述符表 LDT

保护模式在多任务操作系统的管理下支持多任务并行操作。多任务并行操作时每一个任务通常既包含本任务独有的段,也包含与其他任务共有的段。与其他任务共有的段的描述符存放于全局描述符表 GDT 内,而本任务独有的段的描述符存放在局部描述符表 LDT 内。也就是说,LDT 只存放属于某个任务自己的描述符,例如某个任务含有的自己的代码段、数据段和堆栈段的描述符。

每个任务都有且最多只有一个自己的 LDT。每个 LDT 作为一个特殊的段也有一个对应的描述符,LDT 描述符设置在 GDT 内。LDT 的长度也是可变的,每个 LDT 最多也是含有 8192 个描述符。表内每个描述符在表内的起始地址也是由描述符内的 13 位索引值乘以 8 得到的。

（3）中断描述符表 IDT

中断描述符表 IDT 将在本章第 5 节讨论，这里暂略去不提。

3. 段选择符和系统地址寄存器

（1）段选择符

对 8086 系统而言，逻辑地址是由段寄存器存放的 16 位段基地址和某种寻址方式下指令中给出的 16 位段内偏移地址两部分组成的。而对于保护模式下的 32 位微处理器，虚拟地址（即逻辑地址）是由 16 位段选择符和 32 位段内偏移地址两部分组成的。这时，存放在段寄存器中的段选择符可分为三个字段，分别是高 13 位的 Index、位 2 标识的 TI 和位 1 与位 0 标识的 RPL，如图 10.8 所示。

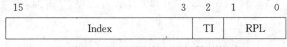

图 10.8　段选择器中段选择符的格式

RPL（位 1 和位 0）：请求特权级（requested privilege level）。用于特权检查，将在本章 10.4 节保护功能部分再讨论。

TI（位 2）：表指示位（table indicator）。TI=0 表示从 GDT 中读取描述符；TI=1 表示从 LDT 中读取描述符。

Index（位 15 到位 3）：描述符索引。13 位编码的描述符索引指出描述符在描述符表中的顺序号。

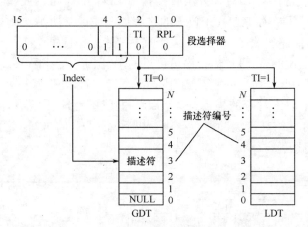

图 10.9　段选择器的内容与描述符表的关系

图 10.9 说明了 TI 位、段选择符中索引 Index 与描述符表之间的关系。假设某个选择符的内容是 000CH，则根据选择符的位格式可知，Index 为 3，TI=0，RPL=0。说明该选择符指定了 GDT 表中的第三个描述符，请求特权级为 0。由于一个段描述符占 8 个字节，如果用 Index 的值乘以 8 就得到对应的段描述符在相应描述符表中的偏移地址。

基于上述讨论，在保护模式下，程序员编程采用段选择符和段内偏移构成的二维虚拟地址来访问存储器，32 位处理器支持的虚拟地址空间是由程序决定的。由于段选择符中有 13 位二进制的索引值，决定了 GDT 和 LDT 两个表最多可容纳的描述符个数均为 $2^{13}=8192$ 个；而每个描述符里给出的段界限值确定一个段的最大长度为 2^{32} 字节，即 4GB；这样看来，程序员可以使用的虚拟存储最大容量为 $2 \times 2^{13} \times 2^{32} = 2^{46}$ 字节,也就是 64TB。因此,可以认为有足够大的存储空间供编程使用。

（2）系统地址寄存器

微处理器中的 4 个系统地址寄存器可以按其结构和使用可分为两组,一组是全局描述符表寄存器 GDTR 和中断描述符表寄存器 IDTR,另一组是局部描述符表寄存器 LDTR 和任务状态段寄存器 TR。参见第 9 章的图 9.10。

① GDTR 和 IDTR 分别寄存 GDT 和 IDT 表的基地址和长度。两个寄存器都有 48 位,其中高 32 位是线性基地址部分,指明描述符表 GDT 或 IDT 在存储器中的起始地址,低 16 位保存描述符表的界限值,也就是描述符表的长度。由于系统工作是只存在一个 GDT 和一个 IDT,所以在进入保护模式之前的系统初始化阶段,就可以预先定义 GDT 或 IDT,再用指令 LGDT 或 LIDT 分别向 GDTR 或 IDTR 置入以后不再改变的初值,确定 GDT 或 IDT 在存储单元中的位置。

假如 GDTR 内赋值 0130DB0804FFH,则 GDT 的起始地址为 0130DB08H,长度为 4FFH+1=500H。GDT 中共有 500H/8=160 个段描述符。

② 至于系统地址寄存器 LDTR 和 TR,可以分别使用指令 LLDTR、LTR 向其中置数,LDTR 和 TR 中 16 位段选择符的内容就是 LDT、TSS 描述符表（一种特殊的段）的选择符。除了用指令直接置数,在初始化或多任务的任务切换过程中,也通过一定机制向 LDTR 和 TR 中装入选择符。

这里仅说明 LDTR 及其决定 LDT 存储位置的过程。与 GDTR 直接给出 GDT 的起始地址不同,局部描述符表寄存器 LDTR 并不直接指出 LDT 的存储位置或起始地址。由 LDTR 寄存器的内容确定 LDT 在存储单元中位置的过程如图 10.10 所示。作为系统中一个特殊的段,每个任务的局部描述符表 LDT 也由一个描述符描述,且每个 LDT 的描述符都存放在 GDT 表中。第 9 章已说明,LDTR 由程序员可见的 16 位寄存器和程序员不可见的 64 位高速缓冲寄存器组成。LDTR 中 16 位寄存器的段选择符确定后,处理器根据对程序员可见的段选择符的值,从 GDT 中取出对应的描述符,将 LDT 的段基地址、段界限和属性等信息保存到 LDTR 对程序员不可见的高速缓冲寄存器中。以后对 LDT 的访问,就可根据保存在高速缓冲寄存器中的有关信息进行。

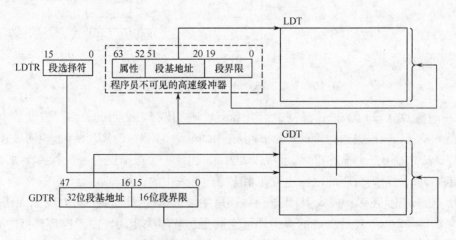

图 10.10　由 LDTR 寄存器的内容确定 LDT 在存储单元中位置和长度

在多任务情况下,由 LDT 或 TSS 形成的这种特殊的段可能有多个,但当前活动的段只有一个,那就是由 LDTR、TR 中段寄存器指出的段。导致段寄存器 CS、LDTR、TR 内容改变的情况通常有两个,一个是程序进行了段间转移,另一个是多任务之间的切换。

4. 逻辑地址到线性地址的转换

根据前面的讨论,从虚拟地址或逻辑地址转换为线性地址的过程就可以从图 10.4 进一步细化为图 10.11。

① 当系统程序加载一个应用程序到内存时,将对应的段选择符置入相应的段选择器(段寄存器)中。当某条指令要访问虚拟空间的某个地址时,系统程序先判断该地址属于哪个段,然后从相应的段选择器中找出该段对应的选择符,根据选择符内 RPL 字段的值进行特权检查,以判断该指令是否有权访问该地址。如果可以,再根据选择符的 TI 位的值,判断选择符对应的是 GDT 还是 LDT。

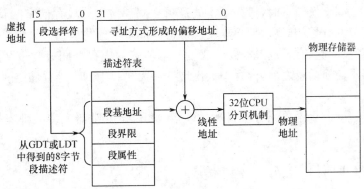

图 10.11　保护模式下存储空间的地址转换

② 如果该选择符访问的是 GDT,就直接从 GDTR 中取出 GDT 的基地址,再用选择符中的 Index 值作为索引,得到相应的描述符,进一步从描述符中得到相应段的段基地。如果再加上指令中以某种寻址方式给出的 32 位段内偏移地址,就可以得到所要访问存储空间的线性地址了。

③ 如果该选择符访问的是 LDT,则这时仍然是先从 GDTR 中取出 GDT 的基址,再用 LDTR 作为索引在 GDT 中找到 LDT 所在段的描述符,从而得到 LDT 的基址、界限和属性。进一步利用选择符中的 Index 值作为索引,在 LDT 中得到相应段的段基址,如果再加上指令中以某种寻址方式给出的 32 位段内偏移地址,就可以得到所要访问存储空间的线性地址了。

5. 存储器分段管理小结

① 系统中所有任务信息都是分段存储的。除了实模式下使用的代码段、数据段和堆栈段之外,保护模式下的系统还有一些特殊的段,包括一个 GDT 段、一个 IDT 段、多个 LDT 段和多个 TSS 段。

② 定义上述所有的段时,必须同时定义一个对应的段描述符,段描述符的内容给出了这个段的基地址、长度(段界限)和属性信息。描述符必须置于描述符表的指定位置中。除了 GDT 和 IDT 两个特殊的段之外,其他所有段的描述符都有一个选择符,用以指定描述符在描述符表中的具体位置和访问权限。

③ 一条指令对存储器的寻址是由指令给出的段选择符和偏移地址实现的,段选择符隐含着段的 32 位基地址,再加上指令中某种寻址方式给出的 32 位偏移地址,就得到寻址空间的线性地址。

④ 无论取指令还是读/写数据访问内存单元,必须先获得段的基地址和段内偏移地址。而段基地址的获得必须通过段选择符、段描述符表、段描述符等机制的中介,如果每次访问内存都经历这样的过程,访问内存的速度将会大大降低。

事实上,32 位微处理器借助于段寄存器和系统地址寄存器的设置,在绝大多数情况下,由 CPU 内的段寄存器(段选择器)及对程序员不可见的描述符高速缓冲寄存器直接给出当前活动段的段选择符和描述符,不用再从描述符表中取描述符,从而使访问内存的操作保持高速度。

更换当前活动的段,是通过用指令(有些是通过中断操作)修改段寄存器中的选择符来实现的。

⑤ 内存单元的分段管理把程序、数据和描述符表等其他信息定义成长度不等的段。当内存和磁盘等外存之间交换信息时,段是基本的逻辑空间单位。分段存储空间管理的优点是段的分界与程序任务的分界相对应,使得软硬件协作完成多任务共享、编译、修改、保护时非常方便。然而,由于各段的起始地址和段界限(长度)不定,这为内存空间分配带来不便。另外,在内存与磁盘间多次交换信息之后,内存中会出现许多无法利用的零碎存储空间,造成存储单元的浪费。

为了在一定程度上克服单纯分段管理的缺点,32 位微处理器大多数都支持所谓的"分页管理"机制。

10.2.3 分页管理

为了克服分段存储管理中段的大小与位置不定的局限,分页管理将逻辑存储空间和物理存储空间都划分为长度为 4 KB 的"页",页的起始地址和终末地址都是固定的。对大多数 32 位微处理器支持的系统来说,4GB 的地址空间就可划分为 1M 个页,且每个页的起始地址的低 12 位为全 0,即具有 XXXXX000H 的形式。

在存储单元的页管理机制下,内存中存储的程序或数据以及信息在内存与磁盘之间交换时的基本空间单位都是 4 KB 的页,这些页在内存中不一定是地址相邻或连续的,这样的存储机制有利于节省内存单元。当然,一个任务的最后一页可能会留下一些剩余空间造成浪费,但由于一页的字节数只有 4 KB,所余空间不多。

尽管分页管理机制具有一些分段管理没有的优点,但权衡利弊,多数 32 位微处理器支持的系统很少单独对存储单元进行分页管理。在保护模式下,软硬件协同形成的分页管理机制主要用来配合分段管理,实现线性地址到物理地址的转换。这时,是否使用分页管理机制是可选的。如不启用分页管理机制,那么分段管理机制形成的线性地址就是物理地址。

选择是否使用分页机制是由控制寄存器 CR0 中的 PG 位(位 31)决定的。PG=1 时,启动分页管理机制,把线性地址转换为物理地址;设置 PG=0 时,分页机制不工作,线性地址就直接作为物理地址。另外,由于分页管理机制只在保护模式下才发挥作用,控制寄存器 CR0 的 PE 位(位 0)必须设置为 1,在这个前提下,PG 位才可以置 1。

1. 线性地址到物理地址的映射

分页机制下线性地址到物理地址的映射关系可用如下几点描述:

① 线性空间与物理空间都划分为 4KB 大小的页,页与页互不重叠;页的起始地址具有 XXXXX000H 的形式,页的最高地址具有 XXXXX111H 的形式。

② 定义线性空间中页的起始地址的高 20 位 XXXXXH 为"虚页号",物理空间中页的起始地址的高 20 位 XXXXXH 为"实页号"。保护模式下 32 位处理器理论上可寻址的物理空间和线性空间都达到 4GB,但实际中应用的物理存储器容量一般要小于 4GB。因此,虚页号可在 4GB 的范围内任意选取,但实页号却只能在实际存在的物理空间范围内选取。

③ 32 位线性地址到 32 位物理地址的转换,其实质是寻找线性空间虚页号与物理空间实页号之间的映射关系,而映射过程中低 12 位的页内偏移地址保持不变,即线性地址的低 12 位就是物理地址的低 12 位。

2. 分页机制下的两级映射表结构

保护模式下,大多数的 32 位处理器把线性空间的虚页号到物理空间的实页号之间的映射用"页目录表"和"页表"形成的两级映射表结构来描述,映射表中的一个项目内容称为一个表项。

（1）页目录表是一级映射表。一个页目录表占 4KB 的物理空间,形成一个独立的页。页目录表中的每个表项占 4 个字节的单元,因而在页目录表中共存有 1024 个表项,每个表项的 4 个字节(32 位二进制数)中用 20 位指明对应二级页表所在物理空间页的实页号,也就是一个页表起始地址的高 20 位(低 12 位全为 0),4 个字节的其余 12 位给出关于该页表的其他信息。显然,一个页目录表可以指定 1024 个二级页表。

CPU 中的控制寄存器 CR3 是页目录表的物理基址寄存器,32 位的 CR3 用其中的 20 位给出页目录表的起始地址。

（2）被页目录表指定的页表是二级映射表。每个页表也占 4KB 的物理空间,形成一个独立的页。与页目录表类似,页表的一个表项也占 4 个字节,每个页表有 1024 个表项,每个表项的 4 个字节中有 20 位指明了对应物理空间页的实页号,也就是一个物理空间页起始地址的高 20 位(低 12 位全为 0),4 个字节的其余 12 位给出关于该页的其他信息。显然,一个页表可以指定 1024 个物理空间的页。在访问物理空间的任何一页时,必须先得到这个页对应的页表项所在的页表地址和这个页表项在页表中的偏移地址。

（3）由于 32 位微处理器多数支持的寻址空间理论上可达 4GB,如采用上述的两级映射表结构组织存储器,仅存储全部的第二级页表就需要 4MB 的空间,而存储第一级的页目标表还需要 4KB 的空间。表面上看,两级映射表结构本身似乎占内存资源相当多。然而实际上,并不需要在内存中存储完整的两级映射表。除了必须给页目录表分配物理页外,给页表分配物理页是基于任务需要的原则,通常页表中所含表项的多少对应于实际使用的线性地址空间的大小。由于系统执行任何一个程序使用内存的线性地址空间远小于 4GB,对应页表所占的物理空间也就远小于 4MB。

页表形成独立的页与物理空间中的页都可以任意地分散在物理地址空间中,不需要地址连续地存放,这个特性大大减少了数据反复腾挪导致的碎片空间浪费。

3. 表项的格式与意义

页目录表和页表中的每个表项格式相同,都为 4 字节长,都采用如图 10.12 所示的格式。然而,两种表项描述的对象是不同的:页目录表的表项描述的是页表的特征,而页表项则描述的是物理空间页的特征。

31　　　　　　12	11 10 9	8	7	6	5	4	3	2	1	0
20 位物理实页号	AVL	0	0	D	A	0	0	U/S	R/W	P

图 10.12　页目录表项和页表项的格式

图 10.12 中，20 位物理实页号(位 21～位 12)给出了页表(对页目录表)或物理空间页(对页表)起始地址的高 20 位，也就是页表或物理页的实页号。AVL 字段由位 11～位 9 共 3 位组成，留给操作系统定义和使用。

P 字段(位 0)是存在(Present)位，指示该表项是否正确可用。P＝1 表示该页目录项或页表项正确有效，页表或页存在于物理内存中，可在线性地址到物理地址的转换中使用。P＝0 则表示该表项不可用，有效页表或物理页不在物理内存中，这时的其他位均无意义。

A 字段(位 5)是访问(Accessed)标志。该位的意义与图 10.7 中描述符的属性位 A 有类似之处。如果对该页目录项或页表项描述的地址区域进行了访问，CPU 硬件置 A 位为 1。操作系统会周期性地将 A 位复位为 0，这样，A 位为 1 的状态统计代表了该页的活动情况。

D 字段(位 6)是写入位(Dirty)。D 位在页目录表项中无意义。在页表项中，当程序向对应物理页进行写操作时，D 位置 1；D＝0 表示对该页还没有进行过写操作。与 A 位一样，D 位只能由操作系统复位为 0，所以 D 位常用于描述对应页被写入的情况。

U/S(User/Supervisor)位和 R/W(Read/Write)位用于支持页保护功能，这里略去不提。

4. 线性地址到物理地址的转换过程

分页机制实现 32 位线性地址到 32 位物理地址的转换也可以视为是对所有存储单元进行一次在分页机制下的重新编址。新编的地址包括三部分的信息：这个单元在物理页内的相对地址，单元所在物理页的页表项在页表中的相对地址和该页表在页目录表中的相对地址。

分页功能组件启用后，分段组件形成的 32 位的线性地址被分为三个字段，位 11～位 0 的 12 位数据直接指明了单元所在物理页内的偏移地址；位 21～位 12 的 10 位数据指明了页表项在页表中的索引号，用该索引号乘以 4，就得到页表项在页表内的相对(偏移)地址；位 31～位 22 的 10 位数据指明了对应页目录项在页目录表中的索引号，该索引号乘以 4，就得到了页目录项在页目录表中的偏移地址。页目录表自身的起始地址则在控制寄存器 CR3 中存放。

图 10.13 详细解析了上述 32 位线性地址到 32 位物理地址的转换原则，具体说明如下。

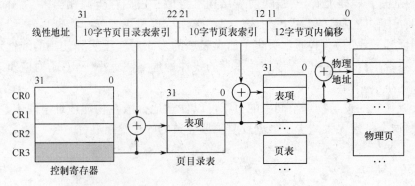

图 10.13　分页机制实现线性地址到物理地址的转换过程

（1）控制寄存器中 CR3 称为页目录基址寄存器，用于保存当前任务的页目录表在内存中的物理基地址。从 CR3 中就可以得到页目录表所在物理页的起始地址（页号）。

（2）将线性地址的最高 10 位（即位 31～位 22）作为页目录表的索引，在页目录表找到对应的页目录表的表项，该表项的高 20 位给出对应二级页表所在物理页的实页号。

（3）将线性地址的中间 10 位（即位 31～位 12）作为所指定页表的索引，在页表中找到对应的页表的表项，该表项的高 20 位给出了物理页的实页号。

（4）将物理页的实页号作为 32 位物理地址的高 20 位，将线性地址的低 12 位直接作为 32 位物理地址的低 12 位，便得到 32 位线性地址所对应的 32 位物理地址。

5. 页转换后备缓冲器

访问页目录表和页表的操作是相当费时的。为了避免在每次存储器访问时都要访问内存中的页表，提高访问内存的速度，32 位微处理器支持分页功能的硬件中设置了所谓的页转换后备缓冲器（translation lookaside buffer，TLB）。TLB 具有高速缓冲存储器结构，由 32 个单元构成，每个单元包括两个字段，一个字段用于存储前面使用过的页表项数据，包括页的物理起始地址和相关信息，另一个字段称为标记（Tag），存放该页表项对应的线性地址的高 20 位（位 21～位 12）。TLB 的结构与工作原理如图 10.14 所示。

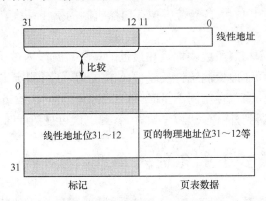

图 10.14　TLB 的工作原理示意图

TLB 硬件把最近使用过的线性地址到物理地址的对应参数存储起来，在每次访问存储器页表、需要将线性地址转换为物理地址之前总是先查阅 TLB，即用线性地址的高 20 位（位 31～位 12）对 TLB 的标记字段进行对比检索，如果检索到（称为命中），就直接使用 TLB 的页表数据字段给出物理页的起始地址；如果未能命中，通过两级映射表完成地址转换。

在频繁的内存读/写中，TLB 的内容会很快写满，下面就存在对 TLB 中两个字段的单元内容进行更新的问题。更新的策略通常采用所谓的最近最少使用（least recently used，LRU）算法进行，即选出最近最少访问的页表项作为要被替换的项。在 LRU 算法的作用下，TLB 内存放的页表项总是近期访问最频繁的页的页表项，预期也会是将来访问最频繁的页表项。

显然，TLB 的使用大大减少了访问内存的两级映射表的操作次数，从而大大提高了访问的速度。

10. 2. 4 虚拟存储器

32 位微处理器工作于保护模式时最主要的技术发展之一是虚拟存储器技术。虚拟存储器通过软硬件协同下的专门管理机制将主存储器（内存或主存）与辅存储器（外存或辅存）有机结合，为程序员提供了比内存容量大得多的编程存储空间。

基于虚拟存储器的技术机制，系统可以运行容量超过主存的任务，这时任务的一部分存储在主存中，另外一部分可以存储在辅存储器中。虚拟存储器的容量可以达到 64TB。当程序所访问的页（段）不在物理存储器时，操作系统再把那一部分从辅存调入主存。显然，任务执行时，数据必然会频繁地在主存与辅存间传递。根据主存和辅存之间传送信息基本单位的不同，可以把虚拟存储器的管理机制分为分段管理、分页管理和段页式管理三种模式。

32 位微处理器在硬件设计时专门设置了分段单元和分页单元很好地支持了虚拟存储器的实现。一个典型的例子是在存储段描述符和页目录表、页表的表项中所设置的存在位 P 和访问位 A 的作用。

（1）当 P＝1 时，表示存储段描述符指定的段或表项指定的页存在于物理存储器中；当 P＝0 时，表示存储段描述符指定的段或表项指定的页不在物理存储器中。如果程序试图访问不存在的段或页时，程序运行出现的异常会提醒操作系统把这个在内存中尚不存在的段或页从外存（磁盘）中读入，这时 P 位置 1，支持虚拟存储器机制的操作系统会使引起异常的程序恢复正常运行。

（2）当 A＝1 时，表示相应段或物理页在最近的一个短时段内被访问过。支持虚拟存储器机制的操作系统通过周期性地检测统计及复位 A 位的值，就可测定出哪些段或页在最近的一个短时段内未被访问过。当主存空间不足时，这些很少被访问的段或页的内容会在操作系统的控制下被从主存中传送到外存（磁盘）里暂存，直到下次再被访问时再从外存搬移回内存。

10.3 保护模式下的多任务管理

支持多任务操作系统是 Intel 80286 及以后微处理器最主要的特点之一。任务（task）也称进程（process），是一个具有独立功能的程序对于某个数据集合的一次运行活动。显然，任务与程序有关，但又与程序不同。为了充分利用系统资源，出现了主存储器中同时存放并运行多道程序的系统。任务的概念出现在于多道程序之后。

涉及多道程序并行运行的操作系统设计十分复杂。多道程序的并行运行、软硬件资源的竞争和协调是考虑的主要因素，还要处理好多道程序内部状态的动态变化。程序通常指完成某个功能的指令集合。多道程序之间的并行、依赖制约和状态动态改变的关系使得仅用程序反映软件系统中的情况就显得捉襟见肘了。这时，任务或进程的概念应运而生了。

一个程序可以完成一个任务，但有时也可以包含多个进程。多任务管理的核心是协调任务内或任务间的调用和转移。具体可以分为两类：一类是在同一任务内的控制转移，另一类是任务间的切换，从一个任务转到另一个任务去执行。

无论是同一任务内的段间转移还是不同任务间的切换，最常见的启动因素是跳转指令 JMP、调用指令 CALL 和中断。由于中断将在本章第 5 节专门介绍，这里仅就 JMP、CALL 指令进行讨论。汇编程序中出现的 JMP/CALL 指令，形成的虚拟地址可以表示为

$$\text{JMP/CALL} \quad 选择符：偏移量$$

这里的选择符对应的描述符类型决定了 JMP/CALL 指令完成的操作，表 10.3 给出了其中的对应关系。

表 10.3　JMP/CALL 指令在不同选择符下应该完成的操作

选择符对应的描述符	CALL/JMP 完成的操作
代码段描述符	段间直接转移
调用门	段间间接转移
TSS 描述符	直接任务转换
任务门	间接任务转换

同一任务内的控制转移可以进一步分为段内转移和段间转移两个子类，其中段内转移过程与实模式下的情况相似，仅仅是改变指令指针 EIP 的内容，不涉及保护模式下存在的特权级变换和任务切换。由此，本节仅对保护模式下同一任务内的段间转移及不同任务间的转移切换进行介绍。在此之前，先介绍系统段描述符、门描述符和任务状态段等三个基本概念。

10.3.1　系统段描述符、门描述符和任务状态段

在保护模式下的多任务系统中，由于多个进程在系统中的状态是不断变化的，所以必须把这些信息记录下来，以便操作系统对进程的运行进行调度。由此引入了任务状态段(TSS)的概念。TSS 是在内存中定义的存储格式确定的存储区域，用于记录进程的有关信息。系统在建立任务的同时必须定义该任务的 TSS，撤销一个任务时也必须撤销该任务的 TSS。显然，任务切换时必须首先向原任务的 TSS 中保存当前 CPU 的寄存器内容，以备以后返回，还要从新任务的 TSS 中读取数据装入 CPU 的寄存器，启动新任务的运行。当前任务的 TSS 描述符寄存在 CPU 的 TR 寄存器中。

在多任务系统中，除了每个任务都要有一个 TSS 外，每个任务还要有一个局部描述符表 LDT，用于存储专属于本任务的段描述符。CPU 中的寄存器 LDTR(及其高速缓冲器)寄存着当前任务的 LDT 描述符，它提供了当前 LDT 的基地址。一个 LDT 中可能包含多个段的描述符，可见，一个任务可能由多个段组成。在任务切换时，要把新任务的 LDT 描述符装入 LDTR 中。

TSS 和 LDT 作为系统的一个特殊段，由系统段描述符描述，描述符存放在 GDT 中。

1. 系统段描述符

系统段描述符与存储段描述符的格式相同，也就是说系统段描述符中的段基址和段界限字段与存储段描述符中的意义完全相同，如图 10.15 所示。系统段描述符属性的格式如图 10.16所示，属性中的 G 位、AVL 位、P 位和 DPL 字段的作用与存储段也相同，主要的差异在于属性中 DT 的值。DT=0 表示系统段，DT=1 表示存储段。存储段描述符属性中的 D 位在系统段描述符中没有使用。

7　　　　　　　　0		
段界限(位 7～0)		0
段界限(位 15～8)		1
段基址(位 7～0)		2
段基址(位 15～8)		3
段基址(位 23～16)		4
段属性		5
段属性	段界限(位 19～16)	6
段基址(位 31～24)		7

图 10.15　系统段描述符的格式

7	6	5	4	3	2	1	0	第 5 字节
P	DPL		DT=0	TYPE				

7	6	5	4	3	2	1	0	第 6 字节
G		0	AVL	段界限(位 19～16)				

图 10.16　系统段描述符中的段属性

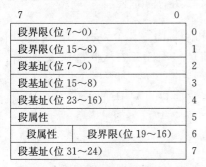

系统段描述符的类型字段 TYPE 编码及表示的类型如表 10.4 所示,其含义与存储段描述符的类型明显不同。从表中可见,只有类型编码为 0001、0010、0011、1001 和 1011 的描述符才是真正的系统段描述符,用于描述系统段 LDT 和任务状态段 TSS,其他类型的描述符属于门描述符。

表 10.4 系统段描述符属性中 TYPE 字段的定义

TYPE	说明	TYPE	说明
0000	未定义	1000	未定义
0001	286TSS,空闲可用	1001	386TSS,空闲可用
0010	LDT	1010	未定义
0011	286TSS,忙不可用	1011	386TSS,忙不可用
0100	286 调用门	1100	386 调用门
0101	任务门	1101	未定义
0110	286 中断门	1110	386 中断门
0111	286 陷阱门	1111	386 陷阱门

注:在 80286 中,TYPE 中的 1000～1111 等 8 个状态均未定义

2. 门描述符

保护模式下的多任务系统中,门描述符用于支持操作系统实现任务内特权级的变换和任务间的切换。通俗来说,门描述符用于说明转移目标进程入口点的特征,类似一个进入另一代码段的门。图 10.17 所示为门描述符的格式,门描述符的属性参见图 10.18。在属性图示中,P、DPL、DT、TYPE 等字段的意义都与系统段描述符的属性相同,DWORD Count(双字计数)字段是要传递到转移目标过程的双字参数的数量。其他字节主要用于存放 16 位的选择符和 32 位的偏移地址,这些信息形成一个 48 位的指针。

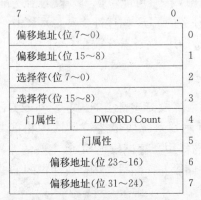

图 10.17 门描述符的格式

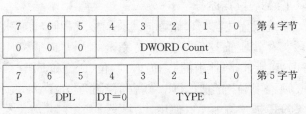

图 10.18 门描述符的属性

门描述符还可进一步细分为任务门、调用门、中断门和陷阱门等几个类别。调用门的内容主要是说明某个目标子程序的入口参数特征,其根本目的是实现任务内从低特权级到高特权级的变换;任务门主要为实现任务间的切换而设置;中断门和陷阱门则用于描述中断/异常处理程序的入口参数特征。值得说明的是,DWORD Count 字段只对调用门有效,对中断门、陷阱门和任务门而言,DWORD Count 字段无意义。

3. 任务状态段

任务状态段 TSS 是为每个任务或进程专门定义的特殊的段。每个任务或进程都有自己

的一个 TSS,用于保存对应任务的重要信息。TSS 作为特殊段都有自己的描述符以及对应的选择符。TSS 的描述符属于系统段描述符,只能定义在全局描述符表 GDT 中,其格式就是图 10.15 所示的格式,描述符的属性就是图 10.16 所示的属性。TSS 描述符的选择符与图 10.9 所示的段描述符的选择符相同,也包含有三个典型字段:位 2 的 TI 为 0,表示 TSS 描述符必须存放在 GDT 中;位 1 和位 0 形成的 RPL 是特权级,将在下节详述;位 15～位 3 的 13 位是 TSS 描述符在 GDT 中的索引号。

从一个任务向另一个任务的转移切换涉及两个任务,为了说明方便,称前一个任务为旧任务,称转换后的任务为新任务。无论旧任务或是新任务,当前任务的 TSS 总是由 TSS 寄存器 TR 来寻址的。与局部描述符表寄存器 LDTR 类似,TSS 寄存器 TR 也有程序员可见和不可见的两部分。当前任务的 TSS 描述符的选择符装入 TR 的选择符字段时,TR 隐含不可见的高速缓冲寄存器部分将装入选择符对应的 TSS 描述符,而该 TSS 描述符含有当前任务 TSS 的段基址和段界限等信息,是自动从 GDT 中被选出并实现装入的。

有两种途径可以完成 TR 中选择符的装入:一种是利用 LTR 指令装入,通常用于初始任务;另一种是在任务切换时,由系统自动完成新任务的 TSS 描述符的选择符装入。

在任务切换过程中,TSS 的作用是实现任务的挂起和恢复,即挂起当前正在执行的旧任务,恢复或启动执行一个新任务。当旧任务挂起时,处理器中各寄存器的值会自动保存到 TR 所指定的 TSS 中;当旧任务恢复或新任务启动时,挂起时保存在 TSS 中的各寄存器的值会再送回到处理器的各寄存器中,回复或启动的任务得以运行。TSS 的格式如图 10.19 所示,图中给出 TSS 包含的信息如下:

(1) TSS 由基本格式不可改变的 104 个字节组成(TSS 图中的前 26 行,每行四个字节)。在基本的 104 个字节之外,还可定义若干字节的附加信息。

(2) 第 1 行的四个字节中,低位的两个字节共 16 位称为反向链(back link),高位的两个字节未用。反向链中保存的是一个被挂起的旧任务的 TSS 描述符的选择符,是在从旧任务向新任务转移切换时自动装入的,装入的同时标志寄存器 EFLAGS 中的 NT 位置 1,使反向链字段生效。从新任务恢复返回旧任务执行时,由于 NT 位为 1,中断返回指令 IRET 沿着反向链恢复到其指明的前一个任务去执行。

(3) TSS 中的第 2～7 行用于存储三个特权级堆栈的 SS 和 ESP 偏移值,形成 0 级、1 级、2 级三个级别的内层堆栈指针,每个指针由 16 位的选择符 SS 和 32 位的偏移 ESP 共 48 位组成。内层堆栈指针为特权保护而设,特权级和特权保护的概念将在 10.4 节讨论。

(4) TSS 中的第 8 行用于存储控制寄存器 CR3 的内容。任务转移时,处理器会自动从新任务的 TSS 中取出 LDTR 和 CR3 两个字段,分别装入到 CPU 中的寄存器 LDTR 和 CR3 中,借以改变虚拟地址空间向物理地址空间的映射。而旧任务的 LDTR 和 CR3 则从 CPU 再写入其对应的 TSS。

(5) TSS 中的第 9 行到第 24 行都是寄存器保存区域,用于存储当前任务即将切换时 CPU 中通用寄存器、段寄存器、指令指针和标志寄存器的值。当从另一个任务要再切换回这个任务时,这些保存在 TSS 寄存器存储区中的值会恢复到对应的寄存器中,使得该任务可以继续得以执行。

(6) TSS 中的第 25 行的两个低位字节存储本 TSS 对应任务 LDT 描述符的选择符。与第 8 行的 CR3 寄存器值一起用于对任务切换的控制。在任务切换过程中,新任务 TSS 的这个值应该得到修改,包括其高速缓冲部分自动装入 LDT 描述符。

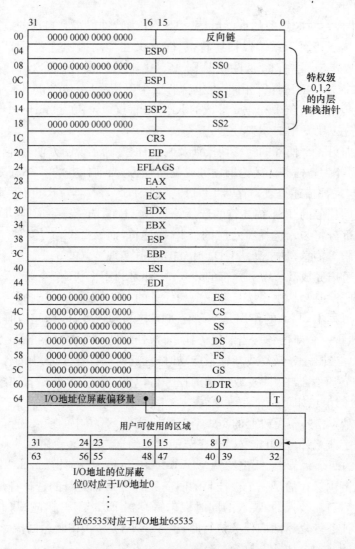

图 10.19　任务状态段 TSS 的格式

（7）TSS 中的第 26 行中的位 0 标示为 T,是调试陷阱位,在任务转移切换时,如果新任务 TSS 的 T 位为 1,那么在任务切换完成后,新任务的第一条指令执行之前会产生一个调试陷阱。

（8）在基本的 104 个字节之外,还可定义若干字节的附加信息,包括为实现输入/输出 (I/O)保护而设置的 I/O 地址位屏蔽以及在 TSS 内偏移 66H 处用于存放 I/O 地址位屏蔽在 TSS 内偏移(从 TSS 开头开始计算)的字。TSS 中的 I/O 地址位屏蔽区共有 8 K 字节 65536 位,从位 0 开始每一位对应一个 I/O 端口地址,总共可控制 2^{16} ＝65536 个端口。如果位屏蔽区中的某位被置 1,意味着该位对应的 I/O 端口处于受屏蔽状态,如果位屏蔽区中的某位被置 0,意味着该位对应的 I/O 端口地址处于未屏蔽状态。端口保护规则确定为:当访问端口的代码段的 CPL 大于标志寄存器 EFLAGS 中 I/O 特权级指示位 IOPL 的值时,允许对未屏蔽的 I/O 地址进行访问;如果访问处于屏蔽状态的 I/O 端口,系统将引起类型号 13 的异常中断。有关特权级保护的内容请参阅 10.4 节内容。

初始任务的 TSS 内容是用程序置入的。在任务切换时,新任务 TSS 中的信息大部分要对应置入 CPU 的有关寄存器,作为新任务运行的初始状态;而切换前的 CPU 状态信息,除了把 TR 中的选择符字段作为反向链存入新任务的 TSS 之外,其他状态信息存入旧任务的 TSS,以便任务返回切换时可以使用。

10.3.2 任务内的段间转移

同一任务内的段间转移必然涉及 CS 寄存器值的改变。这里以 JMP/CALL 指令为例,对任务内的段间转移进行说明。与实模式下类似,JMP/CALL 指令也可分为段间直接转移和段间间接转移两大类。如果指令 JMP/CALL 直接在使用格式中选择符给出目标地址,那么就是段间直接转移,而段间直接转移只能进行任务内无特权级改变的转移。然而,在实际应用中,位于低特权级的应用程序往往需要调用高特权级的操作系统程序来完成一些功能,这种使控制权从较低的特权级转移到高特权级的转移,需要利用间接转移的方法来实现。

1. 段间直接转移

前已述及,对指令 JMP/CALL 进行汇编形成的虚拟地址可以表示为:JMP/CALL 选择符:偏移量。依照表 10.3,如果指令中指出的选择符对应的描述符指向代码段描述符,这时将实现段间直接转移,选址关系如图 10.20(a)所示。

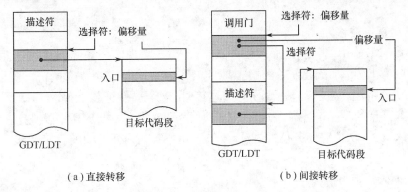

(a)直接转移   (b)间接转移

图 10.20 段间转移的寻址关系

处理器在执行段间直接转移指令时,其更新地址的操作过程如下。

(1)通过段选择符从全局描述符表 GDT 或局部描述符表 LDT 中取得目标代码段描述符,装载到 CS 高速缓冲寄存器中。在这个过程中,首先应判别选择符的位 2 即 TI 位的值,如果 TI=0 则指向 GDT;如果 TI=1 则指向 LDT。其次还要判别从 GDT 或 LDT 中获得的代码段描述符是否合法。如果合法则把选择符置入 CS,并随之自动地把代码段描述符从描述符表中装入 CS 附带的高速缓冲器。这时描述符高速缓冲器中提供的段地址将是控制转移到的目标代码段的段地址。

(2)在将段选择符装入 CS 段寄存器后,偏移地址装入指令指针 EIP,CPL 存入 CS 内选择符的 RPL 字段;如果是执行 CALL 指令,还需将返回地址指针压栈,从而完成向目标代码段的转移。

2. 段间间接转移

依表 10.3,如果 CALL/JMP 指令中给出的选择符对应的描述符指向门描述符选择符,这时将实现段间间接转移。段间间接转移时,JMP/CALL 指令的使用格式 JMP/CALL 选择符:偏移量中,选择符将是门选择符,而不是直接转移中的 16 位代码选择符。

　　同一任务内,当要求实现任务的特权级从低向高的切换时,必须使用 CALL 指令通过调用门实现段间的间接转移。图 10.18 门描述符的属性中 TYPE 字段的不同编码可用于区分调用门、中断门、陷阱门和任务门,具体关系参见表 10.4。对于调用门、中断门、陷阱门和任务门这 4 种门,其描述符中的字节 2 和字节 3 都给出了一个 16 位的选择符。根据指令中调用门的这个 16 位的选择符,就可以从 GDT 或 LDT 中找到一个调用门描述符,再从门描述符中的 16 位选择符来读取目标代码段的描述符,而目标代码段的描述符就给出了被调用段的段基址。在此基础上,使用门描述符中的偏移地址代替指令中的偏移地址来形成转移目标代码段的入口。换句话说,描述符缓冲器中提供的段地址就是控制转移到的目标代码段的段地址,调用门中的偏移值就是控制转移的目标代码段内的偏移地址。使用调用门实现段间间接转移的选址关系如图 10.20(b)所示。

10.3.3　任务间的转移

　　任务间的切换转移也是通过 CALL、JMP 指令或中断机制来实现的。与段间转移不同,任务间的转移涉及到各种门、TSS 等功能。任务间的切换转移也可分为直接转移和间接转移两种。

1. 任务间直接转移

　　在使用 CALL/JMP 指令时,通过任务状态段 TSS 实现的任务间转移称为任务间直接转移。在对指令 JMP/CALL 汇编后的虚拟地址表示式"JMP/CALL 选择符:偏移量"中,如果选择符指向一个可用任务状态段 TSS 的描述符时,这个选择符装入 TR,选择 TSS 描述符并自动将其装入 TR 的高速描述符缓冲区,被选中 TSS 内的 CS 和 EIP 字段确定的指针指明了目标任务的入口点,从当前任务切换到 TSS 对应任务实现了任务间的直接转移。

2. 任务间间接转移

　　在使用 CALL/JMP 指令时,通过任务门实现的任务间转移称为任务间间接转移。在对指令 JMP/CALL 汇编后的虚拟地址表示式"JMP/CALL 选择符:偏移量"中,如果选择符指向一个任务门时,系统从当前任务切换到由任务门内的选择符确定的 TSS 相应任务,即先经任务门选择符引出任务门,从任务门中取出的选择符才是目标任务的 TSS 描述符选择符,其中增加了一个"间接"的过程,间接实现了任务间的转移。

10.4　保护模式下的保护技术

　　保护模式下微机系统另一最重要的特征是具有了保护功能。在基于 8086/8088 的系统中,如果程序设计有误,非常容易破坏常驻内存的操作系统,使得系统崩溃,造成死机。究其原因,主要是由于应用程序在访问内存时,不适当地操作或访问了系统程序。这种情况在单任务系统中尚可容忍,但从 80286 开始,多任务功能加入后,保护机制成为支持多任务运行必不可少的基本条件。

　　目前,系统对多任务进行保护的规则和机制相当复杂,多数情况下还互相交织,本节仅以特权级保护为例对保护技术展开讨论,其他多种保护规则和机制则略去不提。

10.4.1 特权级和特权规则

1. 特权级设计

在基于特权级的保护机制设计中,系统为任务中的每个段赋予一定的特权级别,用于限制对任务中的段进行访问。从 80486 CPU 开始,系统为一个任务的每一段提供 4 个不同级别的特权级,分别为特权 0 级、1 级、2 级和 3 级。其中 0 级为最高级,1 级次之,3 级的特权级最低。

基于上述 4 级保护机制设计,系统中的全部任务形成了一种 4 级保护的环形结构,如图 10.21 所示。划定操作系统的核心部分都属于最高级别的 0 级,操作系统的非核心部分划为 1 级,操作系统的扩展部分划定为 2 级,用户基于操作系统开发的程序都属于最低级的 3 级。

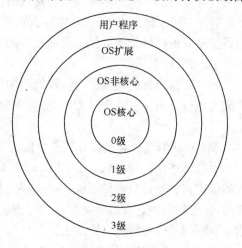

图 10.21 对任务进行段保护的 4 级特权设计

2. 特权管理方式

在对任务中的段进行 4 级保护中使用了三种形式的特权管理,分别是当前特权级(current privilege level, CPL)、描述符特权级(descriptor privilege level, DPL)和请求者特权级(requestor privilege level, RPL)。

(1) 当前特权级 CPL:当前正在运行的代码段所属的特权级称为当前特权级。CPL 存放在 CS 寄存器内选择符的位 1 和位 0,这两位形成的 RPL 字段指明了由 CS 内选择符所指向代码段的特权级。

(2) 描述符特权级 DPL:描述符特权级是由段或门描述符中的 DPL 确定,规定了访问该描述符所描述的段或门所属任务的最低级别。由于描述符可以属于段也可属于门,所以每个段有其特权级,每个门也有自己的特权级。

(3) 请求者特权级 RPL:访问或读取描述符表 GDT 或 LDT 中的描述符必须借助于预先准备好的与描述符对应的选择符,通常用字定义语句定义或其他方式来形成选择符。被形成的段选择符存放在段选择器中,特权级由段选择符中的 RPL 字段确定。段选择符中的 RPL 字段将改变特权级的测试规则。在这种情况下,与所访问段的特权级相比较的特权级不是 CPL,而是 CPL 与 RPL 中级别低的特权级。

当然,为读取描述符而准备的选择符其中的 RPL 与其对应的描述符中的 DPL 不一定相同,也与 CS 中当前特权级 CPL 也没有必然的相等或其他固定的关系。事实上,选择符各字段的合理范围是需要讨论的,而选择符的合理性也是需要测试的,已有专门指令用于修改不合理的选择符,使得选择符的取值符合安全并达预期访问目的。

上述三个特权级都是基于段的访问而言的。由于一个任务总是由多个代码段组成,所以一个任务在执行过程中的特权级总是在 4 个特权级中动态变化的,也可以说任务的特权级是由一系列当前特权级 CPL 组成的。如前所述,在执行由多个段形成的任务时,如果在两个特权级相等的段间进行转移,可以不经过门,而是直接通过目标代码段的描述符就可实现;如果要在特权级不同的段间进行转移,则必须经过门。

3. 特权规则

保护模式下设置的保护功能,意味着某些操作是被禁止的。哪些操作可以允许而哪些操作需要禁止是有原则的,这些原则的制定必须有利于操作系统与用户程序之间相互隔离,各自能够安全稳定地运行:

(1)在同一任务内,处在一定特权级别上的数据段,其数据只能被相等特权级或更高特权级的代码段访问。换句话说,特权级低的代码段在运行时访问特权级高的数据段是不允许的。

(2)在同一任务内,处在一定特权级别上的代码段和代码段中的过程(子程序),只能被相等特权级或更低特权级的代码段调用。换句话说,从特权级高的代码段向特权级低的代码段转移是不允许的;

允许特权级低的代码段向特权级高的代码段切换,然后再返回到原来特权级低的代码段中继续执行。但是在这个过程中,必须调整堆栈段,使堆栈段的特权级与当时代码段的特权级相同。

(3)在从旧任务到新任务的任务间转移时,允许新任务的目标段处于任何特权级。

虽然前述的特权级包括了 CPL、DPL 和 RPL,但是段的特权级是最基本的,这是因为特权级的保护其核心是对段的保护。一个任务总是由代码段、数据段和堆栈段等不同功能的段组成的,任务执行的过程也就是程序在这些段之间进行转移的过程,而段的转移体现在对段选择器(段寄存器)内选择符的修改上。

当 CPU 准备修改段选择器中的选择符并通过新的选择符获取其对应的描述符时,对选择符中的 RPL、该选择符对应的段描述符中的 DPL 和 CS 中的 CPL 进行分析,以上述段转移的保护规则为标准,检查三者之间的关系。如果转移符合规则要求则段转移操作允许,段选择器中的选择符被修改,其对应的描述符被装入对应段选择器的描述符高速缓冲器;如果转移不符合规则要求则段转移操作不被允许,修改段选择器的操作不能进行,同时触发类型号为 13 的异常中断。

下面分别讨论数据段、堆栈段和代码段的特权级保护机制。

10.4.2 数据段和堆栈段的特权级保护

1. 数据段的特权级保护

利用特权级机制对数据段的访问进行保护,集中体现在修改数据段寄存器内容时需要在指令执行前先检查特权级条件是否符合。在实模式下,用指令

$$\text{MOV ES,AX} \tag{10.1}$$

对 ES 进行初始化或内容修改时,指令将直接执行。但在保护模式下,这条指令在执行时会先经过几项判别,其中最重要的是特权级判别。通常为这类指令设置下面的条件,如果条件符合,上述指令才会执行:

$$\text{DPL} \geq \text{MAX(CPL,RPL)} \tag{10.2}$$

这里的 CPL 是当前代码段的当前特权级,RPL 是预先在 AX 中置入的指向数据段选择符的特权级,DPL 则是该 AX 中所储选择符对应的在 GDT 或 LDT 内的数据段描述符的特权级。下面以 RPL 与 CPL 的关系,分两种情况讨论。

(1)RPL=CPL。这时,由式(10.2)确定的条件变为

$$DPL \geqslant CPL \qquad (10.3)$$

其隐含的意义就是前述特权规则的第一条,即代码段只能访问与其特权级相同或更低的数据段。所幸的是,关系 RPL=CPL 在大多数情况下是成立的,因为多数情况下 RPL 是由 CPL 形成的。

(2) RPL≠CPL。在某些特殊情况下,RPL 与 CPL 不等,这时如果 DPL 仍然是最大,比如:

$$DPL \geqslant CPL > RPL \quad 或 \quad DPL \geqslant RPL > CPL \qquad (10.4)$$

这两种情况仍然满足式(10.2)确定的条件,依然保证了前述特权规则的第一条。但如果 RPL 与 CPL 的不等形成如下事实:

$$DPL \leqslant CPL \quad 或 \quad DPL \leqslant RPL \qquad (10.5)$$

则访问数据段特权级的基本规章被破坏,段寄存器的初始化或赋值的语句不能执行,且产生中断类型号为 13 的异常中断。

2. 堆栈段的特权级保护

利用特权级对堆栈段进行保护的基本规则是:堆栈段只能被与其等特权级的代码段访问。如果初始化或修改堆栈段时用下列指令:

$$MOV \; SS, AX \qquad (10.6)$$

上述堆栈保护的基本规则可以细化为下列条件:

$$DPL = CPL = RPL \qquad (10.7)$$

这里的 CPL 当然是操作堆栈的代码段的当前特权级,RPL 是 AX 内储选择符的特权级,DPL 是该选择符对应堆栈段的特权级。

10.4.3　代码段的特权级保护

利用特权级保护机制对代码段实施保护集中体现在代码段间转移时需先检查新代码段与旧代码段之间的特权级关系,检查 CS 内容修改时预先设定的特权级条件是否符合要求。如前所述,段间转移分段间直接转移和段间间接转移两种,这两种情况下要求的特权级保护条件是不同的,下面分别讨论。

1. 段间直接转移时的特权级保护

直接段间转移通常出现在用 JMP/CALL 指令进行段间直接转移时操作中。对程序中的 JMP/CALL 指令进行汇编,就会形成"JMP/CALL 选择符:偏移量"的形式,其中的选择符必然是一个代码段描述符的选择符。这就是说,这个选择符将装入 CS,取代原来的 CS 内容,程序将转移到新的代码段上执行。

规定在将目标代码段描述符内的有关内容装载到 CS 高速缓冲寄存器时,处理器要进行如下条件的特权级检测:

1) CPL 等于 DPL;

2) RPL 的级别要高于或等于 DPL。

因此,在段间直接转移时,转移只能在特权级相同的代码段间进行。

2. 段间间接转移时的特权级保护

据前所述，段间间接转移通常分两种情况，一种是借助于调用门用 JMP/CALL 指令实现段间间接转移，另一种情况是任务间的转移。当然，某些情况下的中断也涉及段间间接转移，这部分的内容将在下节讨论，这里仅讨论前两种情况。

（1）JMP/CALL 指令结合调用门进行段间间接转移时的特权级保护

借助于调用门用 JMP/CALL 指令实现段间间接转移时，出于系统安全保护的目的，CPU 也要进行特权级检查。段间间接转移时程序 JMP/CALL 指令汇编后形成的虚拟地址也用"JMP/CALL 选择符:偏移量"表达，但这时的选择符是调用门的选择符。

设当前任务特权级是 CPL、调用门选择符的请求特权级是 RPL，调用门描述符的特权级用 DPL_G 表示，目标代码段描述符的特权级用 DPL 表示，则只有当

1) $CPL \geqslant DPL\_G$；
2) $RPL \geqslant DPL\_G$；
3) $CPL \leqslant DPL$。

三个条件同时满足，使用调用门完成段间间接转移才被允许。依上述第 3 个条件，当 $CPL=DPL$ 时，将进行等特权级的段间转移；当 $CPL<DPL$ 时，实现低特权级的段向高特权级的段的转移。由此可见，通过调用门可以实现从低特权级的段转移进入高特权级的段，也可以实现等特权级的段间转移，但不能实现高特权级的段向低特权级的转移，否则会引起异常中断。

（2）任务间转移时的特权级保护

在保护模式支持的多任务和保护功能设计中，系统中的各个任务是相对独立的，每个任务有自己的 LDT，从而为每个任务都定义了专用的局部虚拟地址空间，这样的安排使得各个任务之间在使用区域上是隔开的。尽管每个任务都可能含有多个不同特权级的代码段，但在任务之间进行段间切换时，新任务和旧任务的当前特权级之间的关系可以是无限制的。这是任务间转移与任务内的段间转移最大的不同点。

用 JMP/CALL 指令进行直接任务转移时，指令中的选择符指向 GDT 中的某个 TSS 描述符，进而指向对应的 TSS。在进行这一操作前系统需要对 TSS 进行保护性特权级检查，设置的条件是 TSS 描述符的特权级 DPL 必须大于或等于 CPL。用 JMP/CALL 指令进行间接任务转移时，首先访问任务门，通过任务门再访问 TSS 描述符和 TSS。在访问任务门时需要对任务门进行保护性特权级检查，设置的条件是任务门的特权级 DPL 必须大于或等于 CPL。如果检查发现条件满足，系统可通过任务门，进而可以使用任何特权级的 TSS 进入任何特权级的新任务的代码段。

总之，用 JMP/CALL 指令无论进行的是直接还是间接任务切换，系统都会对 TSS 或任务门进行特权级保护，基本规则是：切换只能发生在等级别特权级之间或低特权级任务向高特权级任务进行切换。切换前对目标任务的 TSS 或任务门的特权级进行检查，就可方便地完成特权级任务切换保护。

特权级保护的关键是对代码段的保护。事实上，为了在多任务条件下实现系统安全稳定的运行，现代微型计算机软硬件系统设计中对代码段的保护规则和检查手段相当复杂。本小节仅讨论的部分内容，引自参考文献[1]的表 10.5 对代码段特权级保护进行了一个简单的归纳，其中涉及的部分内容本节并未讨论，如果读者对这部分内容感兴趣，可查阅相关文献。

表 10.5　代码段特权级保护的总结

转移类型	操作类型	引用的描述符	目标代码段的特权限制条件
相同特权级段间转移	JMP、CALL、RET、IRET*	代码段	DPL=CPL
任务内向同级或高级的段间转移	CALL	调用门→代码段	DPL≤CPL
	中断指令、异常中断、外部中断	陷阱门/中断门→代码段	DPL≤CPL
任务内向低级返回	RET、IRET*	代码段	DPL≥CPL
直接任务转换	CALL、JMP、IRET**	任务状态段→代码段	无特权级限制
间接任务转换	CALL、JMP、中断指令、外部中断、异常中断	任务门→任务状态段→代码段	无特权级限制

注：IRET* 要求 FLAGS 的 NIT=0；
　　IRET** 要求 FLAGS 的 NT=1。

10.5　保护模式下的中断管理

10.5.1　中断及其类别

1. 中断与异常

如前所述，中断可分为内部中断和外部硬中断两种。外部硬中断又可分为可屏蔽中断与不可屏蔽中断两类，这两类都是由 CPU 外的硬件向 CPU 发出中断请求信号引起的中断。内部中断则可进一步细分为软中断（INT 指令执行引起的中断）和异常中断（简称异常，如类型号为 0 的除法错和类型号为 1 的单步中断等）。有时不严格地将软中断归入异常中断，异常成为内部中断的代名词，而中断则在许多情况下专指外部中断。

根据引起异常的程序是否可以被恢复以及恢复点的不同，异常可分为故障（fault）、陷阱（trap）和终止（abort）三个类型，对应的异常处理程序分别称为故障处理程序、陷阱处理程序和终止处理程序。特别地，软中断有时可以归入陷阱类异常。

（1）故障

有些指令，在被执行前系统就会检查出不具备正确执行的条件，而有些指令是在执行过程中才发现存在缺陷，指令不能正常执行或得不到正确结果。如除法错误就是在除法指令被执行前即可发现除数为 0 或太小将会得到不合理商值。故障是由引起异常的指令执行之前或执行期间被检测和处理的，有时也称之为失效。故障类型的异常其重要特点之一是故障处理程序执行完返回后会重新执行被中断的指令。系统通过执行故障处理程序完成故障的排除，在转去执行故障处理程序前，系统先要保存引起故障指令的 CS、EIP 值，以保证执行完故障处理程序后，系统能再返回执行该引起故障的指令。

例如，在读虚拟存储器时，若产生的存储器页或段存储器不在物理存储器中，就会引起一个故障类型的异常，其中断服务程序立即按被访问的页或段将虚拟存储器的内容从外磁盘上转移到内存中，这样，引起异常的故障就被排除，再重新返回引起故障的指令就可以正常执行相应存储器读操作了。

（2）陷阱

陷阱是在引起异常的指令执行完之后，利用中断服务程序把异常报告给系统的一种异常。陷阱的典型例子是单步异常，用户定义的软中断指令 INT n 有时也归入这个类型的异常。陷阱引起后，在转去执行陷阱处理程序前，系统先要保存引起陷阱指令的下条指令的 CS、EIP 值，以保证执行完陷阱处理程序后，系统能再返回执行引起异常的下一条指令。

指令 INTO 引起的溢出异常是另一典型的陷阱例子。如果程序执行该条指令时，处理器的 PSW 中的 OF 位已经置位，INTO 指令执行的结果将引起异常。执行完陷阱处理程序返回后将从 INTO 的下条指令继续执行。

（3）终止

终止是在系统出现严重情况不能正常工作但又不能确定引起异常指令确切位置的异常，有时也称终止为夭折或失败。引起这种异常的情况是比较严重的，通常是由硬件故障或在系统表中的非法或不一致的值所引起的。在这种情况下，原来的程序无法再执行下去，终止处理程序往往需要重新启动操作系统并重建系统表格才能恢复正常的工作状态。协处理器段溢出、多重异常、硬件故障等都是终止的典型例子。

2. 中断的类别

与基于 8088/808680 的微机系统一样，基于 80286 以上处理器的高性能微机也可容纳最多 256 个中断，每个中断具有唯一的中断类型号 0～255。外部硬中断中的不可屏蔽中断其类型号固定为 2，可屏蔽中断的类型号由外部中断控制逻辑（如 8259A）提供；内部中断中的软中断其类型号由指令 INT n 直接给出，异常的类型号依据引起异常的原因由 CPU 直接确定。表 10.6 给出了不同类型号中断的产生条件、是否给出错误说明代码、异常类别等信息。

表 10.6 不同类型号中断的名称、产生条件、是否给出错误代码、类别

类型号	名称	类别	错误代码	产生条件
0H	除法错误	故障	无	DIV、IDIV 指令
1H	单步异常	故障/陷阱	无	任何指令和数据访问
2H	NMI	中断	无	外部不可屏蔽中断
3H	断点	陷阱	无	INT 3 指令
4H	溢出	陷阱	无	INTO 指令
5H	边界越界	故障	无	BOUND 指令
6H	操作码非法	故障	无	未定义指令、误用 LOCK 前缀
7H	无协处理器	故障	无	浮点指令或 WAIT/FWAIT 指令
8H	双重异常	终止	有	任何产生异常的指令、NMI、INTR
9H	协处理器段越界	终止	无	访问存储器的浮点指令
0AH	无效 TSS	故障	有	任务切换时新任务 TSS 非法
0BH	段不在主存	故障	有	要加载的段其描述符中的 P 位为 0
0CH	堆栈段异常	故障	有	堆栈越界或用不在主存的段作为堆栈
0DH	一般保护异常	故障	有	违反特权级保护规则

类型号	名称	类别	错误代码	产生条件
0EH	页功能异常	故障	有	存储器访问指令访问不在主存中的页
0FH	保留	—	—	—
10H	协处理器异常	故障	无	浮点指令或 WAIT/FWAIT 指令
11H	保留	—	—	—
12H	机器校验	终止	无	错误代码
13H	流式 SIMD 扩展	故障	无	SIMD 指令
14～1FH	BIOS 软中断	陷阱	—	INT n
20～27H	DOS 软中断	陷阱	—	INT n
28H～0FFH	用户定义软中断	陷阱	—	INT n
	用户定义硬中断	中断	—	外部可屏蔽中断

从表 10.6 可见,在保护模式下某些异常或中断的类型号与实模式下的可屏蔽中断类型号是冲突的。这样,在保护模式下,必须重新设置 8259A 中断控制器,将可屏蔽中断的类型号安排在 28H～0FFH 之间,以避免与异常的类型号发生冲突。

10.5.2　中断描述符表

与基于 8088/8086 的系统一样,实模式下工作的 80X86 也是采用中断向量表管理中断。中断向量表依然占有从内存的 0 段 0 单元起始的 1KB 空间,并依中断类型号为序连续存放 256 个中断的中断服务程序首地址。每个中断服务程序首地址依然占用 4 个字节,其中低 16 位地址单元存放段内偏移地址,高 16 位地址单元存放段基地址。中断响应时,根据中断类型号从中断向量表中获得中断服务程序的首地址,然后进入中断服务程序执行。

在保护模式下,中断管理机制发生变化,中断服务程序的首地址不再由中断向量表提供,从 80286 到 Pentium 的系列微处理器都是通过中断描述符和中断描述符表 IDT 来协助和管理中断、提供中断服务程序的入口地址的。

1. 中断描述符

在保护模式下,中断描述符用来描述中断服务程序属性、入口地址、特权级等特征,每个中断类型号对应一个中断描述符,每 8 个字节构成一个中断描述符,所有的中断描述符都存放在中断描述符表 IDT 中。IDT 中保存的若干个 8 字节组成的中断描述符按其作用可分为中断门、陷阱门和任务门三类。借助于中断门和陷阱门可使程序转移到当前任务下的中断处理程序中执行,而任务门则使程序转移到不同于当前任务的另一个任务中去执行,用于多任务下的任务切换。图 10.22 为 8 个字节(4 个字)的中断门、陷阱门两类中断描述符的结构分布,其主要内容介绍如下。

1) 第 1 个字:32 位代码段内偏移地址的低 16 位;

2) 第 2 个字:中断服务程序代码段的选择符;

3) 第 3 个字中的低字节:保留;

4) 第 3 个字中的高字节:属性字节,用来表示描述符所描述的存储区是否装入物理存储器,该中断服务程序的特权等级以及该中断服务程序属于哪一个门。

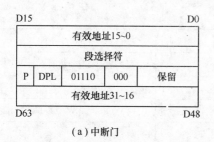

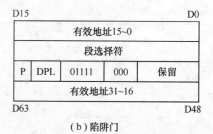

D15				D0
有效地址15~0				
段选择符				
P	DPL	01110	000	保留
有效地址31~16				

（a）中断门

D15				D0
有效地址15~0				
段选择符				
P	DPL	01111	000	保留
有效地址31~16				

（b）陷阱门

图 10.22　中断描述符的结构

5）第 4 个字：32 位偏移地址的高 16 位（80286 只有 24 位偏移地址，这时高字节保留）。

显然，图中的第 1、2、4 三个字形成了中断发生后需要转入的中断服务程序的入口地址。其中，代码段选择符指向 GDT 或 LDT 内的代码段描述符，进而指向一个代码段的基地址；32 位的段内偏移地址确定了代码段内的一个具体地址。

中断门和陷阱门的主要差别表现在对标志寄存器中中断允许标志 IF 位的影响上。中断门描述符用于处理 CPU 外部发生的可屏蔽硬中断，在转入中断服务程序执行时标志寄存器中的标志位 IF、TF 和 NT 均被清 0。IF=0 意味着在中断服务中禁止新的可屏蔽中断申请；TF=0 表示在中断处理程序执行中不响应单步中断；NT=0 表示中断处理程序在执行完毕后，所执行的返回指令 IRETD 为当前任务内的返回，而不是嵌套任务的返回。陷阱门描述符用于处理 CPU 内部发生的异常中断，在转入异常中断服务程序执行时，仅对 TF 和 NT 清 0 而不改变当前 IF 的状态。也就是说，异常中断服务程序执行过程中，CPU 还可以响应可屏蔽外部硬中断的申请。也是由于这个原因，中断门适合于处理中断，而陷阱门适合于处理异常。

中断任务门描述符的结构与 GDT、LDT 中的任务门基本相同，中断任务门描述符中的 16 位选择符指向对应任务中断服务程序的 TSS 段描述符。若中断指向 IDT 中的任务门描述符，这时的执行过程与 CALL 指令调用一个任务门的过程类似，程序执行被转移到由任务门描述符指定的一个任务中断服务程序中去。通过中断任务门进入任务中断服务程序时，需将标志寄存器中的 NT 位置 1，表示是嵌套任务。最后需要说明的是，由中断任务门引导的中断其执行过程与 CALL 指令调用也有区别，主要反映在实现任务切换后，任务门中断会将说明中断的出错码、断点处标志寄存器 EFLAGS 的状态、断点处的 CS:EIP 压入新任务的堆栈区中。

2. 中断描述符表 IDT

全系统 IDT 只有一个。由于 IDT 中最多可容纳 256 个描述符，对应中断类型号 0～255，而每个描述符占有 8 个字节，这样，IDT 最多占 2KB 的内存空间。内、外中断（包括 INT 指令）形成的中断类型号将作为访问 IDT 内描述符的索引号，索引号乘 8 就是该描述符在表内的偏移地址（设 IDT 的起始地址为 0）。

在保护模式下，IDT 可以在整个物理地址空间中浮动，其在内存中的基地址放在 CPU 内部的中断描述符表寄存器 IDTR 中。与 GDTR 一样，IDTR 也是 48 位寄存器，其中的高 32 位用于存放 IDT 在内存中的起始地址，低 16 位用于存放界限值。当中断或异常发生时，CPU 根据 IDT 在内存的起始地址和中断类型号，便可从 IDT 中取出中断或异常的门描述符，从中分离出选择符、偏移量和描述符属性类型，并进入有关的检查过程。检查条件符合，再根据门描述符的类型，分别转入对应的中断或异常的处理程序中去执行。

10.5.3 中断或异常的转移过程

1. 通过中断门或陷阱门时的转移过程

图 10.23 表示保护模式下中断或异常处理程序进入过程的示意图。说明如下：

1）依据系统设定的 IDTR 值，在内存的指定区域建立 IDT；

2）当指令产生异常或响应外中断请求时，CPU 依不同中断或异常类型得到中断类型号 n；

3）根据中断类型号从 IDT 中查找对应的中断门、陷阱门或任务门，这些门描述符在 IDT 中的起始地址＝$n \times 8$＋IDT 基地址；

4）通过门描述符中的选择符从 GDT 或 LDT 中找出可执行代码段的段描述符，段描述符的起始地址＝索引值×8＋GDT/LDT 基地址；

5）根据段描述符提供的段基地址和门描述符提供的偏移地址合成出中断服务程序入口地址，CPU 转去这个地址执行中断服务程序。

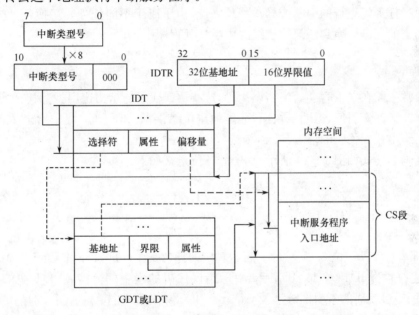

图 10.23　保护模式下中断或异常处理程序进入过程示意图

2. 通过任务门时中断的转移过程

通过任务门进行的中断或异常转移处理过程与通过任务门的任务间切换相似，这时任务门中的选择符应是指向描述对应处理程序任务的 TSS 段的选择符，具体转移过程可参见 10.3.3 节。两者的主要区别是，对于提供出错代码的异常处理，在完成任务切换之后，需要把出错代码压入新任务的堆栈中。通过任务门执行中断服务程序的优点是当前任务和中断服务程序可实现完全隔离，缺点是转移所需时间延长。对于中断类型号为 08H 和 0AH 的两个中断，必须通过任务门进行中断处理，这样才能避免停机等致命状态。

3. 中断或异常处理过程中的特权级保护

在中断或异常的处理过程中，系统会根据一定的规则进行一系列保护检查，最简单的是中断门或陷阱门中的选择符必须指向描述一个可执行代码段的描述符。如果这时的选择符不正常（比如为空），就会引起出错代码为 0 的保护故障。

从程序切换的角度看，中断或异常处理过程的特权级保护规则基本等同于通过调用门进行程序转移过程中的特权级保护规则，具体原则为：被调用中断服务程序代码段的特权级应高于或等于当前被中断程序代码段的特权级，即

$$CPL \geqslant DPL\_I \qquad (10.8)$$

这里的 CPL 是被中断程序的当前特权级，DPL_I 代表中断服务程序代码段的特权级。如果这个条件不能满足，将产生异常保护。

另外，通常将中断服务程序的特权级总是设置在特权级 0，也就是中断处理程序应占有最高特权级。这样，当特权级 0 的任务在执行中发生中断时，不会转移到低特权级的服务程序，因为这会导致异常保护。若中断或异常处理程序与被中断程序的特权级相同，此时处理程序只能使用堆栈中的数据，若处理程序需使用数据段中的数据，该数据段特权级必须设置为特权级 3。

对于通过任务门进行的中断或异常处理来说，由于属于不同任务的切换，因此，可以从任何特权级的当前任务切换到任何特权级的中断处理程序中去。

4. 错误代码

某些异常中断在发生时会给出错误代码，这些错误代码能指出错误类型、产生错误的描述符所在区域及错误索引值，据此可快速、准确地定位错误源。表 10.6 集中给出了各个中断或异常是否能给出错误代码的情况。

错误代码的格式如图 10.24 所示，其中的各位意义如下：

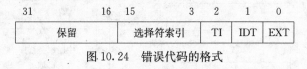

图 10.24　错误代码的格式

1) 外部事件 EXT（位 0）：EXE＝1 表示对应的异常是由外部事件引起的。

2) 描述符索引 IDT（位 1）：IDT＝1 表示错误代码的索引部分涉及 IDT 中的门描述符；IDT＝0 表示错误代码的索引部分涉及 GDT 或 LDT 中的描述符。

3) 描述符选择位 TI（位 2）：TI＝1 表示错误代码索引值涉及当前 LDT 中的描述符；若 TI＝0 表示错误代码索引值涉及当前 GDT 中的描述符。注意，TI 仅在 IDT 位为 0 时使用。

4) 选择符索引（位 15～位 3）：这 13 位表示索引 GDT、LDT 或 IDT 中的选择符。若访问 IDT 发生错误，则位 10～位 3 代表的是中断类型号。

习　题　10

1. 试说明流水线结构的优势和不足。
2. 相比于 CICS，RISC 有何优势？
3. 说明 MMX 寄存器的结构与功能。
4. 说明分页机制下的两级映射表结构的作用。
5. 任务状态段 TSS 的组成是哪些？其作用是什么？为什么每个任务都有自己的系统段？

6. 段描述符高速缓冲寄存器的作用是什么？

7. 试说明在保护模式下虚拟地址转换为物理地址的过程。

8. 中断或异常发生时，CPU 如何从当前程序转入中断服务程序？

9. 比较调用门描述符和任务门描述符的区别。

10. 简述调用门使用的操作过程。

11. 任务切换时，LDTR 的内容从何而来？

12. 对数据段和代码段的特权级保护有何不同？

13. 使用特权级进行保护的原则有哪些？通过调用门转移到一个代码段时这些原则都是如何体现的？

14. 为什么在保护模式下中断机制要使用 IDT 而不再用中断向量表了？

15. 说明任务内段转移的种类和具体过程。

16. 任务间切换时，系统是如何通过特权级设置和检查进行保护操作的？

17. 什么是描述符？与选择符的关系如何？

18. GDT、LDT、IDT 之间的关系和区别是什么？

附录 A *8086 / 8088* 指令系统表

指 令		助记符	格 式	功 能	ODITSZAPC
数据传送	通用数据传送	MOV	MOV Dst, Src	(Dst)← (Src)	- - - - - - - - -
		XCHG	XCHG Dst, Src	(Src) ←→ (Dest)	- - - - - - - - -
		PUSH	PUSH Src	(SP)← (SP)−2 ((SP)+1,(SP))← (Src)	- - - - - - - -
		POP	POP Dst	(Dst)←((SP)+1,(SP)) (SP)← (SP)+2	- - - - - - - -
		XLAT	XLAT	(AL)← ((BX)+(AL))	- - - - - - - - -
	地址传送	LEA	LEA Dst, Src	(Dst)← EA(Src)	- - - - - - - -
		LDS	LDS Dst, Src	(Dst)←EA (Src) (DS)← EA(Src+2)	- - - - - - - -
		LES	LES Dst, Src	(Dst)←EA (Src) (ES)← EA(Src+2)	- - - - - - - -
	标志传送	LAHF	LAHF	(AH)←(FLAGS$_L$)	- - - - - - - - -
		SAHF	SAHF	(FLAGS$_L$)← (AH)	- - - - - rrrrr
		PUSHF	PUSHF	(SP)← (SP)−2 ((SP)+1, (SP))← (PSW)	- - - - - - - -
		POPF	POPF	(PSW)←((SP)+1,(SP)) (SP)← (SP)+2	rrrrrrrrr
	输入输出	IN	IN Acc, Port IN Acc, DX	(Acc)← (Port) (Acc)←((DX))	- - - - - - - - -
		OUT	OUT Port, Acc OUT DX, Acc	(Port)←Acc ((DX))←Acc	- - - - - - - - -
算术运算	加法	ADD	ADD Dst, Src	(Dst)←(Src)+(Dst)	x - - x x x x x
		ADC	ADC Dst, Src	(Dst)←(Src)+ (Dst)+CF	x - - x x x x x
		INC	INC Dst	(Dst)← (Dst)+1	x - - x x x x -
	减法	SUB	SUB Dst, Src	(Dst)←(Dst)− (Src)	x - - x x x x x
		SBB	SBB Dst, Src	(Dst)←(Dst)− (Src)−CF	x - - x x x x x
		DEC	DEC Dst	(Dst)← (Dst)−1	x - - x x x x -
		NEG	NEG Dst	(Dst)←0− (Dst)	x - - x x x x x
		CMP	CMP Dst, Src	(Dst)−(Src)影响标志	x - - x x x x x

指　令		助记符	格　　式	功　　　能	ODITSZAPC
算术运算	乘法	MUL	MUL Src	(AX)←(AL)＊(Src) (DX:AX)←(AX)＊(Src)	x - - u u u u x
		IMUL	IMUL Src	(AX)←(AL)＊(Src) (DX:AX)←(AX)＊(Src)	x - - u u u u x
	除法	DIV	DIV Src	(AL)←(AX)/(Src)的商 (AH)←(AX)/(Src)的余数 (AX)←(DX:AX)/(Src)的商 (DX)←(DX:AX)/(Src)的余数	u - - u u u u u
		IDIV	IDIV Src	(AL)←(AX)/(Src)的商 (AH)←(AX)/(Src)的余数 (AX)←(DX:AX)/(Src)的商 (DX)←(DX:AX)/(Src)的余数	u - - u u u u u
		CBW	CBW	若 AL 最高位为 0,则把 AH 清 0,否则把 0FFH 送 AH	- - - - - - - - -
		CWD	CWD	若 AX 最高位为 0,则把 DX 清 0,否则把 0FFFFH 送 DX	- - - - - - - - -
	BCD码调整	DAA	DAA	把 AL 中的和调整到压缩的 BCD 格式	u - - x x x x x
		DAS	DAS	把 AL 中的差调整到压缩的 BCD 格式	u - - x x x x x
		AAA	AAA	把 AL 中的和调整到非压缩的 BCD 格式,AH 加调整产生的进位值	u - - u u x u x
		AAS	AAS	把 AL 中的差调整到非压缩的 BCD 格式,AH 减调整产生的借位值	u - - u u x u x
		AAM	AAM	把 AH 中的积调整到非压缩的 BCD 格式	u - - x x u x u
		AAD	AAD	实现除法的非压缩 BCD 码调整	u - - x x u x u
逻辑运算		AND	AND Dst,Src	(Dst)←(Dst)∧(Src)	0 - - - x x u x 0
		OR	OR Dst,Src	(Dst)←(Dst)∨(Src)	0 - - - x x u x 0
		NOT	NOT Dst	(Dst)←($\overline{\text{DST}}$)	- - - - - - - - -
		XOR	XOR Dst,Src	(Dst)←(Dst)⊕(Src)	0 - - - x x u x 0
		TEST	TEST Dst,Src	(Dst)∧(Src)影响标志	0 - - - x x u x 0
移位指令		SAL	SAL Dst,Cnt	把 Dst 的各个二进制位向左移动 Cnt 位,右边空位填 0,结果送回 Dst,最后移出的一位送 CF	0 - - - x x u x x
		SHL	SHL Dst,Cnt		
		SAR	SAR Dst,Cnt	把 Dst 的各个二进制位向右移动 Cnt 位,左边空位填原数最高位的值,结果送回 Dst,最后移出的一位送 CF	0 - - - x x u x x
		SHR	SHR Dst,Cnt	把 Dst 的各个二进制位向右移动 Cnt 位,左边空位填 0,结果送回 Dst,最后移出的一位送 CF	0 - - - x x u x x

指　令	助记符	格　式	功　能	ODITSZAPC
移位指令	ROL	ROL Dst,Cnt	将 Dst 从一端移出的位返回到另一端形成循环	x - - - - - - — x
	ROR	ROR Dst,Cnt		
	RCL	RCL Dst,Cnt	将 Dst 从一端移出的位,连同 CF 一起循环移位	x - - - - - - — x
	RCR	RCR Dst,Cnt		
串操作指令	MOVS	MOVS Dst,Src MOVSB MOVSW	(ES:DI)←(DS:SI) (SI)←(SI)±1 或 2 (DI)←(DI)±1 或 2	- - - - - - - -
	LODS	LODS Src LODSB LODSW	(Acc)←(DS:SI) (SI)←(SI)±1 或 2	- - - - - - - -
	STOS	STOS Dst STOSB STOSW	(ES:DI)←(Acc) (DI)←(DI)±1 或 2	- - - - - - - -
	CMPS	CMPS Dst,Src CMPSB CMPSW	(DS:SI)−(ES:DI) 影响标志 (SI)←(SI)±1 或 2 (DI)←(DI)±1 或 2	x - - - x x x x x
	SCAS	SCAS Dst SCASB SCASW	(Acc)−(ES:DI) (DI)←(DI)±1 或 2	x - - - - - - - x
	REP	REP MOVS / STOS	每执行一次,CX←(CX)−1,直到 CX=0,重复执行结束	
	REPE /REPZ	REPE CMPS / SCAS REPZ CMPS / SCAS	每执行一次,CX←(CX)−1,并判断 ZF 标志位是否为 0;只要 CX=0 或 ZF=0,则重复执行结束。	
	REPNE /REPNZ	REPNE CMPS/ SCAS REPNZ CMPS/ SCAS	每执行一次,CX←(CX)−1,并判断 ZF 标志位是否为 1;只要 CX=0 或 ZF=1,则重复执行结束。	
控制转移指令	JMP	JMP SHORT Opr	(IP)←(IP)+8 位偏移	- - - - - - - - -
		JMP NEAR PTR Opr	(IP)←(IP)+16 位偏移量	- - - - - - - - -
		JMP WORD PTR Opr	(IP)←(EA)	- - - - - - - - -
		JMP FAR PTR Opr	(IP)←Opr 指定的偏移地址 (CS)←Opr 指定的段地址	- - - - - - - - -
		JMP DWORD PTR Opr	(IP)←(EA) (CS)←(EA+2)	- - - - - - - - -
	CALL	CALL 过程名	(SP)←(SP)−2 ((SP))←(IP) (IP)←(IP)+16 位偏移量	- - - - - - - - -
		CALL Opr	(SP)←(SP)−2 ((SP))←(IP) (IP)←(EA)	- - - - - - - - -

指令	助记符	格 式	功 能	ODITSZAPC
控制转移指令	CALL	CALL FAR PTR 过程名	$(SP) \leftarrow (SP) - 2$ $((SP)) \leftarrow (CS)$ $(SP) \leftarrow (SP) - 2$ $((SP)) \leftarrow (IP)$ $(IP) \leftarrow$ 过程的偏移地址 $(CS) \leftarrow$ 过程的段地址	- - - - - - - -
		CALL DWORD PTR Opr	$(SP) \leftarrow (SP) - 2$ $((SP)) \leftarrow (CS)$ $(SP) \leftarrow (SP) - 2$ $((SP)) \leftarrow (IP)$ $(IP) \leftarrow (EA)$ $(CS) \leftarrow (EA + 2)$	- - - - - - - -
	RET	RET	$(IP) \leftarrow ((SP))$ $(SP) \leftarrow (SP) + 2$	- - - - - - - -
		RET n	$(IP) \leftarrow ((SP))$ $(SP) \leftarrow (SP) + 2$ $(SP) \leftarrow (SP) + n$	- - - - - - - -
		RET	$(IP) \leftarrow ((SP))$ $(SP) \leftarrow (SP) + 2$ $(CS) \leftarrow ((SP))$ $(SP) \leftarrow (SP) + 2$	- - - - - - - -
		RET n	$(IP) \leftarrow ((SP))$ $(SP) \leftarrow (SP) + 2$ $(CS) \leftarrow ((SP))$ $(SP) \leftarrow (SP) + 2$ $(SP) \leftarrow (SP) + n$	- - - - - - - -
	JXX	JC Opr	CF＝1 则转移	- - - - - - - -
		JNC Opr	CF＝0 则转移	- - - - - - - -
		JE/JZ Opr	ZF＝1 则转移	- - - - - - - -
		JNE/JNZ Opr	ZF＝0 则转移	- - - - - - - -
		JS Opr	SF＝1 则转移	- - - - - - - -
		JNS Opr	SF＝0 则转移	- - - - - - - -
		JO Opr	OF＝1 则转移	- - - - - - - -
		JNO Opr	OF＝0 则转移	- - - - - - - -
		JP/JPE Opr	PF＝1 则转移	- - - - - - - -
		JNP/JPO Opr	PF＝0 则转移	- - - - - - - -
		JB/JNAE Opr	CF＝1 则转移	- - - - - - - -
		JAE/JNB Opr	CF＝0 则转移	- - - - - - - -
		JA/JNBE Opr	CF＝0 $\wedge$ ZF＝0 则转移	- - - - - - - -
		JBE/JNA Opr	(CF $\vee$ ZF)＝1 则转移	- - - - - - - -
		JG/JNLE Opr	(SF$\oplus$OF)$\vee$ ZF＝0 则转移	- - - - - - - -

指 令	助记符	格 式	功 能	ODITSZAPC
控制转移指令	JXX	JGE/JNL Opr	(SF⊕OF)＝0 则转移	- - - - - - - - -
		JL/JNGE Opr	(SF⊕OF)＝1 则转移	- - - - - - - - -
		JLE/JNG Opr	(SF⊕OF)∨ ZF＝1 则转移	- - - - - - - - -
		JCXZ Opr	(CX)＝0 则转移	- - - - - - - - -
	LOOP	LOOP Opr	(CX)−1≠0,则循环	- - - - - - - - -
	LOOPE /LOOPZ	LOOPE/LOOPZ Opr	ZF＝1 且(CX)−1≠0,则循环	- - - - - - - - -
	LOOPNE /LOOPNZ	LOOPNE/LOOPNZ Opr	ZF＝0 且(CX)−1≠0,则循环	- - - - - - - - -
	INT	INT n	PUSH(FLAGS) PUSH(CS) PUSH(IP) n×4 IP＝(n×4＋2) CS＝(n×4＋4)	- - 0 0 - - - - -
	INTO	INTO	OF＝1 则 PUSH(FLAGS) PUSH(CS) PUSH(IP) n×4 IP＝(n×4＋2) CS＝(n×4＋4)	- - 0 0 - - - - -
	IRET	IRET	(IP)←((SP)) (SP)←(SP)＋2 (CS)←((SP)) (SP)←(SP)＋2 (FLAGS)←((SP)) (SP)←(SP)＋2	r r r r r r r r r
处理器控制指令	CLC	CLC	CF←0	- - - - - - - - 0
	STC	STC	CF←1	- - - - - - - - 1
	CMC	CMC	CF＝$\overline{CF}$	- - - - - - - - x
	CLD	CLD	DF←0	- 0 - - - - - - -
	STD	STD	DF←1	- 1 - - - - - - -
	CLI	CLI	IF←0	- - 0 - - - - - -
	STI	STI	IF←1	- - 1 - - - - - -
	HLT	HLT	暂停	- - - - - - - - -
	WAIT	WAIT	等待	- - - - - - - - -
	ESC	ESC	交权	- - - - - - - - -
	LOCK	LOCK	封锁	- - - - - - - - -
	NOP	NOP	空操作	- - - - - - - - -

注:各缩写或符号含义如下:

缩写	含义	缩写	含义	缩写	含义
Dst	目的操作数	Acc	AL 或 AX	x	根据结果设置标志位
Src	源操作数	Mem	存储器	—	不影响标志位
Opr	操作数	Imm	立即数	u	对标志位无定义
Reg	寄存器	Port	端口地址	r	恢复原先标志位的值
Sreg	段寄存器	EA	有效地址	Cnt	移位数

参 考 文 献

[1] 王永山,杨宏五,杨婵娟编.微型计算机原理与应用(第二版).西安:西安电子科技大学出版社,2002

[2] 姚燕南编.微型计算机原理(第三版).西安:西安电子科技大学出版社,2007

[3] 蒋本珊编.计算机组成原理(第二版).北京:清华大学出版社,2008

[4] 王忠民编.微型计算机原理.西安:西安电子科技大学出版社,2005

[5] [美]Barry B. Brey 著.金惠华,艾明晶,尚利宏等译.Intel 微处理器结构、编程与接口(第六版).北京:电子工业出版社,2004

[6] 朱晓华,李洪涛编.微机原理与接口技术(第二版).北京:电子工业出版社,2008

[7] 周佩玲,彭虎,傅忠谦编.微机原理与接口技术(基于 16 位机).北京:电子工业出版社,2006

[8] 张念淮,江浩编.USB 总线接口开发指南.北京:国防工业出版社,2001

[9] Universal Serial Specification(Revision 2.0). http://www.usb.org

[10] PCI Local Bus Specification Revision 2.3). http://www.pcisig.com

[11] 沈美明,温冬婵编.IBM-PC 汇编语言程序设计.北京:清华大学出版社,1993

[12] 马维华编.微机原理与接口技术——从 80X86 到 Pentium X.北京:科学出版社,2005

[13] 孙力娟,李爱群,仇玉章等.微型计算机原理与接口技术.北京:清华大学出版社,2007

[14] 侯晓霞,王建宇,戴跃伟.微型计算机原理及应用.北京:化学工业出版社,2007

[15] 杨文显.现代微型计算机原理与接口技术教程.北京:清华大学出版社,2006

[16] 朱世鸿.微机系统与接口应用技术.北京:清华大学出版社,2006